高职高专规划教材

建筑工程概预算工程量清单计价

第三版

蒋红焰　主编

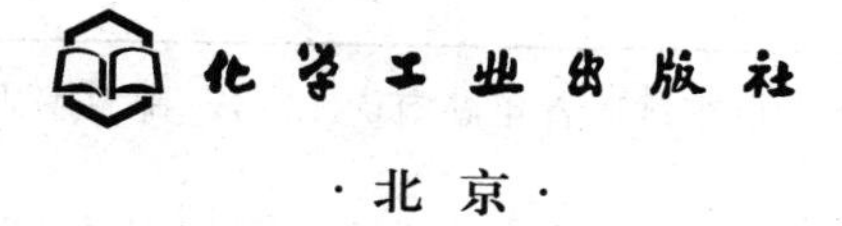

·北京·

本书的主要内容有：建筑工程概预算概论，建筑工程定额与费用，建筑与装饰工程工程量清单编制，建筑工程施工图预算的编制，施工准备阶段建筑与装饰工程工程量清单计价，建筑工程设计概算的编制，建筑工程结算及竣工决算的编制，工程概预算的审查，计算机在编制概预算中的应用九个方面，并将理论和实际案例有机地结合在一起。

为了突出高等职业技术教育的特色，本书的内容体系特点是：将《建筑工程工程量清单计价规范》的主要内容作为主要学习内容；本书的建筑工程概预算涵盖了原来的建筑工程概预算和装饰工程概预算两门课程的内容；加强理论知识的综合应用，分别在第三章、第四章、第五章用同一个工程实例进行清单编制、预算编制和投标报价编制，既方便了学生识图，又便于老师在授课过程中进行对比，加深学生对工程造价改革的认识；在本书的第一章，介绍了相关法律法规知识；在第九章专门介绍了有关工程造价的专业软件应用；在每一章节前有本章主要内容，每一章结尾附有一定的复习思考题供学习者复习之用。

本书不仅可以作为建筑工程和工程专业的高职、高专教材，同时可以作为爱好工程造价的自学成才者的帮手，也可供相关工程技术人员参考。

图书在版编目（CIP）数据

建筑工程概预算　工程量清单计价/蒋红焰主编．3 版．—北京：化学工业出版社，2015.9
高职高专规划教材
ISBN 978-7-122-24772-8

Ⅰ.①建…　Ⅱ.①蒋…　Ⅲ.①建筑概算定额-高等职业教育-教材②建筑预算定额-高等职业教育-教材③建筑造价管理-高等职业教育-教材　Ⅳ.①TU723.3

中国版本图书馆 CIP 数据核字（2015）第 176676 号

责任编辑：王文峡　　　　文字编辑：向　东
责任校对：宋　玮　　　　装帧设计：张　辉

出版发行：化学工业出版社（北京市东城区青年湖南街 13 号　邮政编码 100011）
印　　装：三河市延风印装有限公司
787mm×1092mm　1/16　印张 22　字数 536 千字　2015 年 10 月北京第 3 版第 1 次印刷

购书咨询：010-64518888（传真：010-64519686）
售后服务：010-64518899
网　　址：http://www.cip.com.cn
凡购买本书，如有缺损质量问题，本社销售中心负责调换。

定　　价：42.00 元

前言

随着国家基本建设的加速发展，《建筑工程工程量清单计价规范》(GB 50500—2003) 的实施对规范工程招标投标中的发、承包计价行为起到了重要作用，为建立市场形成工程造价的机制奠定了基础。但在使用中也存在需要进一步完善的地方，为此，住房城乡建设部标准定额司继2008年推出《建筑工程工程量清单计价规范》(GB 50500—2008)，又在2013年推出《建筑工程工程量清单计价规范》(GB 50500—2013) 及其9本工程量计算规范，于2012年12月25日颁布，自2013年7月1日起实施。原《建设工程工程量清单计价规范》(GB 50500—2008) 同时废止，同时江苏省配套的2014计价定额和费用定额从2014年7月1日起实施。

由于新计价规范确立了工程计价标准体系的形成，扩大了计价计量规范的适用范围，深化了工程造价运行机制的改革，强化了工程计价计量的强制性规定，注重了与施工合同的衔接，明确了工程计价风险分担的范围，完善了招标控制价制度，规范了不同合同形式的计量与价款交付，确立了施工全过程计价控制与工程结算的原则等方面特点，由一本规范扩大到由1本计价规范和9本计算规范组成。

新计价规范的内容涵盖了工程实施阶段从招投标开始到工程竣工结算办理的全过程，并增加了条文说明。包括总则、术语、一般规定、工程量清单编制、招标控制价、投标报价、合同价款约定、工程计量、合同价款调整、合同价款期中支付、竣工结算与支付、合同解除的价款结算与支付、合同价款争议的解决、工程造价鉴定、工程计价资料与档案、工程计价表格。

本书第一版自2005年6月出版以来，得到了读者的认可。2008年规范推出，进行了第二版修改，2013年面对新规范的推出，我们认识到有必要对本书进行修订第三版。在化学工业出版社的支持下，我们根据《建筑工程工程量清单计价规范》(GB 50500—2013)，并结合专家和读者在使用本书第一、第二版时所反馈的意见和建议，在保留第一、第二版特点的同时，对其相应部分的内容进行了适当修改和补充。

本书第三版根据新规范和江苏省2014年计价定额内容重点修改了第二章、第三章、第四章、第五章、第七章等相应内容，同时由于工程造价改革的步伐加快，计算机应用软件的设计完善，根据广联达软件在全国多个大专院校的合作以及中国建设教育协会与广联达软件公司开展的《高等院校广联达软件算量大赛》等需要，对第九章进行修改，增加了广联达软件初步使用的知识和操作要求，方便相应院校师生的学习和使用。

本书第三版主要由蒋红焰修改和补充，有关案例由江苏算友公司总监陆军修改，第九章是根据广联达软件公司提供的有关专业软件操作手册修改。

借本书再版之机，我们谨向对本书第二版提出宝贵意见和建议的确专家和读者、对编写本书提供帮助的广联达软件公司、为本书出版付出许多心血的中国化学工业出版社编辑致以真诚的谢意。

编者在编写本书时参考了国内已出版的优秀书籍，从中得到很大启迪，在此，对这些书籍的编著者深表敬意。

编　者

2015年6月于南京

第一版前言

近几年，随着国家基本建设的不断发展，建筑工程专业人员为了适应市场经济发展，不仅要具有工程概念，还需加强经济概念，因此，工程造价专业随之产生，工程造价咨询业就是我国经济向纵深发展而产生的新行业，由于该行业的不断发展，特别是注册造价工程师的考试和基本建设大发展，促使建筑市场对工程造价人员的需求量在不断加大，所以近几年在教育界的各高校和高职学院相应产生了工程造价这门新专业，或在建筑工程专业中开设经济课程以加强工程与经济的结合。《建筑工程概预算》就是培养建筑工程和工程造价方面专业人才的主要课程。

随着我国高等职业技术教育的兴起、各行业及各专业的迅速发展，应用性职业技术的分类越来越细。为适应高职教育的迫切需要，各界要求编写与专业配套的具有高等职业技术教育特色的专业基础和专业教材的呼声越来越高。特别是从2002年开始，我国工程造价计价改革的步伐加大，新的计价体系实行了量价分离，即工程量按规范编制，材料价格由市场竞争决定；特别是《建筑工程工程量清单计价规范》的出台，使得编制招标文件、投标文件的依据发生改变，而计价体系的改变，又使得原来的有关建筑工程概预算书籍已不能适应现行体系的应用，为此，编者根据新的计价体系规范要求编写了本书。

《建筑工程概预算》课程的教学参考学时分别为理论教学68～74学时和课程设计教学40学时。本书为理论部分，共分九章，涵盖了有关建筑工程概预算方面的基本知识。主要内容有工程概预算总论，建筑工程定额与费用，建筑工程工程量清单计价规范，建筑工程施工图预算的编制，建筑与装饰工程工程量计价与施工招标、投标，建筑工程设计概算的编制，建筑工程结算及竣工决算的编制，工程概预算的审查，计算机在编制概预算中的应用九个方面。本书将理论和实际案例有机地结合在一起。

《建筑工程概预算》课程是建筑工程和工程造价专业的一门重要专业基础课程，该课程的基本内容是建筑工程和工程造价专业人才所必备的基本理论知识。读者通过建筑工程概预算课程的学习，获得必需的建筑工程概预算的基本理论、基本知识，培养自身分析问题和解决问题的能力，为学习后续相关专业课程乃至今后从事建筑工程或工程造价专业技术工作及研究开发打下必要的理论基础。

本书的内容体系有以下七个方面的特点。

① 按照现行造价体系，将《建筑工程工程量清单计价规范》的主要内容作为主要学习内容。本书的第三章专门介绍该规范的主要内容。

② 根据规范规定，建筑工程包含原有建筑工程和装饰装修工程两个方面的内容，因此，本书的建筑工程概预算已涵盖了原来的建筑工程概预算和装饰工程概预算两门课程的内容。

③ 根据概预算的知识体系，将新老知识有机地结合在一起。如本书在第二章中，将我国现行实施的定额等做了系统、必要的介绍，以方便读者的学习。

④ 加强理论知识的综合应用。本书分别在第三章、第四章、第五章用同一个工程实例进行清单编制、预算编制和投标报价编制的案例分析，若用于教学既方便学生识图，又便于老师在授课过程中进行对比，加深学生对工程造价改革的认识。

⑤ 建筑工程概预算不是一门独立的课程，它需要许多相关法律法规的支持，在本书的第一章介绍了相关法律法规知识。

⑥ 在计算机时代的今天，要提高学生的社会适应能力，必须学会采用计算机这个有力的工具。本书在第九章专门介绍了有关工程造价的专业软件应用。

⑦ 本书在每一章节之前有本章的主要内容，每一章结尾附有一定的复习思考题供学习者复习使用。

本书由蒋红焰任主编，编写绪论、第一章至第三章；刘如兵任副主编，编写第四章、第五章、第七章、第八章；沈国良任副主编，编写第六章、第九章。特邀请南京工业大学申玲担任主审，对于她的辛勤工作在此表示感谢。并向江苏省建筑设计院唐安淮及其他帮助审稿的各位老师、上海鲁班软件公司、日星月软件公司等支持编写本书的个人和单位表示谢意。

编者在编写本书时参考了国内已出版的优秀书籍，从中得到很大启迪，在此，对这些书籍的编著者深表敬意。

学时分配的建议

章节	内容	教学时数		
		总时数	理论	备注
一	工程概预算总论	68～74	6	
二	建筑工程定额与费用		12	
三	建筑工程工程量清单计价规范		18～20	
四	建筑工程施工图预算的编制		18～20	
五	建筑与装饰工程工程量计价与施工招标、投标		14～16	
六	建筑工程设计概算的编制	10	2	
七	建筑工程结算及竣工决算的编制		2	
八	工程概预算的审查		2	
九	计算机在编制概预算中的应用		4	
课程设计		40		
合计		118+6*	78+6*	

本书在编写过程中得到了化学工业出版社的许多帮助，在此表示衷心的感谢。

由于编者的学识和水平有限，书中必然会存在不足，恳请使用本书的读者予以批评指正。

编　者

2005年2月

第二版前言

近几年，随着国家基本建设的加速发展，《建设工程工程量清单计价规范》(GB 50500—2003）的实施，对规范工程招标投标中的发、承包计价行为起到了重要作用，为建立市场形成工程造价的机制奠定了基础，但在使用中也存在需要进一步完善的地方。为此，住房城乡建设部标准定额司在2008年又推出《建设工程工程量清单计价规范》(GB 50500—2008)，该规范自2008年7月9日颁布，12月1日起实施，原《建设工程工程量清单计价规范》(GB 50500—2003）同时废止。

由于新计价规范的条文数量由原计价规范的45条增加到136条，其中强制性条文由6条增加到15条。新计价规范的内容涵盖了工程实施阶段从招投标开始到工程竣工结算办理的全过程，并增加了条文说明，包括：工程量清单的编制，招标控制价和投标报价的编制，工程发、承包合同签订时对合同价款的约定，施工过程中工程量的计量与价款支付，索赔与现场签证，工程价款的调整，工程竣工后竣工结算的办理以及对工程计价争议的处理。

本书第一版自2005年6月出版以来，得到了许多院校的认可，选作为教材使用，实现了多次重印。新规范推出后，我们认为有必要对本书进行修订再版。在化学工业出版社的支持下，我们根据《建设工程工程量清单计价规范》(GB 50500—2008)，并结合专家和读者在使用本书第一版时所反馈的意见和建议，在保留第一版特色的基础上，对其相应部分的内容进行了适当修改和补充。

本书根据新规范重点修改了第三章规范总则、第四章案例及第五章、第七章等相应内容，同时由于工程造价改革的步伐加快，计算机应用软件的设计完善，根据广联达软件在全国多个大专院校的合作以及中国建设教育协会与广联达软件公司开展的“高等院校广联达软件算量大赛”等需要，对第九章进行了修改，增加了广联达软件初步使用的知识和操作要求，方便相应院校师生的学习和使用。为了符合现行行业规定，在第四章、第五章案例使用了2009年最新版的《江苏省建筑工程费用定额》，该定额使用时间为2009年5月1日，方便多方读者的使用。

本书第二版主要由蒋红焰修改和补充，有关案例由广联达软件公司江苏分公司技术总监陆军修改，第九章根据广联达软件公司提供的有关专业软件操作手册修改。

借本书再版之机，我们谨向对本书第一版提出宝贵意见和建议的专家和读者、对编写本书提供帮助的广联达软件公司、为本书出版付出许多心血的化学工业出版社编辑致以真诚的谢意。

编者在编写本书时参考了国内已出版的优秀书籍，从中得到很大启迪，在此，对这些书籍的编著者深表敬意。

编　者

2009 年 9 月

目 录

绪　论

“建筑工程概预算”是一门研究建筑工程与经济的主要课程。要学习好本门课程，首先要了解本课程的研究对象和主要任务，同时还要了解本课程需要掌握的基本知识和相关知识，并对本课程的主要内容、重点、难点和学习方法加以了解，为后面学习本课程做好准备。

一、课程研究的对象与任务

1. 课程研究的对象

随着我国社会主义市场经济逐步完善，特别是我国加入WTO以来，建筑产品作为市场商品中的一员，它不仅必须具有商品价格运动的共有规律，即价值规律和竞争规律，同时，建筑产品还有自身的特殊性，这就是产品的固有性、产品的大额性、产品的生产人员的流动性等。因此，在了解建筑产品的共性和个性的基础上，运用市场的价值规律和行业标准，通过编制建筑工程概预算的方法，确定建筑产品合理价格，是本门课程的研究对象。

2. 课程研究的任务

在市场经济的作用下，建筑工程专业及其相关专业的学生，不仅要掌握工程技术，特别是高职高专的学生，根据教育部的要求和社会实际需要，要将我们学习的重点放在实用性和通用性相结合上，在学习过程中，尽可能拓宽学习的知识面，为将来的就业创造条件。因此，还要学习与工程有关的施工管理和工程造价管理（即工程经济方面）的知识，掌握工程实际需要的知识。本课的任务就是：让学生了解工程造价概念的同时，能根据国家、行业规定，掌握正确的编制概预算的方法，为控制建筑工程造价打下基础。

二、课程的重点和难点

1. 课程重点内容

本教材共有九章。由于我国工程造价的改革，工程量清单计价的推出，所以教材中建筑工程工程量清单计价规范，以及建筑与装饰工程工程量计价，即建筑工程施工图预算的编制是本课程的重点。

2. 课程难点

由于我国工程造价的改革处于过渡期，故本课程有如下难点：

(1) 计价依据的改变。定额作用的改变，即消耗量定额与预算定额的区别。

(2) 编制工程量清单的方法与工程量清单的计价计算规则的不同。

(3) 预算编制方法的选用。工料单价法和综合单价法的特点。

(4) 编制预算方法的灵活应用。

三、课程的学习方法

建筑工程概预算课程的学习方法有如下几点：

(1) 必须与所学的专业基础知识有机结合。本课程是一门专业性、技术性很强的专业课程，要求学生在掌握建筑构造、建筑结构、建筑材料、建筑装饰工程、建筑与装饰施工等课程的专业知识、工程识图、施工工艺、施工组织和施工管理的基础上，综合本课程的知识，在实践中灵活应用。

(2) 由于本课的实践性很强，在学习过程中，要强调理论与实际的结合。学生在进行本课程的理论学习后，要进行概预算的课程设计，即结合实际施工设计图纸，进行系统的课程设计，才能达到真正掌握的目的。

(3) 课堂与现场教学相结合。由于本课程的内容和研究对象均为工程实体，在很多地方都有直观的现场工地，只要选择合适的图纸和工地，在课堂教学的基础上，将学生带到工地，进行现场讲解，方能达到事半功倍的作用。

第一章　建筑工程概预算概论

本章主要内容：了解建筑工程概预算的基本概念，包括基本建设及一般程序，建筑工程造价概念，掌握建筑工程概预算的概念，了解工程造价相关的基本知识内容，熟悉招标、投标的基本概念和一般程序，掌握合同法中的基本原则，熟悉合同法的基本内容，熟悉建设工程监理的工作内容，重点掌握三大控制。

第一节　建筑工程概预算的基本概念

一、基本建设的概念

建筑工程是基本建设中重要的组成部分，在学习建筑工程概预算的基本概念前，首先要了解基本建设的概念与程序。

1. 基本建设的含义

在推进社会发展的过程中，经济建设是不可缺少的，而每年国家将投入大量的财政资金，用于工业、农业、商业、文教卫生和公共事业等方面的建设，以适应科学文化事业、国民经济的发展和改善人民物质生活水平的需要。

人们的生活需要有住房、公路、电影院；工业生产要有厂房；农业需要水利库区的支持；商业需要商场、饭店；教育需要有学校教室、操场、实验楼等，这些建设都是人们需要的、不可缺少的设施。这些设施我们常称为固定资产。

固定资产是指社会再生产过程中可供生产或生活长时间反复使用，并在使用过程中基本上保持原有实物形态的劳动资料和其他物质资料。因此，固定资产不仅在使用期限上有要求（一年以上），而且在单价上也有限制（2000 元以上，且使用期在 2 年以上）。同时固定资产按其经济用途分为生产性固定资产和非生产性固定资产。

基本建设是指为扩大再生产而进行的增加固定资产的工作。基本建设包括设备和材料购置、建筑、安装以及与之相关的一系列工作。它是一项聚集综合性、复杂性、多样性的经济活动。

2. 基本建设的一般程序

要搞好基本建设，就必须依照一定的程序，这就是基本建设的一般程序。基本建设程序是指建设项目从决策、设计、施工到竣工验收等全过程的各阶段、各环节以及各主要工作内容之间必须遵循的先后顺序，也是现行的建设工作程序。

从决策、设计、施工到竣工验收等全过程的四个阶段对应的基本建设程序的内容有九大部分：提出项目建议书；进行可行性研究；报批可行性研究报告；选择建设地点；编制设计文件；建设前期准备工作；编制建设计划和年度计划；建设实施；项目投产前的准备工作；竣工验收。

其中决策阶段是非常重要的阶段，它包括根据国民经济基本建设长期规划要求，结合自然能源状况，经初步可行性研究，编制项目计划书。依据项目计划书，进一步对项目进行技术和经济的可行性研究，确定初步设计任务书。即提出项目建议书；进行可行性研究；报批可行性研究报告；选择建设地点。我们常说，万事开头难，该阶段将预测该项目是否有利润，有效益。

设计阶段是设计方案优化阶段，当选择好建设地点后，要进行设计文件编制，建设前期准备工作；根据批准的初步设计编制建设计划和年度计划。在设计阶段，利用设计方案比选和设计方案的优化，将会节省大量的施工变更费用。

施工阶段，建设项目被列入国家年度计划后，相应落实投资和材料指标，进行设备订货、施工准备工作及组织施工。具体内容包括办理开工手续，工程建设项目报建、委托建设监理、招标投标、施工合同签订、施工实施。

竣工验收阶段，包括项目投产前的准备工作，竣工验收（竣工验收及期内保修）。

3. 基本建设项目的划分

基本建设项目又称建设项目，指按一个总体设计或初步设计进行施工的一个或几个单项工程的总体。如某个住宅小区建设，某个工厂建设等。

一个建设项目又可分为一个或几个单项工程。

单项工程是建设项目的组成部分，一般是指具有独立的设计文件，在竣工投产后可以独立发挥效益或生产设计能力的产品车间（联合企业的分厂）生产线或独立工程等。如教学楼、食堂、办公楼等。

单项工程由有若干个单位工程组成。单位工程是指不能独立发挥能力，但具有独立设计的施工图纸和组织施工的工程。如土建工程、装饰工程、电气照明工程、给排水工程、设备安装工程等。

考虑到组成单位工程的各部分是由不同工人用不同工具和材料完成的，可以进一步把单位工程分解为分部工程。土建工程的分部工程是按建筑工程的主要部分划分的，如基础工程、主体工程、混凝土及钢筋混凝土工程、金属结构制作及安装工程、楼地面工程等；安装工程的分部工程是按工程的种类划分的，如管道工程、电气工程、防腐工程、保温绝热工程等。

按照不同的施工方法、构造及规格可以把分部工程进一步划分为分项工程。分项工程是能通过较简单的施工过程生产出来的、可以用适当的计量单位计算并便于测定或计算其消耗的工程基本构成要素。土建工程的分项工程是按建筑工程的主要工种工程划分的，如土方工程、钢筋工程等；安装工程的分部工程是按用途或输送不同介质、物料以及设备组别划分的，如给水工程中铸铁管、钢管、阀门等。

分部分项工程是建设项目最基本的单元，要搞好一项建设项目，就要从它的分部分项工程入手，由小到大，由少到多。

4. 建设项目分类

(1) 按建设性质分　新建、扩建、改建、恢复和迁建等项目。根据我国的国情，其中以新建和扩建为主要形式。

(2) 按建设阶段分　筹建、设计、施工、竣工和投产等项目。

(3) 按规模分　大、中、小项目。

二、建筑工程造价的概念

1. 建筑工程造价概念及特点

(1) 建筑工程造价概念　工程造价是完成一个建设项目所需所有费用的总和，包括建筑工程费、安装工程费、设备购置费以及其他的相关费用。这实质上是指建设项目的建设成本，也就是对建设项目的资金投入。它包括设备工、器具购置费用、建筑安装工程费用、工程建设其他费用、预备费、建设期利息、流动资金和固定资产投资方向调节税。

工程造价就是工程价格，即为建成一项工程，预计或实际在土地市场、设备市场、技术劳务市场，以及承包市场等交易活动中形成的建筑安装工程的价格和建设工程总价格。因此，建筑安装工程费用是建筑安装工程的价值的货币表现，在招标、投标过程中，工程造价又指建筑安装工程价格，一般就指工程的发、承包价格。

建筑工程造价就是完成该建筑工程项目所需的费用。包括建筑安装工程费用，设备，工、器具购置费和工程建设其他费用组成。

建筑工程定义：在《建筑工程施工发包与承包计价管理办法》中，建筑工程是指房屋建筑和市政基础设施工程，这是一个广义概念；狭义概念为建筑工程是指各类房屋建筑及其附属设施及室内外装饰装修工程，是设计的建筑专业和结构专业的总和。本书后面所指的建筑工程就是后一种，狭义概念。

因此，本书所定义的建筑工程概预算就是特指各类房屋建筑及其附属设施及室内外装饰装修工程的概预算。

(2) 工程造价的特点

① 工程造价的大额性　能够发挥投资效益的任意一项工程，不仅实物形状庞大，而且造价高昂。动辄数百万、数千万、数亿人民币，特大型工程可达几百亿、上千亿人民币。由于工程造价的大额性，使它关系到投资方、建设方等有关方面的重大利益，同时还会对宏观经济产生重大影响。这决定了工程造价的特殊地位。

② 工程造价的个别性、差异性　任意一项工程都有特定的用途、功能和规模。因此，对每一项工程结构、造型、空间分割、设置和内外装饰都有具体的、特别的要求，从而使工程内容和实物形态具有个别性、差异性。产品的差异性决定了工程造价的个别性、差异性。

同时，每项工程所处的地区、地段都不相同，使得这一特点得到强化。

③ 工程造价的动态性　任意一项工程从决策到竣工交付使用，都有一个较长的建设期，少则半年、一年，多则几年，在这个过程中，由于不可控制的因素很多，如工程变更、设备材料价格波动、不可抗力等都会影响到工程造价。也就是说，预期的估算、概算只能预留一部分资金，但不能确定工程实际费用。因此，工程造价在整个工程中是处于动态变化的，只有到工程竣工决算后才能确定该工程的实际造价。

④ 工程造价的层次性　造价的层次性取决于工程的层次性。一个工程项目往往是由多个能够独立发挥设计效果的单项工程组成。一个单项工程又由多个单位工程组成。因此，与此对应的工程造价有三个层次：建设项目总造价、单项工程造价和单位工程造价。

⑤ 工程造价的兼容性　工程造价的兼容性首先表现在它具有两种含义，其次表现在造价构成因素的广泛性和复杂性。其中为获得建设工程用地支出的费用、项目可行性研究报告和规划设计费用、与政府一定时期政策相关的费用占有相当的份额。再次，盈利的构成也较为复杂，资金成本较大。

同样，作为工程中的一部分的建筑工程也具有以上特点。

(3) 工程造价的计价特征　工程造价的特点决定了工程造价的计价特征。

① 单件性计价特征　工程造价的个别性、差异性决定了其计价的单件性。也就是每一个工程对应只有一个计价要求，一个工程造价。

② 多次性计价特征　建设工程周期长、规模大、造价高，为了控制好工程造价，要对这样的工程进行多次计价，一般原则是由粗到细、由浅到深，前者宏观控制，后者具体控制。

③ 组合性特征　工程造价的计价是由多个分部分项工程计价组成，一个项目可按建设项目分类，按各自的单位工程组价，多次组合而成。

④ 方法的多样性特征　为了适应工程造价多次性的计价，不同的计价有各自不同的计价依据和计价体系，由此计价方法也有多样性。

2. 建筑工程造价的分类

根据基本建设程序的要求，建筑工程造价可分成八个部分。

(1) 投资估算　投资估算一般是指在工程项目决策阶段，为了帮助对方案进行比选，对该项目进行投资费用的估算。包括项目建议书的投资估算和预可研报告或可行性研究报告的投资估算。

投资估算是在决策阶段，作为论证拟建项目在经济上是否合理的重要文件。

(2) 设计概算　设计概算是设计文件的重要的组成部分。它是由设计单位根据初步设计或扩大初步设计图纸，根据有关定额或指标规定的工程量计算规则、行业标准，编制初步设计概算。概算的层次性十分明显，分为单位工程概算、单项工程综合概算、建设项目总概算。概算应按建设项目的建设规模、隶属关系和审批程序报请批准。总概算经有关机关批准后，就成为国家控制本建设项目总投资的主要依据，不能任意突破。如果突破，要重新立项申请。

修正概算：在施工图设计结束时，为了了解此时工程造价与初步设计概算的比较，根据施工图设计图纸，并根据有关定额或指标规定的工程量计算规则、行业标准，编制的修正概算。修正概算比初步设计概算要准确，用于多次控制费用。

(3) 施工图预算（标底）　施工图预算是指设计单位或咨询公司，根据审查和批准过的施工图，按照有关相应施工要求，并根据有关定额规定的工程量计算规则、行业标准，编制施工图预算。用于多次控制费用，受概算价的控制，便于业主了解设计的施工图所对应的费用，也可用于招标投标的标底。

（4）投标报价　投标报价是施工单位根据招标文件的要求和提供的施工图纸，按所编制的施工方案或施工组织设计，并根据有关定额规定的工程量计算规则、行业标准，编制的投标报价。

（5）施工预算　施工预算是用于施工单位内部管理的一种预算。施工预算是指施工单位在投标报价的控制下，根据审查和批准过的施工图和施工定额，结合施工组织设计考虑节约因素后，在施工以前编制的。它主要是计算单位工程施工用工、用料，以及施工机械（主要是大型机械）台班需用量。

施工预算实质上是施工企业基层单位的一种成本计划文件，它指明了管理目标和方法。可作为确定用工、用料计划，备工备料，下达施工任务书和限额领料单的依据，也是指导施工、控制工料、实行经济核算及统计的依据。

（6）合同价　合同价是指在工程招标投标阶段通过签订总承包合同、建筑安装工程承包合同、设备材料采购合同、技术和咨询服务合同确定的价格。合同价属于市场价格范畴，但它不等同实际工程造价。它是由发承包双方根据有关部门规定后协议条款约定的取费标准计算的用以支付给承包方按照合同要求完成工程内容的价款总额。

（7）工程结算价　工程结算是建设单位（发包人）和施工企业（承包人）按照工程进度，对已完工程实行货币支付的行为，是商品交换中结算的一种形式。

工程结算也就是指一个单项工程、单位工程、分部分项工程完工后，经建设单位及有关部门验收并办理验收手续后，施工单位根据施工过程中现场实际情况的记录、设计变更通知书、现场工程变更签证，合同约定的计价定额、材料价格、各项取费标准等，在合同价的基础上，根据规定编制的向建设单位办理结算工程价款，取得收入，用以补偿施工过程中的资金耗费，是确定工程实际造价的依据。

由于建筑安装工程工期的长短不同，结算方式有几种：工期时间很长，不可能都采取竣工后一次性结算的方法，往往要在工期中通过不同方式采用分期付款，以解决施工企业资金周转的困难，称为中间结算；工期较短，就用竣工结算。

（8）竣工决算价（实际造价）　竣工决算是指在竣工验收后，由建设单位编制的建设项目从筹建到建设投产或使用的全部实际成本的技术经济文件。它是建设投资管理的重要环节，是工程竣工验收、交付使用的重要依据，也是进行建设项目财务总结，银行对其实行监督的必要手段。

三、建筑工程概预算概念

1. 建筑工程概预算定义

工程造价是建设工程中不可缺少的工作，在任何一个建设工程中，都存在建筑工程，也就是说，一般工程都离不开以建筑工程为主的工程，如工业项目中的厂房、混凝土基础，特别是民用工程，都是以建筑工程为主。本书所指的建筑工程是以建筑工程、结构工程和装饰装修工程为主的工程。不包括相关的安装工程内容。也就是通常所说的土建和装饰工程。

建筑工程概预算是指根据不同阶段的具体内容和国家规定的规范和计价依据、定额和各种取费文件，预先计算和确定每项工程的建筑工程的投资技术经济文件。它是设计概算和施工图预算的总称。

建筑工程概预算同属于工程造价的一部分，因此，它具有工程造价的特点，它的造价也具有工程造价计价的特征。

2. 建筑工程概预算的作用

由于概算、预算分别在建设项目的两个关键阶段，因此，建筑工程概预算也是非常重要的。

在设计阶段，设计概算不仅是设计文件的组成部分，同时它也是为报批项目费用，编制项目年度计划的依据，同时是控制项目投资的重要手段。通过概算的编制和投资估算的对比，了解该项目在此阶段是否超出投资估算，若超出，进行限额设计，以达到控制费用的作用。

在施工图设计结束时，为了了解施工图设计在投资方面是否超出，编制施工图预算，并通过对预算和概算的对比，掌握工程实际设计水平是否控制在原批准的概算内。

第二节 建筑工程概预算的相关知识

一、建设工程施工合同

1. 合同法概述

(1) 合同的概念　合同是平等主体的自然人、法人、其他组织之间设立、变更、终止民事权利义务关系的协议。

合同当事人是合同的主体，他可以是公民（或自然人）、法人或其他组织。合同法规定，当事人订立合同，应当具有相应的民事权利能力和民事行为能力。当事人依法可以委托代理人订立合同。

合同当事人的法律地位平等，一方不得将自己的意志强加给另一方。当事人依法享有自愿订立合同的权利，任何单位和个人不得非法干预。

当事人应当遵循公平原则确定各方的权利和义务。当事人行使权利、履行义务应当遵循诚实信用原则。当事人订立、履行合同，应当遵守法律、行政法规，尊重社会公德，不得扰乱社会经济秩序，损害社会公共利益。

依法成立的合同，对当事人具有法律约束力。当事人应当按照约定履行自己的义务，不得擅自变更或者解除合同。依法成立的合同，受法律保护。

(2) 合同的种类　在合同法分则中有 15 种合同。

① 买卖合同是出卖人转移标的物的所有权于买受人，买受人支付价款的合同。

② 供用电、水、气、热力合同是供电人向用电人供电，用电人支付电费的合同。

③ 赠与合同是赠与人将自己的财产无偿给予受赠人，受赠人表示接受赠与的合同。

④ 借款合同是借款人向贷款人借款，到期返还借款并支付利息的合同。

⑤ 租赁合同是出租人将租赁物交付承租人使用、收益，承租人支付租金的合同。

⑥ 融资租赁合同是出租人根据承租人对出卖人、租赁物的选择，向出卖人购买租赁物，提供给承租人使用，承租人支付租金的合同。

⑦ 承揽合同是承揽人按照定作人的要求完成工作，交付工作成果，定作人给付报酬的

合同。

⑧ 建设工程合同是承包人进行工程建设，发包人支付价款的合同。建设工程合同包括工程勘察、设计、施工合同。

⑨ 运输合同运输合同是承运人将旅客或者货物从起运地点运输到约定地点，旅客、托运人或者收货人支付票款或者运输费用的合同。

⑩ 技术合同是当事人就技术开发、转让、咨询或者服务订立的确立相互之间权利和义务的合同。包括技术开发合同、技术咨询合同和技术服务合同。监理合同、工程造价咨询合同等都属于技术合同。

⑪ 保管合同是保管人保管寄存人交付的保管物，并返还该物的合同。

⑫ 仓储合同是保管人储存存货人交付的仓储物，存货人支付仓储费的合同。

⑬ 委托合同是委托人和受托人约定，由受托人处理委托人事务的合同。

⑭ 行纪合同是行纪人以自己的名义为委托人从事贸易活动，委托人支付报酬的合同。

⑮ 居间合同是居间人向委托人报告订立合同的机会或者提供订立合同的媒介服务，委托人支付报酬的合同。

(3) 合同的形式　订立合同的形式有书面形式、口头形式和其他形式。

法律、行政法规规定采用书面形式的，应当采用书面形式。当事人约定采用书面形式的，应当采用书面形式。书面形式是指合同书、信件和数据电文（包括电报、电传、传真、电子数据交换和电子邮件）等可以有形地表现所载内容的形式。

(4) 合同的内容　合同的内容由当事人约定，一般包括以下条款。当事人的名称或者姓名和住所；标的，标的是指双方（或多方）当事人为实现一定目的而确定的权利和义务所共同指向的对象；数量；质量；价款或者报酬；履行期限、地点和方式；违约责任；解决争议的方法。

(5) 合同的订立　合同的订立是指双方（或多方）当事人依据法律的规定，就合同的各项条款进行协商，达到意思表达一致而确立合同关系的法律行为。

凡能导致合同关系发生、变更、消灭的主客观因素，法学上称为合同的法律事实。合同事实是指不依合同当事人主观意识为转移的，能导致合同发生、变更、消灭的一切客观情况和现象。

合同的行为是指能在合同双方权利义务关系上引起一定法律后果的行为。合同的行为意思表达方式有明示和默示两种：明示是指当事人以积极行为所作的明显可知的意思表达。明示可以分为口头形式和书面形式。默示是明示的对称，是无言的意思表示。默示是一种用逻辑推理方法和公认习惯原则，从一定行为中推论而知的意思表示方法。默示可以分为沉默和推定行为。

当事人订立合同可采取要约、承诺方式。

① 要约是指当事人一方，向对方提出的订立合同的建议和要求。要约又被称为提议，是一方当事人以订立合同为目的，向对方做出的一种意思表示。

要约必须具备下列条件：希望与对方订立合同的意思表示；按法定要求明确提出该合同的各项条款，特别是主要条款以供对方考虑；一般可规定对方答复的期限，这一等待期限又称为要约期限。

② 承诺是指受约人完全接受要约中的全部条款，向要约人做出的同意按要约签订合同的意思表示。承诺是一种法律行为。承诺是当事人一方（即受要约人）表示愿意接受要约人

所提出的要约并按照要约的内容订立合同，是受要约人行为或其他方式对一项要约表示同意的意思表示，承诺又称接受。

承诺应具备的条件：承诺必须是绝对的和无条件的；承诺必须在要约有效期限内提出；承诺必须通知给要约人。

违背合同是指当承诺到达要约人时，要约人和承诺人就形成了双方的法律关系，承诺人不能再撤销承诺，否则就是违背合同。

③ 合同成立的条件：承诺生效的地点为合同生效的地点；最后签字或盖章地点为合同生效的地点；采用格式条款订立合同的，提供格式条款的一方应当遵循公平原则确定当事人之间的权利和义务，并采取合理的方式提请对方注意免除条款提示对方，不提示或拒绝提示的合同不能成立。承诺生效时合同成立。

④ 订立合同的原则：合同成立的形式有自动成立，确认成立，批准成立和登记成立。

⑤ 无效合同。无效合同是指不符合法律规定，不受法律保护，所订立的条款，对当事人没有法律约束力的合同。

无效合同的表现形式为下列情形之一的，合同无效：一方以欺诈、胁迫的手段订立合同，损害国家利益；恶意串通；损害国家、集体或者第三人利益；以合法形式掩盖非法目的；损害社会公共利益；违反法律、行政法规的强制性规定。

无效合同确认的原则：主体是否合格，内容是否合法，标底是否符合国家法律规定。

⑥ 合同履行的原则是指签约双方当事人按照合同约定完成合同义务，实现合同规定的权利的行为。

合同履行的原则有如下几种：实际履行原则；适当履行原则；协作履行原则；诚实信用的原则。

⑦ 合同的变更与转让。合同的变更是指签约双方当事人在符合法律的条件下，就修改原订合同的内容所达成的协议。

合同的转让是指合同的当事人一方将合同中享受的权利和承担的义务，全部或部分让与第三者的法律行为。

⑧ 合同的终止解除及违约责任。合同的终止是指已经合法的合同，因法定原因终止其法律效力，合同规定的当事人的权利义务关系归于消灭。

合同终止有三种情况，即履行终止、强行终止、协议终止。履行终止是指合同已按约定条件得到全面履行。强行终止是由仲裁机构裁决或法院判决终止合同。协议终止是由合同当事人各方协商同意终止合同。

违约责任是指合同当事人、第三人由于自身的过错造成合同不能履行或者不能全面履行，依照法律规定和合同约定，必须承受的法律制裁。

违约金是合同当事人在合同中预先约定的当一方不履行合同或不完全履行合同时，由违约的一方支付给对方的一定金额的货币。违约金既具有赔偿性又具有惩罚性。

定金是指签约当事人一方为了证明合同的成立和保证合同的履行而预先给付对方的一定数额的货币。因此，定金是合同成立的证明，定金具有担保作用。

赔偿金是指当事人一方，因其违约行为，给对方造成损失时，为了补偿违约金不足部分而支付给对方的一定数额的货币。支付赔偿金必须具备两个特殊条件：一是违约行为确实给对方造成了损失；二是支付违约金后还不足以补偿此损失。

受损害方根据合同标底的性质以及受损害的大小，可以合理选择要求对方承担修理、更换、重做、退货、减少价款或报酬等违约责任。

不可抗力是指当事人在订立合同时不能预见，对其发生和后果不能避免和不能克服的事件。

合同欺诈的表现形式有三个区别：一般行政违法和利用合同违法的区别；利用合同违法和合同纠纷的区别；罪与非罪的区别。

⑨ 签订合同应注意的问题。签订合同的四个环节，即合同签订准备阶段的管理，合同签订中的管理，合同履行中的管理，合同清理检查中的管理。

签订合同前应注意的问题是市场调查，市场预测，广泛宣传，资信调查，履约能力的评估和及时决策。

签订合同当中应注意的问题是协商洽谈，法律咨询，草拟合同文书，签订合同和审批。

2. 建设工程合同的概念及特征

(1) 建设工程合同的概念　建设工程合同是指承包人进行工程建设，发包人支付价款的合同。具体指建设单位与施工单位为了完成商定的工程建设项目，明确规定双方权利和义务关系的协议。

(2) 建设工程合同的特征

① 建设工程合同应当采用书面形式。

② 有一定规模的建设项目要按招标程序办理。招标应当依照有关法律的规定公开、公平、公正地进行。

③ 发包人可以与承包人签订建设工程合同，也可以分别与勘察人、设计人、建筑人、安装人、监理人签订勘察、设计、建筑、安装、监理合同。发包人不得将应当由一个承包人完成的建设工程肢解成若干部分发包给几个承包人。

总承包人或者勘察、设计、施工承包人经发包人同意，可以将自己承包的部分工作交由第三人完成。第三人就其完成的工作成果与总承包人或者勘察、设计、施工承包人向发包人承担连带责任。承包人不得将其承包的全部建设工程转包给第三人或者将其承包的全部建设工程肢解以后以分包的名义分别转包给第三人。禁止承包人将工程分包给不具备相应资质条件的单位。禁止分包单位将其承包的工程再分包。建设工程主体结构的施工必须由承包人自行完成。国家重大建设工程合同，应当按照国家规定的程序和国家批准的投资计划、可行性研究报告等文件订立。

④ 勘察、设计合同的内容包括提交有关基础资料和文件（包括概预算）的期限、质量要求、费用以及其他协作条件等条款。

⑤ 施工合同的内容包括工程范围、建设工期、中间交工工程的开工和竣工时间、工程质量、工程造价、技术资料交付时间、材料和设备供应责任、拨款和结算、竣工验收、质量保修范围和质量保证期、双方相互协作等条款。

⑥ 建设工程实行监理的，发包人应当与监理人采用书面形式订立委托监理合同。发包人与监理人的权利和义务以及法律责任，应当依照本法委托合同以及其他有关法律、行政法规的规定确定。

3. 怎样签订建设工程合同

(1) 建设工程合同应具备的主要条款：发包人和承包人的名称或者姓名和住所；工程概况：指工程的地点、内容、承包范围、承包方式、工程性质、定额工期总天数、开工日期、质量等级、合同价款等；合同文件的解释顺序；合同文件使用的语言文字、标准和适用的法律；图纸的提供，指提供图纸日期、套数、保密要求、费用的承担等；甲方驻工地代表，任命书、委任书，监理工程师等；乙方驻工地代表，任命书等；甲方的工作；乙方的工作；进度计划；延期开工；暂停施工；工程的延误；工程提前；质量检察和返工；工程质量；隐蔽工程和中间验收；试车；验收和重新检验；合同价款的调整；预付工程款；工程量的确认；工程款（进度款）的支付；甲方供应材料设备；乙方采购材料设备；设计的变更；确定变更价款；竣工验收；竣工结算；保修；争议的解决方式：即“或裁，或审，一裁终局”；违约责任；索赔；安全施工；地下障碍和文物的处理，影响施工费用的承担；工程的分包；不可抗力；保险；工程停建或缓建；合同生效与终止的期限；合同份数等。

（2）签订建设工程合同的原则

① 初步设计建设工程总概算要经国家或主管部门批准，并编制出所需投资和物资的计划。

② 建议工程主管部门指定一个具有法人资格的筹建班子。

③ 接受要约的具有法人资格的施工单位。

4. 建设工程施工合同的内容

建设工程施工合同是合同的主体发包方（建设单位）与承包方（施工单位）之间进行对建筑安装工程承包的合同，是双方为完成商定的建筑安装工程公司，明确相互权利、义务关系的协议。本合同属于建设工程合同的一种形式，也是一种经济合同，它是一种双务合同，在订立时也应遵循自愿、公平、诚实信用等原则。1999 年 12 月 24 日国家建设部、国家工商行政管理局发布了《建设工程施工合同（示范文本）》。适用于各类公用建筑、民用住宅、工业厂房、交通设施及线路施工和设备安装的样本。

《建设工程施工合同示范文本》由“协议书”“通用条款”“专用条款”三部分组成，并附有三个附件：附件一是“承包人承揽工程项目一览表”；附件二是“发包人供应材料设备一览表”；附件三是“工程质量保证书”。

组成建设工程施工合同的文件包括：施工合同协议书；中标通知书；投标书及其附件；施工合同专用条款；施工合同通用条款；标准、规范及其有关技术文件；图纸；工程量清单；工程报价单或预算书。

双方有关部门工程协商、变更等书面协议或文件视为协议书的组成部分。

上述合同文件应能够互相解释、互相说明。当合同文件中出现不一致时，上面的顺序就是合同的优先解释顺序。但合同出现含糊不清或当事人有不同理解时，按照合同“争议的解决方式”处理。

5. 建设工程施工合同类型

以付款方式进行划分，合同可分为以下几种。

（1）总价合同　总价合同是指在合同中确定一个完成项目的总价，承包单位据此完成项目全部内容的合同。这种合同类型能够使建设单位在评标时，易于确定报价最低的承包商，易于进行支付计算。但这类合同仅适用于工程量不太大且能精确计算、工期较短、技术不太复杂、风险不大的项目。因而采用这种合同类型要求建设单位必须准备详细而全面的设计图纸（一般要求施工详图）和各项说明，使承包单位能准确计算工程量。

（2）单价合同　单价合同是承包人在投标时，按招标文件就分部分项工程所列出的工程量表确定各分部分项工程费用的合同类型。这类合同的适用范围比较宽，其风险可以得到合理的分摊，并且能鼓励承包人通过提高工效等手段从成本节约中提高利润。这类合同能够成立的关键在于双方对单价和工程量计算方法的确认。在合同履行中需要注意的问题则是双方对实际工程量计量的确认。

（3）成本加酬金合同　成本加酬金合同，是由业主向承包单位支付工程项目的实际成本，并按事先约定的某一种方式支付酬金的合同类型。在这类合同中，业主需承担项目实际发生的一切费用，因此也就承担了项目的全部风险。而承包单位由于无风险，其报酬往往也较低。这类合同的缺点是业主对工程总造价不易控制，承包商也往往不注意降低项目成本。这类合同主要适用于以下项目。需要立即开展工作的项目，如震后的救灾工作；新型的工程项目，或对项目工程内容及技术经济指标未确定；风险很大的项目。

6. 建设工程施工合同类型的选择

合同类型的选择，这里仅指以付款方式划分的合同类型的选择。合同的内容视为不可选择。选择合同类型应考虑以下因素。

（1）项目规模和工期长短　如果项目的规模较小，工期较短，则合同类型的选择余地较大，总价合同、单价合同及成本加酬金合同都可选择。由于选择总价合同业主可以不承担风险，业主较愿选用；对这类项目，承包商同意采用总价合同的可能性大，因为这类项目风险小，不可预测因素少。

（2）项目的竞争情况　如果在某一时期和某一地点，愿意承包某一项目的承包商较多，则业主拥有较多的主动权，可按照总价合同、单价合同、成本加酬金合同的顺序进行选择。如果愿意承包项目的承包人较少，则承包人拥有的主动权较多，可以尽量选择承包人愿意采用的合同类型。

（3）项目的复杂程度　如果项目的复杂程度较高，则意味着：一是对承包商的技术水平要求高；二是项目的风险较大。因此，承包商对合同的选择有较大的主动权，总价合同被选用的可能性较小。如果项目的复杂程度低，则业主对合同类型的选择握有较大的主动权。

（4）项目的单项工程的明确程度　如果单项工程的类别和工程量都已十分明确，则可选用的合同类型较多，总价合同、单价合同、成本加酬金合同都可以选择。如果单项工程的分类已详细而明确，但实际工程量与预计的工程量可能有较大出入时，则应优先选择单价合同，此时单价合同为最合理的合同类型。如果单项工程的分类和工程量都不甚明确，则无法采用单价合同。

（5）项目准备时间的长短　项目的准备包括业主的准备工作和承包商的准备工作。对于不同的合同类型他们分别需要不同的准备时间和准备费用。对于一些非常紧急的项目，如抢险救灾等项目，给予业主和承包人的准备时间都非常短，因此，只能采用成本加酬金的合同形式。反之，则可采用单价或总价合同形式。

（6）项目的外部环境因素　项目的外部环境因素包括项目所在地区的政治局势、经济局势因素（如通货膨胀、经济发展速度等）、劳动力素质（当地）、交通和生活条件等。如果项目的外部环境恶劣则意味着项目的成本高、风险大、不可预测的因素多，承包商很难接受总价合同方式，而较适合采用成本加酬金合同。

总之，在选择合同类型时，一般情况下是业主占有主动权。但业主不能单纯考虑己方利益，应当综合考虑项目的各种因素、考虑承包商的承受能力，确定双方都能认可的合同类型。

7. 合同条件的选择

我国的工程建设可选择的合同条件主要有两个：国家工商行政管理局和建设部颁布的《建设工程施工合同文本》和 FIDE 合同条件。FIDIC 合同条件在国际工程中影响较大，世界银行和亚洲开发银行对我国的贷款项目一般都要求采用 FIDIC 合同条件。除此之外，国内的工程项目一般应采用《建设工程施工合同文本》。

二、招标投标法

1. 招标投标法的概念

《中华人民共和国招标投标法》自 2000 年 1 月 1 日起施行。由六章组成总则、招标、投标、开标、评标和中标、法律责任、附则。

招标投标法的目的是为了规范招标投标活动，保护国家利益、社会公共利益和招标投标活动当事人的合法权益，提高经济效益，保证项目质量。

招标投标法适用范围是在中华人民共和国境内进行下列工程建设项目，包括项目的勘察、设计、施工、监理以及与工程建设有关的重要设备、材料等的采购，必须进行招标。其包括：

① 大型基础设施、公用事业等关系社会公共利益、公众安全的项目；

② 全部或者部分使用国有资金投资或者国家融资的项目；

③ 使用国际组织或者外国政府贷款、援助资金的项目。

以上所列项目的具体范围和规模标准，由国务院发展计划部门会同国务院有关部门制定，报国务院批准。法律或者国务院对必须进行招标的其他项目的范围有规定的，依照其规定。

招标投标活动应当遵循公开、公平、公正和诚实信用的原则。

(1) 招标　招标是指建设单位把拟建的工程项目由自己或委托招标代理机构，通过立项、报建、选择招标方式，开标、评标，选择中标单位的一种经济活动。

招标分为公开招标和邀请招标两种形式。公开招标是指招标人以招标公告的方式邀请不特定的法人或者其他组织投标。邀请招标，是指招标人以投标邀请书的方式邀请特定的法人或者其他组织投标。

国务院发展计划部门确定的国家重点项目和省、自治区、直辖市人民政府确定的地方重点项目不适宜公开招标的，经国务院发展计划部门或者省、自治区、直辖市人民政府批准，可以进行邀请招标。

招标工作可以自主招标或请代理机构招标。

招标代理机构是依法设立、从事招标代理业务并提供相关服务的社会中介组织。招标代理机构应当具备下列条件。

① 有从事招标代理业务的营业场所和相应资金；

② 有能够编制招标文件和组织评标的相应专业力量；

③ 有符合《中华人民共和国招标投标法》第三十七条第三款规定条件、可以作为评标委员会成员人选的技术、经济等方面的专家库。

招标人采用公开招标方式的，应当发布招标公告。依法必须进行招标的项目的招标公告，应当通过国家指定的报刊、信息网络或者其他媒介发布。

招标公告应当载明招标人的名称和地址、招标项目的性质、数量、实施地点和时间以及获取招标文件的办法等事项。

招标人采用邀请招标方式的，应当向三个以上具备承担招标项目能力、资信良好的特定的法人或者其他组织发出投标邀请书。招标人可以根据招标项目本身的要求，在招标公告或者投标邀请书中，要求潜在投标人提供有关资质证明文件和业绩情况，并对潜在投标人进行资格审查；国家对投标人的资格条件有规定的，依照其规定。

招标人应当根据招标项目的特点和需要编制招标文件。招标文件应当包括招标项目的技术要求、对投标人资格审查的标准、投标报价要求和评标标准等所有实质性要求和条件以及拟签订合同的主要条款。

国家对招标项目的技术、标准有规定的，招标人应当按照其规定在招标文件中提出相应要求。招标项目需要划分标段、确定工期的，招标人应当合理划分标段、确定工期，并在招标文件中载明。

招标人设有标底的，标底必须保密。

招标人对已发出的招标文件进行必要的澄清或者修改的，应当在招标文件要求提交投标文件截止时间至少 15 日前，以书面形式通知所有招标文件收受人。该澄清或者修改的内容为招标文件的组成部分。招标人应当确定投标人编制投标文件所需要的合理时间；但是，依法必须进行招标的项目，自招标文件开始发出之日起至投标人提交投标文件截止之日止，最短不得少于 20 日。

(2) 投标　投标是指具有合法资格和能力的投标人根据招标文件，根据研究和计算，在指定时间内填写标书，对招标文件做出响应的一种经济活动。

投标人是指响应招标、参加投标竞争的法人或者其他组织。投标人应当按照招标文件的要求编制投标文件。投标文件应当对招标文件提出的实质性要求和条件做出响应。招标项目属于建设施工的，投标文件的内容应当包括拟派出的项目负责人与主要技术人员的简历、业绩和拟用于完成招标项目的机械设备等。

投标人应当在招标文件要求提交投标文件的截止时间前，将投标文件送达投标地点。招标人收到投标文件后，应当签收保存，不得开启。

投标人少于三个的，招标人应当依照本法重新招标。在招标文件要求提交投标文件的截止时间后送达的投标文件，招标人应当拒收。投标人在招标文件要求提交投标文件的截止时间前，可以补充、修改或者撤回已提交的投标文件，并书面通知招标人。补充、修改的内容为投标文件的组成部分。

投标人不得相互串通投标报价，不得排挤其他投标人的公平竞争，损害招标人或者其他投标人的合法权益。投标人不得与招标人串通投标，损害国家利益、社会公共利益或者他人的合法权益。

(3) 开标　开标应当在招标文件确定的提交投标文件截止时间的同一时间公开进行；开标地点应当为招标文件中预先确定的地点。

开标由招标人主持，邀请所有投标人参加。开标时，由投标人或者其推选的代表检查投标文件的密封情况，也可以由招标人委托的公证机构检查并公证；经确认无误后，由工作人员当众拆封，宣读投标人名称、投标价格和投标文件的其他主要内容。招标人在招标文件要求提交投标文件的截止时间前收到的所有投标文件，开标时都应当当众予以拆封、宣读。开标过程应当记录，并存档备查。

(4) 评标　评标由招标人依法组建的评标委员会负责。依法必须进行招标的项目，其评标委员会由招标人的代表和有关技术、经济等方面的专家组成，成员人数为五人以上单数，其中技术、经济等方面的专家不得少于成员总数的2/3。

招标人应当采取必要的措施，保证评标在严格保密的情况下进行。

评标委员会可以要求投标人对投标文件中含义不明确的内容作必要的澄清或者说明，但是澄清或者说明不得超出投标文件的范围或者改变投标文件的实质性内容。

评标委员会应当按照招标文件确定的评标标准和方法，对投标文件进行评审和比较；设有标底的，应当参考标底。

评标委员会完成评标后，应当向招标人提出书面评标报告，并推荐合格的中标候选人。招标人根据评标委员会提出的书面评标报告和推荐的中标候选人确定中标人。招标人也可以授权评标委员会直接确定中标人。

(5) 中标　中标人的投标应当符合下列条件之一：能够最大限度地满足招标文件中规定的各项综合评价标准；能够满足招标文件的实质性要求，并且经评审的投标价格最低；但是投标价格低于成本的除外。

在确定中标人前，招标人不得与投标人就投标价格、投标方案等实质性内容进行谈判。

中标人确定后，招标人应当向中标人发出中标通知书，并同时将中标结果通知所有未中标的投标人。中标通知书对招标人和中标人具有法律效力。中标通知书发出后，招标人改变中标结果的，或者中标人放弃中标项目的，应当依法承担法律责任。

招标人和中标人应当自中标通知书发出之日起30日内，按照招标文件和中标人的投标文件订立书面合同。招标人和中标人不得再行订立背离合同实质性内容的其他协议。

中标人应当按照合同约定履行义务，完成中标项目。中标人不得向他人转让中标项目，也不得将中标项目肢解后分别向他人转让。

2. 招标投标的一般程序

(1) 招标程序

① 招标前的准备工作；

② 决定招标方式，公布招标信息；

③ 投标人报名及资格预审、确定投标人名单；

④ 向通过资格预审的投标单位发招标文件；

⑤ 组织投标单位进行工程现场勘察；

⑥ 澄清及答疑；

⑦ 组织开标、评标、确定中标单位；

⑧ 发“中标通知书”；

⑨ 签订承包合同。

(2) 投标程序

① 根据招标通告或邀请，并结合本企业自身能力与特点，申请参加适宜的投标，即投标选择；

② 向招标单位送投标申请书；

③ 接受招标单位的资质审查；

④ 审查通过后，购买招标文件；

⑤ 参加工程现场勘察；

⑥ 对招标文件提出问题；

⑦ 编制施工组织设计或施工方案，计算投标报价；

⑧ 填写投标书，并按规定时间密封报送招标单位（或开标地点）；

⑨ 参加开标；

⑩ 中标后与建设单位签订承包合同，未中标退回招标文件资料。

3. 建设工程招标投标的管理

建设工程招标投标，是由县级以上各级人民政府建设行政主管部门或授权机构负责管理与监督。建设部负责全国建设工程招标投标的管理工作。

三、工程建设监理

1. 建设监理的概念

建设监理是指对工程建设的参与者的行为所进行的监督、控制、督促、评价和管理，以保证建设行为符合国家法律、法规和有关政策要求，制止建设行为的随意性和盲目性，促使建设进度、投资、质量按计划（或合同）实现，确保建设行为的合法性、科学性、合理性和经济性。

建设监理涉及项目前期与项目的实施阶段。当前我国着重于项目设计阶段、招标、投标阶段、施工阶段和竣工验收以及项目投入使用后的保修阶段的监理工作，具有顾问、参谋和监督管理方面的职责。因此，监理工作可归纳为咨询工作，监理合同也为咨询合同。

2. 建设监理的制度

建设监理制是我国工程建设领域中项目管理体制的重大改革举措之一，它是与投资体制、承包经济责任制、开放建筑市场、招标投标制、项目业主责任制等改革制度相匹配的改革制度，是为适应社会化大生产的需要和商品经济发展而产生的。

（1）监理单位是实施监理的主体　我国监理的主要方式是由监理单位进行建设监理。建设单位委托社会化的、专业化的监理单位承担工程监理，双方无隶属关系。它保证了监理单位的独立性、公正性、权威性。建设监理单位一般由设计、科研院，高等院校，工程咨询公司和大型施工企业为主组建而成。它是一类高智能密集型的中介机构。

我国的建设监理单位一般可称为工程建设监理有限公司或工程建设监理事务所。工程建设监理公司（事务所）是独立法人，拥有一定的资金和办公场所，可独立地开展建设监理工作。

监理单位受项目法人的委托，依据国家批准的工程项目文件，有关工程建设的法律、法规和工程建设监理合同以及其他工程建设合同，对工程建设实施的以合同为目标的监督管理。监理单位由总监、监理工程师和监理员组成。

（2）建设监理单位资质及监理工程师注册

① 建设监理单位的资质　监理单位资质是指从事监理业务应当具备的人员素质、资金数量、专业技能、管理水平和监理业绩等。

监理单位必须是独立法人，拥有一定的资金和办公场所，可独立地开展建设监理工作。

建设监理单位资质等级可分为甲、乙、丙三级。其监理业务范围为：甲级监理单位可以跨地区、跨部门监理一等、二等、三等的工程。乙级监理单位只能监理本地区，本部门二等、三等的工程。丙级监理单位只能监理本地区、本部门三等的工程。

② 建设监理单位资质管理 国务院建设行政主管部门（建设部）归口管理全国监理单位的资质管理工作，并负责甲级监理单位的定级审批。

省、自治区、直辖市人民政府建设行政主管部门（建委或建设厅）负责本地区监理单位的资质管理工作和地方乙、丙监理单位的定级审批工作。

国务院工业、交通等部门负责本部门直属监理单位的资质管理工作和本部门直属乙、丙级监理单位的定级审批工作。

中外合资经营企业和中外合作经营企业为监理单位时，由规定的中外合资的审批机关负责其定级审批工作。

③ 监理工程师注册 监理工程师系岗位职务，是指经全国统一考试合格并经注册取得《监理工程师岗位证书》的工程建设监理人员。不从事监理工作，就不再具有监理工程师岗位职务。

考试合格者，由监理工程师注册机关核发《监理工程师资格证书》。《监理工程师资格证书》的持有者，自领取证书起，五年内未经注册，其证书失效。

3. 监理的职责

我国建设监理实行总监责任制，因此，对总监提出了很高的要求。而对于建设工程中的具体职责，随建设项目进程而变化，具体而言，表现为以下几个阶段。

（1）建设前期阶段

① 建设项目的可行性研究。

② 参与设计任务书的编制。

在建设前期这一阶段，监理单位应协助业主做好投资决策工作。投资决策有两个方面，投资估算的审查，建设项目方案的选择建议。如果项目投资可行，经济效益显著，监理单位应协助业主，参与设计和任务书的编制工作。

（2）设计阶段

① 提出设计要求，组织评选设计方案。

② 协助选择勘察、设计单位，协助签订勘察设计合同并组织实施。

③ 审查设计和概预算。

在设计阶段，建设监理单位的责任在于帮助业主与设计单位协调，完成设计任务，即协助业主组织设计招标、设计方案竞赛，并从业主的角度出发，评选出较好的设计方案。监理工程师在协助业主选择出满意的设计方案后，对设计方案进行综合分析，监理工程师并要协助业主选择勘察设计单位，签订设计合同。

监理单位在设计阶段要负责审查设计图和设计概（预）算。监理工程师应在设计阶段协助设计人员在设计中应用价值工程原理或进行限额设计，以保证业主的投资限额不被突破。监理工程师对设计概预算的审核是在投资阶段控制建设工程造价的有效手段。

（3）施工招标阶段

① 准备及发送招标文件，协助评审投标书，提出决标意见。

② 协助建设单位与承建单位签订工程承包合同。

协助业主进行建设项目施工招标、投标，也是监理工程师的重要责任之一。由于业主对我国投招标制度并不一定熟悉，因此监理工程师要首先为业主做好工程招标、投标的准备工作，协助业主起草招标申请书和招标通告。在我国，招标方式有公开招标和邀请招标两种。

监理工程师应向业主提出建议，选择适当的招标方式；如果是邀请招标，监理工程师可以向业主推荐自己认为合适的邀请对象。对于项目承包人，监理工程师有责任组织安排其进行现场勘测，并对工程招标文件中存在的具体问题做出解释。这时，监理工程师不应给承包人以某种暗示，或对承包商有不公平待遇，提供错误的工程信息。

在各方承包商投标截止日，招标、投标工作即进入了开标阶段。在开标过程中，监理工程师为业主鉴别有效标书和无效标书，并负责无效标书的处理工作。

在评标阶段，监理工程师要对所有的投标书进行综合评价，并向业主做出各投标书的分析以及投标书的优劣评价。在综合评价过程中，不但要考虑工程报价，而且，还要考虑施工单位的信誉、技术能力以及是否建设过类似工程等多项因素。监理工程师应注意摆正自己的位置，不能在评标过程中失去公正性。

至于最后决定中标单位的决定权，应由业主拥有。

（4）施工阶段

① 协助建设单位与承建单位编写开工报告。

② 确认承建单位选择的分包单位。

③ 审查承建单位提出的施工组织设计、施工技术方案和施工进度计划，提出改进意见。

④ 审查承建单位提出的材料和设备清单及其所列的规格与质量。

⑤ 督促承建单位严格执行工程承包合同和工程技术标准。

⑥ 调解建设单位与承建单位之间的争议。

⑦ 检查工程使用的材料、构件和设备的质量，并检查安全防护设施。

⑧ 检查工程进度和施工质量，验收分部分项工程，签署工程付款凭证。

⑨ 督促整理合同文件和技术档案资料。

⑩ 组织设计单位和施工单位进行工程竣工初步验收，提出竣工验收报告。

⑪ 审查工程结算。

（5）保修阶段　负责检查工程状况，鉴定质量问题责任，督促保修。

4. 工程建设监理的内容

工程建设监理的主要内容是控制工程建设投资、建设工期和工程质量，即为三大控制；进行工程建设合同管理及信息管理；协调与有关单位的工作关系。用六个字概括就是协调、管理、控制。

（1）协调　协调是指建设监理应做好如下协调工作，即工程项目施工活动与外部环境间的协调工作。包括与政府各有关部门（规划、土地、市政、消防、环保等）、资源供应部门（供水、供电、通信、市政排水等单位）之间协调、保证必要的施工条件。

施工活动中各有关要素间的协调工作。包括生产中技术图样、材料、设备、资金供应方面的协调，并参与施工各单位在时间与空间上的协调，以及土建、设备、装修、总包、分包各单位之间的协调等。

（2）管理　管理是指施工监理过程中的合同管理及信息管理。

合同管理是指监理单位对工程施工中的各类合同的拟定、协商、签订、执行进行的组织管理，保证工程正常完成。同时，又要维护合同双方的正当合法权益。

信息管理是指对工程施工中的各类信息的收集、整理、处理、存储、传递、应用等工作。监理单位在开展监理工作中，需要不断地预测和发现问题，不断地进行规划、决策、执行和检查。每项工作都离不开相应的规划信息、决策信息、执行信息和检查信息。系统的管理信息是必要的。

（3）控制 控制是指施工监理过程中，监理单位对工程项目的质量控制、进度（工期）控制和投资控制。

质量控制是通过建立健全有效的质量监督工作系统，通过审核图样、监督执行标准技术规范等一系列手段来确保工程质量达到预定的标准和等级要求。

进度控制是通过运用运筹学、网络计划等一系列措施，使项目建设工期控制在计划工期内。

投资控制是在形成合理的合同价款基础上，着重控制施工阶段可能发生的新增工程费用，以及正确处理好索赔事宜，以达到对工程实际值的有效控制。

工程建设监理的协调、管理、控制三大内容中，控制是核心，协调与管理是为控制服务，监理最终目的是使工程项目投资省、质量高、按期或提前完工。

建设监理制的实施是我国工程建设管理的一项重大改革举措，它涉及许多外部环境，要形成一套具有中国特色的建设监理法规体系，尚须积极实践，不断总结和完善。

复习思考题

1. 什么是基本建设？
2. 基本建设包括哪些内容？
3. 基本建设程序有哪些？为什么基本建设必须遵循一定程序？
4. 建筑工程造价的概念是什么？工程造价的特点有哪些？
5. 基本建设项目是如何划分的？
6. 建筑工程概预算的概念和作用是什么？
7. 工程造价按工程建设不同阶段编制文件划分为哪几种？
8. 合同的定义、合同的种类、合同的形式、合同的内容、订立合同的原则分别是什么？
9. 工程承包方式主要有哪两种？
10. 建设工程合同的形式是什么？
11. 建设工程施工合同的概念是什么？
12. 建设工程施工合同的内容是什么？
13. 什么是招标？什么是投标？建筑工程招标、投标的一般程序有哪些？
14. 建设监理主要内容是什么？
15. 怎样签订建设工程合同？
16. 判断题

（1）一个工厂的生产车间为一个单位工程。（ ）

（2）土建工程中楼地面工程为一个分项工程。（ ）

（3）砖石工程为一个分部工程。（ ）

（4）电气照明工程为一个单项工程。（ ）

（5）教学楼工程是一个单项工程。（ ）

第二章　建筑工程定额与费用

本章主要内容：了解建筑工程定额概念，熟悉建筑工程定额的相互关系，熟悉施工定额（包括劳动定额、材料消耗定额、机械台班使用定额）、建筑工程预算定额、建筑与装饰工程计价定额、建筑工程概算定额、概算指标等概念，掌握它们之间的相同点与不同点，了解各种定额的作用和编制依据，熟悉各种定额的编制方法，重点掌握各种定额的使用条件。掌握建筑工程费用的组成和概念，了解建设项目费用组成。

第一节　建筑工程定额概述

定额是一种规定的额度或限额，广义地说，是一种处理待定事物的数量界限。定额的水平就是规定完成单位合格产品所需资源数量的多少。它随社会生产力水平的变化而变化，是一定时期社会生产力的反映。

定额的种类很多，在生活领域内的定额统称为非生产性定额，在生产领域内的定额统称为生产性定额。在社会生产中，为了完成某一合格产品，就必然要消耗一定量的劳动力与物质劳动，但在社会各个阶段的生产发展中，由于各阶段的生产力水平、生产关系的不同，因此在产品生产中所需消耗的劳动力与物质劳动的数量也就不同。然而在一定时期，在一定的生产条件下，总有一个合理的数额。规定完成某一合格单位产品所需消耗的劳动力与物质劳动的数量标准或额度，称为生产定额。

一、建筑工程定额的概念

建筑工程定额是在一定时期，在一定生产条件下，用科学的方法测定出生产质量合格的单位建筑产品所需消耗的人工、材料、机械台班的规定额度。它不仅规定了数据，而且还规定了工作内容、质量和安全的要求。建筑工程定额是专门为建筑产品生产而制定的一种定额，是生产定额的一种，即规定完成某一合格的单位建筑产品基本构造要素所需消耗的人工与材料、机械台班的数量标准或额度，称为建筑工程定额。这些人力、物力的消耗是随着生产条件的变化而变化的。因此，规定产品生产中各种消耗因素，应该反映出一定时期的社会生产力水平。

在建筑企业的生产活动中，应力求用最少的人工、材料、机械台班的消耗，生产出质量合格的建筑产品，获得最好的经济效益。随着生产的发展，先进技术的采用，必须制定出符合新的生产条件的定额，以满足指导和组织生产的需要。因此，在建筑工程行业正在推行企业定额。

二、建筑工程定额的分类

建筑工程定额的种类很多，根据内容、形式、用途和使用范围的不同，可分为以下几类(图 2-1)。

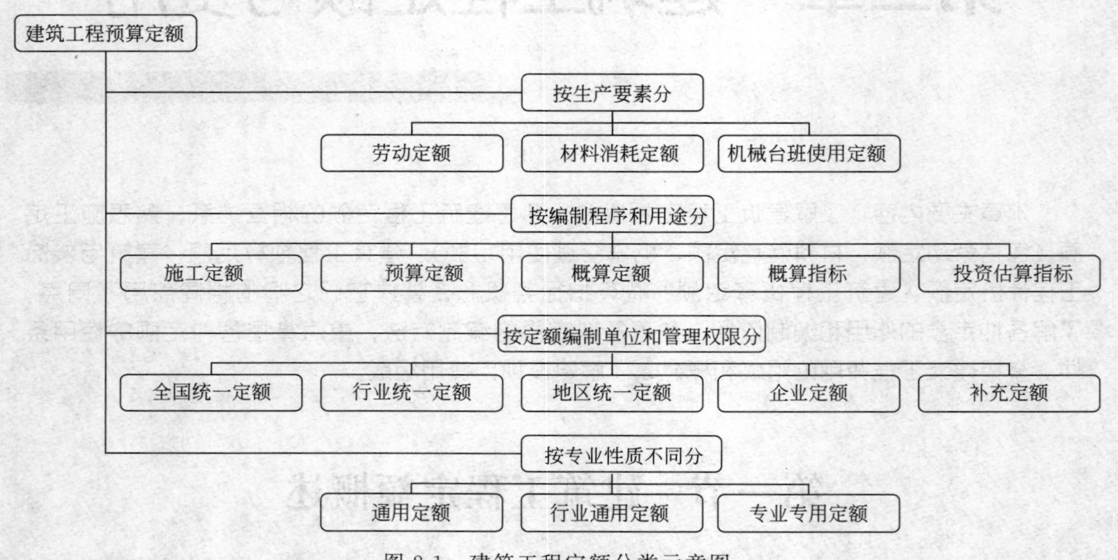

图 2-1　建筑工程定额分类示意图

1. 按生产要素分

进行物质资料生产所必须具备的三要素是：劳动者、劳动对象和劳动手段。劳动者是指生产工人，劳动对象是指建筑材料和各种半成品等，劳动手段是指生产机具和设备。为了适应建筑施工活动的需要，定额可按以下三个要素编制，即劳动定额、材料消耗定额、机械台班使用定额。

2. 按编制程序和用途分

在建筑工程定额中，按编制程序和用途可分为施工定额、预算定额、概算定额、概算指标和投资估算指标五种。

施工定额是施工企业内部直接用于施工管理的一种技术定额。它是以工作过程或复合工作过程为标定对象，规定某种建筑产品的人工消耗量、材料消耗量和机械台班使用消耗量。施工定额是建筑企业中最基本的定额，可用以编制施工预算，编制施工组织设计、施工作业计划，考核劳动生产率和进行成本核算的依据。施工定额也是编制预算定额的基础资料。

预算定额是以建筑物或构筑物的各个分部分项工程为单位编制的。定额中包括所需人工工日数、各种材料的消耗量和机械台班使用量，同时表示对应的地区基价。预算定额是以施工定额为基础编制的，它是在施工定额的基础上综合和扩大，用以编制施工图预算，确定建筑安装工程造价，编制施工组织设计和工程竣工决算。预算定额也是编制概算定额和概算指标的基础。

概算定额是以扩大结构构件、分部工程或扩大分项工程为单位编制的，它包括人工、材料和机械台班消耗量，并列有工程费用。概算定额是以预算定额为基础编制的，它是预算定额的综合和扩大，用以编制初步设计概算，进行设计方案经济比较，也可作为编制主要材料申请计划的依据。

概算指标是比概算定额更为综合的指标。它是以整座房屋或构筑物为单位来编制的。其内容包括人工、材料消耗和机械台班使用定额三个组成部分，同时还列出了各结构部分的工程量和以每 $100m^2$ 建筑面积或每座构筑物体积为计量单位而规定的造价指标。概算指标是方案设计阶段编制概算的依据，是进行技术经济分析，考核建设成本的标准，是国家控制基本建设投资的主要依据。

投资估算指标是比概算指标更为概括的指标。它是以整座房屋或构筑物为单位来编制的。其内容包括以每 $100m^2$ 建筑面积或每座构筑物体积为计量单位而规定的造价指标。投资估算指标是决策阶段编制投资估算的依据，是进行技术经济分析、方案比较的依据，对于项目前期的方案选定和投资计划编制有重要作用。

3. 按定额编制单位和管理权限分

按编制单位和管理权限划分有全国统一定额、行业统一定额、地区统一定额、企业定额和补充定额五种。

全国统一定额是综合全国基本建设的生产技术和施工组织、生产劳动的一般情况而编制的，在全国范围内执行。例如全国统一的劳动定额、全国统一建筑工程基础定额、专业通用和专业专用定额等。

行业统一定额是指一个行业根据本行业的特点、行业标准和行业施工规范要求编制的，只在本行业的工程中使用，如电力定额、化工定额、水利定额等。

地区统一定额是在考虑地区特点和统一定额水平的条件下编制的，只在规定的地区范围内使用。各地区不同的气候条件、物质技术条件、地方资源条件和交通运输条件，是确定定额内容和水平的重要依据。如一般地区通用的建筑工程预算定额、概算定额和补充劳动定额。

企业定额是由建筑企业编制的，在本企业内部执行的定额。由于生产技术的发展，我国加入 WTO 以来，建筑工程工程量清单规范的实行，编制企业定额将是各个企业参与市场竞争的必要手段。

补充定额是指统一定额和企业定额中未列入的项目，或在特殊施工条件下无法执行统一的定额，由预算员和有经验的工人根据施工特点、工艺要求等直接估算的定额。补充定额制定后必须报上级主管部门批准。

4. 按专业性质不同分

可分为通用定额、行业通用定额、专业专用定额。

另外，还有按国家有关规定制定的计取间接费等费用定额。

三、建筑工程五种定额的相互关系

建筑工程定额有施工定额、预算定额、概算定额、概算指标和投资估算指标五种，其相互关系：准确性是由细到粗，使用上由复杂到简便，定额水平上由平均先进到平均水平，在使用范围上由普遍到特殊。

第二节 建筑工程施工定额

一、施工定额概念及内容

1. 施工定额的概述

(1) 施工定额　施工定额是指在正常的施工条件下，以同一性质的施工过程为标定对象而规定的完成单位合格产品所需消耗的劳动力、材料、机械台班使用的数量标准。施工定额是直接用于施工管理中的一种定额，是建筑安装企业的生产定额，也是施工企业组织生产和加强管理，在企业内部使用的一种定额。

(2) 施工定额的组成　施工定额是由劳动定额、材料消耗定额和机械台班使用定额三个相对独立的定额组成的。为了适应组织施工生产和管理的需要，施工定额的项目划分很细，是建筑工程定额中分项最细、定额子目最多的一种定额，也是建筑工程定额中的基础性定额。

2. 施工定额的作用

由于施工定额包括了劳动定额、机械台班定额和材料消耗定额三个部分，施工定额的作用主要表现在合理地组织施工生产和按劳分配两个方面。因此，认真执行施工定额，正确地发挥施工定额在施工管理中的作用，对于促进施工企业的发展，具有十分重要的意义。概括起来有以下几个方面作用。

(1) 施工定额是编制施工组织设计，施工作业计划，劳动力、材料、机械台班使用计划的依据。建筑施工企业利用施工组织设计，全面安排和指导施工生产，以确保生产顺利进行。企业编制施工组织设计，大致确定三部分内容：确定建筑工程所需的材料等的用量；编制施工作业计划；拟订各种材料的采购时间和机械使用台班量。施工作业计划是施工企业进行计划管理的重要环节，它能对施工中劳动力的需要量和施工机械的使用进行平衡，同时又能计算材料的需要量和实物工程量等，因此，必须用施工定额来确定建筑工程所需的人工、材料、机械等的数量。

(2) 施工定额是编制单位工程施工预算，加强企业成本管理和经济核算的依据。根据建筑工程施工定额编制的施工预算，是施工企业用来确定单位建筑工程产品上的人工、机械、材料以及资金等消耗量的一种计划性文件，即在编制的施工预算的基础上，施工队向生产班组签发施工任务单和限额领料单，用来考核班组的工料消耗，从而企业可以有效地控制在生产中消耗的人力、物力，达到控制成本、降低费用开支的目的。同时，企业可以运用施工定额进行核算，挖掘企业潜力，提高劳动生产率，降低成本，在招标投标竞争中提高竞争力。

(3) 施工定额是衡量企业工人劳动生产率，贯彻按劳分配，推行经济责任制的依据。施工定额中的劳动定额是衡量和分析施工工人劳动生产率的主要尺度。根据劳动定额，可以了解到各种施工的人工工日。因此，企业可以在此基础上，实行内部经济包干、签发包干合同，这不仅能衡量每一个施工队、班组及工人在生产劳动中的成绩，计算劳动报酬，同时还能奖勤罚懒，调动工人的积极性。

(4) 施工定额是编制预算定额和单位估价表的基础。建筑工程预算定额是以建筑工程施工定额为基础的，这不仅能保证预算定额符合实际的施工生产和经营管理的要求，而且使施工生产中所消耗的人力、物力能够得到合理的补偿。当施工中采用新材料、采用新工艺而使预算定额缺项时，就必须以建筑工程施工定额为依据，制订补充预算定额和补充单位估价表。

(5) 施工定额是编制企业定额的依据。施工企业要在最短的时间内编制自己的定额，首先要熟悉施工定额，在施工定额的指导下，编制企业参考定额，通过不断的工程运用和调整形成自己的企业定额。

总之，编制和执行好施工定额并充分发挥其作用，对于促进施工企业内部施工组织管理水平的提高，加强经济核算，提高劳动生产率，降低工程成本，提高经济效益，具有十分重要的意义。

3. 施工定额的编制原则

(1) 定额水平平均先进原则　定额水平，是指生产单位产品所需消耗的劳动、材料、机械的数量多少。消耗量越少，说明定额水平越高；消耗量越多，说明定额水平越低。定额编制水平的制订，既不能以少数先进水平为基础，更不能以后进水平为依据，要采用平均先进水平，只有这样才能代表社会生产力的发展水平和方向，有助于推动社会生产力的发展。

平均先进水平是指在施工任务饱满，动力原料供应及时，劳动组织合理，企业管理健全等正常施工条件下，经过努力，大多数工人可以达到或超过，少数工人可以接近的水平。定额水平过低，不能促进生产；定额水平过高，会挫伤工人的生产积极性。

(2) 结构形式简明适用原则　编制定额时要求定额项目划分合理，步距大小适当，文字通俗，计算简便。

① 定额项目划分合理是指定额项目齐全，项目划分粗细恰当。

② 步距大小适当。步距是指同类性质的一组定额，在合并时保留的间距。

③ 文字通俗，计算简便。定额的文字说明和注解，应简单明了、通俗易懂，计算方法要简化，便于掌握。

(3) 专群结合，以专为主原则　专群结合是指专职人员要与工人群众相结合，要以工人的生产实践作为编制依据。以专为主，施工定额的编制工作量非常大，工作周期长，技术性复杂，政策性高，必须有一支经验丰富、技术与管理知识全面，又有一定政策水平的专业人员。

4. 施工定额的编制依据

施工定额的编制依据主要有以下几个方面。

① 全国统一劳动定额及地方补充劳动定额和材料消耗定额。

② 建筑安装工程施工验收规范，质量检查评定标准，技术安全操作规程。

③ 现场测定资料和有关统计资料。

④ 建筑安装工人技术等级标准。

⑤ 有关的技术资料，如标准图和半成品配合比等。

5. 施工定额的内容

目前，全国尚无统一的施工定额。原城乡建设环境保护部于1988年颁发的《全国建筑安装工程统一劳动定额》，是具有施工定额性质的单项定额。各地区专业主管部门和企业的有关职能机构，在此定额的基础上，结合现行的建筑材料消耗定额、工程质量标准、安全操作规程，并结合地区特点、专业施工的特点，及本施工企业的机械配备、施工条件、施工技术水平，并参考有关工程的历史资料，进行调整、补充而编制出本地区、本企业或本工程范围内使用的单项消耗定额，并按一定程序颁发执行。有些地区就直接使用全国统一劳动定额和机械台班使用定额。

施工定额是由总说明和分册章节说明、定额项目表以及有关的附录、加工表三部分组成的。

(1) 总说明和分册章节说明　总说明，包括说明该定额的编制依据、适用范围、工程量要求，各项定额的有关规定及说明，以及编制施工预算的若干说明。

分册章节说明，主要说明本册章节定额的工作内容、施工方法、有关规定及说明工程量计算规则等内容。

(2) 定额项目表　由完成本定额子目的工作内容、定额表、附注组成。

工作内容是指除规定的工作内容外，完成本额子目另外规定的工作内容。通常列在定额表上部。定额表由定额编号、定额项目名称、计量单位及工料消耗指标所组成。某些定额项目设计特殊要求需单独说明的，写入附注内，通常列在定额表下部。

(3) 附录及加工表　附录一般放在定额分册之后，包括名词解释、图示及有关参考资料。例如，材料消耗计算附表，砂浆、混凝土配合比表等。

二、劳动定额

1. 劳动定额的概念

劳动定额又称人工定额，是指在正常的施工技术和组织条件下，某级工人在单位时间内完成合格产品所必需的劳动消耗量标准。这个标准是国家和企业对工人在单位时间内完成产品的数量和质量的综合要求。

2. 劳动定额的表现形式

劳动定额的表现形式可分为时间定额和产量定额两种。

(1) 时间定额　时间定额是指某工种、某种技术等级的工人班组或个人，在合理的生产技术和生产组织条件下，完成符合质量要求的单位产品所必须的工作时间。

工作时间是指工人在工作中的所有时间，包括定额时间和非定额时间。

定额时间包括有效工作时间、不可避免的中断时间和休息时间。

有效工作时间是指准备与结束时间、基本工作时间、辅助工作时间。

非定额时间包括多余或偶然工作的时间、停工时间和违反劳动纪律损失的时间。

时间定额的计量单位，一般以工日和完成产品的单位（如m^3、m^2、m、t、根等）来表示，如工日/m^3（或m^2、m、t、根等），每个工日工作时间按现行制度规定为8h。其计算方法如下：

$$单位产品的时间定额(工日)=\frac{1}{每工产量}$$

或
$$单位产品的时间定额(工日)=\frac{小组成员工日数的总和}{小组的台班产量}$$

(2) 产量定额　产量定额是指某工种、某种技术等级的班组或个人，在合理的生产技术和生产组织条件下，在单位时间内（工日）应完成合格产品的数量。

产量定额的计量单位，一般以产品的计量单位（如 m^3、m^2、m、t、根等）和工日来表示，如 m^3（或 m^2、m、t、根等）/工日。其计算方法如下：

$$每工产量=\frac{1}{单位产品的时间定额(工日)}$$

或
$$台班产量=\frac{小组成员工日数的总和}{单位产品的时间定额(工日)}$$

(3) 时间定额与产量定额的关系　时间定额与产量定额互为倒数，即

$$时间定额\times产量定额=1$$

$$时间定额=\frac{1}{产量定额}$$

$$产量定额=\frac{1}{时间定额}$$

因此，时间定额减少，产量定额相应增加。反之，时间定额增加，产量定额相应减少。

按定额标定的对象不同，劳动定额又分单项工序定额、综合定额。综合定额表示完成同一类产品中的各单项（工序或工种）定额的综合。按工序综合的用“综合”表示，见表 2-1。

表 2-1　$1m^3$ 砌体的劳动定额

项目		混水内墙					混水外墙					序号
		0.25 砖厚	0.5 砖厚	0.75 砖厚	0.25 砖厚	≥1.5 砖厚	0.5 砖厚	0.75 砖厚	1 砖厚	1.5 砖厚	≥2 砖厚	
综合	塔吊	$\frac{2.05}{0.488}$	$\frac{1.32}{0.758}$	$\frac{1.27}{0.787}$	$\frac{0.972}{1.03}$	$\frac{0.045}{1.06}$	$\frac{1.42}{0.704}$	$\frac{1.37}{0.73}$	$\frac{1.04}{0.962}$	$\frac{0.985}{1.02}$	$\frac{0.955}{1.05}$	1
	机吊	$\frac{2.26}{0.442}$	$\frac{1.51}{0.662}$	$\frac{1.47}{0.68}$	$\frac{1.18}{0.847}$	$\frac{1.15}{0.87}$	$\frac{1.62}{0.617}$	$\frac{1.57}{0.637}$	$\frac{1.24}{0.806}$	$\frac{1.19}{0.84}$	$\frac{1.16}{0.862}$	2
砌砖		$\frac{1.54}{0.65}$	$\frac{0.822}{1.22}$	$\frac{0.774}{1.29}$	$\frac{0.458}{2.18}$	$\frac{0.426}{2.35}$	$\frac{0.931}{1.07}$	$\frac{0.869}{1.15}$	$\frac{0.522}{1.92}$	$\frac{0.466}{2.15}$	$\frac{0.435}{2.3}$	3
起重机运输	塔吊	$\frac{0.433}{2.31}$	$\frac{0.412}{2.43}$	$\frac{0.415}{2.41}$	$\frac{0.418}{2.39}$	$\frac{0.418}{2.39}$	$\frac{0.412}{2.43}$	$\frac{0.415}{2.41}$	$\frac{0.418}{2.39}$	$\frac{0.418}{2.39}$	$\frac{0.418}{2.39}$	4
	机吊	$\frac{0.64}{1.56}$	$\frac{0.61}{1.64}$	$\frac{0.613}{1.63}$	$\frac{0.621}{1.61}$	$\frac{0.621}{1.61}$	$\frac{0.61}{1.64}$	$\frac{0.613}{1.63}$	$\frac{0.619}{1.62}$	$\frac{0.619}{1.62}$	$\frac{0.619}{1.62}$	5
调制砂浆		$\frac{0.081}{12.8}$	$\frac{0.081}{12.3}$	$\frac{0.085}{11.8}$	$\frac{0.096}{10.4}$	$\frac{0.101}{9.9}$	$\frac{0.081}{12.3}$	$\frac{0.085}{11.8}$	$\frac{0.096}{10.4}$	$\frac{0.101}{9.9}$	$\frac{0.102}{9.8}$	6
编号		13	14	15	16	17	18	19	20	21	22	

按工种综合的一般用“合计”表示，计算方法如下：

综合时间定额（工日）＝各单项（工序）时间定额的总和

$$综合产量定额=\frac{1}{综合时间定额}$$

例如，如表 2-1 所示，定额编号 16-(1)，一砖厚混水内墙，塔式起重机作垂直水平运输，每立方米砌体的综合时间定额是 0.972 工日。它是由砌砖、运输、调制砂浆三个工序的时间定额之和得来的，即：

0.458＋0.418＋0.096＝0.972（工日）

综合产量定额＝1/0.972＝1.03(m^3)

同样，综合时间定额×综合产量定额＝1

即：0.972×1.03＝1

时间定额和产量定额，虽然以不同的形式表示同一个劳动定额，但却有不同的用途。时间定额是以工日为计量单位，便于计算某分部（项）工程所需的总工作日数，也易于核算工资和编制施工进度计划。产量定额是以产品数量为计量单位，便于施工小组分配任务，考核工人劳动生产率。

（4）劳动定额的表示方法　现行的《全国建筑安装工程统一劳动定额》主要有两种编制方法。

① 单式表示法　即分两栏分别表示时间定额和产量定额。

② 复式表示法　即同一栏中列出时间定额和产量定额，其分子为时间定额，分母为产量定额。《全国建筑安装工程统一劳动定额》多采用复式表示法。如表 2-1 为 $1m^3$ 砌体的劳动定额（本表摘自 1988 年《全国建筑安装工程统一劳动定额》）。

3. 劳动定额的作用

① 是编制施工定额、预算定额、概算定额的基础。

② 是计算额定用工、编制施工组织设计、施工作业计划、劳动工资计划和下达施工任务书的依据。

③ 是衡量工人劳动生产率、考核工效的主要尺度。

④ 是推行经济责任制、实行计划工资、人工费包干和计算劳动报酬、贯彻按劳分配原则的依据。

⑤ 是确定定员和合理劳动组织的依据。

⑥ 是企业实行经济核算的重要基础。

4. 劳动定额的编制原则

劳动定额的编制原则要符合施工定额的编制原则。

5. 劳动定额的编制方法

劳动定额的编制方法有技术测定法、统计分析法、经验估工法、比较类推法等。其中技术测定法是我国建筑安装工程收集定额基础资料的基本方法。

技术测定法是一种细致的科学调查研究方法，是在深入施工现场的条件下，根据施工过程合理先进的技术条件、组织条件和施工方法，对施工过程各工序工作时间的各个组成部分进行实地观测，分别测定每一工序的工时消耗，通过测定的资料进行分析计算，并参考以往数据经过科学整理分析制定定额的方法。该方法比较合理先进，有较强的说服力，但工作量大，应用受到限制。

三、材料消耗定额

材料在建筑工程中是一个重要的组成部分，由于它的费用占工程造价的 60%～70%，因此材料的用量、运输、存贮和管理是工程施工的重要工作。

1. 材料消耗定额的概念

材料消耗定额，简称“材料定额”，是指在正常的施工条件下和合理使用材料的条件下，生产质量合格的单位产品所必须消耗的一定品种规格的材料、半成品、构配件等的数量标准。

2. 材料消耗定额的组成

材料消耗定额是由材料净用量（即实际用量）和材料的合理损耗量（即施工过程中不可避免产生的废料和施工现场因运输、装卸中不可避免出现的一些损耗）组成的。

材料损耗量，用材料损耗率来表示。材料损耗率，是指材料的损耗量与材料净用量的比值。它可用下式表示：

$$材料损耗率=\frac{材料损耗量}{材料净用量}\times 100\%$$

材料损耗率确定后，材料消耗定额可用下式表示：

$$材料消耗量=材料净用量+材料损耗量$$

或

$$材料消耗量=材料净用量\times(1+材料损耗率)$$

现场施工中，各种建筑材料的消耗，主要取决于材料的消耗定额。

3. 材料消耗定额的编制方法

用科学的方法正确地规定材料净用量指标以及材料的损耗率，对降低工程成本、节约投资具有十分重要的意义。

根据材料使用次数的不同，建筑材料分为直接性消耗材料和周转性消耗材料。

（1）直接性消耗材料定额的编制方法　直接性消耗材料也称非周转性材料，它指在建筑施工中，一次性消耗直接构成工程实体的消耗材料，如砖、石、砂、水泥等。

直接性消耗材料的测定方法包括观测法、试验法、统计法和计算法。其中计算法又称理论计算法，是进行理论计算时经常运用的方法。

计算法是根据施工图纸和建筑结构特性，用理论推导所得公式计算材料消耗量的一种方法。因此，计算法只能算出单位产品的材料净用量，而材料损耗量仍要在现场通过实测取得，或者通过损耗率算得。此法适用于计算块状、面状、条状和体积配合比砂浆等材料。标准砖墙的计算厚度见表 2-2。

如：$1m^3$砌体标准砖净用量理论计算公式

$$标准砖净用量(块)=\frac{砌体厚度砖数\times 2}{砌体厚度\times(砖长+灰缝厚)\times(砖厚+灰缝厚)}$$

$1m^3$砖砌砂浆净用量理论计算公式

$$砂浆净用量(m^3)=1-净用砖的体积$$

表 2-2　标准砖墙的计算厚度

砖数	$\frac{1}{2}$	$\frac{3}{4}$	1	$1\frac{1}{2}$	2
墙厚/m	0.115	0.18	0.24	0.365	0.49

（2）周转性消耗材料定额的编制方法　周转性材料是指在施工过程中不是一次性消耗

的，而是可多次周转使用，经过多次修理、补充才逐渐耗尽的材料。如模板、脚手架、临时支撑等。

周转性材料在单位合格产品生产中的损耗量，称为摊销量。计算方法如下。

① 一次使用量　周转材料的一次使用量是根据施工图计算得出的。它与各分部分项工程的名称、部位、施工工艺和施工方法有关。

② 损耗率　损耗率又称补损率，是指周转性材料使用一次后，因损坏不能再次使用的数量占一次使用量的百分数。

③ 周转次数　周转次数是指周转性材料从第一次使用起可重复使用的次数。周转次数与材料的坚固程度、使用寿命以及施工使用方法、管理、保养等有关。一般金属模板、脚手架的周转次数为10次，木模板周转次数为5次。

a. 周转使用量　周转使用量是指周转性材料每完成一次生产时所需的材料的平均数量。

$$周转使用量=\frac{一次使用量+一次使用量\times(周转次数-1)\times损耗率}{周转次数}$$

$$=一次使用量\times\frac{1+(周转次数-1)\times损耗率}{周转次数}$$

b. 周转回收量　周转回收量是指周转材料在一定的周转次数下，平均每周转一次可以回收的数量。

$$周转回收量=\frac{一次使用量-一次使用量\times损耗率}{周转次数}=一次使用量\times\frac{1-损耗率}{周转次数}$$

c. 周转摊销量

现浇混凝土结构的模板摊销量的计算

$$摊销量=周转使用量-周转回收量$$

预制混凝土结构的模板摊销量的计算

$$摊销量=\frac{一次使用量}{周转次数}$$

4. 材料消耗定额的作用

材料消耗定额不仅是实行经济核算，保证材料合理使用的有效措施，而且是确定材料需用量，编制材料计划的基础，同时也是定包或组织限额领料、考核和分析材料利用情况的依据。

四、机械台班使用定额

1. 机械台班使用定额概念

机械台班使用定额，简称机械台班定额，是指施工机械在正常施工条件下，合理均衡地组织劳动和使用机械时，完成单位合格产品所必须消耗的机械台班数量标准。

2. 机械台班使用定额表现形式

机械台班使用定额按其表现形式不同，可分为机械时间定额和机械产量定额两种。

一般采用复式形式表示：分子为机械时间定额，分母为机械产量定额，如1985年《全国建筑安装工程统一定额》，1台班劳动定额见表2-3，表中分子为人工时间定额。

表 2-3 1台班的劳动定额 单位：$100m^3$

项目				装车			不装车			编号
				一、二类土	三类土	四类土	一、二类土	三类土	四类土	
正铲挖土机斗容量/m^3	0.5	挖土深度	1.5m以内	$\frac{0.466}{4.29}$	$\frac{0.539}{3.71}$	$\frac{0.629}{3.18}$	$\frac{0.442}{4.52}$	$\frac{0.490}{4.08}$	$\frac{0.578}{3.46}$	94
			1.5m以外	$\frac{0.444}{4.5}$	$\frac{0.513}{3.90}$	$\frac{0.612}{3.27}$	$\frac{0.422}{4.74}$	$\frac{0.466}{4.29}$	$\frac{0.563}{3.55}$	95
			2m以内	$\frac{0.400}{5.000}$	$\frac{0.454}{4.41}$	$\frac{0.545}{3.67}$	$\frac{0.370}{5.41}$	$\frac{0.420}{4.76}$	$\frac{0.512}{3.91}$	96
			2m以外	$\frac{0.382}{5.24}$	$\frac{0.431}{4.64}$	$\frac{0.518}{3.86}$	$\frac{0.353}{5.67}$	$\frac{0.400}{5.00}$	$\frac{0.485}{4.12}$	97
	1.0		2m以内	$\frac{0.322}{6.21}$	$\frac{0.369}{5.42}$	$\frac{0.420}{4.76}$	$\frac{0.290}{6.69}$	$\frac{0.351}{5.70}$	$\frac{0.420}{4.76}$	98
			2m以外	$\frac{0.307}{6.51}$	$\frac{0.351}{5.69}$	$\frac{0.398}{5.02}$	$\frac{0.285}{7.01}$	$\frac{0.334}{5.99}$	$\frac{0.398}{5.02}$	99
序号				1	2	3	4	5	6	

(1) 机械时间定额 是指在合理劳动组织和合理使用机械正常施工的条件下，完成单位合格产品所必须消耗的机械工作时间。其计量单位用“台班”或“台时”表示。

$$单位产品的机械时间定额(台班)=\frac{1}{产量台班}$$

由于机械必须由工人小组操作，所以完成单位合格产品的时间定额，须列出人工时间定额。即

$$单位产品的人工时间定额(工日)=\frac{小组成员工日数总和}{产量台班}$$

【例 2-1】 斗容量 $1m^3$ 正铲挖土机挖三类土，深度在 2m 以外，装车，小组成员 2 人，机械台班产量为 5.69（定额单位是 $100m^3$），试计算其人工时间定额和机械时间定额。

解 查表 2-3，编号 99-(2)。

机挖 $100m^3$ 土的人工时间定额＝2/5.69＝0.351（工日）

挖 $100m^3$ 土的机械时间定额＝1/5.69＝0.176（台班）

(2) 机械产量定额 是指在合理劳动组织与合理使用机械正常施工条件下，机械在单位时间内应完成的单位合格产品的数量。其计量单位用 m^2、m^3、块等表示。同时，也就是台班内小组成员总工日内应完成合格产品的数量。

$$台班产量定额=\frac{1}{机械时间定额(台班)}$$

机械时间定额与机械产量定额也互为倒数关系。即：

$$机械时间定额\times机械产量定额=1$$

《全国建筑安装工程统一劳动定额》是以一个单机作业的定员人数（台班工日）核定的。

3. 机械台班使用定额内容和作用

机械台班使用定额内容是以机械作业为主体划分项目，列出完成各种分项工程或施工过程的台班产量标准，并包括机械性能、作业条件和劳动组合等说明。

施工机械台班使用定额的作用是施工企业对工人班组签发施工任务书、下达施工任务，实行计划奖励的依据；是编制机械需用量计划和作业计划，考核机械效率，核定企业机械调

度和维修计划的依据；是编制预算定额的基础资料。

第三节 建筑工程预算定额

一、建筑工程预算定额概述

1. 建筑工程预算定额的概念及内容

预算定额是以工程基本构造要素（分项工程和结构构件）为对象。它规定了在正常的施工条件下，完成单位合格产品的人工、材料和机械台班消耗的数量标准。在建筑工程预算定额中，除了规定上述各项资源和资金消耗的数量标准外，还规定了它应完成的工程内容和相应的质量标准及安全要求等内容。

预算定额是工程建设中一项重要的技术经济文件。它的各项指标反映了国家要求施工企业和建设单位，在完成施工任务中所消耗人工、材料和机械等消耗量的限度。预算定额体现了国家、建设单位和施工企业之间的一种经济关系。预算定额在控制投资中起指导作用，国家和建设单位按预算定额的规定，为建设工程提供必要的人力、物力和资金供应；在招标投标的工程量清单计价中起参考作用，施工企业可以在预算定额的消耗量范围内，通过自己的施工活动，按质按量地完成施工任务。由此可见，预算定额和施工定额不同，它是一种具有广泛用途的计价定额，但不是唯一的计价定额。

2. 建筑工程预算定额的作用

① 预算定额是编制单位估价表的依据。

② 预算定额是编制施工图预算，确定工程造价，编制标底、投标报价，进行评标、决标的依据。

③ 预算定额是承包、发包双方签订工程合同，编制拨付工程款和进行工程竣工决算的依据。由于建筑安装工程工期很长，不可能都采取竣工后一次性结算的方法，往往要在工期中通过不同方式采用分期付款，以解决施工企业资金周转的困难。当采用按已完工分部分项工程量进行结算时，必须以预算定额为依据，计算应结算的工程价款。

④ 预算定额是施工企业编制施工组织设计，进行工料分析，实行经济核算的依据。对不同的设计项目、在不同的设计阶段所编制的施工组织设计，要确定出现场平面布置和施工进度安排，确定出人工、机械、材料、水电动力资源需要量以及物料运输方案，不仅是建设和施工准备工作所必不可少的内容，而且是保证任务顺利实现的条件。根据建筑工程预算定额，能够较精确地计算出劳动力、建筑材料、成品、半成品和施工机械及其使用台班的需要量，从而为有计划地平衡劳动力、组织材料供应和预制构件加工及施工机械，提供可靠的计算依据。

实行经济核算的根本目的，是用经济的方法促使企业用最少的劳动消耗，取得最好的经济效果。建筑工程预算定额反映着企业的收入水平，因此企业要在市场经济的竞争下获得合理利润，就必须以建筑工程预算定额作为企业的考核指标。只有在施工中合理安排，尽量降低劳动消耗，提高劳动生产率，才能达到或超过预算定额的水平，才能取得真正意义上的经济效果。

此外，建筑施工企业也可以根据建筑工程预算定额，对施工中的劳动、机械和材料消耗情况，进行具体的经济分析，以便找出那些低工效、高消耗的薄弱环节及其造成的原因，为改进施工管理、提高劳动生产率和避免施工中的浪费现象，提供分析对比的依据；同时在投标报价中，调整报价单价，使得投标报价合理。

⑤ 建筑工程预算定额是编制概算定额、概算指标的基础依据。概算定额是在预算定额的基础上编制的，概算指标的编制也往往需要以预算定额进行对比分析和参考。利用预算定额编制概算定额和概算指标，可以节省编制工作中的大量人力、物力和时间，收到事半功倍的效果。更重要的是，这样可以使概算定额和概算指标在水平上、工程量计算规则、建筑面积计算规则和费用定额等方面和预算定额一致，以免造成计划工作和执行定额的困难。

3. 建筑工程预算定额与施工定额的联系和区别

（1）建筑工程预算定额与施工定额的联系　预算定额是在建筑工程施工定额（即劳动定额、材料消耗定额和机械台班定额）的基础上，经过综合组价编制的，两者之间有着密切的关系。

（2）建筑工程预算定额与施工定额的区别

① 定额水平确定原则不相同　预算定额是按社会消耗的平均劳动时间确定其定额水平的，它要对社会劳动中的先进、中等和落后三种类型的企业和地区进行分析、比较，找出它们之间存在的水平差距原因，同时要切实反映大多数企业和地区经过努力能够达到和超过的水平。因此，预算定额应基本反映社会平均水平。预算定额中的人工、材料和机械台班消耗量，不是简单的套用施工定额水平的合计，而是对施工定额平均先进水平的反映。这就说明，两种定额之间存在着一定的差别。因为，预算定额比施工定额包含了更多的可变因素，同时还要考虑施工定额中没有包含且影响生产消耗的因素。

例如，确定人工消耗量时，应考虑的因素有：机械的临时维护与小修移动而发生的不可避免的损失时间；工序搭接的停歇时间；工序检查与隐蔽工程所占用的时间；现场不可避免的零星用工所需要的时间。

② 性质不同　预算定额不是企业内部使用的定额，因此它不具有企业定额的性质，只是一种具有广泛用途的计价定额。而施工定额，则是企业内部使用的定额，是施工企业确定工程计划成本以及进行成本核算的依据。

③ 准确性不同　施工定额项目的划分，远比预算定额项目的划分要细，精确度相对要高，它是编制预算定额的基础资料。因此，施工定额准确性比预算定额要高，预算定额是对施工定额的扩大，比施工定额综合性强。

二、建筑工程预算定额的编制

1. 编制依据

① 现行的全国统一劳动定额、机械台班定额和材料消耗定额以及现行的预算定额。

② 现行的设计规范、施工及验收规范、质量评定标准及安全技术操作规程等建筑技术法规。

③ 通用的标准图集和定型设计图样及有代表性的设计图样。

④ 已推广的新技术、新结构、新材料和先进施工经验等资料。

⑤ 有关科学实验、技术鉴定、可靠的统计资料和经验数据。

⑥ 当地现行的人工工资标准、材料预算价格和机械台班费标准。

2. 预算定额的编制步骤

（1）准备工作阶段　包括拟定编制方案，抽调人员根据专业需要划分编制小组和综合组，普遍收集资料，专题座谈，收集现行规定、规范和政策法规资料，收集定额管理部门积累的资料，专项查定及试验。

（2）定额编制阶段　包括确定编制细节，确定定额的项目划分和工程量计算规则，定额人工、材料、机械台班消耗量的计算、复合和测定，撰写编制说明。

（3）定额审核报批阶段　包括审核定稿，预算定额水平测定，在测算和修改的基础上，组织有关部门和专家进行讨论，征求意见，修改整理最后修订定稿，连同编制说明书呈报主管部门审批，立档、成卷。

3. 编制方法

（1）制定预算定额的编制方案　应包括建立编制定额的机构；确定编制进度；确定编制定额的指导思想、编制原则；明确定额的作用；确定定额的适用范围和内容等。

（2）确定定额项目名称和工作内容　预算定额项目的划分是以施工定额为基础，进一步考虑预算定额的综合因素，确定其名称、工作方法和施工方法。在划分定额项目的同时，确定各个工程项目的工作内容范围。定额项目的划分原则为项目划分合理（即项目齐全、粗细适度、简明适用）；工作内容全面。

（3）确定定额项目计量单位　预算定额项目的计量单位确定原则为使用方便，有利于简化工程量的计算，并与工程项目内容相适应，能反映分项工程量最终产品形态和实物量。计量单位一般应根据结构构件或分项工程形态特征及变化规律来确定。

① 定额计量单位的确定原则　预算定额与施工定额的计量单位往往不同。预算定额一般按物体形体特征及变化规律来选择计量单位：当长、宽、高都发生变化时，一般用 m^3 作为计量单位表示，如土石方、砖石、混凝土硬质瓦块等；当厚度一定，面积变化时，用 m^2 作为计量单位表示，如地面、屋面、抹灰、门窗等工程；当截面形状大小固定，只有长度变化时，用延长米、km 作为计量单位表示，如楼梯扶手、装饰线、避雷网安装、线路、管道工程等；当体积（或面积）相同，重量和价格差异大时，用 t 或 kg 作为计量单位表示，如金属构件制作、安装工程等；当形状不规律，无一定规格，难以度量，而构造又比较复杂时，用套、件、个、块、台、座等作为计量单位表示，如制冷通风工程、消火栓类及阀门工程等。

② 定额小数位数的确定原则　人工以“工日”为单位，保留两位小数；机械以“台班”为单位，保留三位小数；木材以“m^3”为单位，保留三位小数；钢筋及钢材以“t”为单位，保留三位小数；水泥以“kg”为单位，取整数；标准砖以“百块”为单位，保留两位小数；定额基价以“元”为单位，保留两位小数。

（4）确定施工方法　施工方法是确定建筑工程预算定额项目的各专业工种和相应的用工数量，各种材料、成品或半成品的用量，施工机械类型及其台班用量，以及定额基价的主要依据。同一个工程在不同的施工方法指导下，其相应预算定额中的人工、材料、机械台班的消耗指标则不同，因此，在编制预算定额时，必须以本地区的施工（生产）技术组织条件、施工验收规范、安全技术操作规程以及已经成熟和推广的新工艺、新结构、新材料和新的操作方法等为依据，合理确定施工方法，使其正确反映当前社会生产力的水平。

（5）计算工程量、测算其含量　计算定额项目工程量，就是根据确定的分项工程（或配件、设备）及其所含子项目，结合选定的典型设计图样或资料，典型施工组织设计和已确定的定额项目计量单位，按照工程量计算规则进行计算。

计算中应特别注意：预算定额项目的工程内容范围，综合的劳动定额各个项目，及其在已确定的计量单位中所占的比例（加权值），即含量测算。它需要经过多份施工图样的测算和有代表性的现场调查后综合确定。如全国预算定额一砖厚内墙子目，其每10m³砖砌体中，综合了单、双面清水墙各占20%，混水墙占60%。通过含量测算，才能保证定额项目综合合理，使定额内工日、材料、机械台班消耗相对准确。

最后，根据建筑工程预算定额单位，将已计算出的自然数工程量，折算成定额单位工程量。

（6）确定预算定额人工、材料、机械台班消耗量指标　分项工程或结构构件的定额消耗指标的确定，包括劳动力、材料和机械台班的消耗量指标的确定。

① 确定人工消耗指标　人工消耗指标是指为完成规定计量单位内合格产品，所需消耗总工日数，在不分工种和技术等级的情况下，用“综合工日”来表示的用工数量。

预算定额的人工是由基本用工、辅助用工、超运距用工和人工幅度差等的耗用量所组成的。

a. 基本用工耗用量　是指组成预算定额分项或结构构件的施工过程，按预算定额规定的工程量所计算出的基本用工数量。它按《建筑安装工程劳动定额》《建筑装饰工程劳动定额》中，有关施工过程的时间定额进行计算。

基本用工消耗量＝∑(工序工程量×相应时间定额)

b. 辅助用工耗用量　是指对施工现场需要加工的材料进行加工的用工数量。如筛砂工、淋石灰膏工等，按加工材料数量套用《建筑安装工程劳动定额》中，加工材料时间定额进行计算。

辅助用工量＝∑(材料加工数量×相应时间定额)

c. 超运距用工耗用量　是指预算定额规定的运距，超出劳动定额的运距部分的超运距离的运输用工量。它按材料运输数量和超运距离，套用《建筑安装劳动定额》、《建筑装饰工程劳动定额》中的超运定额计算。

超运距用工量＝∑(超运距材料数量×相应时间定额)

式中　超运距＝预算定额的规定的运距－劳动定额规定的运距

d. 人工幅度差　是指受施工现场各种因素影响，但又无法计量的时间损失，需要考虑弥补的增加人工幅度，一般用百分率表示。

人工幅度差（工日）＝（基本用工＋超运距用工＋辅助用工）×人工幅度差系数

人工幅度差包括以下内容：

ⅰ. 工序交叉、搭接停歇的时间损失。

ⅱ. 机械临时维修、小修、移动等不可避免的影响时间损失。

ⅲ. 工程检验影响的时间损失。

ⅳ. 施工收尾及工作面小影响的时间损失。

ⅴ. 施工用水、电管线移动影响的时间损失。

ⅵ. 工程完工、工作面转移造成的时间损失。

ⅶ. 施工中难以预料的少量零星用工。

预算定额各种用工工日的计算是在劳动定额相应子目的人工工日基础上，经过综合，加上人工幅度差计算出来的。

e. 预算定额综合工日的确定

定额综合工日＝∑(有关时间定额×计量单位或计算量)×(1＋人工幅度差系数)

有关时间定额是指与计算内容有关的各种施工过程的时间定额。应分别按不同的用工来查阅有关劳动定额。计算内容比较多时可列表计算。

计量单位或计算量是指将预算定额所取用的单位或计算数量，折成符合劳动定额单位的计算值。

人工幅度差系数：由定额编制小组经过测定和研究，所确定的不同百分率值。

② 确定材料消耗指标

a. 预算定额内的材料分类 预算定额内的材料按其使用性质、用途和用量大小划分为四类，即：料是指直接构成工程实体的材料；辅助材料也是指直接构成工程实体，但使用量较小的一些材料；周转性材料又称工具性材料，施工中多次使用但并不构成工程实体的材料，如模板、脚手架等；次要材料指用量小、价值不大、不便计算的零星材料，可用估算法计算，以“其他材料费”用“元”表示。

b. 材料消耗指标的确定方法 建筑工程预算定额中的主要材料、成品或半成品的消耗量，应以施工定额的材料消耗定额为计算基础。先计算出材料的净用量，然后确定材料的损耗率，最后计算出材料的消耗量，并结合测定的资料，综合测定出材料消耗指标。如果某些材料成品或半成品没有材料消耗定额时，则应选择有代表性的施工图样，通过分析、计算，求得材料消耗指标。

ⅰ. 非周转性材料消耗指标 材料施工损耗量一般测定起来比较烦琐，为简便起见，多根据以往测定的材料施工（包括操作和运输）损耗率来进行计算。一般可按下式进行计算

非周转性材料消耗量＝材料净用量＋材料损耗量

＝材料净用量×(1＋材料损耗率)

其中

材料净用量：一般可按材料消耗净定额或采用观察法、试验法和计算法确定；

材料损耗量：一般可按材料损耗定额或采用观察法、试验法和计算法确定；

材料损耗率是材料损耗量与净用量的百分比，

即：材料损耗率$=\frac{损耗量}{净用量}\times100\%$，材料损耗率，见表 2-4。

表 2-4 材料损耗率

序号	名称	损耗率/%		序号	名称	损耗率/%	
		原材料（砖瓦板块）	半成品（砂浆）			原材料（砖瓦板块）	半成品（砂浆）
1	砖基础	0.3	0.8	9	圆形柱	—	1.1
2	双面清水墙	0.9	0.9	10	砖烟囱	3.5	2.5
3	单面清水墙	0.8	0.9	11	砖内衬	3.0	2.5
4	温水内墙	0.8	0.9	12	耐火砖内衬	2.0	2.0
5	石墙基础墙身	11.7	1.5	13	水塔	2.0	1.5
6	混水外墙	0.8	0.9	14	零星砖墙	0.8	0.9
7	花式墙	1.2	0.9	15	缸砖地面	0.6	0.8
8	方形柱	—	1.1				

续表

序号	名称	损耗率/%		序号	名称	损耗率/%	
		原材料（砖瓦板块）	半成品（砂浆）			原材料（砖瓦板块）	半成品（砂浆）
16	砖散水地面	0.8	0.9	23	屋面挂瓦（小青瓦）	1.3	—
17	贴砌转	1.2	1.0	24	泡沫混凝土块	1.8	1.5
18	各种沟道壁池地沟	1.2	1.0	25	屋面铺隔热板	0.8	0.8
19	铺预制混凝土块	0.8	1.2	26	预制混凝土制品安装	0.45	1.0
20	方圆渗井	0.9	1.0	27	铺设混凝土管	0.45	1.3
21	勾缝	—	0.8	28	铺设缸瓦管	1.9	1.3
22	屋面挂瓦（平瓦）	1.3	—	29	空斗墙	1.0	1.0

例如：砖砌体材料消耗量的计算。

$1m^3$不同厚度的标准砖砌的砖墙，其砖块和砂浆用量的理论计算公式为：

$$A=1\times 2K/[\text{墙厚}\times(\text{砖长}+\text{灰缝})\times(\text{砖厚}+\text{灰缝})]$$

$$B=1-A\times\text{每块砖的体积}$$

式中　A——$1m^3$砖墙的砖块数量；

K——某墙厚对应的砖数；

B——$1m^3$砖墙砂浆的净用量。

ⅱ. 周转性材料消耗量的确定　周转性材料即工具性材料，如脚手架、挡土板、模板等，这类材料在施工中不是一次消耗完，而是随着使用次数增多，逐渐消耗，并不断补充，多次使用，反复周转，故称作周转性材料。在预算定额中，周转性材料消耗指标分别用一次使用量和摊销量两个指标表示。一次使用量是指模板在不重复使用的条件下的一次使用量，一般为建设单位和施工企业申请备料和编制施工作业计划之用。摊销量是按照多次使用，分次摊销的方法计算，定额表中规定的数量是使用一次应摊销的实物量。

周转性材料摊销量，一般可按下式进行计算。

$$\text{周转性材料摊销量}=\text{周转使用量}-\text{回收量}$$

$$\text{材料摊销量}=\text{一次使用量}\times(1+\text{施工损耗率})\times\text{摊销系数}$$

$$\text{周转使用量}=\frac{1+(\text{周转次数}-1)\times\text{补损率}}{\text{周转次数}}\times\text{一次使用量}$$

其中，周转次数即周转材料重复使用的次数。

一次使用量即周转材料的一次使用基本量。

$$\text{补损率}=\frac{\text{材料补损量}}{\text{净用量}}\times 100\%$$

$$\text{回收量}=\frac{\text{一次使用量}\times(1-\text{补损率})}{\text{周转次数}}$$

③ 确定机械台班消耗指标

a. 预算定额机械台班消耗指标编制方法　预算定额机械台班消耗指标，应根据全国统一劳动定额中的机械台班产量编制。以手工操作为主的工人班组所配备的施工机械，如砂浆、混凝土搅拌机、垂直运输用塔式起重机，为小组配用，应以小组产量计算机械台班。机械化施工过程，如机械化土石方工程、机械打桩工程、机械化运输及吊装工程所用的大型机械及其他专用机械，应在劳动定额中的台班定额的基础上另加机械幅度差。

b. 机械幅度差 机械幅度差是指在劳动定额（机械台班量）中未曾包括的，而机械在合理的施工组织条件下所必需的停歇时间。在编制预算定额时应予以考虑。其内容包括：

ⅰ. 施工机械转移工作面及配套机械互相影响损失时间。

ⅱ. 在正常的施工情况下，机械施工中不可避免的工序间歇。

ⅲ. 检查工程质量影响机械操作的时间。

ⅳ. 临时水、电线路在施工中移动位置所发生的机械停歇时间。

ⅴ. 工程结尾时，工作量不饱满所损失的时间。

c. 预算定额机械台班消耗指标的计算方法 预算定额机械台班消耗指标的计算是按以手工操作为主的工人班组所配用的机械和机械化施工过程两种方式进行的。

ⅰ. 以手工操作为主的工人班组所配用的机械，其台班量的计算，应以工人小组产量计算台班量，不需另加机械幅度差。计算公式为：

$$分项定额机械台班使用量=\frac{预算定额项目计量单位值}{小组总产量}$$

小组总产量＝小组总人数×Σ(分项计算取定的比重×劳动定额每工综合产量)

【例 2-2】 一砖厚的内墙，定额单位为 $10m^3$，经含量测算分项比重为：单、双面清水墙各占 20%，混水墙占 60%，瓦工小组 22 人，配 200L 砂浆搅拌机和塔式起重机（2～6t）各一台，分别计算预算定额的机械台班用量。

解 根据有关全国统一劳动定额，计算小组产量。

双面清水墙，每工综合产量定额为 $1.01m^3$。

单面清水墙，每工综合产量定额为 $1.04m^3$。

混水内墙，每工综合产量定额为 $1.24m^3$。

则：小组总产量＝$22\times(0.2\times1.01m^3+0.2\times1.04m^3+0.6\times1.24m^3)=25.39m^3$

再按小组总产量计算机械台班量：

200L 砂浆搅拌机台班量＝10/25.39＝0.39(台班)

2～6t 塔式起重机台班量＝10/25.39＝0.39(台班)

ⅱ. 机械化施工过程中，机械台班用量的计算，应按机械台班产量计算，并另加机械幅度差，计算公式如下：

$$分项定额机械台班使用量=\frac{预算定额项目计量单位值}{机械台班产量}\times 机械幅度差系数$$

ⅲ. 机械台班消耗指标单位 机械台班消耗指标单位是以台班为计量单位，且一个台班为 8h。机械台班消耗指标根据机械台班定额规定台班工程量计算。

ⅳ. 机械幅度差系数 机械幅度差系数是根据影响机械台班消耗量的因素，在施工定额的基础上，规定出一个附加额，这个附加额用相对数表示，称为“机械幅度差系数”。常用机械幅度差系数如：

机械土方、构件运输为 25%；

机械石方、打桩为 33%；

构件安装、起重机械及电焊机为 30%。

(7) 编制预算定额项目表 预算定额项目表是预先设计好的，因此，可先将计算确定的各项目消耗量指标填入项目空白表中。

在项目表中，由于人工消耗定额，一般按综合列出工日数，同时要在它的下面分别按技工、普通工列出工日数。

在项目表中的材料消耗定额，应综合列出不同规格的主要材料名称。计量单位以实物量表示。材料应包括主要材料和次要材料的数量。对于一些用量很少的次要材料（指占材料总价值的比重不能超过2%～3%）可合并成一项，按“其他材料费”直接以金额“元”列入定额项目表。

在项目表中的机械台班消耗部分，一般按机械类型、机械性能列出各种主要机械名称，其消耗定额以“台班”表示。对于一些次要机械，可合并成一项，按“其他机械费”直接以金额“元”列入定额项目表。

在项目表中的基价部分，应分别列出人工费、材料费、机械费，同时还应合计出基价。其计算方法为：

定额基价(综合单价)＝人工费＋材料费＋机械费

人工费＝合计工日×每工单价

材料费＝$\sum$(材料用量×相应材料预算选价)＋其他材料费

机械费＝$\sum$(机械台班用量×相应台班费选价)＋其他机械费

各参数的具体确定方法将在后面讲到。

(8) 编制定额说明　文字说明是指对建筑装饰工程预算定额的工程特征，包括工程内容、施工方法、计量单位以及具体要求等，加以简单说明和补充。

三、建筑工程预算定额的组成内容

要正确应用预算定额，必须全面了解预算定额的组成。为了快速、准确地确定各分项工程（或配件）的人工、材料和机械台班等消耗指标及金额标准，需要建筑装饰工程预算定额按一定的顺序，分章、节、项和子目汇编成册。

预算定额（手册）主要由总说明、建筑面积计算规则、目录、分部说明、工程量计算规则、定额项目表和定额附录（附表）等部分组成。

1. 册（总）说明

主要阐明：

① 适用范围，指导思想及目的、作用。

② 编制原则、主要依据及有关编制精神。

③ 使用定额应遵循的规则和适用范围。

④ 所用材料规格、材料标准、允许换算原则。定额考虑的因素和未考虑因素及未包括的内容。

⑤ 分部分项定额共性问题。

2. 建筑面积计算规则

建筑面积计算规则规定了计算建筑面积的范围和方法，同时也规定了不能计算建筑面积的范围。

3. 分部说明

这是定额（手册）的重要组成部分，是执行定额和进行工程量计算的基准，必须全面掌握。

① 说明分部工程所包括定额项目内容和子目数量。

② 分部工程定额内综合的内容、编制中有关问题的说明，执行中的一些规定，特殊情况的处理，允许换算的有关规定。

③ 本分部各种调整系数使用规定。

4. 工程量计算规则

工程量计算规则是指各分部工程定额项目工程量计算方法。

5. 定额项目表

这是定额的核心部分，一般由工程内容（分节说明）、定额单位、项目表和附注组成。

① 分节说明在定额项目表头上方说明本节工程工作内容及施工工艺标准。并说明本节工程项目包括的主要工序及操作方法。

② 分项工程定额编号、名称、定额子目基价（人工费、材料费、机械费）。

③ 各定额子目的人工工种、工日数、单价；材料名称、数量、单价；机械名称、单价及数量。

④ 在项目表下可能有些说明和附注，这是对定额表中的某些问题进一步的说明和补充。

6. 定额附录（附表）

定额附录（附表）是配合定额使用的一部分内容，列在预算定额手册的最后，包括建筑机械台班费用定额表，建筑材料名称规格表，砂浆混凝土配合比表等资料，提供定额换算、编制施工作业计划以及队组核算等使用。

四、建筑工程预算定额的应用

要灵活应用预算定额，首先在使用预算定额前，认真学习定额的有关说明、规定，熟悉定额项目内容和工程量计算规则。在预算定额的使用中，一般可分为定额的直接套用、定额的换算和定额的补充三种情况。

1. 预算定额的直接套用

当分项工程的设计要求与预算定额条件完全相符时，可以直接套用定额。这是编制施工图预算的大多数情况。但要注意的是，完全相符的理解为主要和关键部分的条件完全相符。

2. 预算定额的换算

当设计要求与预算定额项目的工程内容、材料规格、施工方法等条件不完全相符，不能直接套用定额时，可根据定额总说明、册说明和备注说明等有关规定，在定额规定范围内加以调整换算后套用。

定额换算主要表现在以下几方面：

① 砂浆标号的换算。

② 混凝土等级的换算。

③ 木材材积的换算。

④ 系数换算。

⑤ 按定额说明有关规定的其他换算。

3. 预算定额的补充

由于建筑产品的多样化和单一性的特点，在编制预算过程中，有些工程项目在定额中缺项，且不属于调整换算范围之内，无定额可套用时，可编制补充定额，补充定额必须经有关部门批准备案，一次性使用。

五、确定预算定额基价

1. 预算定额基价的构成

定额基价是指完成规定计量单位的分项工程或结构构件所需支付的人工、材料和机械台班等的费用，即：

定额基价＝定额人工费＋定额材料费＋定额机械费

这三项费用是以预算定额中所规定的人工、材料、机械台班消耗量，分别乘定额人工工日单价、材料预算价格、机械台班费的结果。

2. 定额工资单价的确定

现行建筑安装预算定额中的人工费，是指直接从事建筑安装工程施工的生产工人开支的各项费用。应根据目前《全国统一建筑安装基础定额》（GJD-101—95）中规定的完成单位合格分项工程或结构构件所需消耗的各种人工工日数量乘以相应的人工日工资单价计算，即：

定额人工费＝综合工日数×综合工日单价(元)

其中，综合工日单价是定额工日的取定价。以前是按1980年国家建工总局制定的一级工资标准和工资等级系数进行计算确定。2001年国家对工资制度作了调整和改革，各省市根据这一精神，参照地区历史发展和经济状况，确定了各地区的基本工资和补贴的计算方法。该工日单价根据市场工资变动，各地区造价管理部门会改变。

定额工资单价包括了基本工资、辅助工资、工资性质津贴、职工福利费、交通补助和劳动保护费等。

① 基本工资是根据建设部有关文件，按岗位工资加技能工资计算发放的生产工人的基本工资。

② 辅助工资是指生产工人年有效施工天数以外非作业天数的工资，包括职工学习、培训期间的工资，调动工作、探亲、休假期间的工资，因气候影响的停工工资，女工哺乳时间的工资，病假在六个月以内的工资及生产，婚、丧假期的工资。

③ 工资性质津贴是指按规定标准发放的物价补贴，如煤、燃气补贴，住房补贴，流动施工津贴，地区津贴等。

④ 职工福利费是指按规定标准计提的职工福利费。

⑤ 交通补贴和劳动保护费是指按规定标准发放的交通费补助，劳动保护用品的购置费及修理费，徒工服装补贴，防暑降温费，以及在有碍身体健康环境中施工的保健费用等。

3. 材料取定价格确定

现行建筑安装工程预算定额中的材料费，是指施工过程中耗用的构成工程实体材料的原料、辅助材料、构配件、零件、半成品的费用和周转使用材料的摊销（或租赁）费用。可按下式计算：

定额材料费＝∑(定额材料耗用量×材料取定价)

其中，材料取定价在计划经济时代称为材料的预算价格，是指由生产厂或本市供销部门仓库运至施工现场或施工单位指定地点后出库时的全部费用。

(1) 材料取定价的组成　材料取定价主要由原价、供销部门手续费、包装费、运杂费及采购保管费五种费用组成，内容如下。

① 材料原价（或供应价）　是指材料的出厂价、交货地价格、市场批发价、国有商业部门的批发牌价以及进口材料的调拨价等。

② 供销部门手续费　是指通过当地物资供销部门供应的材料所收取的附加手续费。不经物资供销部门供应而直接从生产厂家采购的材料，则不计算这项费用。

③ 包装费　是指为了便于运输材料和保护材料，使材料免受损坏（或损失）而进行包装所需的一切费用。

④ 运杂费　材料自来源地运至工地仓库或指定堆放地点的装卸费、运输费及途中消耗。

⑤ 采购保管费　是指材料部门在组织采购、供应和保管材料过程中所发生的各项费用。采购保管费率一般取定 2.5%左右，各地区可根据不同的情况确定其费率。

另外也可以将上述②～④项费用合为一项，称为市内运杂费，即自本市生产厂或供销部门仓库运至施工现场或施工单位指定地点的运杂费；由外埠采购的材料、设备自本市车站（到货站）运至施工现场或施工单位指定地点的运杂费。

(2) 进口材料、设备预算价格的组成　建设单位或设计单位指定使用进口材料或设备时，应依据其到岸期完税后的外汇牌价折算为人民币价格，另加运至本市的运杂费、市内运杂费和 2.5%的采购及保管费组成预算价格。进口材料、预算价格的计算公式为：

$$M=A+B$$

$$N=(M+C)\times 1.025$$

式中　M——进口材料、设备供应价格；

N——进口材料、设备预算价格；

A——材料、设备到岸完税后的外汇牌价折算成人民币价格；

B——实际发生的外埠运杂费；

C——实际发生的市内运杂费。

对于材料预算价格中缺项的材料、设备，应按实际供应价格（含实际发生的外埠运杂费），对市内运杂费及采购保管费，组成补充预算价格。

(3) 材料取定价格计算确定

① 供销部门手续费

供销部门手续费＝材料原价×供销部门手续费率

② 材料包装费　由包装费和包装品回收值组成。

材料包装费＝发生包装品数量×包装品单价

包装品回收值＝材料包装费×包装品回收率×包装品残值率

建筑安装材料包装品回收率和残值率按本地区主管部门规定计算。无规定者，可按下列数据参照选定。

用木材料制品包装：回收值为 70%；残值率为 20%。

用铁桶制品包装：回收值为 95%；残值率为 50%。

用铁皮制品包装：回收值为 50%；残值率为 50%。

用铁丝制品包装：回收值为 20%；残值率为 50%。

用纸皮、纤维品包装：回收值为 60%；残值率为 20%。

用草绳、草袋制品包装不计回收值。

③ 运杂费

材料运杂费＝（材料原价＋供销部门手续费＋包装费）×运杂费率

④ 采购保管费　采购保管费率一般取定2.5%左右，各地区可根据不同的情况确定其费率。

采购及保管费＝(材料原价＋供销部门手续费＋包装费＋材料运杂费)×采购及保管费率

材料取定价格为：

材料取定价格＝供应价格＋供销部门手续费＋包装费＋运杂费＋采购及保管费
＝(材料原价＋供销部门手续费＋包装费＋材料运杂费)
×(1＋采购及保管费率)－包装品回收值

或

材料取定价格＝供应价格＋市内运杂费＋采购及保管费

【例2-3】 已知钢板$\delta=6mm^2$供应价3100元/t，市内运杂费率为3%，采购及保管费率为2.5%，求钢板$\delta=6mm^2$的预算价格。

解　市内运杂费＝3100元/t×3%＝93元/t

采购及保管费＝（3100元/t＋93元/t）×2.5%＝79.83元/t

由此可求出：

预算价格＝供应价格＋市内运杂费＋采购及保管费
＝3100元/t＋93元/t＋79.83元/t＝3272.83元/t

4. 机械台班单价的确定

(1) 机械台班单价的组成　现行建筑安装工程预算定额中的施工机械费，是指完成规定计量单位的分项工程，所必须支付的机械台班费用。

施工机械台班单价按有关规定由以下主要八项费用构成，按其性质分类，划分为第一类费用和第二类费用。

其中第一类费用称为不可变费用，包括折旧费、大修理费、经常修理费、安装拆卸及场外运输费。

第二类费用称为可变费用，包括人工费、燃料动力费、养路费及车船使用税、其他费用。

① 折旧费是指机械在规定的使用期限内，每班所分摊的机械原值及支付贷款利息。

② 大修理费是指机械设备按规定的大修间隔台班必须进行大修理（或进行项修），以恢复其正常功能所需的费用。

③ 维修费又称为经常修理费，是指机械设备除大修或项修以外的各级保养（包括一级、二级、三级保养）及临时故障排除所需的费用，为保障机械正常运转所需替换设备、随机使用工具、附具摊销和维护的费用。

④ 安装拆卸及场外运输费指机械整体或分体自停放场运至工地或一个工地运至另一个工地的机械运输转移费用，以及机械在工地进行安装、拆卸所需的人工、材料、机械费和辅助设施费。

安装拆卸费指机械在施工现场进行安装、拆卸所需的人工、材料、机械费、试运转费以及安装所需的辅助设施的费用。辅助设施包括安装机械的基础、底座、固定销桩、行走轨道、枕木等的折旧费及其搭设、拆除费。

场外运输费是指机械整体或分件自停放场地至施工现场，或由一个工地运至另一个工地、运距在25km以内的机械进出场运输及转移费用。转移费用包括机械、装卸、运输、辅助材料及架线费等。

⑤ 燃料动力费指机械在运转工作中所耗用的固体燃料（煤、木材）、液体燃料（汽油、柴油）、电力、水和风力等费用。

⑥ 人工费指操作机械的司机、司炉及其他工作人员的工作日工资及上述人员在规定的机械年工作台班以外的基本工资和工资性津贴。

⑦ 养路费及车船税是指按国家规定应缴纳养路费和车船使用税。

⑧ 其他费用：机械租赁单位管理费、利润、税金等费用。

（2）机械台班单价的确定

① 机械台班费用计算公式

$$\text{定额机械费}=\sum(\text{各机械台班}\times\text{台班单价})$$

② 折旧费计算式

$$\text{折旧费}=\frac{\text{机械预算价格}\times(1+\text{残值率})\times\text{贷款利息系数}}{\text{耐用总台班}}$$

其中

$$\text{贷款利息系数}=1+\frac{\text{当年银行贷款利息}}{2}\times(\text{折旧年限}+1)$$

其他值可查阅《全国统一施工机械台班费用定额》。

③ 大修理费计算式

$$\text{大修理费}=\frac{\text{一次修理费}\times(\text{使用周期}-1)}{\text{耐用总台班}}$$

第四节 建筑与装饰工程计价定额

一、建筑与装饰工程计价定额概念

1. 建筑与装饰工程计价定额的概念

计价定额是对工程实体以工程基本构造要素（分项工程和结构构件）为对象。它规定了在正常的施工条件下，完成单位合格产品的人工、材料和机械台班消耗的数量标准以及对应的管理费和利润等。在建筑工程工程量清单计价定额中，除了规定上述各项资源和资金消耗的数量标准外，还规定了它应完成的工程内容和相应的质量标准及安全要求等内容。

计价定额是工程建设中一项重要的技术经济文件。它的各项指标反映了国家要求施工企业和建设单位，在完成施工任务中所消耗人工、材料和机械等消耗量的限度。计价定额是为了贯彻执行建设部《建设工程工程量清单计价规范》，适应各省、市及自治区等建设工程计价改革的需要编制的。计价定额主要用于建设工程在招标投标中编制标底、投标报价的需要。在招标投标的工程量清单计价中起参考作用，施工企业可以按计价定额的消耗量范围内，通过自己的施工活动，按质按量地完成施工任务。由此可见，计价定额和施工定额不同，它是一种具有广泛用途的计价定额，但不是唯一的计价定额。

2. 建筑与装饰工程计价定额的作用

① 编制工程标底、招标工程结算审核的指导。

② 编制工程投标报价、进行企业内部核算的参考。

③ 一般工程（依法不招标工程）编制与审核工程预结算的依据。

④ 编制建筑工程概算定额的依据。

⑤ 建设行政主管部门调解工程造价纠纷、合理确定工程造价的依据。

⑥ 制定企业定额的参考。

3. 编制依据

① 现行的全国统一劳动定额、机械台班定额和材料消耗定额以及现行的计价定额。

② 现行的设计规范、施工及验收规范、质量评定标准及安全技术操作规程等建筑技术法规。

③ 通用的标准图集和定型设计图样及有代表性的设计图样。

④ 已推广的新技术、新结构、新材料和先进施工经验等资料。

⑤ 有关科学实验、技术鉴定、可靠的统计资料和经验数据。

⑥ 当地现行的人工工资标准、材料预算价格和机械台班费标准。

⑦ 当地现行的管理费、利润的取费标准。

4. 建筑与装饰工程计价定额与预算定额的联系和区别

（1）建筑与装饰工程计价定额与预算定额的联系　计价定额是在建筑工程预算定额的基础上，经过综合组价编制的，两者之间有着密切的关系。

（2）建筑与装饰工程计价定额与预算定额的区别

① 执行程度不同　定额预算计价时，定额作为编制依据，不能调整；工程量清单计价时，定额或计价定额作为参考（参照）依据，可以调整，这是本质上的区别。由于计价依据可以根据实际而改变，这就减少了报价的约束条件，增加了报价的自由度，为市场竞争提供了方便。

② 组价形式不同　计价定额采用综合单价计价，这是有别于预算定额工料单价计价的另一种单价计价方式，综合单价计价应包括完成规定计量、合格所需的全部费用，考虑我国的现实情况，综合单价计价可看作包括除规费、税金以外的全部费用。因此，工程量清单计价定额相当于对一个综合实体组织的综合预算报价。而预算定额本身是按施工工序和常用施工工序预先进行综合组价，在套定额时，只要直接套用已形成的基价就行。前者为每一个具体工作的单项报价，后者为根据规范要求，通常情况下的综合组价。

③ 综合性不同　计价定额是由建筑工程、装饰工程组成；预算定额分为建筑工程预算和装饰工程预算；前者将后者综合为一个定额使用。

二、建筑与装饰工程计价定额的内容

要正确应用建筑与装饰工程计价定额，必须全面了解计价定额的组成。为了快速、准确地确定各分项工程（或配件）的人工、材料和机械台班等消耗指标及金额标准，需要建筑装饰工程清单计价定额按一定的顺序，分章、节、项和子目汇编成册。

计价定额主要由总说明、目录、分部说明、工程量计算规则、计价定额项目表和计价定额附录（附表）等部分组成。

1. 册（总）说明

主要阐明以下内容。

① 适用范围、指导思想及目的、作用。

② 编制原则、主要依据及有关编制精神。

③ 使用定额应遵循的规则和适用范围。

④ 所用材料规格、材料标准、允许换算原则。定额考虑的因素和未考虑因素及未包括的内容。

⑤ 分部分项定额共性问题。

2. 分部说明

这是计价定额的重要组成部分，是执行计价定额和进行工程量计算的基准，必须全面掌握。

① 说明分部工程所包括计价定额项目内容和子目数量。

② 分部工程计价定额内综合的内容、编制中有关问题的说明，执行中的一些规定，特殊情况的处理，允许换算的有关规定。

③ 本分部各种调整系数使用规定。

3. 工程量计算规则

工程量计算规则是指各分部工程定额项目工程量计算方法。

4. 计价定额的项目表

这是计价定额的核心部分，一般由工程内容（分节说明）、计价定额单位、项目表和附注组成。

① 分节说明在计价定额项目表头上方说明本节工程工作内容及施工工艺标准，并说明本节工程项目包括的主要工序及操作方法。

② 分项工程计价定额编号、名称、计价定额子目（人工费、材料费、机械费、管理费、利润、小计）。

③ 各定额子目的人工工种、工日数、单价；材料名称、数量、单价；机械名称、单价及数量；管理费；利润费。

④ 在项目表下可能有些说明和附注，这是对计价定额表中某些问题的进一步说明和补充。

5. 计价定额附录(附表)

计价定额附录（附表）是配合计价定额使用的一部分内容，列在计价定额手册的最后。包括说明、混凝土及钢筋混凝土构件模板、钢筋含量；机械台班预算单价取定表，主要建筑材料预算价格取定表，各种砂浆混凝土等配合比表；主要材料、半成品损耗率取定表；常用钢材理论重量及形体公式计算表等资料，提供计价定额的换算、编制施工作业计划以及队组核算等使用。

三、建筑与装饰工程计价定额的应用

要灵活应用建筑与装饰工程计价定额，首先在使用计价定额前，认真学习计价定额的有关说明、规定，熟悉计价定额项目内容和工程量计算规则。在计价定额的使用中，一般可分为计价定额的套用、计价定额的换算和编制补充计价定额三种情况。

1. 计价定额的直接套用

当分项工程的设计要求与计价定额条件完全相符时，可以直接套用计价定额。这是编制招标标底和投标报价的大多数情况。但需要注意的是，完全相符的理解为主要和关键部分的条件完全相符。

2. 计价定额的换算

当设计要求与计价定额项目的工程内容、材料规格、施工方法等条件不完全相符，不能直接套用计价定额时，可根据计价定额总说明、册说明和备注说明等有关规定，在计价定额规定范围内加以调整换算后套用。计价定额换算主要表现在以下几方面。

① 砂浆标号的换算。

② 混凝土等级的换算。

③ 木材材积的换算。

④ 系数换算。

⑤ 按定额说明有关规定的其他换算。

3. 计价定额的补充

由于建筑产品的多样化和单一性的特点，在编制预算过程中，有些工程项目在计价定额中缺项，且不属于调整换算范围之内，无计价定额可套用时，可编制补充计价定额。

四、确定计价定额费用

1. 计价定额的综合单价构成

计价定额的综合单价构成是指完成规定计量单位的分项工程或结构构件所需支付的人工、材料、机械台班、管理费和利润等费用之和，即：

计价定额的费用＝人工费＋材料费＋机械费＋管理费＋利润

2. 计价定额工资单价的确定

现行建筑安装计价定额中的人工费，是指给直接从事建筑安装工程施工的生产工人开支的各项费用。应根据目前《全国统一建筑工程基础定额》中规定的完成单位合格分项工程或结构构件所需消耗的各种人工工日数量乘以相应的人工日工资单价计算，即：

定额人工费＝综合工日数×综合工日单价(元)

其中，综合工日单价是定额工日的取定价。各省市参照地区历史发展和经济状况，确定了各地区的基本工资和补贴的计算方法。该工日单价根据市场工资变动，各地区造价管理部门会改变。由于计价定额的综合工日与工程类别有关，则各省市根据实际情况给定。

例如《江苏省建筑与装饰工程计价定额》的人工工资分别按一类工 85.00 元/工日、二类工 82.00 元/工日、三类工 77.00 元/工日计算。每工日按 8h 工作制计算。工日中包括基本用工、材料场内运输用工、部分项目的材料加工及人工幅度差。

计价定额工资单价包括了基本工资、辅助工资、工资性质津贴、职工福利费、交通补助和劳动保护费等。

① 基本工资是根据建设部有关文件，按岗位工资加技能工资计算发放的生产工人的基本工资。

② 辅助工资是指生产工人年有效施工天数以外非作业天数的工资，包括职工学习、培训期间的工资，调动工作、探亲、休假期间的工资，因气候影响的停工工资，女工哺乳时期的工资，病假在六个月以内的工资及生产、婚、丧假期的工资。

③ 工资性质津贴是指按规定标准发放的物价补贴，如煤、燃气补贴，住房补贴，流动施工津贴，地区津贴等。

④ 职工福利费是指按规定标准计提的职工福利费。

⑤ 交通补贴和劳动保护费是指按规定标准发放的交通费补助，劳动保护用品的购置费及修理费，徒工服装补贴，防暑降温费，以及在有碍身体健康环境中施工的保健费用等。

3. 材料取定价格确定

① 计价定额中材料预算价格的组成：

材料预算价格＝[(采购原价－包括供销部门手续费和包装费)＋场外运输费]×1.02(采购保管费)

② 计价定额项目中的主要材料、成品、半成品均按合格的品种、规格加附录中的操作损耗以数量列入定额，次要材料以“其他材料费”按“元”列入。

③ 周转性材料已按“规范”及“操作规程”的要求以摊销量列入相应项目。

④ 计价定额中，现以现场搅拌常用的强度等级列入项目，实际使用现场集中搅拌时综合单价应调整。

4. 机械台班使用费确定

机械台班使用费是按《全国统一施工机械台班费用》对应各省、市及自治区的预算价格确定的。

5. 管理费及利润确定

建筑工程管理费和利润计算标准：建筑工程计价定额中的管理费是以三类工程的标准列入子目，其计算基础为人工费加机械费。利润不分工程类别按规定计算。

单独装饰工程管理费、利润取费标准：装饰工程的管理费和利润，不分类别计取，其计算基础为人工费加机械费。

第五节 建筑工程概算定额与概算指标

一、建筑工程概算定额

1. 建筑工程概算定额的概念

(1) 概算定额概念　概算定额是指生产按一定计量单位规定的扩大分部分项工程或扩大结构部分的人工、材料和机械台班的消耗量标准和综合价格。

建筑工程概算定额是在建筑工程预算定额基础上，根据有代表性的建筑工程通用图和标准图等资料，对预算定额相应子目进行适当的综合、合并、扩大而成，是介于预算定额和概算指标之间的一种定额。由于它是在预算定额的基础上编制的，因此，在编排次序、内容形式上基本与预算定额相同。只是比预算定额篇幅减少、子目减少，更容易编制和计算了。

(2) 建筑工程概算定额的主要特点

① 以分部工程或扩大构件为计价项目，因此，项目划分贯穿简明实用的原则，以简化设计概算编制。

② 全部定额子目与实际工程项目相对应，基本形成独立、完整的单位产品价格，便于设计人员做多方案技术经济比较，提高设计优化。

③ 口径统一、“不留活口”，取消换算系数，方便使用。

④ 概算定额作为编制概算的基础，且比预算定额水平有10%的定额幅度差，便于用概算控制投资，起投资控制作用。

2. 建筑工程概算定额的编制依据和项目划分原则

(1) 建筑工程概算定额的编制依据

① 现行的有关设计标准、设计规范、通用图集、标准定型图集、施工验收规范、典型工程设计图等资料。

② 现行的预算定额、施工定额。

③ 原有的概算定额。

④ 现行的定额工资标准、材料预算价格和机械台班单价等。

⑤ 有关的施工图预算和工程结算等资料。

(2) 建筑工程概算定额项目划分的原则　概算定额项目应在预算定额项目的基础上，进行适当的综合扩大，应有10%的定额幅度差；其定额项目划分的粗细程度，应适应初步设计的深度，但又要简明实用；应少留活口或不留活口，以稳定概算定额水平和概算编制工作。总之，应使概算定额项目简明易懂、项目齐全、计算简单和准确可行。

3. 建筑工程概算定额的作用

① 建筑工程概算定额是对设计方案进行技术经济分析比较的依据。设计方案比较，主要是对不同的建筑及结构方案的人工、材料和机械台班消耗量、材料用量、材料资源短缺程度等比较，弄清不同方案、人工材料和机械台班消耗量对工程造价的影响，材料用量对基础工程量和材料运输量的影响，以及由此而产生的对工程造价的影响，短缺材料用量及其供给的可能性，某些轻型材料和变废为利的材料应用所产生的环境效益和国民经济宏观效益等。其目的是选出经济合理的建筑设计方案，在满足功能和技术性能要求的条件下，降低造价和人工、材料消耗。概算定额按扩大建筑结构构件或扩大综合内容划分定额项目，对上述诸方面，均能提供直接的或间接的比较依据，从而有助于作出最佳的选择。

对于新结构和新材料的选择和推广，也需要借助于概算定额进行技术经济分析和比较，从经济角度考虑普遍采用的可能性和效益。

② 建筑工程概算定额是初步设计阶段编制工程设计概算、技术设计阶段编制修整概算、施工图设计阶段编制施工概算的主要依据。概算项目的划分与初步设计的深度相一致，一般是以分部工程为对象。根据国家有关规定，按设计的不同阶段对拟建工程进行估价，编制工程概算和修整概算。这样，就需要与设计深度相适应的计价定额，概算定额正是使用了这种深度而编制的。

③ 建筑工程概算定额作为快速进行编制招标标底、投标报价及签订施工承包合同的参考之用。建筑工程概算定额是编制建设工程概算指标或估算指标的基础。

4. 建筑工程概算定额的内容

建筑工程概算定额的主要内容包括总说明、册章节说明、定额项目表和附录、附件等。

(1) 总说明　主要是介绍概算定额的作用、编制依据、编制原则、使用范围、有关规定等内容。

（2）册章节说明 册章节（又称章分部说明）主要是对本章定额运用、界限划分、工程量计算规则、调整换算规定等内容进行说明。

（3）概算定额项目表 定额项目表是概算定额的核心，它反映了一定计量单位扩大结构或扩大分项工程的概算单价，以及主要材料消耗量的标准。表头部分有工程内容，表中有项目计算单位、概算单价、主要工程量及材料用量等。

（4）附录、附件 附录一般列在概算定额手册的后面，包括砂浆、混凝土配合比表，各种材料、机械台班造价表有关资料，供定额换算、编制施工作业计划使用。

5. 建筑工程概算定额的应用

使用概算定额前，首先要学习概算定额的总说明，册、章节说明，以及附录、附件，熟悉定额的有关规定，才能正确地使用概算定额。概算定额的使用方法同预算定额一样，分为直接套用、定额的调整和补充定额项目等三项情况，这里不再重复。

6. 建筑工程施工定额、预算定额、概算定额的比较

（1）施工定额

① 概念 施工定额是建筑工人或工人小组在正常施工条件下，为完成单位合格产品，所需劳动、机械、材料消耗的数量标准。它包括了施工劳动定额，施工机械定额和施工材料定额。

② 作用 施工定额是企业计划管理的依据；是组织和指挥施工生产的有效工具；是计算工人劳动报酬的依据；是企业激励工人的条件；有利于推广先进技术；是编制施工预算，加强企业成本管理和经济核算的基础。

③ 性质 施工定额是建筑企业内部使用的定额，属于企业定额的性质。影响范围所涉及的是企业内部管理的方方面面。

④ 水平 施工定额反映平均先进水平，约比预算定额高出10%。

（2）建筑工程预算定额

① 概念 预算定额是规定消耗在单位工程基本构造要素上的劳动力、材料、机械的数量标准，它是包括各项费用的计算建筑工程造价的基础。

② 作用 预算定额是编制施工图预算，计算、确定和控制项目投资与建筑产品价格以及价格水平的基础；是对设计的建筑结构方案进行技术比较，对新结构、新材料进行经济分析的依据；是编制施工组织设计的依据；是工程结算的依据；是施工企业进行经济活动分析的依据；是编制概算定额指标的基础。

③ 性质 预算定额是一种具有广泛用途的计价定额，影响范围涉及全国或地区的建筑工程建设管理等方面。

④ 水平 预算定额反映大多数企业和地区能达到和超过的水平，也为社会的平均水平。

（3）概算定额

① 概念 概算定额是按一定计量单位规定的，扩大分部分项工程或扩大结构部分的劳动力、材料和机械台班的消耗量标准。

② 作用 概算定额是初步设计阶段编制概算和技术设计阶段编制修正概算的依据；是设计方案比较的依据；是编制主要材料申请计划的计算基础；是百年制概算指标和投资估算指标的依据；也是工程价款中结算的依据。

③ 性质　概算定额也是一种计价性定额，影响范围是全国或地区。

④ 水平　概算定额反映社会平均水平，但与预算定额水平差在5%以内。

二、建筑工程概预算指标

1. 建筑工程概预算指标的概念

概算指标是按一定的计量单位规定的，比概算定额更加综合扩大的单位工程或单项工程等的人工、材料、机械台班的消耗量标准和造价指标。通常以m^2、m^3、座、台、组等为计量单位，因而估算工程造价较为简单。

2. 建筑工程概算指标的作用

① 作为编制初步设计概算的主要依据。

② 作为基本建设计划工作的参考。

③ 作为设计机构和建设单位选厂和进行设计方案比较的参考。

④ 作为投资估算指标的编制依据。

3. 建筑工程概算指标的内容及表现形式

（1）概算指标的内容　包括总说明、经济指标和结构特征等。

① 总说明包括概算指标的百年制依据、适用范围、指标的作用、工程量计算规则及其他有关规定。

② 经济指标包括工程造价指标、人工、材料消耗指标。

③ 结构特征及适用范围可作为不同的结构间换算的依据。

④ 建筑物结构示意图

（2）概算指标的表现形式　概算定额在表现方法上，分综合指标与单项指标两种形式。综合指标是按照工业与民用简化组或按结构类型分类的一种概括性较大的指标。而单项指标是一种以典型建筑物或构筑物为分析对象的指标。单项概算指标附有工程结构内容介绍。使用时，若建项目与结构内容基本相符，还是比较准确的。

第六节　建筑工程费用与建设项目费用

编制工程概预算的目的就是确定完成一个单位工程、单项工程建筑安装所需费用或一个建设项目从筹建到竣工、交付使用所发生的费用。这些费用的构成和计取方法是编制工程概预算的必备知识。

一、2013年建筑安装工程费用项目组成（按费用构成要素划分）

建筑安装工程费按照费用构成要素划分为人工费、材料（包含工程设备，下同）费、施工机具使用费、企业管理费、利润、规费和税金。其中人工费、材料费、施工机具使用费、企业管理费和利润包含在分部分项工程费、措施项目费、其他项目费中（见附表）。

（一）人工费

指按工资总额构成规定，支付给从事建筑安装工程施工的生产工人和附属生产单位工人的各项费用。包括如下内容。

(1) 计时工资或计件工资 是指按计时工资标准和工作时间或对已做工作按计件单价支付给个人的劳动报酬。

(2) 奖金 是指对超额劳动和增收节支支付给个人的劳动报酬。如节约奖、劳动竞赛奖等。

(3) 津贴补贴 是指为了补偿职工特殊或额外的劳动消耗和因其他特殊原因支付给个人的津贴,以及为了保证职工工资水平不受物价影响支付给个人的物价补贴。如流动施工津贴、特殊地区施工津贴、高温(寒)作业临时津贴、高空津贴等。

(4) 加班加点工资 是指按规定支付的在法定节假日工作的加班工资和在法定日工作时间外延时工作的加点工资。

(5) 特殊情况下支付的工资 是指根据国家法律、法规和政策规定,因病、工伤、产假、计划生育假、婚丧假、事假、探亲假、定期休假、停工学习、执行国家或社会义务等原因按计时工资标准或计时工资标准的一定比例支付的工资。

(二) 材料费

指施工过程中耗费的原材料、辅助材料、构配件、零件、半成品或成品、工程设备的费用。包括如下内容。

(1) 材料原价 是指材料、工程设备的出厂价格或商家供应价格。

(2) 运杂费 是指材料、工程设备自来源地运至工地仓库或指定堆放地点所发生的全部费用。

(3) 运输损耗费 是指材料在运输装卸过程中不可避免的损耗。

(4) 采购及保管费 是指为组织采购、供应和保管材料、工程设备的过程中所需要的各项费用。包括采购费、仓储费、工地保管费、仓储损耗。

工程设备是指构成或计划构成永久工程一部分的机电设备、金属结构设备、仪器装置及其他类似的设备和装置。

(三) 施工机具使用费

指施工作业所发生的施工机械、仪器仪表使用费或其租赁费。

1. 施工机械使用费

以施工机械台班耗用量乘以施工机械台班单价表示,施工机械台班单价应由下列七项费用组成。

(1) 折旧费 指施工机械在规定的使用年限内,陆续收回其原值的费用。

(2) 大修理费 指施工机械按规定的大修理间隔台班进行必要的大修理,以恢复其正常功能所需的费用。

(3) 经常修理费 指施工机械除大修理以外的各级保养和临时故障排除所需的费用。包括为保障机械正常运转所需替换设备与随机配备工具附具的摊销和维护费用,机械运转中日常保养所需润滑与擦拭的材料费用及机械停滞期间的维护和保养费用等。

(4) 安拆费及场外运费 安拆费指施工机械(大型机械除外)在现场进行安装与拆卸所需的人工、材料、机械和试运转费用以及机械辅助设施的折旧、搭设、拆除等费用;场外运费指施工机械整体或分体自停放地点运至施工现场或由一施工地点运至另一施工地点的运输、装卸、辅助材料及架线等费用。

（5）人工费　指机上司机（司炉）和其他操作人员的人工费。

（6）燃料动力费　指施工机械在运转作业中所消耗的各种燃料及水、电等。

（7）税费　指施工机械按照国家规定应缴纳的车船使用税、保险费及年检费等。

2. 仪器仪表使用费

指工程施工所需使用的仪器仪表的摊销及维修费用。

（四）企业管理费

指建筑安装企业组织施工生产和经营管理所需的费用。包括如下内容。

（1）管理人员工资　是指按规定支付给管理人员的计时工资、奖金、津贴补贴、加班加点工资及特殊情况下支付的工资等。

（2）办公费　是指企业管理办公用的文具、纸张、账表、印刷、邮电、书报、办公软件、现场监控、会议、水电、烧水和集体取暖降温（包括现场临时宿舍取暖降温）等费用。

（3）差旅交通费　是指职工因公出差、调动工作的差旅费、住勤补助费、市内交通费和误餐补助费、职工探亲路费、劳动力招募费、职工退休、退职一次性路费、工伤人员就医路费、工地转移费以及管理部门使用的交通工具的油料、燃料等费用。

（4）固定资产使用费　是指管理和试验部门及附属生产单位使用的属于固定资产的房屋、设备、仪器等的折旧、大修、维修或租赁费。

（5）工具用具使用费　是指企业施工生产和管理使用的不属于固定资产的工具、器具、家具、交通工具和检验、试验、测绘、消防用具等的购置、维修和摊销费。

（6）劳动保险和职工福利费　是指由企业支付的职工退职金、按规定支付给离休干部的经费，集体福利费、夏季防暑降温、冬季取暖补贴、上下班交通补贴等。

（7）劳动保护费　是企业按规定发放的劳动保护用品的支出。如工作服、手套、防暑降温饮料以及在有碍身体健康的环境中施工的保健费用等。

（8）检验试验费　是指施工企业按照有关标准规定，对建筑以及材料、构件和建筑安装物进行一般鉴定、检查所发生的费用，包括自设试验室进行试验所耗用的材料等费用。不包括新结构、新材料的试验费，对构件做破坏性试验及其他特殊要求检验试验的费用和建设单位委托检测机构进行检测的费用，对此类检测发生的费用，由建设单位在工程建设其他费用中列支。但对施工企业提供的具有合格证明的材料进行检测不合格的，该检测费用由施工企业支付。

（9）工会经费　是指企业按《中华人民共和国工会法》规定的全部职工工资总额比例计提的工会经费。

（10）职工教育经费　是指按职工工资总额的规定比例计提，企业为职工进行专业技术和职业技能培训，专业技术人员继续教育、职工职业技能鉴定、职业资格认定以及根据需要对职工进行各类文化教育所发生的费用。

（11）财产保险费　是指施工管理用财产、车辆等的保险费用。

（12）财务费　是指企业为施工生产筹集资金或提供预付款担保、履约担保、职工工资支付担保等所发生的各种费用。

(13) 税金 是指企业按规定缴纳的房产税、车船使用税、土地使用税、印花税等。

(14) 其他 包括技术转让费、技术开发费、投标费、业务招待费、绿化费、广告费、公证费、法律顾问费、审计费、咨询费、保险费等。

(五) 利润

指施工企业完成所承包工程获得的盈利。

(六) 规费

指按国家法律、法规规定，由省级政府和省级有关权力部门规定必须缴纳或计取的费用，包括如下内容。

1. 社会保险费

(1) 养老保险费 是指企业按照规定标准为职工缴纳的基本养老保险费。

(2) 失业保险费 是指企业按照规定标准为职工缴纳的失业保险费。

(3) 医疗保险费 是指企业按照规定标准为职工缴纳的基本医疗保险费。

(4) 生育保险费 是指企业按照规定标准为职工缴纳的生育保险费。

(5) 工伤保险费 是指企业按照规定标准为职工缴纳的工伤保险费。

2. 住房公积金

指企业按规定标准为职工缴纳的住房公积金。

3. 工程排污费

指按规定缴纳的施工现场工程排污费。

其他应列而未列入的规费，按实际发生计取。

(七) 税金

指国家税法规定的应计入建筑安装工程造价内的营业税、城市维护建设税、教育费附加以及地方教育附加。

二、建筑安装工程费用项目组成（按造价形成划分）

建筑安装工程费按照工程造价形成由分部分项工程费、措施项目费、其他项目费、规费、税金组成，分部分项工程费、措施项目费、其他项目费包含人工费、材料费、施工机具使用费、企业管理费和利润（见附表）。

1. 分部分项工程费

指各专业工程的分部分项工程应予列支的各项费用。

(1) 专业工程 是指按现行国家计量规范划分的房屋建筑与装饰工程、仿古建筑工程、通用安装工程、市政工程、园林绿化工程、矿山工程、构筑物工程、城市轨道交通工程、爆破工程等各类工程。

(2) 分部分项工程 指按现行国家计量规范对各专业工程划分的项目。如房屋建筑与装饰工程划分的土石方工程、地基处理与桩基工程、砌筑工程、钢筋及钢筋混凝土工程等。

各类专业工程的分部分项工程划分见现行国家或行业计量规范。

2. 措施项目费

指为完成建设工程施工，发生于该工程施工前和施工过程中的技术、生活、安全、环境保护等方面的费用。包括以下内容。

（1）安全文明施工费

① 环境保护费　是指施工现场为达到环保部门要求所需要的各项费用。

② 文明施工费　是指施工现场文明施工所需要的各项费用。

③ 安全施工费　是指施工现场安全施工所需要的各项费用。

④ 临时设施费　是指施工企业为进行建设工程施工所必须搭设的生活和生产用的临时建筑物、构筑物和其他临时设施费用。包括临时设施的搭设、维修、拆除、清理费或摊销费等。

（2）夜间施工增加费　是指因夜间施工所发生的夜班补助费、夜间施工降效、夜间施工照明设备摊销及照明用电等费用。

（3）二次搬运费　是指因施工场地条件限制而发生的材料、构配件、半成品等一次运输不能到达堆放地点，必须进行二次或多次搬运所发生的费用。

（4）冬雨季施工增加费　是指在冬季或雨季施工需增加的临时设施、防滑、排除雨雪，人工及施工机械效率降低等费用。

（5）已完工程及设备保护费　是指竣工验收前，对已完工程及设备采取的必要保护措施所发生的费用。

（6）工程定位复测费　是指工程施工过程中进行全部施工测量放线和复测工作的费用。

（7）特殊地区施工增加费　是指工程在沙漠或其边缘地区、高海拔、高寒、原始森林等特殊地区施工增加的费用。

（8）大型机械设备进出场及安拆费　是指机械整体或分体自停放场地运至施工现场或由一个施工地点运至另一个施工地点，所发生的机械进出场运输及转移费用及机械在施工现场进行安装、拆卸所需的人工费、材料费、机械费、试运转费和安装所需的辅助设施的费用。

（9）脚手架工程费　是指施工需要的各种脚手架搭、拆、运输费用以及脚手架购置费的摊销（或租赁）费用。

措施项目及其包含的内容详见各类专业工程的现行国家标准或行业计量规范。

3. 其他项目费

（1）暂列金额　是指建设单位在工程量清单中暂定并包括在工程合同价款中的一笔款项。用于施工合同签订时尚未确定或者不可预见的所需材料、工程设备、服务的采购，施工中可能发生的工程变更、合同约定调整因素出现时的工程价款调整以及发生的索赔、现场签证确认等的费用。

（2）计日工　是指在施工过程中，施工企业完成建设单位提出的施工图纸以外的零星项目或工作所需的费用。

（3）总承包服务费　是指总承包人为配合、协调建设单位进行的专业工程发包，对建设单位自行采购的材料、工程设备等进行保管以及施工现场管理、竣工资料汇总整理等服务所需的费用。

4. 规费

规费指按国家法律、法规规定，由省级政府和省级有关权力部门规定缴纳或计取的费用。

5. 税金

税金是指国家税法规定的应计入建筑安装工程造价内的营业税、城市维护建设税、教育费附加以及地方教育附加。

三、建筑安装工程费用参考计算方法

（一）各费用构成要素参考计算方法

1. 人工费

$$人工费=\sum(工日消耗量\times日工资单价) \quad (2\text{-}1)$$

$$日工资单价=\frac{生产工人平均月工资(计时、计件)+平均月(奖金+津贴补贴+特殊情况下支付的工资)}{年平均每月法定工作日}$$

【注】式（2-1）主要适用于施工企业投标报价时自主确定人工费，也是工程造价管理机构编制计价定额确定定额人工单价或发布人工成本信息的参考依据。

$$人工费=\sum(工程工日消耗量\times日工资单价) \quad (2\text{-}2)$$

日工资单价是指施工企业平均技术熟练程度的生产工人在每工作日（国家法定工作时间内）按规定从事施工作业应得的日工资总额。

工程造价管理机构确定日工资单价应通过市场调查、根据工程项目的技术要求，参考实物工程量人工单价综合分析确定，最低日工资单价不得低于工程所在地人力资源和社会保障部门所发布的最低工资标准的：普工 1.3 倍、一般技工 2 倍、高级技工 3 倍。

工程计价定额不可只列一个综合工日单价，应根据工程项目技术要求和工种差别适当划分多种日人工单价，确保各分部工程人工费的合理构成。

【注】式（2-2）适用于工程造价管理机构编制计价定额时确定定额人工费，是施工企业投标报价的参考依据。

2. 材料费

（1）材料费

$$材料费=\sum(材料消耗量\times材料单价) \quad (2\text{-}3)$$

$$材料单价=\{(材料原价+运杂费)\times[1+运输损耗率(\%)]\}\times[1+采购保管费率(\%)]$$

（2）工程设备费

$$工程设备费=\sum(工程设备量\times工程设备单价) \quad (2\text{-}4)$$

$$工程设备单价=(设备原价+运杂费)\times[1+采购保管费率(\%)]$$

3. 施工机具使用费

（1）施工机械使用费

$$施工机械使用费=\sum(施工机械台班消耗量\times机械台班单价) \quad (2\text{-}5)$$

$$机械台班单价=台班折旧费+台班大修费+台班经常修理费+台班安拆费及场外运费+台班人工费+台班燃料动力费+台班车船税费$$

【注】工程造价管理机构在确定计价定额中的施工机械使用费时，应根据《建筑施工机械台班费用计算规则》结合市场调查编制施工机械台班单价。施工企业可以参考工程造价管理机构发布的台班单价，自主确定施工机械使用费的报价，如租赁施工机械，公式为：

$$施工机械使用费=\sum(施工机械台班消耗量\times机械台班租赁单价)$$

（2）仪器仪表使用费

$$仪器仪表使用费=工程使用的仪器仪表摊销费+维修费$$

4. 企业管理费费率

（1）以分部分项工程费为计算基础

$$企业管理费费率(\%)=\frac{生产工人年平均管理费}{年有效施工天数\times人工单价}\times人工费占分部分项工程费比例(\%)$$

（2）以人工费和机械费合计为计算基础

$$企业管理费费率(\%)=\frac{生产工人年平均管理费}{年有效施工天数\times(人工单价+每一工日机械使用费)}\times100\%$$

（3）以人工费为计算基础

$$企业管理费费率(\%)=\frac{生产工人年平均管理费}{年有效施工天数\times人工单价}\times100\%$$

【注】上述公式适用于施工企业投标报价时自主确定管理费，是工程造价管理机构编制计价定额、确定企业管理费的参考依据。

工程造价管理机构在确定计价定额中的企业管理费时，应以定额人工费或（定额人工费＋定额机械费）作为计算基数，其费率根据历年工程造价积累的资料，辅以调查数据确定，列入分部分项工程和措施项目中。

5. 利润

① 施工企业根据企业自身需求并结合建筑市场实际自主确定，列入报价中。

② 工程造价管理机构在确定计价定额中利润时，应以定额人工费（或定额人工费＋定额机械费）作为计算基数，其费率根据历年工程造价积累的资料，并结合建筑市场实际确定，以单位（单项）工程测算，利润在税前建筑安装工程费的比重可按不低于5%且不高于7%的费率计算。利润应列入分部分项工程和措施项目中。

6. 规费

（1）社会保险费和住房公积金　社会保险费和住房公积金应以定额人工费为计算基础，根据工程所在地省、自治区、直辖市或行业建设主管部门规定费率计算。

$$社会保险费和住房公积金=\sum(工程定额人工费\times社会保险费和住房公积金费率)$$

其中，社会保险费和住房公积金费率可以每万元发承包价的生产工人人工费和管理人员工资含量与工程所在地规定的缴纳标准综合分析取定。

（2）工程排污费　工程排污费等其他应列而未列入的规费应按工程所在地环境保护等部门规定的标准缴纳，按实计取列入。

7. 税金

税金计算公式：

$$税金=税前造价\times综合税率(\%)$$

综合税率：

(1) 纳税地点在市区的企业

$$综合税率(\%)=\frac{1}{1-3\%-(3\%\times7\%)-(3\%\times3\%)-(3\%\times2\%)}-1$$

(2) 纳税地点在县城、镇的企业

$$综合税率(\%)=\frac{1}{1-3\%-(3\%\times5\%)-(3\%\times3\%)-(3\%\times2\%)}-1$$

(3) 纳税地点不在市区、县城、镇的企业

$$综合税率(\%)=\frac{1}{1-3\%-(3\%\times1\%)-(3\%\times3\%)-(3\%\times2\%)}-1$$

(4) 实行营业税改增值税的，按纳税地点现行税率计算。

(二) 建筑安装工程计价参考公式

1. 分部分项工程费

分部分项工程费＝∑（分部分项工程量×综合单价）

其中，综合单价包括人工费、材料费、施工机具使用费、企业管理费和利润以及一定范围的风险费用（下同）。

2. 措施项目费

(1) 国家计量规范规定应予计量的措施项目 其计算公式为：

措施项目费＝∑（措施项目工程量×综合单价）

(2) 国家计量规范规定不宜计量的措施项目 计算方法如下。

① 安全文明施工费

安全文明施工费＝计算基数×安全文明施工费费率（%）

计算基数应为定额基价（定额分部分项工程费＋定额中可以计量的措施项目费）、定额人工费或（定额人工费＋定额机械费），其费率由工程造价管理机构根据各专业工程的特点综合确定。

② 夜间施工增加费

夜间施工增加费＝计算基数×夜间施工增加费费率（%）

③ 二次搬运费

二次搬运费＝计算基数×二次搬运费费率（%）

④ 冬雨季施工增加费

冬雨季施工增加费＝计算基数×冬雨季施工增加费费率（%）

⑤ 已完工程及设备保护费

已完工程及设备保护费＝计算基数×已完工程及设备保护费费率（%）

上述②～⑤项措施项目的计费基数应为定额人工费（或定额人工费＋定额机械费），其费率由工程造价管理机构根据各专业工程特点和调查资料综合分析后确定。

3. 其他项目费

① 暂列金额由建设单位根据工程特点，按有关计价规定估算，施工过程中由建设单位掌握使用、扣除合同价款调整后如有余额，归建设单位。

② 计日工由建设单位和施工企业按施工过程中的签证计价。

③ 总承包服务费由建设单位在招标控制价中根据总包服务范围和有关计价规定编制，施工企业投标时自主报价，施工过程中按签约合同价执行。

4. 规费和税金

建设单位和施工企业均应按照省、自治区、直辖市或行业建设主管部门发布标准计算规费和税金，不得作为竞争性费用。

（三）相关问题的说明

① 各专业工程计价定额的编制及其计价程序，均按本通知实施。

② 各专业工程计价定额的使用周期原则上为5年。

③ 工程造价管理机构在定额使用周期内，应及时发布人工、材料、机械台班价格信息，实行工程造价动态管理，如遇国家法律、法规、规章或相关政策变化以及建筑市场物价波动较大时，应适时调整定额人工费、定额机械费以及定额基价或规费费率，使建筑安装工程费能反映建筑市场实际。

④ 建设单位在编制招标控制价时，应按照各专业工程的计量规范和计价定额以及工程造价信息编制。

⑤ 施工企业在使用计价定额时除不可竞争费用外，其余仅作参考，由施工企业投标时自主报价。

四、建筑安装工程计价程序

建筑安装工程计价程序见表2-5～表2-7。

表2-5　建设单位工程招标控制价计价程序

工程名称：　　　　　　　　　　　　标段：

序　号	内　容	计算方法	金额/元
1	分部分项工程费	按计价规定计算	
1.1			
1.2			
2	措施项目费	按计价规定计算	
2.1	其中：安全文明施工费	按规定标准计算	
3	其他项目费		
3.1	其中：暂列金额	按计价规定估算	
3.2	其中：专业工程暂估价	按计价规定估算	
3.3	其中：计日工	按计价规定估算	
3.4	其中：总承包服务费	按计价规定估算	
4	规费	按规定标准计算	
5	税金（扣除不列入计税范围的工程设备金额）	（1＋2＋3＋4）×规定税率	

招标控制价合计＝1＋2＋3＋4＋5

表 2-6 施工企业工程投标报价计价程序

工程名称： 标段：

序号	内容	计算方法	金额/元
1	分部分项工程费	自主报价	
1.1			
1.2			
2	措施项目费	自主报价	
2.1	其中：安全文明施工费	按规定标准计算	
3	其他项目费		
3.1	其中：暂列金额	按招标文件提供金额计列	
3.2	其中：专业工程暂估价	按招标文件提供金额计列	
3.3	其中：计日工	自主报价	
3.4	其中：总承包服务费	自主报价	
4	规费	按规定标准计算	
5	税金(扣除不列入计税范围的工程设备金额)	(1＋2＋3＋4)×规定税率	
投标报价合计＝1＋2＋3＋4＋5			

表 2-7 竣工结算计价程序

工程名称： 标段：

序号	内容	计算方法	金额/元
1	分部分项工程费	按合同约定计算	
1.1			
1.2			
2	措施项目费	按合同约定计算	
2.1	其中：安全文明施工费	按规定标准计算	
3	其他项目费		
3.1	其中：专业工程结算价	按合同约定计算	
3.2	其中：计日工	按计日工签证计算	
3.3	其中：总承包服务费	按合同约定计算	
3.4	索赔与现场签证	按发承包双方确认数额计算	
4	规费	按规定标准计算	
5	税金(扣除不列入计税范围的工程设备金额)	(1＋2＋3＋4)×规定税率	
投标报价合计＝1＋2＋3＋4＋5			

五、 建设项目费用

建设项目费用是指建设项目从拟建到竣工验收交付使用整个过程中，所投入的全部费用的总和，也就是建设项目总投资。它包括设备工器具购置费用、建筑安装工程费用、工程建设其他费用、预备费、建设期利息、流动资金和固定资产投资方向调节税。

1. 建设项目总投资

（1）建设项目总投资组成 见表 2-8。

表 2-8 建设项目总投资组成

<table>
<tr><th>可研阶段</th><th colspan="4">费用组成</th><th colspan="2">初设阶段</th></tr>
<tr><td rowspan="26">建设项目估算总投资</td><td rowspan="23">建设投资</td><td rowspan="16">固定资产费用</td><td colspan="2">建筑工程费</td><td rowspan="3">第一部分
工程费用</td><td rowspan="21">建设项目概算总投资</td></tr>
<tr><td colspan="2">设备购置费</td></tr>
<tr><td colspan="2">安装工程费</td></tr>
<tr><td rowspan="13">固定资产
其他费用</td><td>建设管理费</td><td rowspan="18">第二部分
工程建设
其他费用</td></tr>
<tr><td>可行性研究费</td></tr>
<tr><td>研究试验费</td></tr>
<tr><td>勘察设计费</td></tr>
<tr><td>环境影响评价费</td></tr>
<tr><td>劳动安全卫生评价费</td></tr>
<tr><td>场地准备及临时设施费</td></tr>
<tr><td>引进技术和引进设备其他费</td></tr>
<tr><td>工程保险费</td></tr>
<tr><td>联合试运转费</td></tr>
<tr><td>特殊设备安全监督检验费</td></tr>
<tr><td>市政公用设施建设及绿化费</td></tr>
<tr><td></td></tr>
<tr><td colspan="2" rowspan="3">无形资产费用</td><td>建设用地费</td></tr>
<tr><td>专利及专有技术使用费</td></tr>
<tr><td></td></tr>
<tr><td colspan="2" rowspan="2">其他资产费用
（递延资产）</td><td>生产准备及开办费</td></tr>
<tr><td></td></tr>
<tr><td rowspan="2">预备费</td><td colspan="2">基本预备费</td><td colspan="2" rowspan="2">第三部分
预备费</td></tr>
<tr><td colspan="2">价差预备费</td></tr>
<tr><td colspan="4">建设期利息</td><td colspan="2" rowspan="3">第四部分
专项费用</td></tr>
<tr><td colspan="4">流动资金(项目报批总投资和概算总投资中只列铺底流动资金)</td></tr>
<tr><td colspan="4">固定资产投资方向调节税(暂停征收)</td></tr>
</table>

（2）建设项目可行性研究阶段的投资估算组成

① 建设项目估算总投资＝建设投资＋建设期利息＋流动资金＋固定资产投资方向调节税

其中：建设投资＝固定资产费用＋无形资产费用＋其他资产费用（递延资产）＋预备费＝工程费用＋工程建设其他费用＋预备费

固定资产费用＝建筑工程费＋设备购置费＋安装工程费＋固定资产其他费用

② 建设项目报批总投资＝建设投资＋建设期利息＋铺底流动资金＋固定资产投资方向调节税＝建设项目概算总投资

（3）建设项目初步设计阶段的概算投资组成

建设项目概算总投资＝工程费用＋工程建设其他费用＋预备费
＋建设期利息＋铺底流动资金＋固定资产投资方向调节税

其中：工程费用＝建筑工程费＋设备购置费＋安装工程费

工程建设其他费用＝固定资产其他费用＋无形资产费用＋其他资产费用（递延资产）

2. 建筑安装工程费用

有关内容详见本节一、二有关建筑工程费用的内容。

安装工程有自己独立的计算方法和计价依据，与建筑工程费用计算不同。

3. 设备工器具及家具购置费用

设备工器具购置费用是由设备购置费用、生产家具购置费用组成。

设备购置费是指为工程建设项目购置或自制的达到固定资产标准的设备、工具和器具的费用。确定固定资产的标准是：使用年限在一年以上，单位价值在1000元，1500元或2000元以上。具体标准由各主管部门规定，新建项目和扩建项目的新建车间购置或自制的全部设备、工具和器具，不论是否达到固定资产标准，均计入设备、工具和器具购置费中。

设备购置费＝设备原价或进口设备到岸价＋设备运杂费

上式中，设备原价是指国产标准设备、非标准设备、引进设备的原价。设备运杂费是指设备供销部门手续费，设备原价中未包括的包装和包装材料费、运输费、装卸费、采购费及仓库保管费之和。如果设备是由设备成套公司供应的，成套公司的服务费也应计入设备运杂费中。

进口设备价格＝货价＋国外运费＋运输保险费＋银行财务费＋外贸手续费＋关税＋
增值税

工器具及生产家具购置费是指新建项目或扩建项目初步设计规定所必须购置的不够固定资产标准的设备，仪器、工卡模具、器具、生产家具和备品、备件的费用，其一般计算公式是：

工器具及生产家具购置费＝设备购置费×定额费率

4. 工程建设其他费用组成

工程建设其他费用是指应在建设项目的建设投资中开支的固定资产其他费用、无形资产费用和其他资产费用（递延资产）。

特别指出工程建设其他费用项目，是项目的建投资中较常发生的费用项目，但并非每个项目都会发生这些费用项目，项目不发生的其他费用项目不计取。因此，为方便投资估算和概算的编制，对其他费用项目进行了适当简化和同类费用归并，但这种简化和归并有一个前提条件，即不影响项目的建设投资估算结果。

（1）固定资产其他费用　固定资产其他费用包括：建设管理费、可行性研究费、研究试验费、勘察设计费、环境影响评价费、劳动安全卫生评价费、场地准备及临时设施费、引进技术和引进设备其他费、工程保险费、联合试运转费、特殊设备安全监督检验费、市政公用设施建设及绿化费。

（2）无形资产费用　无形资产费用包括：建设用地费、专利及专有技术使用费。

（3）其他资产费用（递延资产）　其他资产费用（递延资产）是指生产准备及开办费等。

(4) 一般建设项目很少发生或一些具有较明显行业特征的工程建设其他费用项目 如移民安置费、水资源费、水土保持评价费、地震安全性评价费、地质灾害危险性评价费、河道占用补偿费、超限设备运输特殊措施费、航道维护费、植被恢复费、种质检测费、引种测试费等，各省（市、自治区）、各部门可在实施办法中补充或具体项目发生时依据有关政策规定计取。

5. 工程建设其他费用内容及计算方法

(1) 建设用地费

① 费用内容 建设用地费是指按照《中华人民共和国土地管理法》等规定，建设项目征用土地或租用土地应支付的费用。包括：土地征用及迁移补偿费，经营性建设项目通过出让方式购置的土地使用权（或建设项目通过划拨方式取得无限期的土地使用权）而支付的土地补偿费、安置补偿费、地上附着物和青苗补偿费、余物迁建补偿费、土地登记管理费等；行政事业单位的建设项目通过出让方式取得土地使用权而支付的出让金；建设单位在建设过程中发生的土地复垦费用和土地损失补偿费用；建设期间临时占地补偿费。

征用耕地按规定一次性缴纳的耕地占用税；征用城镇土地在建设期间按规定每年缴纳的城镇土地使用税；征用城市郊区菜地按规定缴纳的新菜地开发建设基金。

建设单位租用建设项目土地使用权而支付的租地费用。

② 计算方法 根据应征建设用地面积、临时用地面积，按建设项目所在省、市、自治区人民政府制定颁发的土地征用补偿费、安置补助费标准和耕地占用税、城镇土地使用税标准计算。

建设用地上的建（构）筑物如需迁建，其迁建补偿费应按迁建补偿协议计列或按新建同类工程造价计算。建设场地平整中的余物拆除清理费在“场地准备及临时设施费”中计算。

建设项目采用“长租短付”方式租用土地使用权，在建设期间支付的租地费用计入建设用地费；在生产经营期间支付的土地使用费应进入营运成本中核算。

(2) 建设管理费

① 费用内容 建设管理费是指建设单位从项目筹建开始直至办理竣工决算为止发生的项目建设管理费用。包括如下内容。

建设单位管理费：指建设单位发生的管理性质的开支。包括：工作人员工资、工资性补贴、施工现场津贴、职工福利费、住房基金、基本养老保险费、基本医疗保险费、失业保险费、工伤保险费、办公费、差旅交通费、劳动保护费、工具用具使用费、固定资产使用费、必要的办公及生活用品购置费、必要的通讯设备及交通工具购置费、零星固定资产购置费、招募生产工人费、技术图书资料费、业务招待费、设计审查费、工程招标费、合同契约公证费、法律顾问费、咨询费、工程质量监督检测费、审计费、完工清理费、竣工验收费、印花税和其他管理性质开支。

工程监理费：指建设单位委托工程监理单位实施工程监理的费用。

② 计算方法 以建设投资中的工程费用为基数乘以建设管理费率计算。

$$建设管理费=工程费用\times建设管理费费率$$

由于工程监理是受建设单位委托的工程建设技术服务，属建设管理范畴。如采用监理，建设单位管理工作量转移至监理单位，监理费应根据委托的监理工作范围和监理深度在监理合同中商定。因此工程监理费应从建设管理费中开支，在工程建设其他费用项目中不单独列项。

如建设管理采用工程总承包方式，其总包管理费由建设单位与总包单位根据总包工作范围在合同中商定、从建设管理费中支出。

改扩建项目的建设管理费率应比新建项目适当降低。

(3) 可行性研究费

① 费用内容 可行性研究费是指在建设项目前期工作中，编制和评估项目建议书（或预可行性研究报告）、可行性研究报告所需的费用。

② 计算方法 依据前期研究委托合同计算，或按照《国家计委关于印发〈建设项目前期工作咨询收费暂行规定〉的通知》（计投资［1999］1283号）的规定计算。编制预可行性研究报告参照编制项目建议书收费标准并可适当调整。

(4) 研究试验费

① 费用内容 研究试验费是指为本建设项目提供或验证设计数据、资料等进行必要的研究试验及按照设计规定在建设过程中必须进行试验、验证所需的费用，但不包括：应由科技三项费用（即新产品试制费、中间试验费和重要科学研究补助费）开支的项目；应在建筑安装费用中列支的施工企业对建筑材料、构件和建筑物进行一般鉴定、检查所发生的费用及技术革新的研究试验费；应由勘察设计费或工程费用中开支的项目。

② 计算方法 按照研究试验内容和要求进行编制。

(5) 勘察设计费

① 费用内容 勘察设计费指委托勘察设计单位进行工程水文地质勘察、工程设计所发生的各项费用。包括：工程勘察费、初步设计费（基础设计费）、施工图设计费（详细设计费）、设计模型制作费。

② 计算方法 依据勘察设计委托合同计列，或按照国家计委、建设部《关于发布〈工程勘察设计收费管理规定〉的通知》规定计算。

(6) 环境影响评价费

① 费用内容 指按照《中华人民共和国环境保护法》、《中华人民共和国环境影响评价法》等规定，为全面、详细评价本建设项目对环境可能产生的污染或造成的重大影响所需的费用，包括编制环境影响报告书（含大纲）、环境影响报告表和评估环境影响报告书（含大纲）、评估环境影响报告表等所需的费用。

② 计算方法 依据环境影响评价委托合同计列，或按照国家计委、国家环境保护总局《关于规范环境影响咨询收费有关问题的通知》（计价格［2002］125号）规定计算。

(7) 劳动安全卫生评价费

① 费用内容 劳动安全卫生评价费是指按照劳动部《建设项目（工程）劳动安全卫生监察规定》和《建设项目（工程）劳动安全卫生预评价管理办法》的规定，为预测和分析建设项目存在的职业危险、危害因素的种类和危险危害程度，并提出先进、科学、合理可行的劳动安全卫生技术和管理对策所需的费用。包括编制建设项目劳动安全卫生预评价大纲和劳动安全卫生预评价报告书以及为编制上述文件所进行的工程分析和环境现状调查等所需费用。

② 计算方法 依据劳动安全卫生预评价委托合同计列，或按照建设项目所在省（市、自治区）劳动行政部门规定的标准计算。

(8) 场地准备及临时设施费

① 费用内容 场地准备及临时设施费包括场地准备费和临时设施费。

场地准备费是指建设项目为达到工程开工条件所发生的场地平整和对建设场地余留的有碍于施工建设的设施进行拆除清理的费用。

临时设施费是指为满足施工建设需要而供到场地界区的临时水、电、路、通信、气等工程费用和建设单位的现场临时建（构）筑物的搭设、维修、拆除、摊销或建设期间租赁费用，以及施工期间专用公路养护费、维修费。此费用不包括已列入建筑安装工程费用中的施工单位临时设施费用。

场地准备及临时设施应尽量与永久性工程统一考虑。建设场地的大型土石方工程应进入工程费用中的总图运输费用中。

② 计算方法　新建项目的场地准备和临时设施费应根据实际工程量估算，或按工程费用的比例计算。改扩建项目一般只计拆除清理费。

场地准备和临时设施费＝工程费用×费率＋拆除清理费

发生拆除清理费时，可按新建同类工程造价或主材费、设备费的比例计算。凡可回收材料的拆除采用以料抵工方式，不再计算拆除清理费。

（9）引进技术和引进设备其他费

① 费用内容　引进技术和引进设备其他费包括：引进项目图纸资料翻译复制费、备品备件测绘费。

出国人员费用：包括买方人员出国设计联络、出国考察、联合设计、监造、培训等所发生的旅费、生活费、制装费等。

来华人员费用：包括卖方来华工程技术人员的现场办公费用、往返现场交通费用、工资、食宿费用、接待费用等。

银行担保及承诺费：指引进项目由国内外金融机构出面承担风险和责任担保所发生的费用，以及支付贷款机构的承诺费用。

② 计算方法　引进项目图纸资料翻译复制费：根据引进项目的具体情况计列或按引进货价（F. O. B.）的比例估列；引进项目发生备品备件测绘费时按具体情况估列。

出国人员费用：依据合同规定的出国人次、期限和费用标准计算。生活费及制装费按照财政部、外交部规定的现行标准计算，旅费按中国民航公布的国际航线票价计算。

来华人员费用：应依据引进合同有关条款规定计算。引进合同价款中已包括的费用内容不得重复计算。来华人员接待费用可按每人次费用指标计算。

银行担保及承诺费：应按担保或承诺协议计取。投资估算和概算编制时可以担保金额或承诺金额为基数乘以费率计算。

③ 引进设备材料的国外运输费、国外运输保险费、关税、增值税、外贸手续费、银行财务费、国内运杂费、引进设备材料国内检验费、海关监管手续费等按引进货价（F. O. B. 或 C. I. F.）计算后并入相应的设备材料费中。单独引进软件不计关税只计增值税。

（10）工程保险费

① 费用内容　工程保险费是指建设项目在建设期间根据需要对建筑工程、安装工程及机器设备进行投保而发生的保险费用。包括建筑工程一切险和人身意外伤害险、引进设备国内安装保险等。

② 计算方法　不投保的工程不计取此项费用。不同的建设项目可根据工程特点选择投保险种，根据投保合同计列保险费用。编制投资估算和概算时可按工程费用的比例估算。

（11）特殊设备安全监督检验费

① 费用内容 特殊设备安全监督检验费是指在施工现场组装的锅炉及压力容器、消防设备、燃气设备、电梯等特殊设备和设施，由安全监察部门按照有关安全监察条例和实施细则以及设计技术要求进行安全检验，应由建设项目支付的、向安全监察部门缴纳的费用。

② 计算方法 按照建设项目所在省（市、自治区）安全监察部门的规定标准计算。无具体规定的，在编制投资估算和概算时可按受检设备现场安装费的比例估算。

(12) 生产准备及开办费

① 费用内容 生产准备及开办费是指建设项目为保证正常生产（或营业、使用）而发生的人员培训费、提前进厂费以及投产使用初期必备的生产生活用具、工器具等购置费用。包括如下内容。

a. 人员培训费及提前进厂费：自行组织培训或委托其他单位培训的人员工资、工资性补贴、职工福利费、差旅交通费、劳动保护费、学习资料费等；

b. 为保证初期正常生产、生活（或营业、使用）所必需的生产办公、生活家具用具购置费；

c. 为保证初期正常生产（或营业、使用）必需的第一套不够固定资产标准的生产工具、器具、用具购置费（不包括备品备件费）。

② 计算方法 新建项目按设计定员为基数计算，改扩建项目按新增设计定员为基数计算。

生产准备费＝设计定员×生产准备费指标(元/人)

可采用综合的生产准备费指标进行计算，也可以按上述费用内容的分类指标计算。

(13) 联合试运转费

① 费用内容 联合试运转费是指新建项目或新增加生产能力的工程，在交付生产前按照批准的设计文件所规定的工程质量标准和技术要求，进行整个生产线或装置的负荷联合试运转或局部联动试车所发生的费用净支出（试运转支出大于收入的差额部分费用，以及必要的工业炉烘炉费）。试运转支出包括试运转所需原材料、燃料及动力消耗、低值易耗品、其他物料消耗、工具用具使用费、机械使用费、保险金、施工单位参加试运转人员工资以及专家指导费等；试运转收入包括试运转期间的产品销售收入和其他收入。

联合试运转费不包括应由设备安装工程费用开支的调试及试车费用，以及在试运转中暴露出来的因施工原因或设备缺陷等发生的处理费用。

② 计算方法 不发生试运转或试运转收入大于（或等于）费用支出的工程，不列此项费用。

当联合试运转收入小于试运转支出时：

联合试运转费＝联合试运转费用支出－联合试运转收入

(14) 专利及专有技术使用费

① 费用内容 专利及专有技术使用费包括：国外设计及技术资料费、引进有效专利、专有技术使用费和技术保密费；国内有效专利、专有技术使用费用；商标使用费、特许经营权费等。

② 计算方法 按专利使用许可协议和专有技术使用合同的规定计列；专有技术的界定应以省、部级鉴定批准为依据；项目投资中只计需在建设期支付的专利及专有技术使用费。协议或合同规定在生产期支付的使用费应在成本中核算。

（15）市政公用设施建设及绿化费

① 费用内容 市政公用设施建设及绿化费是指项目建设单位按照项目所在地人民政府有关规定缴纳的市政公用设施建设费，以及绿化补偿费等。

② 计算办法 按工程所在地人民政府规定标准计列；不发生或按规定免征项目不计取。

6. 预备费

预备费包括基本预备费和工程造价价差预备费。

（1）基本预备费 基本预备费是指在初步设计及概算内不可预见的工程费用。

① 费用内容 在批准的初步设计范围内，技术设计、施工图设计及施工过程中所增加的工程费用，设计变更、局部地基处理等增加的费用。一般自然灾害造成损失和预防自然灾害所采取的措施费用，实行工程保险的工程项目，此费用应适当降低。竣工验收时，为鉴定工程质量对隐蔽工程进行必要的挖掘和修复费用。

② 计算方法 基本预备费是以第一部分工程费用与第二部分工程建设其他费用之和乘以基本预备费率。

（2）工程造价价差预备费 工程造价调整预备费是指建设项目在建设期间内由于价格等变化引起工程造价变化的预测预备费用。费用内容包括：人工费、设备、材料、施工机械差价，建筑安装工程费及工程建设其他费用的调整以及利率、汇率的调整等。该费用由国家发改委发布调整系数，目前，费率为零。

7. 建设期贷款利息

建设期贷款利息是指项目借款在建设期内发生并应计入固定资产原值的利息。建设期贷款利息是在完成的建设投资（不含建设期贷款利息）和分年投资计划基础上，根据资金筹措方式计算的。建设期贷款利息公式

$$Q_j=(P_{j-1}+\frac{1}{2}A_j)i$$

式中 Q_j——建设期第 j 年应计利息；

P_{j-1}——建设期第 $j-1$ 年贷款额累计金额与利息累计金额之和；

A_j——建设期第 j 年贷款金额；

i——年利率。

8. 流动资金

流动资金是指为保证项目投产后，能进行正常的生产运营，用于购买原材料、燃料，支付工资及其经营费用所必须的周转资金。

铺底流动资金是指流动资金的 30%，作为建设项目开工准备的必要资金。

该费用在国有投资项目中，其概算必须要列入，其他工程可根据实际情况计列。

9. 固定资产投资方向调节税

为了贯彻国家产业政策，控制投资规模，引导投资方向，调整投资结构，加强重点建设，促进国民经济快速稳定健康协调发展，对在我国境内进行固定资产投资的单位和个人（不含中外合资经营企业、中外合作经营企业和外商独资企业）征收固定资产投资方向调节税，简称投资方向调节税。该费用目前根据规定暂停征收。

六、 建筑工程费用定额

1. 概述

费用定额是计算建设项目除工程定额直接费以外各项费用的标准。包括建筑安装工程费用定额和工程建设其他费用定额。

建筑工程费用定额一般是以某个或多个自变量为计算基础，反映专项费用社会必要劳动量的百分率或标准。它包括其他直接费定额、现场经费、间接费等。

建筑工程费用定额组成内容如下所述。

费用定额由说明、费用内容、工程类别划分、各类工程取费标准、工程造价计算程序和各类工程费用拆分组成。

说明中有编制依据，用途，适用范围，总承包、总包、分包工程，定额的预算工资单价等。

由于建筑工程各类取费按系数计取，则该系数就是由费用定额给定。

2. 编制方法

建筑工程费用定额是由国家或主管部门、省（市、自治区）规定的确定和开支各项其他费用定额。应该按照国家统一规定的编制原则、费用内容、项目划分和计算方法，分别由国家各有关归口管理部门和各省、市、自治区依照行业特点和工程的具体情况，具体分析，细算粗编。在具体的编制中，应根据实际情况，选择计列。

复习思考题

1. 什么是建筑工程定额？
2. 建筑工程定额按生产要素分为哪几种？
3. 建筑工程定额有几种分类方法？
4. 什么是施工定额？施工定额的作用有哪些？施工定额的编制原则是什么？
5. 什么是劳动定额？劳动定额的表示形式是什么？劳动定额的表示方法有哪些？
6. 时间定额和产量定额的关系是什么？
7. 什么是材料消耗定额？其组成内容是什么？材料消耗定额的编制方法、作用是什么？
8. 什么是机械台班使用定额？机械台班使用定额的表示形式是什么？
9. 什么是建筑工程预算定额？其作用有哪些？
10. 建筑工程预算定额与施工定额的区别有哪些？
11. 建筑工程预算定额的编制依据有哪些？简述其编制步骤。
12. 如何确定预算定额人工、材料、机械台班消耗量指标？
13. 建筑工程预算定额的组成内容有哪些？
14. 简述建筑工程预算定额的应用。
15. 什么是定额基价？预算定额基价的构成是什么？如何确定预算定额基价？
16. 材料预算价格的组成内容有哪些？材料预算价与市场材料价相同吗？
17. 用10t塔式起重机吊装某种混凝土构件，由1名吊装司机、5名安装起重机工、3名电焊工组成小组共同完成。已知机械台班产量定额为60块，试求吊装每一块构件的机械时间定额和人工时间定额。

18. 某工程在南京市区，所需地砖 4000m^2，分别在红太阳装饰城购 1400m^2，单价 42 元/m^2；金陵装饰城购 1300m^2，单价 45 元/m^2；金盛装饰城购 1300m^2，单价 44 元/m^2；综合费率按 3.5%确定，试用综合费率法计算地砖预算价。

19. 什么是建筑与装饰工程计价定额？其作用有哪些？他与建筑工程预算定额之间有什么关系？

20. 建筑与装饰工程计价定额的内容有哪些？

21. 如何确定计价定额的费用？

22. 什么是建筑工程概算定额？什么是建筑工程概算指标？它们之间有何联系？

23. 什么是建筑工程安装费用？其组成内容有哪些？

24. 机械使用费的组成有哪些？什么是措施费？

25. 什么是规费、税金和利润？

26. 什么是建设项目费用？其包括内容有哪些？

27. 什么是设备工器具购置费用？其组成内容有哪些？

28. 什么是建设项目其他费用？它包括哪些内容？

29. 建筑工程费用定额的组成内容有哪些？

第三章　建筑与装饰工程工程量清单编制

本章主要内容：了解建设工程工程量清单概述，掌握建设工程工程量清单计价规范的主要内容，包括总则、术语、工程量清单编制、工程量清单计价、工程量清单格式，熟悉建筑与装饰装程工程量清单计算规范，掌握建筑装饰工程量清单的编制方法。

第一节　《建设工程工程量清单计价规范》（GB 50500—2013）介绍

一、概述

国家标准《建设工程工程量清单计价规范》（GB 50500—2013）于2012年12月25日颁布，自2013年7月1日起实施。它是继《建设工程工程量清单计价规范》(GB 50500—2003）推出，《建设工程工程量清单计价规范》(GB 50500—2008）修改后又一次改革，建设工程实行工程量清单计价规范的造价管理面临着新的机遇和挑战。实行工程量清单进行招投标，不仅是快速实现与国际通行惯例接轨的重要手段，更是政府加强宏观管理转变职能的有效途径，使实现“政府宏观调控，企业自主报价，市场形成价格”的目标更进一步，同时可以更好地营造公开、公平、公正的市场竞争环境。

建设工程计价活动是《中华人民共和国建筑法》《中华人民共和国合同法》《中华人民共和国招标投标法》《政府采购法》《中华人民共和国安全生产法》《建设工程安全生产管理条例》等多部法律、法规，按照我国工程造价管理改革的总体目标，本着国家宏观调控，市场竞争形成价格的原则，结合我国当前的实际情况组织专家编写制定的。

规范在制定过程中，吸收了我国建设工程工程量清单计价试点经验，借鉴了国外工程量清单计价的作法，并在国内广泛征求了相关单位、部门的意见，经多次讨论、修改形成的。

《建设工程工程量清单计价规范》是规范建设工程施工发承包计价行为，统一建设工程工程量清单的编制和计价方法，根据《中华人民共和国建筑法》、《中华人民共和国合同法》、《中华人民共和国招标投标法》制定的规范。规范适用于建设工程施工发承包计价活动。建设工程施工发承包计价活动应遵循客观、公正、公平的原则。建设工程发承包及实施阶段的工程造价应由分部分项工程项目、措施项目、其他项目、规费项目和税金组成。

《建设工程工程量清单计价规范》（以下简称规范）共包括十六章、十一个附录。第一章总则，第二章术语，第三章一般规定，第四章工程量清单编制，第五章招标控制价，第六章投标报价，第七章合同价款约定，第八章工程计量，第九章合同价款调整，第十章合同价款期中支付，第十一章竣工结算与支付，第十二章合同解除的价款结算与支付，第十三章合同价款争议的解决，第十四章工程造价鉴定，第十五章工程计价资料与档案，第十六章工程计价表格。附录A物价变化合同价款调整方法，附录B工程计价文件封面，附录C工程计价文件扉面，附录D工程计价总说明，附录E工程计价汇总表，附录F分部分项工程和措施项目计价表，附录G其他项目计价表，附录H规费、税金项目计价表，附录J工程计量申请（核准）表，附录K合同价款支付申请（核准）表，附录L主要材料、工程设备一览表。

在规范中以黑体字标志的条文为强制性条文，必须严格执行。

二、“2013规范” 的特点

“2013规范”全面总结了“2003规范”实施10年来的经验，针对存在的问题，对“2008规范”进行全面修订，与之比较，具有如下特点。

(1) 确立了工程计价标准体系的形成　“2003规范”发布以来，我国又相继发布了《建筑工程建筑面积计算规范》(GB/T 50353—2005)、《水利工程工程量清单计价规范》(GB 50501—2007)、《建设工程计价设备材料划分标准》(GB/T 50531—2009)，此次修订，共发布10本工程计价、计量规范，特别是9个专业工程计量规范的出台，使整个工程计价标准体系更加明晰了，为下一步工程计价标准的制定打下了坚实的基础。

(2) 扩大了计价计量规范的适用范围　“2013计价、计量规范”明确规定，“本规范适用于建设工程发承包及实施阶段的计价活动”“2013计量规范”并规定“××工程计价，必须按本规范规定的工程量计算规则进行工程计量”。而非“2008规范”规定的“适用于工程量清单计价活动”。表明了不分何种计价方式，必须执行计价计量规范，对规范发承包双方计价行为有了统一的标准。

(3) 深化了工程造价运行机制的改革　“2013规范”坚持了“政府宏观调控、企业自主报价、竞争形成价格、监管行之有效”的工程造价管理模式的改革方向。在条文设置上，使其工程计量规则标准化、工程计价行为规范化、工程造价形成市场化。

(4) 强化了工程计价计量的强制性规定　“2013规范”在保留“2008规范”强制性条文的基础上，又在一些重要环节新增了部分强制性条文，在规范发承包双方计价行为方面得到了加强。

(5) 注重了与施工合同的衔接　“2013规范”明确定义为适用于“工程施工发承包及实施阶段……”因此，在名词、术语、条文设置上尽可能与施工合同相衔接，既重视规范的指引和指导作用，又充分尊重发承包双方的意思自治，为造价管理与合同管理相统一搭建了平台。

(6) 明确了工程计价风险分担的范围 “2013 规范”在“2008 规范”计价风险条文的基础上，根据现行法律法规的规定，进一步细化、细分了发承包阶段工程计价风险，并提出了风险的分类负担规定，为发承包双方共同应对计价风险提供了依据。

(7) 完善了招标控制价制度 自“2008 规范”总结了各地经验，统一了招标控制价称谓，在《招标投标法实施条例》中又以最高投标限价得到了肯定。“2013 规范”从编制、复核、投诉与处理对招标控制价作了详细规定。

(8) 规范了不同合同形式的计量与价款交付 “2013 规范”针对单价合同、总价合同给出了明确定义，指明了其在计量和合同价款中的不同之处，提出了单价合同中的总价项目和总价合同的价款支付分解及支付的解决办法。

(9) 统一了合同价款调整的分类内容 “2013 规范”按照形成合同价款调整的因素，归纳为 5 类 14 个方面，并明确将索赔也纳入合同价款调整的内容，每一方面均有具体的条文规定，为规范合同价款调整提供了依据。

(10) 确立了施工全过程计价控制与工程结算的原则 “2013 规范”从合同约定到竣工结算的全过程均设置了可操作性的条文，体现了发承包双方应在施工全过程中管理工程造价，明确规定竣工结算应依据施工过程中的发承包双方确认的计量、计价资料办理的原则，为进一步规范竣工结算提供了依据。

(11) 提供了合同价款争议解决的方法 “2013 规范”将合同价款争议专列一章，根据现行法律规定立足于把争议解决在萌芽状态，为及时并有效解决施工过程中的合同价款争议，提出了不同的解决方法。

(12) 增加了工程造价鉴定的专门规定 由于不同的利益诉求，一些施工合同纠纷采用仲裁、诉讼的方式解决，这时，工程造价鉴定意见成了一些施工合同纠纷案件裁决或判决的主要依据。因此，工程造价鉴定除应按照工程计价规定外，还应符合仲裁或诉讼的相关法律规定，“2013 规范”对此作了规定。

(13) 细化了措施项目计价的规定 “2013 规范”根据措施项目计价的特点，按照单价项目、总价项目分类列项，明确了措施项目的计价方式。

(14) 增强了规范的操作性 “2013 规范”尽量避免条文点到为止，增加了操作方面的规定。“2013 计量规范”在项目划分上体现了简明适用；项目特征既体现本项目的价值，又方便操作人员的描述；计量单位和计算规则，既方便了计量的选择，又考虑了与现行计价定额的衔接。

(15) 保持了规范的先进性 此次修订增补了建筑市场新技术、新工艺、新材料的项目，删去了淘汰的项目。对土石分类重新定义，实现了与现行国家标准的衔接。

三、适用范围及作用

为规范建设工程施工发承包计价行为，统一建设工程工程量清单的编制和计价方法，根据《中华人民共和国建筑法》《中华人民共和国合同法》《中华人民共和国招标投标法》，制定本规范。规范适用于建设工程施工发承包计价活动。

建设工程发承包及实施阶段的工程造价应由分部分项工程项目、措施项目、其他项目、规费项目和税金组成。

招标工程量清单、招标控制价、投标报价、工程计量、合同价款调整、合同价款结算与支付以及工程造价鉴定等工程造价文件的编制与核对应由具有资格的工程造价专业人员承担。承担工程造价文件的编制与核对的工程造价专业人员及其所在单位，应对工程造价文件的质量负责。

建设工程施工发承包计价活动应遵循客观、公正、公平的原则。

四、一般规定

1. 计价方式

“2013”规范使用条件：**使用国有资金投资的建设工程施工发承包，必须采用工程量清单计价（强条）**[1]。非国有资金投资的建设工程，宜采用工程量清单计价。不采用工程量清单计价的建设工程，应执行本规范除工程量清单等专门性规定外的其他规定。

采用工程量清单的要求：**工程量清单应采用综合单价计价。措施项目中的安全文明施工费必须按国家或省级、行业建设主管部门的规定计算，不得作为竞争性费用。规费和税金必须按国家或省级、行业建设主管部门的规定计算，不得作为竞争性费用（强条）。**

2. 发包人提供材料和工程设备

发包人提供的材料和工程设备（以下简称甲供材料）应在招标文件中按规范附录 L.1 的规定填写《发包人提供主要材料和工程设备一览表》，写明甲供材料的名称、规格、数量、单价、交货方式、交货地点等。承包人投标时，甲供材料单价应计入相应项目的综合单价中，签约后，发包人应按合同约定扣除甲供材料款，不予支付。

发包人提供的甲供材料如规格、数量或质量不符合合同要求，或由于发包人原因发生交货日期延误责任、交货地点及交货方式变更等情况的，发包人应承担由此增加的费用和（或）工期延误责任，并应向承包人支付合理利润。

发承包双方对甲供材料的数量发生争议不能达成一致的，应按照相关工程的计价定额同类项目规定的材料消耗量计算。

若发包人要求承包人采购已在招标文件中确定为甲供材料的，材料价格应由发承包双方根据市场确定，并应另行签订补充协议。

3. 承包人提供材料和工程设备

除合同约定的发包人提供的材料外，合同工程所需的材料和工程设备应由承包人提供，承包人提供的材料和工程设备均由承包人负责采购、运输和保管。

承包人应按合同约定将采购材料和工程设备的供货人及品种、规格、数量和供货时间等提交发包人确认，并负责提供材料和工程设备的质量证明文件，满足合同约定的质量标准。

对承包人提供的材料和工程设备经检测不符合合同约定的质量标准，发包人应要求承包人更换，由此增加的费用和（或）工期延误责任应由承包人承担。对发包人要求检测承包人已具有合格证明的材料、工程设备，但经检测证明该材料、工程设备符合合同约定的质量标准，发包人应承担由此增加的费用和（或）工期延误责任，并应向承包人支付合理利润。

第二节 招标工程量清单编制

根据《建设工程工程量清单计价规范》(GB 50500—2013) 第四章的规定，招标工程量

---

[1] 强制性条文简称强条，就是必须要遵守的条文。

清单编制内容如下。

一、招标工程量清单概念

1. 工程量清单概念

工程量清单中分工程量清单、招标工程量清单、已标价工程量清单，根据其定义可以了解其作用。

工程量清单：载明建设工程的分部分项工程项目、措施项目、其他项目的名称和相应数量以及规费、税金项目等内容的明细清单。

招标工程量清单：招标人依据国家标准、招标文件、设计文件以及施工现场实际情况编制的，随招标文件发布供投标报价的工程量清单，包括其说明和表格。

已标价工程量清单：构成合同文件组成部分的投标文件中已标明价格，经算术性错误修正（如有）且承包人已确认的工程量清单，包括对其说明和表格。

2. 招标工程量清单编制一般规定

招标工程量清单应由具有编制能力的招标人或受其委托、具有相应资质的工程造价咨询人编制。**招标工程量清单必须作为招标文件的组成部分，其准确性和完整性应由招标人负责(强条)。**招标工程量清单是工程量清单计价的基础，应作为编制招标控制价、投标报价、计算或调整工程量、索赔等的依据之一。

招标工程量清单应以单位（项）工程为单位编制，应由分部分项工程量清单、措施项目清单、其他项目清单、规费和税金项目清单组成。

二、招标工程量清单编制内容

1. 招标工程量清单编制依据

“2013 规范”和相关工程的国家计量规范；国家或省级、行业建设主管部门颁发的计价依据和办法；建设工程设计文件及相关资料；与建设工程有关的标准、规范、技术资料；拟定的招标文件；施工现场情况、地勘水文资料、工程特点及常规施工方案；其他相关资料。

2. 分部分项工程项目

分部分项工程是指分部工程是单项或单位工程的组成部分，是按结构部位、路段长度及施工特点或施工任务将单项或单位工程划分为若干分部的工程；分项工程是分部工程的组成部分，是按不同施工方法、材料、工序及路段长度等将分部工程划分为若干个分项或项目的工程。

分部分项工程量清单必须载明项目编码、项目名称、项目特征、计量单位和工程量。分部分项工程量清单必须根据相关工程现行国家计量规范规定的项目编码、项目名称、项目特征、计量单位和工程量计算规则进行编制（强条）。

3. 措施项目

措施项目是指为完成工程项目施工，发生于该工程施工准备和施工过程中的技术、生活、安全、环境保护等方面的项目。

措施项目清单必须根据相关工程现行国家计量规范的规定编制（强条）。措施项目清单应根据拟建工程的实际情况列项。

4. 其他项目

其他项目清单应按照其内容列项：暂列金额；暂估价，包括材料暂估单价、工程设备暂估单价、专业工程暂估价；计日工费；总承包服务费。

① 暂列金额（provisional sum）。招标人在工程量清单中暂定并包括在合同价款中的一笔款项。用于工程合同签订时尚未确定或者不可预见的所需材料、工程设备、服务的采购，施工中可能发生的工程变更、合同约定调整因素出现时的工程价款调整以及发生的索赔、现场签证确认等的费用。

② 暂估价是指招标人在工程量清单中提供的用于支付必然发生但暂时不能确定价格的材料、工程设备的单价以及专业工程的金额。

③ 计日工是指在施工过程中，承包人完成发包人提出的工程合同范围以外的零星项目或工作，按合同中约定的单价计价的一种方式。

④ 总承包服务费是指总承包人为配合协调发包人进行的专业工程发包，对发包人自行采购的材料、工程设备等进行保管以及施工现场管理、竣工资料汇总整理等服务所需的费用。

暂列金额应根据工程特点按有关计价规定估算。暂估价中的材料、工程设备暂估价应根据工程造价信息或参照市场价格估算，列出明细表。专业工程暂估价应分不同专业，按有关计价规定估算，列出明细表。计日工应列出项目名称、计量单位和暂估数量。总承包服务费应列出服务项目及其内容等。

5. 规费

规费是指根据国家法律、法规规定，由省级政府或省级有关权力部门规定施工企业必须缴纳的，应计入建筑安装工程造价的费用。

规费项目清单应按照其内容列项：包括社会保障费（包括养老保险费、失业保险费、医疗保险费、工伤保险、生育保险）；住房公积金；工程排污费；如出现未列的项目，应根据省级政府或省级有关权力部门的规定列项。

6. 税金

税金是指国家税法规定的应计入建筑安装工程造价内的营业税、城市维护建设税、教育费附加和地方教育附加。

税金项目清单应包括下列内容：营业税；城市维护建设税；教育费附加；地方教育附加。

三、招标工程量清单格式

（1）招标工程量清单封面

____________________工程

招 标 工 程 量 清 单

招　标　人：__________

（单位盖章）

造价咨询人：__________

（单位盖章）

年　月　日

（2）招标工程量清单扉面

__________工程

招 标 工 程 量 清 单

招 标 人：__________ 造价咨询人：__________
（单位盖章） （单位资质专用章）

法定代表人： 法定代表人：
或其授权人：__________ 或其授权人：__________
（签字或盖章） （签字或盖章）

编 制 人：__________ 复 核 人：__________
（造价人员签字盖专用章） （造价工程师签字盖专用章）

编制时间： 年 月 日 复核时间： 年 月 日

（3）工程计价总说明

总 说 明

工程名称： 第 页共 页

表-01

（4）分部分项工程和措施项目计价表

F.1 分部分项工程和单价措施项目清单与计价表

工程名称： 标段： 第 页共 页

序号	项目编码	项目名称	项目特征描述	计量单位	工程量	金额/元		
						综合单价	合价	其中：暂估价
本页小计								
合 计								

注：为计取规费等的使用，可在表中增设其中："定额人工费"。

表-08

F.4　总价措施项目清单与计价表

工程名称：　　　　　　　　　　　　　　标段：　　　　　　　　　　　　　　第　页共　页

序号	项目编码	项目名称	计算基础	费率/%	金额/元	调整费率/%	调整后金额/元	备注
1		安全文明施工费						
2		夜间施工费						
3		二次搬运费						
4		冬雨季施工						
5		已完工程及设备保护						
		合计						

编制人(造价人员)：　　　　　　　　　　　　　　　　　复核人(造价工程师)：

注：1.“计算基础”中安全文明施工费可为“定额基价”、“定额人工费”或“定额人工费＋定额机械费”，其他项目可为“定额人工费”或“定额人工费＋定额机械费”。

2. 按施工方案计算的措施费，若无“计算基础”和“费率”的数值，也可只填“金额”数值，但应在备注栏说明施工方案出处或计算方法。

表-11

(5) 其他项目计价表

G.1　其他项目清单与计价汇总表

工程名称：　　　　　　　　　　　　　　标段：　　　　　　　　　　　　　　第　页共　页

序号	项目名称	金额/元	结算金额/元	备注
1	暂列金额			明细详见表-12-1
2	暂估价			
2.1	材料(工程设备)暂估价/结算价	—		明细详见表-12-2
2.2	专业工程暂估价/结算价			明细详见表-12-3
3	计日工			明细详见表-12-4
4	总承包服务费			明细详见表-12-5
5	索赔与现场签证	—		明细详见表-12-6
	合计			—

注：材料(工程设备)暂估单价进入清单项目综合单价，此处不汇总。

表-12

G.2　暂列金额明细表

工程名称：　　　　　　　　　　　　　　标段：　　　　　　　　　　　　　　第　页共　页

序号	项目名称	计量单位	暂定金额/元	备注
	合　　计			—

注：此表由招标人填写，如不能详列，也可只列暂定金额总额，投标人应将上述暂列金额计入投标总价中。

表-12-1

G.3 材料（工程设备）暂估单价及调整表

工程名称： 标段： 第 页共 页

序号	材料(工程设备)名称、规格、型号	计量单位	数量		暂估/元		确认/元		差额±/元		备注
			暂估	确认	单价	合价	单价	合价	单价	合价	
合计											

注：此表由招标人填写，并在备注栏说明暂估价的材料、工程设备拟用在那些清单项目上，投标人应将上述材料、工程设备暂估单价计入工程量清单综合单价报价中。

表-12-2

G.4 专业工程暂估价及结算价表

工程名称： 标段： 第 页共 页

序号	工程名称	工程内容	暂估金额(元)	结算金额(元)	差额±(元)	备注
合计						

注：此表“暂估金额”由招标人填写，投标人应将“暂估金额”计入投标总价中。结算时按合同约定结算金额填写。

表-12-3

G.5 计日工表

工程名称： 标段： 第 页共 页

序号	项目名称	单位	暂定数量	实际数量	综合单价	合价	
						暂定	实际
一	人工						
1							
2							
人工小计							
二	材料						
1							
2							
材料小计							
三	施工机械						
1							
2							
施工机械小计							
四、企业管理费和利润							
合计							

注：此表项目名称、暂定数量由招标人填写，编制招标控制价时，单价由招标人按有关计价规定确定；投标时，单价由投标人自主报价，按暂定数量计算合价计入投标总价中。结算时，按发承包双方确认的实际数量计算合价。

表-12-4

G.6　总承包服务费计价表

工程名称：　　　　　　　　　　　　标段：　　　　　　　　　　　　　　第　页共　页

序号	项目名称	项目价值/元	服务内容	计算基础	费率/%	金额/元
1	发包人发包专业工程					
2	发包人供应材料					
	合计					

注：此表项目名称、服务内容由招标人填写，编制招标控制价时，费率及金额由招标人按有关计价规定确定；投标时，费率及金额由投标人自主报价，计入投标总价中。

表-12-5

（6）附录H规费、税金项目计价表。

附录H　规费、税金项目计价表

工程名称：　　　　　　　　　　　　标段：　　　　　　　　　　　　　　第　页共　页

序号	项目名称	计算基础	计算基数	费率/%	金额/元
1	规费				
1.1	社会保险费				
(1)	养老保险				
(2)	失业保险				
(3)	医疗保险				
(4)	工伤保险				
(5)	生育保险				
1.2	住房公积金				
1.3	工程排污费				
2	税金	分部分项工程费＋措施项目费＋其他项目费＋规费－按规定不计税的工程设备金额			
		合　计			

编制人（造价人员）：　　　　　　　　　　　　　　复核人（造价工程师）：

表-13

四、工程计量

工程量必须按照相关工程现行国家计量规范规定的工程量计算规则计算，即房屋建筑与装饰工程工程量计算规则就是《房屋建筑与装饰工程工程量计算规范》(GB 50854—2013)。

第三节　《房屋建筑与装饰工程工程量计算规范》(GB 50854—2013)

一、GB 50854规范适用范围和作用

为规范房屋建筑与装饰工程造价计量行为，统一房屋建筑与装饰工程工程量清单计算规则、工程量清单的编制方法，制定GB 50854规范。

GB 50854 规范适用于工业与民用的房屋建筑与装饰工程施工发承包及实施计价活动中的工程量计算和工程量清单编制。房屋建筑与装饰工程计价，必须按 GB 50854 规范规定进行工程量计算的规则进行工程计量。

二、工程计量的要求

工程计量指建设工程项目以工程设计图纸、施工组织设计或施工方案及有关技术经济文件为依据，按照相关工程国家标准的计算规则、计量单位等规定，进行工程数量的计算活动，在工程建设中简称工程计量。

工程量计算除依据本规范各项规定外，尚应依据以下文件：经审定的施工设计图纸及其说明；经审定的施工组织设计或施工技术措施方案；经审定的其他有关技术经济文件。工程实施过程中的计量应按照现行国家标准《建设工程工程量清单计价规范》(GB 50500—2013)的相关规定执行。

本规范附录中有两个或两个以上计量单位的，应结合拟建工程项目的实际情况，确定其中一个为计量单位。同一工程项目的计量单位应一致。

工程计量时每一项目汇总的有效位数应遵守下列规定：

① 以“t”为单位，应保留小数点后三位数字，第四位小数四舍五入；

② 以“m、m^2、m^3、kg”为单位，应保留小数点后两位数字，第三位小数四舍五入；

③ 以“个、件、根、组、系统”为单位，应取整数。

【注】规范各项目仅列出了主要工作内容，除另有规定和说明外，应视为已经包括完成该项目所列或未列出的全部工作内容。

三、工程量清单编制

(1) 工程量清单编制依据见第三节。

(2) 其他项目、规费和税金项目清单应按照现行国家标准《建设工程工程量清单计价规范》(GB 50500—2013) 的相关规定编制，即第三节所涉及的内容。

(3) 编制工程量清单出现附录中未包括的项目，编制人应做补充，并报省级或行业工程造价管理机构备案，省级或行业工程造价管理机构应汇总报住房和城乡建设部标准定额研究所。

补充项目的编码由本规范的代码 01 与 B 和三位阿拉伯数字组成，并应从 01B001 起顺序编制，同一招标工程的项目不得重码。

补充的工程量清单中需附有补充项目的名称、项目特征、计量单位、工程量计算规则、工程内容。不能计量的措施项目，需附有补充的名称、工程内容及包含范围。

(4) 分部分项工程

① 工程量清单应根据附录规定的项目编码、项目名称、项目特征、计量单位和工程量计算规则进行编制。

② 工程量清单的项目编码，应采用前 12 位阿拉伯数字表示，1～9 位应按附录的规定设置，10～12 位应根据拟建工程的工程量清单项目名称和项目特征设置，同一招标工程的项目编码不得有重码。

③ 工程量清单的项目名称应按附录的项目名称结合拟建工程的实际确定。

④ 工程量清单项目特征应按附录中规定的项目特征，结合拟建工程项目的实际予以

描述。

⑤ 工程量清单中所列工程量应按附录中规定的工程量计算规则计算。

⑥ 工程量清单的计量单位应按附录中规定的计量单位确定。

⑦ 本规范对现浇混凝土工程项目“工作内容”中包括模板工程的内容，同时又在措施项目中单列了现浇混凝土模板工程项目。对此，由招标人根据工程实际情况选用，若招标人在措施项目清单中未编列现浇混凝土模板项目清单，即表示现浇混凝土模板项目不单列，现浇混凝土工程项目的综合单价中应包括模板工程费用。

⑧ 本规范对预制混凝土构件按现场制作编制项目，“工作内容”中包括模板工程，不再另列。若采用成品预制混凝土构件时，构件成品价（包括模板、钢筋、混凝土等所有费用）应计入综合单价中。

⑨ 金属结构构件按成品编制项目，构件成品价应计入综合单价中，若采用现场制作，应包括制作的所有费用。

⑩ 门窗（橱窗除外）按成品编制项目，门窗成品价应计入综合单价中。若采用现场制作，应包括制作的所有费用。

（5）措施项目

① 措施项目中列出了项目编码、项目名称、项目特征、计量单位、工程量计算规则的项目，编制工程量清单时，应按照本规范 4.2 分部分项工程的规定执行。

② 措施项目仅列出项目编码、项目名称，未列出项目特征、计量单位和工程量计算规则的项目，编制工程量清单时，应按本规范附录 S 措施项目规定的项目编码、项目名称确定。

第四节　建筑与装饰工程工程量清单项目及计算规则

本节内容主要依据《房屋建筑与装饰工程工程量清单计算规范》(GB 50854—2013) 附录常用规则摘要。

一、附录 A 土石方工程

（一）A.1 土方工程 010101

010101001 平整场地

项目特征： 土壤类别；弃土运距；取土运距。

计量单位： m^2。

工程量计算规则： 按设计图示尺寸以建筑物首层面积计算。

工作内容： 土方挖填；场地找平；运输。

010101002 挖一般土方

项目特征： 土壤类别；挖土厚度；弃土运距。

计量单位： m^3。

工程量计算规则： 按设计图示尺寸以体积计算。

工作内容： 排地表水；土方开挖；围护（挡土板）及拆除；截桩头；基底钎探；运输。

010101003 挖沟槽土方/**010101004** 挖基坑土方

项目特征： 土壤类别；挖土厚度；弃土运距。

计量单位： m^3。

工程量计算规则： 按设计图示尺寸以基础垫层底面积乘以挖土深度计算。

工作内容： 排地表水；土方开挖；围护（挡土板）及拆除；截桩头；基底钎探；运输。

010101005 冻土开挖

项目特征： 冻土厚度；弃土运距。

计量单位： m^3。

工程量计算规则： 按设计图示尺寸开挖面积乘以厚度以体积计算。

工作内容：爆破；开挖；清理；运输。

010101006 挖淤泥、流砂

项目特征： 挖掘深度；弃淤泥、流砂距离。

计量单位： m^3。

工程量计算规则： 按设计图示位置、界限尺寸以体积计算。

工作内容： 开挖；运输。

010101007 管沟土方

项目特征： 土壤类别；管外径；挖沟深度；回填要求。

计量单位： m/m^3。

工程量计算规则： 1. 以米计量，按设计图示尺寸以管道中心线长度计算。2. 以立方米计量，按设计图示管底垫层面积乘以挖土深度计算；无管底垫层按管外径的水平投影面积乘以挖土深度计算。不扣除各类井的长度，井的土方并入。

工作内容： 排地表水；土方开挖；围护（挡土板）、支撑；运输；回填。

【注】1. 挖土方平均厚度应按自然地面测量标高至设计地坪高间的平均厚度确定。基础土方、石方开挖深度应按基础垫层底表面标高至交付施工场地标高确定，无交付施工场地标高时，应按自然地面标高确定。

2. 建筑物场地厚度≤±30cm 以内的挖、填、运、找平，应按 010101 中平整场地项目编码列项。＞±30cm 以外的竖向布置的挖土或山坡切土，应按 010101 中挖一般土方项目编码列项。

3. 沟槽、基坑、一般土方的划分为：底宽≤7m 且底长＞3 倍底宽为沟槽；底长≤3 倍底宽且底面积≤150m^2 为基坑；超出上述范围则为一般土方。

4. 挖土方如需截桩头时，应按桩基工程相关项目列项。

5. 桩间挖土不扣除桩的体积，并在项目特征中加以描述。

6. 弃、取土运距可以不描述，但应注明由投标人根据施工现场实际情况自行考虑，决定报价。

7. 土壤的分类应按表 A. 1-1 确定，如土壤类别不能准确划分时，招标人可注明为综合，由投标人根据地勘报告决定报价。

8. 土方体积应按挖掘前的天然密实体积计算。非天然密实土方应按表 A. 1-2 折算。

9. 挖沟槽、基坑、一般土方因工作面和放坡增加的工程量（管沟工作面增加的工程量）是否并入各土方工程量中，应按各省、自治区、直辖市或行业建设主管部门的规定实施，如并入各土方工程量中，办理工程结算时，按经发包人认可的施工组织设计规定计算，编制工程量清单时，可按表 A. 1-3～表 A. 1-5 的规定计算。

10. 挖方出现流砂、淤泥时，如设计未明确，在编制工程量清单时，其工程数量可为暂估量，结算时应根据实际情况由发包人与承包人双方现场签证确认工程量。

11. 管沟土方项目适用于管道（给排水、工业、电力、通信）、光（电）缆沟［包括：人（手）孔、接口坑］及连接井（检查井）等。

表 A. 1-1 土壤分类

土壤分类	土壤名称	开挖方法
一、二类土	粉土、砂土(粉砂、细砂、中砂、粗砂、砾砂)、粉质黏土、弱中盐渍土、软土(淤泥质土、泥炭、泥炭质土)、软塑红黏土、冲填土	用锹、少许用镐、条锄开挖。机械能全部直接铲挖满载者
三类土	黏土、碎石土(圆砾、角砾)、混合土、可塑红新土、硬塑红黏土、强盐渍土、素填土、压实填土	主要用镐、条锄,少许用锹开挖。机械需部分刨松方能铲挖满载者或可直接铲挖但不能满载者
四类土	碎石土(卵石、碎石、漂石、块石)、坚硬红黏土、超盐渍土、杂填土	全部用镐、条锄挖掘,少许用撬棍挖掘。机械须普遍刨松方能铲挖满载者

注:本表土的名称及其含义按国家标准《岩土工程勘察规范》(GB 50021—2001)(2009 年版)定义。

土石方体积应按挖掘前的天然密实体积计算。如需按天然密实体积折算时，应按表 A. 1-2 系数计算。

表 A.1-2　土方体积折算系数

天然密实度体积	虚方体积	夯实后体积	松填体积
0.77	1.00	0.67	0.83
1.00	1.30	0.87	1.08
1.15	1.50	1.00	1.25
0.92	1.20	0.80	1.00

注：1. 虚方指未经碾压、堆积时间≤1 年的土壤。

2. 本表按国家标准《全国统一建筑工程预算工程量计算规则》(GJDGZ 101—95)整理。

3. 设计密实度超过规定的，填方体积按工程设计要求执行；无设计要求按各省、自治区、直辖市或行业建设行政主管部门规定的系数执行。

表 A.1-3　放坡高度

土壤类别	放坡深度规定/m	高与宽之比			
		人工挖土	机械挖土		
			坑内作业	坑上作业	顺沟槽在坑上作业
一、二类土	超过 1.20	1∶0.5	1∶0.33	1∶0.75	1∶0.5
三类土	超过 1.50	1∶0.33	1∶0.25	1∶0.67	1∶0.33
四类土	超过 2.00	1∶0.25	1∶0.10	1∶0.33	1∶0.25

注：1. 沟槽、基坑中土壤类别不同时，分别按其放坡起点、放坡系数，依不同土壤厚度加权平均计算。

2. 计算放坡时，交接处的重复工程量不予扣除，原槽、坑作基础垫层时，放坡自垫层上表面开始计算。

表 A.1-4　基础施工所需工作面宽度计算

基础材料	每边各增加工作面宽度/mm
砖基础	200
浆砌毛石、条石基础	150
混凝土基础垫层支模板	300
混凝土基础支模板	300
基础垂直面做防水层	1000(防水层面)

注：本表按国家标准《全国统一建筑工程预算工程量计算规则》(GJDGZ 101—95)整理。

表 A.1-5　管沟施工每侧所需工作面宽度计算　　单位：mm

管沟材料	管道直径/mm			
	≤500	≤1000	≤2500	>2500
混凝土及钢筋混凝土管道	400	500	600	700
其他材质管道	300	400	500	600

注：1. 本表按国家标准《全国统一建筑工程预算工程量计算规则》(GJDGZ 101—95)整理。

2. 管道结构宽：有管座的按基础外缘，无管座的按管道外径。

(二) A.3 回填 010103

010103001 回填方

项目特征： 密实度要求；填方材料品种；填方粒径要求；填方来源、运距。

计量单位： m^3。

工程量计算规则： 按设计图示尺寸以体积计算。

(1) 场地回填：回填面积乘以平均回填厚度。

(2) 室内回填：主墙间净面积乘以平均回填厚度。
(3) 基础回填：按挖方清单项目工程量减去自然地坪以下埋设的基础体积（包括基础垫层及其他构筑物）。
工作内容：运输；回填；夯实。

010103002 余土弃置
项目特征：废弃料品种；运距。
计量单位：m^3。
工程量计算规则：按挖方清单项目工程量减利用回填方体积（正数）计算。

【注】1. 密实度要求，在无特殊要求情况下，项目特征可描述为满足设计和规范要求。
2. 填方材料品种可以不描述，但应注明由投标人根据设计要求验方后可填入，并符合相关工程的质量规范要求。
3. 填方粒径要求，在无特殊要求情况下，项目特征可以不描述。
4. 如需买土回填应在项目特征填方来源中描述，并注明买土方数量。

二、附录 B 地基基础与边坡支护工程

（一）B.1 地基处理 010201

010201001 换填垫层
项目特征：材料种类及配比；压实系数；掺加剂品种。
计量单位：m^3。
工程量计算规则：按设计图示尺寸以体积计算。
工作内容：分层铺垫；碾压、振密或夯实；材料运输。

010201002 铺设土工合成材料
项目特征：部位；品种；规格。
计量单位：m^2。
工程量计算规则：按设计图示尺寸以面积计算。
工作内容：挖掘锚固沟；铺设；固定；运输。

010201003 预压地基
项目特征：排水竖井种类、断面尺寸、排列方式、间距、深度；预压方式；预压荷载、时间；砂垫层厚度。
计量单位：m^2。
工程量计算规则：按设计图示处理范围以面积计算。
工作内容：设置排水竖井、盲沟、滤水管；铺设砂垫层、密封膜；推载、卸载或抽气设备安拆、抽真空；材料运输。

010201004 强夯地基
项目特征：夯击能量；夯击遍数；夯击点布置形式、间距；地耐力要求；夯填材料种类。
计量单位：m^2。
工程量计算规则：按设计图示处理范围以面积计算。
工作内容：铺夯填材料；强夯；夯填材料运输。

010201005 振冲密实（不填料）
项目特征：地层情况；振密深度；孔距。
计量单位：m^2。
工程量计算规则：按设计图示处理范围以面积计算。
工作内容：振冲加密；泥浆运输。

010201006 振冲桩（填料）
项目特征：地层情况；空桩长度、桩长；桩径；填充材料种类。
计量单位：m/m^3。
工程量计算规则：①以米计量，按设计图示尺寸以桩长计算；②以立方米计量，按设计桩截面乘以桩长以体积计算。
工作内容：振冲成孔、填料、振实；材料运输；泥浆运输。

010201007 砂石桩
项目特征：地层情况；空桩长度、桩长；桩径；成孔方法；材料种类、配级。
计量单位：m/m^3。
工程量计算规则：①以米计量，按设计图示尺寸以桩长（包括桩尖）计算；②以立方米计量，按设计桩截面乘以桩长（包括桩尖）以体积计算。
工作内容：成孔、填料、振实；材料运输。

010201008 水泥粉煤灰碎石桩
项目特征：地层情况；空桩长度、桩长；桩径；成孔方法；混合料强度等级。
计量单位：m。
工程量计算规则：按设计图示尺寸以桩长（包括桩尖）计算。
工作内容：成孔；混合料制作、灌注、养护；材料运输。

010201009 深层搅拌桩

项目特征： 地层情况；空桩长度、桩长；桩截面尺寸；水泥强度等级、掺量。

计量单位： m。

工程量计算规则： 按设计图示尺寸以桩长计算。

工作内容： 预搅下钻、水泥浆制作、喷浆搅拌提升成桩；材料运输。

010201010 粉喷桩

项目特征： 地层情况；空桩长度、桩长；桩径；粉体种类、掺量；水泥强度等级、石灰粉要求。

计量单位： m。

工程量计算规则： 按设计图示尺寸以桩长计算。

工作内容： 预搅下钻、喷粉搅拌提升成桩；材料运输。

010201011 夯实水泥桩

项目特征： 地层情况；空桩长度、桩长；桩径；成孔方法；水泥强度等级；混合料配比。

计量单位： m。

工程量计算规则： 按设计图示尺寸以桩长（包括桩尖）计算。

工作内容： 成孔；水泥土拌合、填料、夯实；材料运输。

010201012 高压喷射注浆桩

项目特征： 地层情况；空桩长度、桩长；桩截面；注浆类型、方法；水泥强度等级。

计量单位： m。

工程量计算规则： 按设计图示尺寸以桩长计算。

工作内容： 成孔；水泥浆制作、高压喷射注浆；材料运输。

010201013 石灰桩

项目特征： 地层情况；空桩长度、桩长；桩径；成孔方法；混合料种类、配合比。

计量单位： m。

工程量计算规则： 按设计图示尺寸以桩长（包括桩尖）计算。

工作内容： 成孔；混合料制作、运输、夯填。

010201013 灰土（土）挤密桩

项目特征： 地层情况；空桩长度、桩长；桩径；成孔方法；灰土级配。

计量单位： m。

工程量计算规则： 按设计图示尺寸以桩长（包括桩尖）计算。

工作内容： 成孔；灰土拌合、运输、填充、夯实。

010201014 灰柱锤冲扩桩

项目特征： 地层情况；空桩长度、桩长；桩径；成孔方法；桩体材料种类、配合比。

计量单位： m。

工程量计算规则： 按设计图示尺寸以桩长计算。

工作内容： 安、拔套管；冲孔、填料、夯实；桩体材料制作、运输。

010201015 注浆地基

项目特征： 地层情况；空钻深度、注浆深度；注浆间距；注浆种类及配比；注浆方法；水泥强度等级。

计量单位： m/m^3。

工程量计算规则： ①以米计量，按设计图示尺寸以钻孔深度计算；②以立方米计量，按设计图示尺寸以加固体积计算。

工作内容： 成孔；注浆导管制作、安装；浆液制作、压浆；材料运输。

010201016 褥垫层

项目特征： 厚度；材料种类及比例。

计量单位： m^2/m^3。

工程量计算规则： ①以平方米计量，按设计图示尺寸以铺设面积计算；②以立方米计量，按设计图示尺寸以体积计算。

工作内容： 材料拌合、运输、铺设、压实。

【注】1. 地层情况按表 A. 1-1 的规定，并根据岩土工程勘察报告按单位工程各层所占比例（包括范围值）进行描述。对无法准确描述的地层情况。可注明由投标人根据岩土工程勘察报告自行决定报价。

2. 项目特征中的桩长应包括桩尖，空桩长度＝孔深－桩长，孔深为自然地面至设计桩底的深度。

3. 高压喷射注浆类型包括旋喷、摆喷、定喷，高压喷射注浆方法包括单管法、双重管法、三重管法。

4. 如采用泥浆护壁成孔，工作内容包括土方、废泥浆外运，如采用沉管灌注桩成孔，工作内容包括桩尖制作、安装。

（二）B. 2 基坑与边坡支护 010202

010202001 地下连续墙

项目特征： 地层情况；导墙类型、截面；墙体厚度；成槽深度；混凝土种类、强度等级；接头形式。

计量单位：m^3。

工程量计算规则：按设计图示墙中心线长乘以厚度乘以槽深以体积计算。

工作内容：导墙挖填、制作、安装、拆除；挖土成槽、固壁、清底置换；混凝土制作、运输、灌注、养护；接头处理；土方、废泥浆外运；打桩场地硬化及泥浆池、泥浆沟。

010202002 咬合灌注桩

项目特征：地层情况；桩长；桩径；混凝土种类、强度等级；部位。

计量单位：m/根。

工程量计算规则：①以米计量，按设计图示尺寸以桩长计算；②以根计量，按设计图示数量计算。

工作内容：成孔、固壁；混凝土制作、运输、灌注、养护；套管压拔；土方、废泥浆外运；打桩场地硬化及泥浆池、泥浆沟。

010202003 圆木桩

项目特征：地层情况；桩长；材质；尾径；桩倾斜度。

计量单位：m/根。

工程量计算规则：①以米计量，按设计图示尺寸以桩长（包括桩尖）计算；②以根计量，按设计图示数量计算。

工作内容：工作平台搭拆；桩机移位；桩靴安装；沉桩。

010202004 预制钢筋混凝土板桩

项目特征：地层情况；送桩深度、桩长；桩截面；沉桩方法；连接方式；混凝土强度等级。

计量单位：m/根。

工程量计算规则：①以米计量，按设计图示尺寸以桩长（包括桩尖）计算；②以根计量，按设计图示数量计算。

工作内容：工作平台搭拆；桩机移位；沉桩；板桩连接。

010202005 型钢桩

项目特征：地层情况或部位；送桩深度、桩长；规格型号；桩倾斜度；防护材料种类；是否拔出。

计量单位：t/根。

工程量计算规则：①以吨计量，按设计图示尺寸以质量计算；②以根计量，按设计图示数量计算。

工作内容：工作平台搭拆；桩机移位；打（拔）桩；接桩；刷防护材料。

010202006 钢板桩

项目特征：地层情况；桩长；板桩厚度。

计量单位：t/m^2。

工程量计算规则：①以吨计量，按设计图示尺寸以质量计算；②以平方米计量，按设计图示墙中心线长度乘以桩长面积计算。

工作内容：工作平台搭拆；桩机移位；打拔板桩。

010202007 锚杆（锚索）

项目特征：地层情况；锚杆（索）类型、部位；钻孔深度；钻孔直径；杆体材料品种、规格、数量；预应力；浆液种类、强度等级。

计量单位：m/根。

工程量计算规则：①以米计量，按设计图示尺寸以钻孔深度计算；②以根计量，按设计图示数量计算。

工作内容：钻孔、浆液制作、运输、压浆；锚杆（锚索）制作、安装；张拉锚固；锚杆（锚索）施工平台搭设、拆除。

010202008 土钉

项目特征：地层情况；钻孔深度；钻孔直径；置入方法；杆体材料品种、规格、数量；浆液种类、强度等级。

计量单位：m/根。

工程量计算规则：①以米计量，按设计图示尺寸以钻孔深度计算；②以根计量，按设计图示数量计算。

工作内容：钻孔、浆液制作、运输、压浆；土钉制作、安装；土钉施工平台搭设、拆除。

010202009 喷射混凝土、水泥砂浆

项目特征：部位；厚度；材料种类；混凝土（砂浆）类别、强度等级。

计量单位：m^2。

工程量计算规则：按设计图示尺寸以面积计算。

工作内容：修整边坡；混凝土（砂浆）制作、运输、喷射、养护；钻排水孔、安装排水管；喷射施工平台搭设、拆除。

010202010 钢筋混凝土支撑

项目特征：部位；混凝土种类；混凝土强度等级。

计量单位：m^3。

工程量计算规则：按设计图示尺寸以体积计算。

工作内容：模板（支架或支撑）制作、安装、拆除、堆放、运输及清理模内杂物、刷隔离剂等；混凝土制作、运输、浇筑、振捣、养护。

010202011 钢支撑

项目特征：部位；钢材种类；探伤要求。

计量单位：t。

工程量计算规则：按设计图示尺寸以质量计算。不扣除孔眼质量，焊条、铆钉、螺栓等不另增加质量。

工作内容：支撑、铁件制作（摊销、租赁）；支撑、铁件安装；探伤；刷漆；拆除；运输。

【注】1. 地层情况按表 A. 1-1 的规定，并根据岩土工程勘察报告按单位工程各层所占比例（包括范围值）进行描述。对无法准确描述的地层情况，可注明由投标人根据岩土工程勘察报告自行决定报价。

2. 土钉置入方法包括钻孔置入、打入或射入等。

3. 混凝土种类：指清水混凝土、彩色混凝土等，如在同一地区既使用预拌（商品）混凝土，又允许现场搅拌混凝土时，也应注明（下同）。

4. 地下连续墙和喷射混凝土（砂浆）的钢筋网、咬合灌注桩的钢筋笼及钢筋混凝土支撑钢筋制作、安装，按本规范附录 E 中相关项目列项。本部分未列的基坑与边坡支护的排桩按本规范附录 C 中相关项目列项。水泥土墙、坑内加固按本规范表 B. 1 中相关项目列项。砖、石挡土墙，护坡按本规范附录 D 中相关项目列项。混凝土挡土墙，护坡按本规范附录 E 中相关项目列项。

三、附录 C 桩基工程

（一）C. 1 打桩 010301

010301001 预制钢筋混凝土方桩

项目特征：地层情况；送桩深度、桩长；桩截面；桩倾斜度；沉桩方法；接桩方式；混凝土强度等级。

计量单位：m/m³/根。

工程量计算规则：①以米计量，按设计图示尺寸以桩长（包括桩尖）计算；②以立方米计量，按设计图示截面积乘以桩长（包括桩尖）以实体积计算；③以根计量，按设计图示数量计算。

工作内容：工作平台搭拆；桩机竖拆、移位；沉桩；接桩；送桩。

010301002 预制钢筋混凝土管桩

项目特征：地层情况；送桩深度、桩长；桩外径、壁厚；桩倾斜度；沉桩方法；桩尖类型；混凝土强度等级；填充材料种类；防护材料种类。

计量单位：m/m³/根。

工程量计算规则：①以米计量，按设计图示尺寸以桩长（包括桩尖）计算；②以立方米计量，按设计图示截面积乘以桩长（包括桩尖）以体积计算；③以根计量，按设计图示数量计算。

工作内容：工作平台搭拆；桩机竖拆、移位；沉桩；接桩；送桩；桩尖制作安装；填充材料、刷防护材料。

010301003 钢管桩

项目特征：地层情况；送桩深度、桩长；材质；管径、壁厚；桩倾斜度；沉桩方法；填充材料种类；防护材料种类。

计量单位：t/根。

工程量计算规则：①以吨计量，按设计图示尺寸以质量计算；②以根计量，按设计图示数量计算。

工作内容：工作平台搭拆；桩机竖拆、移位；沉桩；接桩；送桩；切割钢管、精割盖帽；管内取土；填充材料、刷防护材料。

010301004 截（凿）桩头

项目特征：桩类型；桩头截面、高度；混凝土强度等级；有无钢筋。

计量单位：m³/根。

工程量计算规则：①以立方米计量，按设计图示截面积乘以桩长以体积计算；②以根计量，按设计图示数量计算。

工作内容：截（切割）桩头；凿平；废料外运。

【注】1. 地层情况按表 A. 1-1 的规定，并根据岩土工程勘察报告按单位工程各层所占比例（包括范围值）进行描述。对无法准确描述的地层情况，可注明由投标人根据岩土工程勘察报告自行决定报价。

2. 项目特征中的桩头截面、混凝土强度等级、桩类型等可直接用标准图代号或设计桩型进行描述。

3. 预制钢筋混凝土方桩、预制钢筋混凝土管桩项目以成品桩编制，应包括成品桩购置费，如果用现场预制，应包括现场预制桩的所有费用。

4. 打试验桩和打斜桩应按相应项目单独列项，并应在项目特征中注明试验桩或斜桩（斜率）。

5. 截（凿）桩头项目适用于按本规范附录B、附录C所列桩的截（凿）桩头。

6. 预制钢筋混凝土管桩桩顶与承台的连接构造按本规范附录E中相关项目列项。

（二）C.2 灌注桩

010302001 泥浆护壁成孔灌注桩

项目特征：地层情况；空桩长度、桩长；桩径；成孔方法；护筒类型、长度；混凝土种类、强度等级。

计量单位：m/m^3/根。

工程量计算规则：①以米计量，按设计图示尺寸以桩长（包括桩尖）计算；②以立方米计量，按不同截面在桩上范围内以体积计算；③以根计量，按设计图示数量计算。

工作内容：护筒埋设；成孔、固壁；混凝土制作、运输、灌注、养护；土方、废泥浆外运；打桩场地硬化及泥浆池、泥浆沟。

010302002 沉管灌注桩

项目特征：地层情况；空桩长度、桩长；复打长度；桩径；沉管方法；桩尖类型；混凝土种类、强度等级。

计量单位：m/m^3/根。

工程量计算规则：①以米计量，按设计图示尺寸以桩长（包括桩尖）计算；②以立方米计量，按不同截面在桩上范围内以体积计算；③以根计量，按设计图示数量计算。

工作内容：打（沉）拔钢管；桩尖制作、安装；混凝土制作、运输、灌注、养护。

010302003 干作业成孔灌注桩

项目特征：地层情况；空桩长度、桩长；桩径；扩孔直径、高度；成孔方法；混凝土种类、强度等级。

计量单位：m/m^3/根。

工程量计算规则：①以米计量，按设计图示尺寸以桩长（包括桩尖）计算；②以立方米计量，按不同截面在桩上范围内以体积计算；③以根计量，按设计图示数量计算。

工作内容：成孔、扩孔；混凝土制作、运输、灌注、振捣、养护。

010302004 挖孔桩土（石）方

项目特征：地层情况；挖孔深度；弃土（石）运距。

计量单位：m^3。

工程量计算规则：按设计图示尺寸（含护壁）截面积乘以挖孔深度以立方米计算。

工作内容：排地表水；挖土、凿石；基底钎探；运输。

010302005 人工挖孔灌注桩

项目特征：桩芯长度；桩芯直径、扩底直径、扩底高度；护壁厚度、高度；护壁混凝土种类、强度等级；桩芯混凝土种类、强度等级。

计量单位：m^3/根。

工程量计算规则：①以立方米计量，按桩芯混凝土体积计算；②以根计量，按设计图示数量计算。

工作内容：护壁制作；混凝土制作、运输、灌注、振捣、养护。

010302006 钻孔压浆桩

项目特征：地层情况；空桩长度、桩长；钻孔直径；水泥强度等级。

计量单位：m/根。

工程量计算规则：①以米计量，按设计图示尺寸以桩长计算；②以根计量，按设计图示数量计算。

工作内容：钻孔、下注浆管、投放骨料、浆液制作、运输、压浆。

010302007 灌注桩后压浆

项目特征：注浆导管材料、规格；注浆导管长度；单孔注浆量；水泥强度等级。

计量单位：孔。

工程量计算规则：按设计图示尺寸以注浆孔数计算。

工作内容：注浆导管制作、安装；浆液制作、运输、压浆。

【注】1. 地层情况按表A.1-1的规定，并根据岩土工程勘察报告按单位工程各层所占比例（包括范围值）进行描述。对无法准确描述的地层情况。可注明由投标人根据岩土工程勘察报告自行决定报价。

2. 项目特征中的桩长应包括桩尖，空桩长度＝孔深－桩长，孔深为自然地面至设计桩底的深度。

3. 项目特征中的桩头截面（桩径）、混凝土强度等级、桩类型等可直接用标准图代号或设计桩型进行描述。

4. 泥浆护壁成孔灌注桩是指在泥浆护壁条件下成孔，采用水下灌注混凝土的桩。其成孔方法包括冲击钻成孔、冲抓锥成孔、回旋钻成孔、潜水钻成孔、泥浆护壁的旋挖成孔等。

5. 沉管灌注桩的沉管方法包括锤击沉管法、振动沉管法、振动冲击沉管法、内夯沉管法等。

6. 干作业成孔灌注桩是指不用泥浆护壁和套管护壁的情况下，用钻机成孔后，下钢筋笼，灌注混凝土的桩，适用于地下水位以上的土层使用。其成孔方法包括螺旋钻成孔、螺旋钻成孔扩底、干作业的旋挖成孔。

7. 混凝土种类：指清水混凝土、彩色混凝土、水下混凝土等，如在同一地区既使用预拌（商品）混凝土，又允许现场搅拌混凝土时，也应注明（下同）。

8. 混凝土灌注桩的钢筋笼制作、安装按本规范附录 E 中相关项目编码列项。

四、附录 D 砌筑工程

（一）D.1 砖砌体

010401001 砖基础

项目特征： 砖品种、规格、强度等级；基础类型；基础深度；砂浆强度等级；防潮层材料种类。

计量单位： m^3。

工程量计算规则： 按设计图示尺寸以体积计算。包括附墙垛基础宽出部分体积，扣除地梁（圈梁）、构造柱所占体积，不扣除基础大放脚 T 形接头处的重叠部分及嵌入基础内的钢筋、铁件、管道、基础砂浆防潮层和单个面积≤0.3m^2 的孔洞所占体积，靠墙暖气沟的挑檐不增加。

基础长度： 外墙按中心线，内墙按净长线计算。

工作内容： 砂浆制作、运输；砌砖；防潮层铺设；材料运输。

010401002 砖砌挖孔桩护壁

项目特征： 砖品种、规格、强度等级；砂浆强度等级。

计量单位： m^3。

工程量计算规则： 按设计图示尺寸以立方米计算。

工作内容： 砂浆制作、运输；砌砖；材料运输。

010401003 实心砖墙/**010401004** 多孔砖墙/**010401005** 空心砖墙

项目特征： 砖品种、规格、强度等级；墙体类型；砂浆强度等级、配合比。

计量单位： m^3。

工程量计算规则： 按设计图示尺寸以体积计算。扣除门窗、洞口、嵌入墙内的钢筋混凝土柱、梁、圈梁、挑梁、过梁及凹进墙内的壁龛、管槽、暖气槽、消火栓箱所占体积。不扣除梁头、板头、檩头、垫木、木楞头、沿椽头、木砖、门窗走头、砖墙内加固钢筋、木筋、铁件、钢管及单个面积≤0.3m^2的孔洞所占体积。凸出墙面的腰线、挑檐、压顶、窗台线、虎头砖、门窗套的体积亦不增加。凸出墙面的砖垛并入墙体体积内计算。

基础长度：外墙按中心线，内墙按净长线计算。

① 墙长度：外墙按中心线，内墙按净长线计算。

② 墙高度

外墙：斜（坡）屋面无檐口天棚者算至屋面板底；有屋架且室内外均有天棚者算至屋架下弦底另加 200mm；无天棚者算至屋架下弦底另加 300mm；出檐宽度超过 600mm 时按实砌高度计算；与钢筋混凝土楼板隔层者算至板顶；平屋顶算至钢筋混凝土板底。

内墙：位于屋架下弦者，算至屋架下弦底；无屋架下弦者算至天棚底另加 100mm；有钢筋混凝土板隔层者算至楼板顶；有框架梁时算至梁底。

女儿墙：从屋面板上表面算至女儿墙顶面（如有混凝土压顶算至压顶下表面）。

内、外山墙：按其平均高度计算。

③ 框架间墙：不分内外墙按墙体净尺寸以体积计算。

④ 围墙：高度算至压顶上表面（如有混凝土压顶时算至压顶下表面），围墙柱并入围墙体积内。

工作内容： 砂浆制作、运输；砌砖；刮缝；砖压顶砌筑；材料运输。

010401006 空斗墙

项目特征： 砖品种、规格、强度等级；墙体类型；砂浆强度等级、配合比。

计量单位： m^3。

工程量计算规则： 按设计图示尺寸以空斗墙外形体积计算。墙角、内外墙交接处、门窗洞口立边、窗台砖、屋檐处的实砌部分体积并入空斗墙体积内。

工作内容：砂浆制作、运输；砌砖；装填充料；刮缝；材料运输。

010401007 空花墙

项目特征：砖品种、规格、强度等级；墙体类型；砂浆强度等级。

计量单位：m^3。

工程量计算规则：按设计图示尺寸以空花部分外形体积计算。不扣除空洞部分体积。

工作内容：砂浆制作、运输；砌砖；装填充料；刮缝；材料运输。

010401008 填充墙

项目特征：砖品种、规格、强度等级；墙体类型；填充材料种类及厚度；砂浆强度等级。**计量单位**：m^3。

工程量计算规则：按设计图示尺寸以填充墙外形体积计算。

工作内容：砂浆制作、运输；砌砖；装填充料；刮缝；材料运输。

010401009 实心砖柱/**0104010010** 多孔砖柱

项目特征：砖品种、规格、强度等级；柱类型；砂浆强度等级、配合比。

计量单位：m^3。

工程量计算规则：按设计图示尺寸以体积计算。扣除混凝土及钢筋混凝土梁垫、梁头、板头所占体积。

工作内容：砂浆制作、运输；砌砖；刮缝；材料运输。

010401011 砖检查井

项目特征：井截面、深度；砖品种、规格、强度等级；垫层材料种类、厚度；底板厚度；井盖安装；混凝土强度等级；砂浆强度等级；防潮层材料种类。

计量单位：座。

工程量计算规则：按设计图示数量计算。

工作内容：砂浆制作、运输；铺设垫层；底板混凝土制作、运输、浇筑、振捣、养护；砌砖；刮缝；井池底、壁抹灰；抹防潮层；材料运输。

010401012 零星砌砖

项目特征：零星砌砖名称、部位；砖品种、规格、强度等级；砂浆强度等级、配合比。

计量单位：m^3/m^2/m/个。

工程量计算规则：①以立方米计量，按设计图示尺寸截面积乘以长度计算；②以平方米计量，按设计图示尺寸水平投影面积计算；③以米计量，按设计图示尺寸长度计算；④以个计量，按设计图示数量计算。

工作内容：砂浆制作、运输；砌砖；刮缝；材料运输。

0104010013 砖散水、地坪

项目特征：砖品种、规格、强度等级；垫层材料种类、厚度；散水、地坪厚度；面层种类、规格；砂浆强度等级。

计量单位：m^2。

工程量计算规则：按设计图示尺寸以面积计算。

工作内容：土方挖、运、填；地基找平、夯实；铺设垫层；砌砖散水、地坪；抹砂浆面层。

0104010014 砖地沟、明沟

项目特征：砖品种、规格、强度等级；沟截面尺寸；垫层材料种类、厚度；混凝土强度等级；砂浆强度等级。

计量单位：m。

工程量计算规则：以米计量，按设计图示尺寸以中心线长度计算。

工作内容：土石方挖、运、填；铺设垫层；底板混凝土制作、运输、浇筑、振捣、养护；砌砖；刮缝、抹灰；材料运输。

①"砖基础"项目适用于各种类型的砖基础：柱基础、墙基础、管道基础等。

② 砖基础与砖墙（身）使用同一种材料时，以设计室内地坪为界（有地下室的按地下室室内设计地坪为界），以下为基础，以上为墙（柱）身。基础与墙身使用不同材料，位于设计室内地坪高度≤±300mm以内时以不同材料为界，高度＞±300 mm，应以设计室内地坪为界。

③ 砖围墙应以设计室外地坪为界，以下为基础，以上为墙身。

④ 框架外表面的镶贴砖部分，按零星项目编码列项。

⑤ 附墙烟囱、通风道、垃圾道，应按设计图示尺寸以体积（扣除空洞所占体积）计算，并入所依附的墙体体积内。当设计规定空洞内需抹灰时，应按本规范M中零星抹灰项目编码列项。

⑥ 空斗墙的窗台墙、窗台下、楼板下、梁头下等的实砌部分，应按零星砌砖项目编码列项。

⑦"空花墙"项目适用于各种类型的空花墙，使用混凝土花格砌筑的空花墙，实砌墙体与混凝土花格应分别计算，混凝土花格按混凝土及钢筋混凝土中

预制构件相关项目编码列项。

⑧ 台阶、台阶挡墙、梯带、锅台、炉灶、蹲台、池槽、池槽腿、花台、花池、楼梯栏板、阳台栏板、地垄墙、屋面隔热板下的砖墩、≤0.3m²的孔洞填塞等，应按零星砌砖项目编码列项。砖砌锅台与炉灶可按外形尺寸以个计算，砖砌台阶可按水平投影面积以平方米计算，小便池、地垄墙可按长度计算，其他工程量按立方米计算。

⑨ 砖砌体内加筋的制作、安装，应按本规范附录M中相关项目编码列项。

⑩ 砖砌体勾缝按本规范附录E中相关项目编码列项。

⑪ 检查井内的爬梯按本规范附录E中相关项目编码列项；井内的混凝土构件按本规范附录E中混凝土及钢筋混凝土预制构件编码列项。

⑫ 如施工图设计标注做法见标准图集时，应在项目特征描述中注明标注图集的编码、页号及节点大样。

（二）D.2 砌块砌体

010402001 砌块墙

项目特征： 砌块品种、规格、强度等级；墙体类型；砂浆强度等级。

计量单位： m³。

工程量计算规则： 按设计图示尺寸以体积计算。扣除门窗、洞口、嵌入墙内的钢筋混凝土柱、梁、圈梁、挑梁、过梁及凹进墙内的壁龛、管槽、暖气槽、消火栓箱所占体积，不扣除梁头、板头、檩头、垫木、木楞头、沿椽头、木砖、门窗走头、砖墙内加固钢筋、木筋、铁件、钢管及单个面积≤0.3m²的孔洞所占体积。凸出墙面的腰线、挑檐、压顶、窗台线、虎头砖、门窗套的体积亦不增加。凸出墙面的砖垛并入墙体体积内计算。

基础长度：外墙按中心线，内墙按净长线计算。

① 墙长度：外墙按中心线，内墙按净长线计算。

② 墙高度

外墙：斜（坡）屋面无檐口天棚者算至屋面板底；有屋架且室内外均有天棚者算至屋架下弦底另加200mm；无天棚者算至屋架下弦底另加300mm；出檐宽度超过600mm时按实砌高度计算；与钢筋混凝土楼板隔层者算至板顶；平屋面算至钢筋混凝土板底。

内墙：位于屋架下弦者，算至屋架下弦底；无屋架下弦者算至天棚底另加100mm；有钢筋混凝土板隔层者算至楼板顶；有框架梁时算至梁底。

女儿墙：从屋面板上表面算至女儿墙顶面（如有混凝土压顶算至压顶下表面）。

内、外山墙：按其平均高度计算。

③ 框架间墙：不分内外墙按墙体净尺寸以体积计算。

④ 围墙：高度算至压顶上表面（如有混凝土压顶时算至压顶下表面），围墙柱并入围墙体积内。

工作内容： 砂浆制作、运输；砌砖、砌块；勾缝；材料运输。

010402002 砌块柱

项目特征： 砌块品种、规格、强度等级；墙体类型；砂浆强度等级。

计量单位： m³。

工程量计算规则： 按设计图示尺寸以体积计算。扣除混凝土及钢筋混凝土梁垫、梁头、板头所占体积。

工作内容： 砂浆制作、运输；砌砖、砌块；勾缝；材料运输。

【注】1. 砌体内加筋、墙体拉结的制作、安装，应按本规范附录E中相关项目编码列项。

2. 砌块排列应上、下错缝搭砌，如果搭错缝长度满足不了规定的压搭要求，应采取砌钢筋网片的措施，具体构造要求按设计规定。若设计无规定时，应注明由投标人根据实际情况自行考虑；钢筋网片按本规范附录F中相关项目编码列项。

3. 砌体垂直灰缝宽>30mm时，采用C20细石混凝土灌实。灌注的混凝土应按本规范附录E中相关项目编码列项。

（三）D.3 石砌体 010403

010403001 石基础

项目特征： 石料种类、规格；基础类型；砂浆强度等级。

计量单位： m³。

工程量计算规则：按设计图示尺寸以体积计算。包括附墙垛基础宽出部分体积，不扣除基础砂浆防潮层和单个面积≤0.3m²的孔洞所占体积，靠墙暖气沟的挑檐不增加体积。

基础长度：外墙按中心线，内墙按净长线计算。

工作内容：砂浆制作、运输；吊装；砌石；防潮层铺设；材料运输。

010403002 石勒脚

项目特征：石料种类、规格；石表面加工要求；勾缝要求；砂浆强度等级、配合比。

计量单位：m³。

工程量计算规则：按设计图示尺寸以体积计算。扣除单个面积＞0.3m²的孔洞所占体积。

工作内容：砂浆制作、运输；吊装；砌石；石表面加工；勾缝；材料运输。

010403003 石墙

项目特征：石料种类、规格；石表面加工要求；勾缝要求；砂浆强度等级、配合比。

计量单位：m³。

工程量计算规则：按设计图示尺寸以体积计算。扣除门窗、洞口、嵌入墙内的钢筋混凝土柱、梁、圈梁、挑梁、过梁及凹进墙内的壁龛、管槽、暖气槽、消火栓箱所占体积。不扣除梁头、板头、檩头、垫木、木楞头、沿椽头、木砖、门窗走头、砖墙内加固钢筋、木筋、铁件、钢管及单个面积≤0.3m²的孔洞所占体积。凸出墙面的腰线、挑檐、压顶、窗台线、虎头砖、门窗套的体积亦不增加。凸出墙面的砖垛并入墙体体积内计算。

基础长度：外墙按中心线，内墙按净长线计算。

① 墙长度：外墙按中心线，内墙按净长线计算。

② 墙高度

外墙：斜（坡）屋面无檐口天棚者算至屋面板底；有屋架且室内外均有天棚者算至屋架下弦底另加200mm；无天棚者算至屋架下弦底另加300mm；出檐宽度超过600mm时按实砌高度计算；与钢筋混凝土楼板隔层者算至板顶；平屋顶算至钢筋混凝土板底。

内墙：位于屋架下弦者，算至屋架下弦底；无屋架下弦者算至天棚底另加100mm；有钢筋混凝土板隔层者算至楼板顶；有框架梁时算至梁底。

女儿墙：从屋面板上表面算至女儿墙顶面（如有压顶算至压顶下表面）。

内、外山墙：按其平均高度计算。

③ 围墙：高度算至压顶上表面（如有混凝土压顶时算至压顶下表面），围墙柱并入围墙体积内。

工作内容：砂浆制作、运输；吊装；砌石；石表面加工；勾缝；材料运输。

010403004 石挡土墙

项目特征：石料种类、规格；石表面加工要求；勾缝要求；砂浆强度等级、配合比。

计量单位：m³。

工程量计算规则：按设计图示尺寸以体积计算。

工作内容：砂浆制作、运输；吊装；砌石；变形缝、泄水孔、压顶抹灰；滤水层；勾缝；材料运输。

010403005 石柱

项目特征：石料种类、规格；石表面加工要求；勾缝要求；砂浆强度等级、配合比。

计量单位：m³。

工程量计算规则：按设计图示尺寸以体积计算。

工作内容：砂浆制作、运输；吊装；砌石；石表面加工；勾缝；材料运输。

010403006 石栏杆

项目特征：石料种类、规格；石表面加工要求；勾缝要求；砂浆强度等级、配合比。

计量单位：m。

工程量计算规则：按设计图示尺寸以长度计算。

工作内容：砂浆制作、运输；吊装；砌石；石表面加工；勾缝；材料运输。

010403007 石护坡

项目特征：垫层材料种类、厚度；石料种类、规格；护坡厚度、高度；石表面加工要求；勾缝要求；砂浆强度等级、配合比。

计量单位：m³。

工程量计算规则：按设计图示尺寸以体积计算。

工作内容：砂浆制作、运输；吊装；砌石；石表面加工；勾缝；材料运输。

010403008 石台阶

项目特征：垫层材料种类、厚度；石料种类、规格；护坡厚度、高度；石表面加工要求；勾缝要求；砂浆强度等级、配合比。

计量单位：m³。

工程量计算规则：按设计图示尺寸以体积计算。

工作内容：铺设垫层；石料加工；砂浆制作、运输；砌石；石表面加工；勾缝；材料运输。

010403009 石坡道

项目特征：垫层材料种类、厚度；石料种类、规格；护坡厚度、高度；石表面加工要求；勾缝要求；砂浆强度等级、配合比。

计量单位：m²。

工程量计算规则：按设计图示尺寸以水平投影面积计算。

工作内容：铺设垫层；石料加工；砂浆制作、运输；砌石；石表面加工；勾缝；材料运输。

010403010 石地沟、石明沟

项目特征：沟截面尺寸；土壤类别、运距；垫层材料种类、厚度；石料种类、规格；石表面加工要求；勾缝要求；砂浆强度等级、配合比。

计量单位：m。

工程量计算规则：按设计图示尺寸以中心线长度计算。

工作内容：土石方挖运；砂浆制作、运输；铺设垫层；砌石；石表面加工；勾缝；回填；材料运输。

① 石基础、石勒脚、石墙的划分：基础与勒脚应以设计室外地坪为界。勒脚与墙身应以设计室内地坪为界。石围墙内外地坪标高不同时，应以较低地坪标高为界，以下为基础，内外地坪标高之差为挡土墙时，挡土墙以上为墙身。

②“石基础”项目适用于各种规格（粗料石、细料石等)、各种材质（砂石、青石等）和各种类型（柱基、墙基、直形、弧形等）基础。

③“石勒脚”、“石墙”项目适用于各种规格（粗料石、细料石等)、各种材质（砂石、青石、大理石、花岗岩等）和各种类型（直形、弧形等）勒脚和墙体。

④“石挡土墙”项目适用于各种规格（粗料石、细料石、块石、毛石、卵石等)、各种材质（砂石、青石、石灰石等）和各种类型（直形、弧形、台阶形等）挡土墙。

⑤“石柱”项目适用于各种规格、各种石质、各种类型石柱。

⑥“石栏杆”项目适用于无雕饰的一般石栏杆。

⑦“石护坡”项目适用于各种石质和各料（粗料石、细料石、片石、块石、毛石、卵石等)。

⑧“石台阶”项目包括石梯带（垂带)，不包括石梯膀，石梯膀应按本规范附录C石挡土墙项目编码列项。

⑨ 如施工图设计标注做法见标准图集时，应在项目特征描述中注明标注图集的编码、页号及节点大样。

（四）D.4 垫层 010404

010404001 垫层

项目特征：垫层材料种类、配合比、厚度。

计量单位：m^3。

工程量计算规则：按设计图示尺寸以立方米计算。

工作内容：土石方挖运；垫层材料的拌制；铺设垫层；材料运输。

【注】除混凝土垫层应按本规范附录E中相关项目编码列项外，没有包括垫层要求的清单项目应按本表垫层项目编码列项。

（五）D.5 其他相关问题及说明

D.5.1 标准砖尺寸应为240mm×115mm×53mm。

D.5.2 标准砖墙厚度应按表D.5.2计算。

表 D.5.2　标准墙计算厚度

砖数(厚度)	$\frac{1}{4}$	$\frac{1}{2}$	$\frac{3}{4}$	1	$1\frac{1}{2}$	2	$2\frac{1}{2}$	3
计算厚度/mm	53	115	180	240	365	490	615	740

五、附录E 混凝土及钢筋混凝土

（一）E.1 现浇混凝土基础 010501

010501001 垫层/**010501002** 带形基础/**010501003** 独立基础/**010501004** 满堂基础/**010501005** 桩承台基础

项目特征：混凝土种类；混凝土强度等级。

计量单位：m^3。

工程量计算规则：按设计图示尺寸以体积计算。不扣除伸入承台基础的桩头所占体积。

工作内容：模板及支撑制作、安装、拆除、堆放、运输及清理模内杂物、刷隔离剂等；混凝土制作、运输、浇筑、振捣、养护。

010501006 设备基础

项目特征：混凝土种类；混凝土强度等级；灌浆材料及其强度等级。

计量单位：m^3。

工程量计算规则：按设计图示尺寸以体积计算。不扣除伸入承台基础的桩头所占体积。

工作内容：模板及支撑制作、安装、拆除、堆放、运输及清理模内杂物、刷隔离剂等；混凝土制作、运输、浇筑、振捣、养护。

【注】1. 有肋带形基础、无肋带形基础应按本表中相关项目列项，并注明肋高。

2. 箱式满堂基础中柱、梁、墙、板按本附录表 E.2、表 E.3、表 E.4、表 E.5 相关项目分别编码列项，箱式满堂基础底板按本表的满堂基础项目列项。

3. 框架式设备基础中柱、梁、墙、板按本附录表 E.2、表 E.3、表 E.4、表 E.5 相关项目编码列项，基础部分按本表相关项目编码列项。

4. 如为毛石混凝土基础，项目特征应描述毛石所占比例。

（二）E.2 现浇混凝土柱 010502

010502001 矩形柱/**010502002** 构造柱

项目特征：混凝土种类；混凝土强度等级。

010502003 异形柱

项目特征：柱形状；混凝土种类；混凝土强度等级。

计量单位：m^3。

工程量计算规则：按设计图示尺寸以体积计算。

柱高：

① 有梁板的柱高，应自柱基上表面（或楼板上表面）至上一层楼板上表面之间高度计算。

② 无梁板的柱高，应自柱基上表面（或楼板上表面）至柱帽下表面之间高度计算。

③ 框架柱的柱高：应自柱基上表面至柱顶高度计算。

④ 构造柱按全高计算，嵌接墙体部分（马牙槎）并入柱身体积计算。

⑤ 依附柱上的牛腿和升板的柱帽，并入柱身体积计算。

工作内容：模板及支架（撑）制作、安装、拆除、堆放、运输及清理模内杂物、刷隔离剂等；混凝土制作、运输、浇筑、振捣、养护。

【注】混凝土种类是指清水混凝土、彩色混凝土等，如在同一地区既使用预拌（商品）混凝土，又允许现场搅拌混凝土时，也应注明（下同）。

（三）E.3 现浇混凝土梁 010503

010503001 基础梁/**010503002** 矩形梁/**010503003** 异形梁/ **010503004** 圈梁/ **010503005** 过梁/**010503006** 弧形梁、拱形梁

项目特征：混凝土种类；混凝土强度等级。

计量单位：m^3。

工程量计算规则：按设计图示尺寸以体积计算。伸入墙内的梁头、梁垫并入梁体积内。

梁长：

① 梁与柱连接时，梁长算至柱侧面。

② 主梁与次梁连接时，次梁长算至主梁侧面。

工作内容：模板及支架（撑）制作、安装、拆除、堆放、运输及清理模内杂物、刷隔离剂等；混凝土制作、运输、浇筑、振捣、养护。

（四）E.4 现浇混凝土墙 010504

010504001 直形墙/**010504002** 弧形墙/**010504003** 短肢剪力墙/**010504004** 挡土墙

项目特征：混凝土种类；混凝土强度等级。

计量单位：m^3。

工程量计算规则：按设计图示尺寸以体积计算。扣除门窗洞口及单个面积＞0.3m^{2}的孔洞所占体积，墙垛及突出墙面部分并入墙体体积内计算。

工作内容：模板及支架（撑）制作、安装、拆除、堆放、运输及清理模内杂物、刷隔离剂等；混凝土制作、运输、浇筑、振捣、养护。

【注】短肢剪力墙是指截面厚度不大于300mm、各肢截面高度与厚度之比的最大值大于4但不大于8的剪力墙；各肢截面高度与厚度之比的最大值不大于4的剪力墙按柱项目编码列项。

（五）E.5 现浇混凝土板 010505

010505001 有梁板/**010505002** 无梁板/**010505003** 平板/**010505004** 拱板/**010505005** 薄壳板/**010505006** 栏板

项目特征：混凝土种类；混凝土强度等级。

计量单位：m^3。

工程量计算规则：按设计图示尺寸以体积计算，不扣除单个面积≤0.3m^{2}的孔洞所占体积。压型钢板混凝土楼板扣除构件内压形钢板所占体积；有梁板（包括主、次梁与板）按梁、板体积之和计算，无梁板按板与柱帽体积之和计算，各类板伸入墙内的板头并入板体积内计算，薄壳板的肋、基梁并入薄壳板体积内计算。

工作内容：模板及支架（撑）制作、安装、拆除、堆放、运输及清理模内杂物、刷隔离剂等；混凝土制作、运输、浇筑、振捣、养护。

010505007 天沟（檐沟）、挑檐板

项目特征：混凝土种类；混凝土强度等级。

计量单位：m^3。

工程量计算规则：按设计图示尺寸以体积计算。

工作内容：模板及支架（撑）制作、安装、拆除、堆放、运输及清理模内杂物、刷隔离剂等；混凝土制作、运输、浇筑、振捣、养护。

010505008 雨棚、悬挑板、阳台板

项目特征：混凝土种类；混凝土强度等级。

计量单位：m^3。

工程量计算规则：按设计图示尺寸以墙外部分体积计算。包括伸出墙外的牛腿和雨棚反挑檐的体积。

工作内容：模板及支架（撑）制作、安装、拆除、堆放、运输及清理模内杂物、刷隔离剂等；混凝土制作、运输、浇筑、振捣、养护。

010505009 空心板

项目特征：混凝土种类；混凝土强度等级。

计量单位：m^3。

工程量计算规则：按设计图示尺寸以体积计算。空心板（GBF高强薄壁蜂巢芯板等）应扣除空心部分体积。

工作内容：模板及支架（撑）制作、安装、拆除、堆放、运输及清理模内杂物、刷隔离剂等；混凝土制作、运输、浇筑、振捣、养护。

010505010 其他板

项目特征：混凝土种类；混凝土强度等级。

计量单位：m^3。

工程量计算规则：按设计图示尺寸以体积计算。

工作内容：模板及支架（撑）制作、安装、拆除、堆放、运输及清理模内杂物、刷隔离剂等；混凝土制作、运输、浇筑、振捣、养护。

【注】现浇挑檐、天沟板、雨篷、阳台与板（包括屋面板、楼板）连接时，以外墙外边线为分界线；与圈梁（包括其他梁）连接时，以梁外边线为分界线。外边线以外为挑檐、天沟、雨篷或阳台。

（六）E.6 现浇混凝土楼梯 010506

010506001 直形楼梯/**010506002** 拱形楼梯

项目特征：混凝土种类；混凝土强度等级。

计量单位：m^2/m^3。

工程量计算规则：①以平方米计量，按设计图示尺寸以水平投影面积计算。不扣除宽度≤500mm的楼梯井，伸入墙内部分不计算；②以立方米计量，按设计图示尺寸以体积计算。

工作内容：模板及支架（撑）制作、安装、拆除、堆放、运输及清理模内杂物、刷隔离剂等；混凝土制作、运输、浇筑、振捣、养护。

【注】整体楼梯（包括直形楼梯、弧形楼梯）水平投影面积包括休息平台、平台梁、斜梁和楼梯的连接梁。当整体楼梯与现浇楼板无梯梁连接时，以楼梯的最后一个踏步边缘加300mm为界。

（七）E.7 现浇混凝土其他构件 010507

010507001 散水、坡道

项目特征： 垫层材料种类、厚度；面层厚度；混凝土种类；混凝土强度等级；变形缝塞填材料种类。

计量单位： m^2。

工程量计算规则： 按设计图示尺寸以水平投影面积计算。不扣除单个面积≤0.3m^2的孔洞所占面积。

工作内容： 地基夯实；铺设垫层；模板及支架（撑）制作、安装、拆除、堆放、运输及清理模内杂物、刷隔离剂等；混凝土制作、运输、浇筑、振捣、养护；变形缝塞填。

010507002 室外地坪

项目特征： 地坪厚度；混凝土强度等级。

计量单位： m^2

工程量计算规则： 按设计图示尺寸以水平投影面积计算。不扣除单个面积≤0.3m^2的孔洞所占面积。

工作内容： 地基夯实；铺设垫层；模板及支架（撑）制作、安装、拆除、堆放、运输及清理模内杂物、刷隔离剂等；混凝土制作、运输、浇筑、振捣、养护；变形缝塞填。

010507003 电缆沟、地沟

项目特征： 土壤类别；沟截面净空尺寸；垫层材料种类、厚度；混凝土种类；混凝土强度等级；防护材料种类。

计量单位： m。

工程量计算规则： 按设计图示尺寸以中心线长度计算。

工作内容： 挖运土石；铺设垫层；模板及支架（撑）制作、安装、拆除、堆放、运输及清理模内杂物、刷隔离剂等；混凝土制作、运输、浇筑、振捣、养护；刷防护材料。

010507004 台阶

项目特征： 踏步高、宽；混凝土种类；混凝土强度等级。

计量单位： m^2/m^3。

工程量计算规则： ①以平方米计量，按设计图示尺寸以水平投影面积计算；②以立方米计量，按设计图示尺寸以体积计算。

工作内容： 模板及支架（撑）制作、安装、拆除、堆放、运输及清理模内杂物、刷隔离剂等；混凝土制作、运输、浇筑、振捣、养护。

010507005 扶手、压顶

项目特征： 断面尺寸；混凝土种类；混凝土强度等级。

计量单位： m/m^3。

工程量计算规则： ①以米计量，按设计图示尺寸的中心线延长米计算；②以立方米计量，按设计图示尺寸以体积计算。

工作内容： 模板及支架（撑）制作、安装、拆除、堆放、运输及清理模内杂物、刷隔离剂等；混凝土制作、运输、浇筑、振捣、养护。

010507006 化粪池、检查井

项目特征： 部位；混凝土强度等级；防水、抗渗要求。

计量单位： m^3/座。

工程量计算规则： ①以立方米计量，按设计图示尺寸以体积计算；②以座计量，按设计图示数量计算。

工作内容： 模板及支架（撑）制作、安装、拆除、堆放、运输及清理模内杂物、刷隔离剂等；混凝土制作、运输、浇筑、振捣、养护。

010507007 其他构件

项目特征： 构件类型；构件规格；部位；混凝土种类；混凝土强度等级。

计量单位： m^3

工程量计算规则： 按设计图示尺寸以体积计算。

工作内容： 模板及支架（撑）制作、安装、拆除、堆放、运输及清理模内杂物、刷隔离剂等；混凝土制作、运输、浇筑、振捣、养护。

【注】1. 现浇混凝土小型池槽、垫块、门框等，应按本表其他构件项目编码列项。
2. 架空式混凝土台阶，按现浇楼梯计算。

（八）E.8 后浇带 010508

010508001 后浇带

项目特征： 混凝土种类；混凝土强度等级。

计量单位： m^3。

工程量计算规则： 按设计图示尺寸以体积计算。

工作内容： 模板及支架（撑）制作、安装、拆除、堆放、运输及清理模内杂物、刷隔离剂等；混凝土制作、运输、浇筑、振捣、养护及混凝土交界面、钢筋等的清理。

（九）E.9 预制混凝土柱 010509

010509001 矩形柱/**010509002** 异形柱

项目特征： 图代号；单件体积；安装高度；混凝土强度等级；砂浆（细石混凝土）强度等级、配合比。

计量单位： m^3/根。

工程量计算规则： ① 以立方米计量，按设计图示尺寸以体积计算。

② 以根计量，按设计图示尺寸以数量计算。

工作内容： 模板及支架（撑）制作、安装、拆除、堆放、运输及清理模内杂物、刷隔离剂等；混凝土制作、运输、浇筑、振捣、养护；构件安装、运输；砂浆制作、运输；接头灌缝、养护。

【注】以根计量，必须描述单件体积。

（十）E.10 预制混凝土梁 010510

010510001 矩形梁/**010510002** 异形梁/**010510003** 过梁/**010510004** 拱形梁/**010510005** 鱼腹式吊车梁/**010510006** 其他梁

项目特征： 图代号；单件体积；安装高度；混凝土强度等级；砂浆（细石混凝土）强度等级、配合比。

计量单位： m^3/根。

工程量计算规则： ① 以立方米计量，按设计图示尺寸以体积计算。

② 以根计量，按设计图示尺寸以数量计算。

工作内容： 模板及支架（撑）制作、安装、拆除、堆放、运输及清理模内杂物、刷隔离剂等；混凝土制作、运输、浇筑、振捣、养护；构件安装、运输；砂浆制作、运输；接头灌缝、养护。

【注】以根计量，必须描述单件体积。

（十一）E.11 预制混凝土屋架 010511

010511001 折线型屋架/**010511002** 组合屋架/**010511003** 薄腹屋架/**010511004** 门式刚架屋架/**010511005** 天窗架屋架

项目特征： 图代号；单件体积；安装高度；混凝土强度等级；砂浆（细石混凝土）强度等级、配合比。

计量单位： m^3/榀。

工程量计算规则： ①以立方米计量，按设计图示尺寸以体积计算；②以根计量，按设计图示尺寸数量计算。

工作内容： 模板及支架（撑）制作、安装、拆除、堆放、运输及清理模内杂物、刷隔离剂等；混凝土制作、运输、浇筑、振捣、养护；构件安装、运输；砂浆制作、运输；接头灌缝、养护。

【注】1. 以榀计量，必须描述单件体积。

2. 三角形屋架按本表中折线型屋架项目编码列项。

（十二）E.12 预制混凝土板 010512

010512001 平板/**010512002** 空心板/**010512003** 槽形板/**010512004** 网架板/**010512005** 折线板/**010512006** 带肋板/**010512007** 大型板

项目特征： 图代号；单件体积；安装高度；混凝土强度等级；砂浆（细石混凝土）强度等级、配合比。

计量单位： m^3/块。

工程量计算规则： ①以立方米计量，按设计图示尺寸以体积计算。不扣除构件内钢筋、预埋铁件及单个尺寸≤300mm×300mm 的孔洞所占体积，扣除空心板空洞体积。②以块计量，按设计图示尺寸数量计算。

工作内容： 模板及支架（撑）制作、安装、拆除、堆放、运输及清理模内杂物、刷隔离剂等；混凝土制作、运输、浇筑、振捣、养护；构件安装、运输；砂浆制作、运输；接头灌缝、养护。

010512008 沟盖板、井盖板、井圈

项目特征： 单件体积；安装高度；混凝土强度等级；砂浆强度等级、配合比。

计量单位： m^3/块（套）。

工程量计算规则： ①以立方米计量，按设计图示尺寸以体积计算；②以块计量，按设计图示尺寸数量计算。

工作内容： 模板及支架（撑）制作、安装、拆除、堆放、运输及清理模内杂物、刷隔离剂等；混凝土制作、运输、浇筑、振捣、养护；构件安装、运输；砂浆制作、运输；接头灌缝、养护。

【注】1. 以块、套计量，必须描述单件体积。

2. 不带肋的预制遮阳板、雨篷板、挑檐板、栏板等，应按本表中平板项目编码列项。

3. 预制F形板、双T形板、单肋板和带反挑檐的雨篷板、挑檐板、遮阳板等，应按本表中带肋板项目编码列项。

4. 预制大型墙板、大型楼板、大型屋面板等，应按本表中大型板项目编码列项。

（十三）E.13 预制混凝土楼梯 010513

010513001 楼梯

项目特征： 楼梯类型；单件体积；混凝土强度等级；砂浆（细石混凝土）强度等级。

计量单位： m^3/段。

工程量计算规则： ①以立方米计量，按设计图示尺寸以体积计算，扣除空心踏步板空洞体积；②以段计量，按设计图示尺寸数量计算。

工作内容： 模板及支架（撑）制作、安装、拆除、堆放、运输及清理模内杂物、刷隔离剂等；混凝土制作、运输、浇筑、振捣、养护；构件安装、运输；砂浆制作、运输；接头灌缝、养护。

【注】以段计量，必须描述单件体积。

（十四）E.14 其他预制构件 010514

010514001 烟道、通风道、垃圾道

项目特征： 单件体积；混凝土强度等级；砂浆强度等级。

计量单位： m^3/m^2/根（块、套）。

工程量计算规则： ①以立方米计量，按设计图示尺寸以体积计算，不扣除单个面积≤300mm×300mm以内的孔洞所占体积，扣除烟囱、通风道、垃圾道的孔洞体积；②以平方米计量，按设计图示尺寸以面积计算，不扣除单个面积≤300mm×300mm以内的孔洞所占体积；③以根计量，按设计图示尺寸数量计算。

工作内容： 模板及支架（撑）制作、安装、拆除、堆放、运输及清理模内杂物、刷隔离剂等；混凝土制作、运输、浇筑、振捣、养护；构件安装、运输；砂浆制作、运输；接头灌缝、养护。

010514002 其他构件

项目特征： 单件体积；构件的类型；混凝土强度等级；砂浆强度等级。

计量单位： m^3/m^2/根（块、套）。

工程量计算规则： ①以立方米计量，按设计图示尺寸以体积计算，不扣除单个面积≤300mm×300mm以内的孔洞所占体积，扣除烟囱、通风道、垃圾道的孔洞体积；②以平方米计量，按设计图示尺寸以面积计算，不扣除单个面积≤300mm×300mm以内的孔洞所占体积；③以根计量，按设计图示尺寸数量计算。

工作内容： 模板及支架（撑）制作、安装、拆除、堆放、运输及清理模内杂物、刷隔离剂等；混凝土制作、运输、浇筑、振捣、养护；构件安装、运输；砂浆制作、运输；接头灌缝、养护。

【注】1. 以块、根计量，必须描述单件体积。

2. 预制钢筋混凝土小型池槽、压顶、扶手、垫块、隔热板、花格等，应按本表中其他构件项目编码列项。

（十五）E.15 钢筋工程 010515

010515001 现浇混凝土钢筋/**010515002** 预制构件

项目特征：钢筋种类、规格。

计量单位：t。

工程量计算规则：按设计图示钢筋（网）长度（面积）乘以单位理论质量计算。

工作内容：钢筋（网、笼）制作、运输；钢筋安装；焊接（绑扎）。

010515003 钢筋网片

项目特征：钢筋种类、规格。

计量单位：t。

工程量计算规则：按设计图示钢筋（网）长度（面积）乘以单位理论质量计算。

工作内容：钢筋网制作、运输；钢筋网安装。

010515004 钢筋笼

项目特征：钢筋种类、规格。

计量单位：t。

工程量计算规则：按设计图示钢筋（网）长度（面积）乘以单位理论质量计算。

工作内容：钢筋笼制作、运输；钢筋笼安装。

010515005 先张法预应力钢筋

项目特征：钢筋种类、规格；锚具种类。

计量单位：t。

工程量计算规则：按设计图示钢筋长度乘以单位理论质量计算。

工作内容：钢筋制作、运输；钢筋张拉。

010515006 后张法预应力钢筋/**010515007** 预应力钢丝/**010515008** 预应力钢绞线：

项目特征：钢筋种类、规格；钢丝种类、规格；钢绞线种类、规格；锚具种类；砂浆强度等级。

计量单位：t。

工程量计算规则：按设计图示钢筋（钢丝束、钢绞线）长度乘以单位理论质量计算。

① 低合金钢筋两端均采用螺杆锚具时，钢筋长度按孔道长度减 0.35m 计算，螺杆另行计算。

② 低合金钢筋一端均采用镦头插片、另一端采用螺杆锚具时，钢筋长度按孔道长度计算，螺杆另行计算。

③ 低合金钢筋一端均采用镦头插片、另一端采用帮条锚具时，钢筋长度按孔道长度增加 0.15m 计算；两端采用帮条锚具时，钢筋长度按孔道长度增加 0.3m 计算。

④ 低合金钢筋采用后张混凝土自锚时，钢筋长度按孔道长度增加 0.35m 计算。

⑤ 低合金钢筋（钢绞线）采用 JM、XM、QM 型锚具时，孔道长度≤20m 时，钢筋长度按孔道长度增加 1m 计算；孔道长度＞20m 时，钢筋（钢绞线）长度按孔道长度增加 1.8m 计算。

⑥ 碳素钢丝采用锥型锚具时，孔道长度≤20m 时，钢丝束长度按孔道长度增加 1m 计算；孔道长度＞20m 时，钢丝束长度按孔道长度增加 1.8m 计算。

⑦ 碳素钢丝束采用镦头锚具时，钢丝束长度按孔道长度增加 0.35m 计算。

工作内容：钢筋、钢丝、钢绞线制作、运输；钢筋、钢丝、钢绞线安装；预埋管孔道铺设；锚具种类；砂浆制作、运输；孔道压浆、养护。

010515009 支撑钢筋（铁马）

项目特征：钢筋种类；规格。

计量单位：t。

工程量计算规则：按钢筋长度乘以单位理论质量计算。

工作内容：钢筋制作、焊接、安装。

010515010 声测管

项目特征：材质；规格型号。

计量单位：t。

工程量计算规则：按设计尺寸以质量计算。

工作内容：检测管截断、封头；套管制作、焊接；定位、固定。

【注】1. 现浇构件中伸出构件的锚固钢筋应并入钢筋工程量内。除设计（包括规范规定）标明的搭接外，其他施工搭接不计算工程量，在综合单价中综合考虑。

2. 现浇构件中固定位置的支撑钢筋，双层钢筋用的“铁马”、在编制工程量清单时，如果设计未明确，其工程数量可为暂估量，结算时按现场签证数量计算。

（十六）E.16 螺栓、铁件 010516

010516001 螺栓

项目特征：螺栓种类；规格。

计量单位：t。
工程量计算规则：按设计图示尺寸以质量计算。
工作内容：螺栓、铁件制作、运输；螺栓、铁件安装。

010516002 铁件
项目特征：钢材种类；规格；铁件尺寸。
计量单位：t。
工程量计算规则：按设计图示尺寸以质量计算。
工作内容：螺栓、铁件制作、运输；螺栓、铁件安装。

010516003 机械连接
项目特征：连接方式；螺纹套筒种类；规格。
计量单位：个。
工程量计算规则：按数量计算。
工作内容：钢筋套螺纹；套筒连接。

（十七）E. 17 其他相关问题

E. 17. 1 预制混凝土构件或预制钢筋混凝土构件，如施工图设计标注做法见标准图集时，应在项目特征描述中注明标注图集的编码、页号及节点大样即可。

E. 17. 2 现浇或预制混凝土和钢筋混凝土构件，不扣除构件内钢筋、螺栓、预埋铁件、张拉孔道所占体积，但应扣除劲性骨架的型钢所占体积。

六、附录 H 门窗工程

（一）H. 1 木门 010801

010801001 木质门/**010801002** 木质门带套/**010801003** 木质连窗门/**010801004** 木质防火门
项目特征：门代号及洞口尺寸；镶嵌玻璃品种、厚度。
计量单位：樘/m^2。
工程量计算规则：①以樘计量，按设计图示数量计算；②以平方米计量，按设计图示洞口尺寸以面积计算。
工程内容：门安装；玻璃安装；五金安装。

010801005 木门框
项目特征：门代号及洞口尺寸；框截面尺寸；防护材料种类。
计量单位：樘/m。
工程量计算规则：①以樘计量，按设计图示数量计算；②以米计量，按设计图示框的中心线延长米计算。
工程内容：木门框制作、安装；运输；刷防护材料。

010801006 木锁安装
项目特征：锁品种；锁规格。
计量单位：个（套）。
工程量计算规则：按设计图示数量计算。
工程内容：安装。

【注】1. 木质门应区分镶板木门、企口木板门、实木装饰门、胶合板门、夹板装饰门、木纱门、全玻门（带木质扇框）、半玻门（带木质扇框）等项目，分别编码列项。

2. 木门五金应包括：折页、门碰珠、弓背拉手、搭扣、木螺钉、弹簧折页（自动门），管子拉手（自由门、地弹门）、地弹簧（地弹门）、角铁、门扎头（地弹门、自由门）等。

3. 木质门带套计量按洞口尺寸以面积计算，不包括门套的面积，但门套应计算在综合单价中。

4. 以樘计量，项目特征必须描述洞口尺寸；以平方米计量，项目特征可不描述洞口尺寸。

5. 单独制作安装木门框按木门框项目编码列项。

（二）H. 2 金属门 010802

010802001 金属（塑钢）门
项目特征：门代号及洞口尺寸；门框或扇外围尺寸；门框、扇材质；玻璃品种、厚度。
计量单位：樘/m^2。
工程量计算规则：①以樘计量，按设计图示数量计算；②以平方米计量，按设计图示洞口尺寸以面积计算。

工程内容：门安装；玻璃安装；五金安装。

010802002 彩板门

项目特征：门代号及洞口尺寸；门框或扇外围尺寸。

计量单位：樘/m²。

工程量计算规则：①以樘计量，按设计图示数量计算；②以平方米计量，按设计图示洞口尺寸以面积计算。

工程内容：门安装；玻璃安装；五金安装。

010802003 钢质防火门

项目特征：门代号及洞口尺寸；门框或扇外围尺寸；门框、扇材质。

计量单位：樘/m²。

工程量计算规则：①以樘计量，按设计图示数量计算；②以平方米计量，按设计图示洞口尺寸以面积计算。

工程内容：门安装；玻璃安装；五金安装。

010802004 防盗门

项目特征：门代号及洞口尺寸；门框或扇外围尺寸；门框、扇材质。

计量单位：樘/m²。

工程量计算规则：①以樘计量，按设计图示数量计算；②以平方米计量，按设计图示洞口尺寸以面积计算。

工程内容：门安装；玻璃安装；五金安装。

【注】1. 金属门应区分金属平开门、金属推拉门、金属地弹门、全玻门（带金属扇框）、金属半玻门（带扇框）等项目，分别编码列项。

2. 铝合金门五金应包括：地弹簧，门锁、拉手、门插、门铰、螺钉等。

3. 金属门五金包括L形执手插锁（双舌）、执手锁（单舌）、门轨头、地锁、防盗门机、门眼（猫眼）、门碰珠、电子销（磁卡销）、闭门器、装饰拉手等。

4. 以樘计量，项目特征必须描述洞口尺寸，没有洞口尺寸必须描述门框或扇外围尺寸；以平方米计量，项目特征可不描述洞口尺寸及框、扇外围尺寸。

5. 以平方米计量，无设计图示尺寸，按门框或扇外围以面积计算。

（三）H.3 金层卷帘门 010803

010803001 金属卷帘（闸）门/**010803002** 防火卷帘（闸）门

项目特征：门代号及洞口尺寸；门材质；启动装置品种、规格。

计量单位：樘/m²。

工程量计算规则：①以樘计量，按设计图示数量计算；②以平方米计量，按设计图示洞口尺寸以面积计算。

工程内容：门运输、安装；启动装置、活动小门、五金安装。

【注】以樘计量，项目特征必须描述洞口尺寸，以平方米计量，项目特征可不描述洞口尺寸。

（四）H.4 厂库房大门、特种门 010804

010804001 木板大门/**010804002** 钢木大门/**010804003** 全钢板大门/**010804004** 防护铁丝门/**010804005** 金属格栅门/**010804006** 钢质花饰门/**010804007** 特种门

项目特征：门代号及洞口尺寸；门框或扇外围尺寸；门框、扇材质；五金种类、规格；防护材料种类。

计量单位：樘/m²。

工程量计算规则：①以樘计量，按设计图示数量计算；②以平方米计量，按设计图示洞口尺寸以面积计算。

工作内容：门（骨架）制作、运输；门、五金配件安装；刷防护材料。

010804005 金属格栅门

项目特征：门代号及洞口尺寸；门框或扇外围尺寸；门框、扇材质；启动装置品种、规格。

计量单位：樘/m²。

工程量计算规则：①以樘计量，按设计图示数量计算；②以平方米计量，按设计图示洞口尺寸以面积计算。

工作内容：门安装；启动装置、五金配件安装。

010804006 钢质花饰门

项目特征：门代号及洞口尺寸；门框或扇外围尺寸；门框、扇材质。

计量单位：樘/m^2。

工程量计算规则：①以樘计量，按设计图示数量计算；②以平方米计量，按设计图示门框或扇以面积计算。

工作内容：门安装；五金配件安装。

010804007 特种门

项目特征：门代号及洞口尺寸；门框或扇外围尺寸；门框、扇材质。

计量单位：樘/m^2。

工程量计算规则：①以樘计量，按设计图示数量计算；②以平方米计量，按设计图示洞口尺寸以面积计算。

工作内容：门安装；五金配件安装。

【注】1. 特种门应区分冷藏门、冷冻间门、保温门、变电室门、隔音门、防射线门、人防门、金库门等项目，分别编码列项。

2. 以樘计量，项目特征必须描述洞口尺寸，没有洞口尺寸必须描述门框或扇外围尺寸，以平方米计量，项目特征可不描述洞口尺寸及框、扇外围尺寸。

3. 以平方米计量，无设计图示尺寸，按门框或扇外围以面积计算。

（五）H.5 其他门 010805

010805001 电子感应门/**010805002** 旋转门

项目特征：门代号及洞口尺寸；门框或扇外围尺寸；门框、扇材质；玻璃品种、厚度；启动装置品种、规格；电子配件品种、规格。

计量单位：樘/m^2。

工程量计算规则：①以樘计量，按设计图示数量计算；②以平方米计量，按设计图示洞口尺寸以面积计算。

工程内容：门安装；启动装置、五金、电子配件安装。

010805003 电子对讲门/**010805004** 电动伸缩门

项目特征：门代号及洞口尺寸；门框或扇外围尺寸；门材质；玻璃品种、厚度；启动装置品种、规格；电子配件品种、规格。

计量单位：樘/m^2。

工程量计算规则：①以樘计量，按设计图示数量计算；②以平方米计量，按设计图示洞口尺寸以面积计算。

工程内容：门安装；启动装置、五金、电子配件安装。

010805005 全玻自由门

项目特征：门代号及洞口尺寸；门框或扇外围尺寸；框材质；玻璃品种、厚度。

计量单位：樘/m^2。

工程量计算规则：①以樘计量，按设计图示数量计算；②以平方米计量，按设计图示洞口尺寸以面积计算。

工程内容：门安装；五金安装。

010805006 镜面不锈钢饰面门/**010805007** 复合材料门

项目特征：门代号及洞口尺寸；门框或扇外围尺寸；框、扇材质；玻璃品种、厚度。

计量单位：樘/m^2。

工程量计算规则：①以樘计量，按设计图示数量计算；②以平方米计量，按设计图示洞口尺寸以面积计算。

工程内容：门安装；五金安装。

【注】1. 以樘计量，项目特征必须描述洞口尺寸，没有洞口尺寸必须描述门框或扇外围尺寸，以平方米计量，项目特征可不描述洞口尺寸及框、扇外围尺寸。

2. 以平方米计量，无设计图示尺寸，按门框或扇外围以面积计算。

（六）H.6 木窗 010806

010806001 木质窗

项目特征：窗代号及洞口尺寸；玻璃品种、厚度。

计量单位：樘/m^2。

工程量计算规则：①以樘计量，按设计图示数量计算；②以平方米计量，按设计图示洞口尺寸以面积计算。

工程内容：窗安装；五金、玻璃安装。

010806002 木飘（凸）窗

项目特征：窗代号及洞口尺寸；玻璃品种、厚度；防护材料种类。

计量单位：樘/m^2。

工程量计算规则：①以樘计量，按设计图示数量计算；②以平方米计量，按设计图示尺寸以框外围展开面积计算。

工程内容：窗安装；五金、玻璃安装。

010806003 木橱窗

项目特征：窗代号及洞口尺寸；框截面及外围展开尺寸；玻璃品种、厚度；防护材料种类。

计量单位：樘/m^2。

工程量计算规则：①以樘计量，按设计图示数量计算；②以平方米计量，按设计图示尺寸以框外围展开面积计算。

工程内容：窗制作、运输、安装；五金、玻璃安装；刷防护材料。

010806004 木纱窗

项目特征：窗代号及洞口尺寸；窗纱材料品种、规格。

计量单位：樘/m^2。

工程量计算规则：①以樘计量，按设计图示数量计算；②以平方米计量，按框外围尺寸以面积计算。

工程内容：窗安装；五金安装。

【注】1. 木质窗应区分木百叶窗、木组合窗、木天窗、木固定窗、木装饰空花窗等项目，分别编码列项。

2. 以樘计量，项目特征必须描述洞口尺寸，没有洞口尺寸必须描述门框或扇外围尺寸，以平方米计量，项目特征可不描述洞口尺寸及框、扇外围尺寸。

3. 以平方米计量，无设计图示尺寸，按门框或扇外围以面积计算。

4. 木橱窗、木飘（凸）窗以樘计量，项目特征必须描述框截面及外围展开面积。

5. 木窗五金应包括：折页、插销、风钩、木螺钉、滑轮滑轨（推拉窗）等。

（七）H.7 金属窗 010807

010807001 金属（塑钢、断桥）窗/**010807002** 金属防火窗

项目特征：窗代号及洞口尺寸；框、扇材质；玻璃品种、厚度。

计量单位：樘/m^2。

工程量计算规则：①以樘计量，按设计图示数量计算；②以平方米计量，按设计图示尺寸洞口尺寸以面积计算。

工程内容：窗安装；五金、玻璃安装。

010807003 金属百叶窗

项目特征：窗代号及框的外围尺寸；框、扇材质；玻璃品种、厚度。

计量单位：樘/m^2。

工程量计算规则：①以樘计量，按设计图示数量计算；②以平方米计量，按设计图示尺寸洞口尺寸以面积计算。

工程内容：窗安装；五金安装。

010807004 金属纱窗

项目特征：窗代号及框的外围尺寸；框材质；窗纱品种、规格。

计量单位：樘/m^2。

工程量计算规则：①以樘计量，按设计图示数量计算；②以平方米计量，按框的外围尺寸以面积计算。

工程内容：窗安装；五金安装。

010807005 金属格栅窗

项目特征：窗代号及洞口尺寸；框的外围尺寸；框、扇材质。

计量单位：樘/m^2。

工程量计算规则：①以樘计量，按设计图示数量计算；②以平方米计量，按设计图示洞口尺寸以面积计算。

工程内容：窗安装；五金安装。

010807006 金属（塑钢、断桥）橱窗

项目特征：窗代号；框外围展开面积；框、扇材质；玻璃品种、厚度；刷防护材料。

计量单位：樘/m^2。

工程量计算规则：①以樘计量，按设计图示数量计算；②以平方米计量，按设计图示尺寸框外围展开面积计算。

工程内容：窗制作、运输、安装；五金、玻璃安装；刷防护材料。

010807007 金属（塑钢、断桥）飘（凸）窗

项目特征：窗代号；框外围展开面积；框、扇材质；玻璃品种、厚度。

计量单位：樘/m^2。

工程量计算规则：①以樘计量，按设计图示数量计算；②以平方米计量，按设计图示尺寸框外围展开面积计算。

工程内容：窗安装；五金、玻璃安装。

010807008 彩板窗/**010807009** 复合材料窗

项目特征：窗代号及洞口尺寸；框外围尺寸；框、扇材质；玻璃品种、厚度。

计量单位：樘/m^2。

工程量计算规则：①以樘计量，按设计图示数量计算；②以平方米计量，按设计图示洞口尺寸或框外围以展开面积计算。

工程内容：窗安装；五金、玻璃安装。

【注】1. 金属窗应分金属组合窗、金属防盗窗等项目，分别编码列项。

2. 以樘计量，项目特征必须描述洞口尺寸，没有洞口尺寸必须描述门框或扇外围尺寸，以平方米计量，项目特征可不描述洞口尺寸及框的外围尺寸。

3. 以平方米计量，无设计图示尺寸，按窗框外围以面积计算。

4. 金属橱窗、金属飘（凸）窗以樘计量，项目特征必须描述框外围展开面积。

5. 金属窗五金应包括：折页、螺钉、执手、卡锁、铰拉、风撑、滑轮、滑轨、拉把、拉手、角码、牛角制等。

（八）H.8 门窗套 010808

010808001 木门窗套

项目特征：窗代号及洞口尺寸；门窗套展开宽度；基层材料种类；面层材料品种、规格；线条品种、规格；防护材料种类。

计量单位：樘/m^2/m。

工程量计算规则：①以樘计量，按设计图示数量计算；②以平方米计量，按设计图示尺寸以展开面积计算；③以米计量，按设计图示中心以延长米计算。

工程内容：清理基层；立筋制作、安装；基层板安装；面层铺贴；线条安装；刷防护材。

010808002 木筒子板/**010808003** 饰面夹板筒子板

项目特征：筒子板宽度；基层材料种类；面层材料品种、规格；线条品种、规格；防护材料种类。

计量单位：樘/m^2/m。

工程量计算规则：①以樘计量，按设计图示数量计算；②以平方米计量，按设计图示尺寸以展开面积计算；③以米计量，按设计图示中心以延长米计算。

工程内容：清理基层；立筋制作、安装；基层板安装；面层铺贴；线条安装；刷防护材料。

010808004 金属门窗套

项目特征：窗代号及洞口尺寸；门窗套展开宽度；基层材料种类；面层材料品种、规格；防护材料种类。

计量单位：樘/m^2/m。

工程量计算规则：①以樘计量，按设计图示数量计算；②以平方米计量，按设计图示尺寸以展开面积计算；③以米计量，按设计图示中心以延长米计算。

工程内容：清理基层；立筋制作、安装；基层板安装；面层铺贴；刷防护材料。

010808005 石材门窗套

项目特征：窗代号及洞口尺寸；门窗套展开宽度；粘接层厚度、砂浆配合比；基层材料种类；面层材料品种、规格；线条品种、规格。

计量单位：樘/m^2/m。

工程量计算规则：①以樘计量，按设计图示数量计算；②以平方米计量，按设计图示尺寸以展开面积计算；③以米计量，按设计图示中心以延长米计算。

工程内容：清理基层；立筋制作、安装；基层板安装；面层铺贴；线条安装。

010808006 门窗木贴脸

项目特征：门代号及洞口尺寸；贴脸板宽度；防护材料种类。

计量单位：樘/m。

工程量计算规则：①以樘计量，按设计图示数量计算；②以米计量，按设计图示中心以延长米计算。

工程内容：安装。

010808007 成品木门窗套

项目特征：门窗代号及洞口尺寸；门窗套展开宽度；门窗套材料品种、规格。

计量单位：樘/m^2/m。

工程量计算规则：①以樘计量，按设计图示数量计算；②以平方米计量，按设计图示尺寸以展开面积计算；③以米计量，按设计图示中心以延长米计算。

工程内容：清理基层；立筋制作、安装；板安装。

【注】1. 以樘计量，项目特征必须描述洞口尺寸、门窗套展开宽度。
2. 以平方米计量，项目特征可不描述洞口尺寸、门窗套展开宽度。
3. 以米计量，项目特征必须描述门窗套、筒子板展开宽度及贴脸宽度。
4. 木门窗套适用于单独门窗套的制作、安装。

（九）H.9 窗台板 010809

010809001 木窗台板/**010809002** 铝塑窗台板/**010809003** 金属窗台板

项目特征：基层材料种类；窗台面板材料品种、规格、颜色；防护材料种类。

计量单位：m^2。

工程量计算规则：按设计图示尺寸以展开面积计算。

工程内容：基层清理；基层制作、安装；窗台板制作、安装；刷防护材料。

010809004 石材窗台板

项目特征：粘接层厚度、砂浆配合比；窗台面板材料品种、规格、颜色。

计量单位：m^2。

工程量计算规则：按设计图示尺寸以展开面积计算。

工程内容：基层清理；抹找平层；窗台板制作、安装。

（十）H.10 窗帘、窗帘盒、轨 010810

010810001 窗帘

项目特征：窗帘材质，窗帘高度、宽度；窗帘层数；带幔要求。

计量单位：m/m^2。

工程量计算规则：①以米计量，按设计图示中心以成活后长度计算；②以平方米计量，按设计图示尺寸以成活后展开面积计算。

工程内容：制作、运输；安装。

010810002 木窗帘盒/**010810003** 饰面夹板、塑料窗帘盒/**010810004** 铝合金窗帘盒

项目特征：窗帘盒材质、规格；防护材料种类。

计量单位：m。

工程量计算规则：按设计图示尺寸以长度计算。

工程内容：制作、安装、运输；刷防护材料。

010810005 窗帘轨

项目特征：窗帘轨道材质、规格；轨的数量；防护材料种类。

计量单位：m。

工程量计算规则：按设计图示尺寸以长度计算。

工程内容：制作、安装、运输；刷防护材料。

【注】1. 窗帘若是双层，项目特征必须描述每层材质。
2. 窗帘以米计量，项目特征必须描述窗帘高度和宽。

七、附录 J 屋面及防水工程

（一）J.1 瓦、型材及其他屋面 010901

010901001 瓦屋面

项目特征：瓦品种、规格；粘接层砂浆的配合比。

计量单位：m^2。

工程量计算规则：按设计图示尺寸以斜面积计算，不扣除房上烟囱、风帽底座、风道、小气窗、斜沟等所占面积，小气窗的出檐部分不增加面积。

工作内容：砂浆制作、运输、摊铺、养护；安瓦、做瓦脊。

010901002 型材屋面

项目特征：型材品种、规格；金属檩条材料品种、规格；接缝、嵌缝材料种类。

计量单位：m^2。

工程量计算规则：按设计图示尺寸以斜面积计算，不扣除房上烟囱、风帽底座、风道、小气窗、斜沟

等所占面积，小气窗的出檐部分不增加面积。

工作内容：檩条制作、运输、安装；屋面型材安装；接缝、嵌缝。

010901003 阳光板屋面

项目特征：阳光板品种、规格；骨架材料品种、规格；接缝、嵌缝材料种类；油漆品种、刷油漆遍数。

计量单位：m^2。

工程量计算规则：按设计图示尺寸以斜面积计算，不扣除屋面积≤0.3m^2孔洞所占面积。

工作内容：骨架制作、运输、安装、刷防护材料、油漆；阳光板安装；接缝、嵌缝。

010901004 玻璃钢屋面

项目特征：玻璃钢品种、规格；骨架材料品种、规格；玻璃钢固定方式；接缝、嵌缝材料种类；油漆品种、刷油漆遍数。

计量单位：m^2。

工程量计算规则：按设计图示尺寸以斜面积计算，不扣除屋面积≤0.3m^2孔洞所占面积。

工作内容：骨架制作、运输、安装、刷防护材料、油漆；玻璃钢制作、安装；接缝、嵌缝。

010901005 膜结构屋面

项目特征：膜布品种、规格；支柱（网架）钢材品种、规格；钢丝绳品种、规格；锚固基座做法；油漆品种、刷油漆遍数。

计量单位：m^2。

工程量计算规则：按设计图示尺寸以需要覆盖的水平面积计算。

工作内容：膜布热压胶接；支柱（网架）制作、运输、安装；膜布安装；穿钢丝绳、锚头锚固；刷油漆。

【注】1. 瓦屋面若是在木质基层上铺瓦，项目特征不必描述粘接层砂浆的配合比，瓦屋面铺设防水层，按本附录表J.2屋面防水及其他中项目编码列项。

2. 型材屋面、阳光板屋面、玻璃钢屋面的柱、梁、屋架，按本规范附录表F金属结构工程、本附录G木结构工程中相关编码列项。

（二）J.2屋面防水 010902

010902001 屋面卷材防水

项目特征：卷材品种、规格、厚度；防水层数；防水层做法。

计量单位：m^2。

工程量计算规则：按设计图示尺寸以面积计算。

① 斜屋顶（不包括平屋顶找坡）按斜面积计算，平屋顶按水平投影面积计算；

② 不扣除房上烟囱、风帽底座、风道、屋面小气窗和斜沟等所占面积；

③ 屋面的女儿墙、伸缩缝和天窗等处的弯起部分，并入屋面工程量内。

工作内容：基层处理；刷底油；铺油毡卷材、接缝。

010902002 屋面涂抹防水

项目特征：防水膜品种；涂抹厚度、遍数；增强材料种类。

计量单位：m^2。

工程量计算规则：按设计图示尺寸以面积计算。

① 斜屋顶（不包括平屋顶找坡）按斜面积计算，平屋顶按水平投影面积计算；

② 不扣除房上烟囱、风帽底座、风道、屋面小气窗和斜沟等所占面积；

③ 屋面的女儿墙、伸缩缝和天窗等处的弯起部分，并入屋面工程量内。

工作内容：基层处理；刷基层处理剂；铺布、喷涂防水层。

010902003 屋面刚性防水

项目特征：防水层厚度；混凝土种类；混凝土强度等级；嵌缝材料种类；钢筋规格、型号。

计量单位：m^2。

工程量计算规则：按设计图示尺寸以面积计算。不扣除房上烟囱、风帽底座、风道等所占面积。

工作内容：基层处理；混凝土制作、运输、铺筑、养护、钢筋制安。

010902004 屋面排水管

项目特征：排水管品种、规格；雨水斗、山墙出水口的品种、规格；接缝、嵌缝材料种类；油漆品种、刷油漆遍数。

计量单位：m。

工程量计算规则：按设计图示尺寸以长度计算。如设计未标注尺寸，以檐口至设计室外散水上表面垂直距离计算。

工作内容：排水管及配件安装、固定；雨水斗、山墙出水口、雨水箅子安装；接缝、嵌缝；刷漆。

010902005 屋面排（透）气管

项目特征：排（透）气管品种、规格；接缝、嵌缝材料种类；油漆品种、刷油漆遍数。

计量单位：m。

工程量计算规则：按设计图示尺寸以长度计算。

工作内容：排（透）气管及配件安装、固定；铁件制作、安装；接缝、嵌缝；刷漆。

010902006 屋面（廊、阳台）泄（吐）水管

项目特征：吐水管品种、规格；接缝、嵌缝材料种类；吐水管长度；油漆品种、刷油漆遍数。

计量单位：根（个）。

工程量计算规则：按设计图示数量计算。

工作内容：水管及配件安装、固定；接缝、嵌缝；刷漆。

010902007 屋面天沟、檐沟

项目特征：材料品种、规格；接缝、嵌缝材料种类。

计量单位：m^2

工程量计算规则：按设计图示尺寸以展开面积计算。

工作内容：天沟材料铺设；天沟配件安装；接缝、嵌缝；刷防护材料。

010902008 屋面变形缝

项目特征：嵌缝材料种类；止水带材料种类；盖板材料；防护材料种类。

计量单位：m。

工程量计算规则：按设计图示尺寸以长度计算。

工作内容：清缝；填塞防水材料；止水带安装；盖板制作、安装；刷防护材料。

【注】1. 屋面刚性层无钢筋，其钢筋项目特征不必描述。

2. 屋面找平层按本规范附录L楼地面装饰工程“平面砂浆找平层”项目特征列项。

3. 屋面防水搭接及附加层用量不另行计算，在综合单价中考虑。

4. 屋面保温找平层按本规范附录K保温、隔热、防腐工程“保温隔热屋面”项目特征列项。

（三）J.3 墙面防水、防潮 010903

010903001 墙面卷材防水

项目特征：卷材品种、规格、厚度；防水层数；防水做法。

计量单位：m^2。

工程量计算规则：按设计图示尺寸以面积计算。

工作内容：基层处理；刷黏结剂；铺防水卷材；接缝、嵌缝。

010903002 墙面涂膜防水

项目特征：防水膜品种；涂膜厚度、遍数；增强材料种类。

计量单位：m^2。

工程量计算规则：按设计图示尺寸以面积计算。

工作内容：基层处理；刷基层处理剂；铺布、喷涂防水层。

010903003 墙面砂浆防水（防潮）

项目特征：防水层做法；砂浆厚度、配合比；钢丝网规格。

计量单位：m^2。

工程量计算规则：按设计图示尺寸以面积计算。

工作内容：基层处理；挂钢丝网片；设置分格缝；砂浆制作、运输、摊铺、养护。

010903004 墙面变形缝

项目特征：嵌缝材料种类；止水带材料种类；盖板材料；防护材料种类。

计量单位：m。

工程量计算规则：按设计图示尺寸以长度计算。

工作内容：清缝；填塞防水材料；止水带安装；盖板制作、安装；刷防护材料。

【注】1. 墙面防水搭接及附加层用量不另行计算，在综合单价中考虑。

2. 墙面变形缝，若做双面，工程量乘系数2。

3. 墙面找平层按本规范附录M墙、柱面装饰与隔断工程“立面砂浆找平层”项目特征列项。

（四）J.4 楼（地）面防水、防潮 010904

010904001 楼（地）面卷材防水

项目特征：卷材品种、规格、厚度；防水层数；防水做法；反边高度。

计量单位：m^2。

工程量计算规则：按设计图示尺寸以面积计算。

① 楼（地）面防水：按主墙间净空面积计算，扣除凸出地面的构筑物、设备基础等所占面积，不扣除间壁墙及单个面积≤0.3m²的柱、垛、烟囱和空洞等所占面积。

② 楼（地）面防水反边高度≤300mm算作地面防水，反边高度>300mm按墙面防水计算。

工作内容：基层处理；刷黏结剂；铺防水卷材；接缝、嵌缝。

010904002 楼（地）面涂膜防水

项目特征：防水膜品种；涂膜厚度、遍数；增强材料种类；反边高度。

计量单位：m²。

工程量计算规则：按设计图示尺寸以面积计算。

① 楼（地）面防水：按主墙间净空面积计算，扣除凸出地面的构筑物、设备基础等所占面积，不扣除间壁墙及单个面积≤0.3m²的柱、垛、烟囱和空洞等所占面积。

② 楼（地）面防水反边高度≤300mm算作地面防水，反边高度>300mm按墙面防水计算。

工作内容：基层处理；刷基层处理剂；铺布、喷涂防水层。

010904003 楼（地）面砂浆防水（防潮）

项目特征：防水层做法；砂浆厚度、配合比；反边高度。

计量单位：m²。

工程量计算规则：按设计图示尺寸以面积计算。

① 楼（地）面防水：按主墙间净空面积计算，扣除凸出地面的构筑物、设备基础等所占面积，不扣除间壁墙及单个面积≤0.3m²的柱、垛、烟囱和空洞等所占面积。

② 楼（地）面防水反边高度≤300mm算作地面防水，反边高度>300mm按墙面防水计算。

工作内容：基层处理；砂浆制作、运输、摊铺、养护。

010904004 楼（地）面变形缝

项目特征：嵌缝材料种类；止水带材料种类；盖板材料；防护材料种类。

计量单位：m。

工程量计算规则：按设计图示尺寸以长度计算。

工作内容：清缝；填塞防水材料；止水带安装；盖板制作、安装；刷防护材料。

【注】1. 楼（地）面找平层按本规范附录L楼地面装饰工程“平面砂浆找平层”项目特征列项。
2. 楼（地）面防水搭接及附加层用量不另行计算，在综合单价中考虑。

八、附录K防腐、隔热、保温工程

（一）K.1保温、隔热011001

011001001 保温隔热屋面

项目特征：保温隔热面层材料品种、规格、厚度；隔气层材料品种、厚度；粘接材料种类、做法；防护材料种类、做法。

计量单位：m²。

工程量计算规则：按设计图示尺寸以面积计算，扣除面积>0.3m²孔洞及占位面积。

工作内容：基层清理；铺粘接材料；铺粘保温层；铺、刷（喷）防护材料。

011001002 保温隔热天棚

项目特征：保温隔热面层材料品种、规格、性能；保温隔热面层材料品种、规格、厚度；粘接材料种类、做法；防护材料种类、做法。

计量单位：m²。

工程量计算规则：按设计图示尺寸以面积计算。扣除面积>0.3m²上柱、垛、孔洞所占面积，与天棚相连的梁按展开面积，计算并入天棚工程量内。

工作内容：基层清理；铺粘接材料；铺粘保温层；铺、刷（喷）防护材料。

011001003 保温隔热墙面

项目特征：保温隔热部位；保温隔热方式；踢脚线、勒脚线保温做法；龙骨材料品种、规格；保温隔热面层材料品种、规格、性能；保温隔热材料品种、规格及厚度；增强网及抗裂防水砂浆种类；粘接材料种类、做法；防护材料种类、做法。

计量单位：m²。

工程量计算规则：按设计图示尺寸以面积计算。扣除门窗洞口以及面积>0.3m²上梁、孔洞所占面积；门窗洞口侧壁以及与墙相连的柱，并入保温墙体工程量内。

工作内容：基层清理；刷界面剂；安装龙骨；填贴保温材料；保温板安装；粘接面层；铺设增强网、

抹抗裂、防水砂浆面层；嵌缝；铺、刷（喷）防护材料。

011001004 保温隔热柱

项目特征：保温隔热部位；保温隔热方式；踢脚线、勒脚线保温做法；龙骨材料品种、规格；保温隔热面层材料品种、规格、性能；保温隔热材料品种、规格及厚度；增强网及抗裂防水砂浆种类；粘接材料种类、做法；防护材料种类、做法。

计量单位：m^2。

工程量计算规则：按设计图示尺寸以面积计算。①柱按设计图示柱断面保温层中心线展开长度乘以保温层高度以面积计算，扣除面积＞0.3m^2梁所占面积；②梁按设计图示梁断面保温层中心线展开长度乘以保温层高度以面积计算，

工作内容：基层清理；刷界面剂；安装龙骨；填贴保温材料；保温板安装；粘接面层；铺设增强网、抹抗裂、防水砂浆面层；嵌缝；铺、刷（喷）防护材料。

011001005 保温隔热楼地面

项目特征：保温隔热部位；保温隔热材料品种、规格、厚度；隔气层材料品种、厚度；粘接材料种类、做法；防护材料种类、做法。

计量单位：m^2。

工程量计算规则：按设计图示尺寸以面积计算。扣除面积＞0.3m^2柱、垛、孔洞所占面积。门洞、空圈、暖气包槽、壁龛的开口部分不增加面积。

工作内容：基层清理；铺设粘接材料；铺粘保温层；铺、刷（喷）防护材料。

011001006 其他保温隔热

项目特征：保温隔热部位；保温隔热方式；隔气层材料品种、厚度；保温隔热面层材料品种、规格、性能；保温隔热材料品种、规格、厚度；粘接材料种类、做法；增强网及抗裂防水砂浆种类；防护材料种类、做法。

计量单位：m^2。

工程量计算规则：按设计图示尺寸以面积计算。扣除面积＞0.3m^2孔洞及占位面积。

工作内容：基层清理；刷界面剂；安装龙骨；填贴保温材料；保温板安装；粘接面层；铺设增强网、抹抗裂、防水砂浆面层；嵌缝；铺、刷（喷）防护材料。

【注】1. 保温隔热装饰面层按本规范附录L、M、N、P、Q中相关项目编码列项；仅做找平层按本规范附录L楼地面装饰工程“平面砂浆找平层”或附录M墙、柱面装饰与隔断、幕墙工程“立面砂浆找平层”项目特征列项。

2. 柱帽保温隔热应并入天棚保温隔热工程量内。

3. 池槽保温隔热，应按其他保温隔热项目编码列项。

4. 保温隔热方式：指内保温、外保温、夹心保温。

5. 保温柱、梁适用于不与墙、天棚相连的独立柱、梁。

（二）K.2 防腐面层 011002

011002001 防腐混凝土面层

项目特征：防腐部位；面层厚度；混凝土种类；胶泥种类、配合比。

计量单位：m^2。

工程量计算规则：按设计图示尺寸以面积计算。

① 平面防腐：扣除凸出地面的构筑物、设备基础等以及面积＞0.3m^2柱、垛、孔洞所占面积。门洞、空圈、暖气包槽、壁龛的开口部分不增加面积。

② 立面防腐：扣除门、窗、洞口以及面积＞0.3m^2孔洞、梁所占面积。门、窗、洞口侧壁、垛突出部分按展开面积并入墙面积内。

工作内容：基层清理；基层刷稀胶泥；混凝土制作、运输、摊铺、养护。

011002002 防腐砂浆面层

项目特征：防腐部位；面层厚度；砂浆、胶泥种类、配合比。

计量单位：m^2。

工程量计算规则：按设计图示尺寸以面积计算。

① 平面防腐：扣除凸出地面的构筑物、设备基础等以及面积＞0.3m^2柱、垛、孔洞所占面积。门洞、空圈、暖气包槽、壁龛的开口部分不增加面积。

② 立面防腐：扣除门、窗、洞口以及面积＞0.3m^2孔洞、梁所占面积。门、窗、洞口侧壁、垛突出部分按展开面积并入墙面积内。

工作内容：基层清理；基层刷稀胶泥；砂浆制作、运输、摊铺、养护。

011002003 防腐胶泥面层

项目特征：防腐部位；面层厚度；胶泥种类、配合比。

计量单位：m^2。

工程量计算规则：按设计图示尺寸以面积计算。

① 平面防腐：扣除凸出地面的构筑物、设备基础等以及面积>0.3m^2柱、垛、孔洞所占面积。门洞、空圈、暖气包槽、壁龛的开口部分不增加面积。所占面积。

② 立面防腐：扣除门、窗、洞口以及面积>0.3m^2孔洞、梁所占面积。门、窗、洞口侧壁、垛突出部分按展开面积并入墙面积内。

工作内容：基层清理；胶泥调制、摊铺。

011002004 玻璃钢防腐面层

项目特征：防腐部位；玻璃钢种类；贴布材料品种、层数；面层材料品种。

计量单位：m^2。

工程量计算规则：按设计图示尺寸以面积计算。

① 平面防腐：扣除凸出地面的构筑物、设备基础等以及面积>0.3m^2柱、垛、孔洞所占面积。门洞、空圈、暖气包槽、壁龛的开口部分不增加面积。

② 立面防腐：扣除门、窗、洞口以及面积>0.3m^2孔洞、梁所占面积。门、窗、洞口侧壁、垛突出部分按展开面积并入墙面积内。

工作内容：基层清理；刷底漆、刮腻子；胶泥配制、涂刷；贴布、涂刷面层。

011002005 聚氯乙烯板面层

项目特征：防腐部位；面层材料品种、厚度；粘接材料种类。

计量单位：m^2。

工程量计算规则：按设计图示尺寸以面积计算。

① 平面防腐：扣除凸出地面的构筑物、设备基础等以及面积>0.3m^2柱、垛、孔洞所占面积。门洞、空圈、暖气包槽、壁龛的开口部分不增加面积。

② 立面防腐：扣除门、窗、洞口以及面积>0.3m^2孔洞、梁所占面积。门、窗、洞口侧壁、垛突出部分按展开面积并入墙面积内。

工作内容：基层清理；配料、涂胶；聚氯乙烯板铺设。

011002006 块料防腐面层

项目特征：防腐部位；块料品种、规格；粘接材料种类；勾缝材料种类。

计量单位：m^2。

工程量计算规则：按设计图示尺寸以面积计算。

① 平面防腐：扣除凸出地面的构筑物、设备基础等以及面积>0.3m^2柱、垛、孔洞所占面积。门洞、空圈、暖气包槽、壁龛的开口部分不增加面积。

② 立面防腐：扣除门、窗、洞口以及面积>0.3m^2孔洞、梁所占面积。门、窗、洞口侧壁、垛突出部分按展开面积并入墙面积内。

工作内容：基层清理；铺贴块料；胶泥调制、勾缝。

011002007 池、槽块料防腐面层

项目特征：防腐池、槽名称、代号；块料品种、规格；粘接材料种类；勾缝材料种类。

计量单位：m^2。

工程量计算规则：按设计图示尺寸以展开面积计算。

工作内容：基层清理；铺贴块料；胶泥调制、勾缝。

（三）K.3 其他防腐 011003

011003001 隔离层

项目特征：隔离层部位；隔离层材料品种；隔离层做法；粘接材料种类。

计量单位：m^2。

工程量计算规则：按设计图示尺寸以面积计算。

① 平面防腐：扣除凸出地面的构筑物、设备基础等以及面积>0.3m^2柱、垛、孔洞所占面积。门洞、空圈、暖气包槽、壁龛的开口部分不增加面积。

② 立面防腐：扣除门、窗、洞口以及面积>0.3m^2孔洞、梁所占面积。门、窗、洞口侧壁、垛突出部分按展开面积并入墙面积内。

工作内容：基层清理、刷油；煮沥青；胶泥调制；隔离层铺设。

011003002 砌筑沥青浸渍砖

项目特征：砌筑部位；浸渍砖规格；胶泥种类；浸

渍砖砌法。

计量单位：m^3。

工程量计算规则：按设计图示尺寸以体积计算。

工作内容：基层清理；胶泥调制；浸渍砖铺砌。

011003003 防腐涂料

项目特征：涂刷部位；基层材料种类；刮腻子的种类、遍数；涂料品种、刷涂遍数。

计量单位：m^2。

工程量计算规则：按设计图示尺寸以面积计算。

① 平面防腐：扣除凸出地面的构筑物、设备基础等以及面积＞$0.3m^2$柱、垛、孔洞所占面积。门洞、空圈、暖气包槽、壁龛的开口部分不增加面积。

② 立面防腐：扣除门、窗、洞口以及面积＞$0.3m^2$孔洞、梁所占面积。门、窗、洞口侧壁、垛突出部分按展开面积并入墙面积内。

工作内容：基层清理；刮腻子；刷涂料。

【注】浸渍砖砌法指平砌、立砌。

九、附录L 楼地面工程

（一）L.1 整体面层 011101

011101001 水泥砂浆楼地面

项目特征：找平层厚度、砂浆配合比；素水泥浆遍数；面层厚度、砂浆配合比；面层做法要求。

计量单位：m^2。

工程量计算规则：按设计图示尺寸以面积计算。扣除凸出地面的构筑物、设备基础、室内铁道、地沟等所占面积；不扣除隔墙及≤$0.3m^2$柱、垛、附墙烟囱及孔洞所占面积。门洞、空圈、暖气包槽、壁龛的开口部分不增加面积。

工程内容：基层清理；抹找平层；抹面层；材料运输。

011101002 现浇水磨石楼地面

项目特征：找平层厚度、砂浆配合比；面层厚度、水泥石子浆配合比；嵌条材料种类、规格；石子种类、规格、颜色；颜料种类、颜色；图案要求；磨光、酸洗、打蜡要求。

计量单位：m^2。

工程量计算规则：按设计图示尺寸以面积计算。扣除凸出地面的构筑物、设备基础、室内铁道、地沟等所占面积；不扣除隔墙及≤$0.3m^2$柱、垛、附墙烟囱及孔洞所占面积。门洞、空圈、暖气包槽、壁龛的开口部分不增加面积。

工程内容：基层清理；抹找平层；面层铺设；嵌缝条安装；磨光、酸洗、打蜡；材料运输。

011101003 细石混凝土楼地面

项目特征：找平层厚度、砂浆配合比；面层厚度、混凝土强度等级。

计量单位：m^2。

工程量计算规则：按设计图示尺寸以面积计算。扣除凸出地面的构筑物、设备基础、室内铁道、地沟等所占面积；不扣除隔墙及≤$0.3m^2$柱、垛、附墙烟囱及孔洞所占面积。门洞、空圈、暖气包槽、壁龛的开口部分不增加面积。

工程内容：基层清理；抹找平层；面层铺设；材料运输。

011101004 菱苦土楼地面

项目特征：找平层厚度、砂浆配合比；面层厚度；打蜡要求。

计量单位：m^2。

工程量计算规则：按设计图示尺寸以面积计算。扣除凸出地面的构筑物、设备基础、室内铁道、地沟等所占面积；不扣除隔墙及≤$0.3m^2$柱、垛、附墙烟囱及孔洞所占面积。门洞、空圈、暖气包槽、壁龛的开口部分不增加面积。

工程内容：基层清理；抹找平层；面层铺设；打蜡；材料运输。

011101005 自流坪楼地面

项目特征：找平层砂浆配合比、厚度；界面剂材料种类；中层漆材料种类、厚度；面层漆材料种类、厚度；面层厚度。

计量单位：m^2。

工程量计算规则：按设计图示尺寸以面积计算。扣除凸出地面的构筑物、设备基础、室内铁道、地沟等所占面积；不扣除隔墙及≤$0.3m^2$柱、垛、附墙烟囱及孔洞所占面积。门洞、空圈、暖气包槽、壁龛的开口部分不增加面积。

工程内容：基层清理；抹找平层；面层铺设；打蜡；材料运输。

011101006 平面砂浆找平层

项目特征： 找平层厚度、砂浆配合比。

计量单位： m^2。

工程量计算规则： 按设计图示尺寸以面积计算。

【注】1. 水泥砂浆面层处理是拉毛还是提浆压光应在面层做法要求中描述。

2. 平面砂浆找平层只适用于仅做找平层的平面抹灰。

3. 间壁墙指墙厚≤120mm 的墙。

4. 楼地面混凝土垫层另按附录 E.1 垫层项目编码列项，除混凝土外的其他材料垫层按本规范表 D.4 垫层项目编码列项。

（二）L.2 块料面层 011102

011102001 石材楼地面/**011102002** 碎石楼地面

项目特征： 找平层厚度、砂浆配合比；结合层厚度、砂浆配合比；面层材料品种、规格、品牌、颜色；嵌缝材料种类；防护材料种类；酸洗、打蜡要求。

计量单位： m^2。

工程量计算规则： 按设计图示尺寸以面积计算。门洞、空圈、暖气包槽、壁龛的开口部分并入相应的工程量内。

工程内容： 基层清理；抹找平层；面层铺设、磨边；嵌缝；刷防护材料；酸洗、打蜡；材料运输。

011102003 块料楼地面

项目特征： 找平层厚度、砂浆配合比；结合层厚度、砂浆配合比；面层材料品种、规格、品牌、颜色；嵌缝材料种类；防护材料种类；酸洗、打蜡要求。

计量单位： m^2。

工程量计算规则： 按设计图示尺寸以面积计算。门洞、空圈、暖气包槽、壁龛的开口部分并入相应的工程量内。

工程内容： 基层清理；抹找平层；面层铺设、磨边；嵌缝；刷防护材料；酸洗、打蜡；材料运输。

【注】1. 在描述碎石材项目的面层材料特征时可不用描述规格、颜色。

2. 石材、块料与粘接材料的结合面刷防渗材料的种类在防护层材料种类中描述。

3. 本表工作内容中的磨边指施工现场现磨边，后面章节工作内容中涉及的磨边含义同。

（三）L.3 橡塑面层 011103

011103001 橡胶板楼地面/**011103002** 橡胶卷材楼地面/**011103003** 塑料板楼地面/**011103004** 塑料卷材楼地面

项目特征： 粘接层厚度、材料种类；面层材料品种、规格、品牌、颜色；压线条种类。

计量单位： m^2。

工程量计算规则： 按设计图示尺寸以面积计算。门洞、空圈、暖气包槽、壁笼的开口部分面积并入相应的工程量内。

工程内容： 基层清理；面层铺贴；压缝条装钉；材料运输。

【注】本表项目中如涉及找平层，另按附录 L.1 找平层项目编码列项。

（四）L.4 其他材料面层 011104

011104001 楼地面地毯

项目特征： 面层材料品种、规格、品牌、颜色；防护材料种类；粘接材料种类；压线条种类。

计量单位： m^2。

工程量计算规则： 按设计图示尺寸以面积计算。门洞、空圈、暖气包槽、壁笼的开口部分面积并入相应的工程量内。

工程内容： 基层清理；铺贴面层；刷防护材料；装钉压条；材料运输。

011104002 竹、木（复合）地板/**011104003** 金属复合地板

项目特征： 龙骨材料种类、规格、铺设间距；基层材料种类、规格；面层材料品种、规格、品牌、颜色；防护材料种类。

计量单位： m^2。

工程量计算规则： 按设计图示尺寸以面积计算。门洞、空圈、暖气包槽、壁笼的开口部分面积并入相应的工程量内。

工程内容：基层清理；龙骨铺设；基层铺设；面层铺贴；刷防护材料；材料运输。

011104004 防静电活动地板

项目特征：支架高度、材料种类；面层材料品种、规格、品牌、颜色；防护材料种类。

计量单位：m^2。

工程量计算规则：按设计图示尺寸以面积计算。门洞、空圈、暖气包槽、壁笼的开口部分面积并入相应的工程量内。

工程内容：基层清理；固定支架安装；活动面层安装；刷防护材料；材料运输。

（五）L.5 踢脚线 011105

011105001 水泥砂浆踢脚线

项目特征：踢脚线高度；底层厚度、砂浆配合比；面层厚度、砂浆配合比。

计量单位：m^2/m。

工程量计算规则：①以平方米计量，按设计图示长度乘以高度以面积计算；②以米计量，按延长米计算。

工程内容：基层清理；底层和面层抹灰；材料运输。

011105002 石材踢脚线/**011105003** 块料踢脚线

项目特征：踢脚线高度；粘接层厚度、材料种类；面层材料品种、规格、品牌、颜色；防护材料种类。

计量单位：m^2/m。

工程量计算规则：①以平方米计量，按设计图示长度乘以高度以面积计算；②以米计量，按延长米计算。

工程内容：基层清理；底层抹灰；面层铺贴、磨边；擦缝；磨光、酸洗、打蜡；刷防护材料；材料运输。

011105004 塑料板踢脚线

项目特征：踢脚线高度；粘接层厚度、材料种类；面层材料种类、规格、品牌、颜色。

计量单位：m^2/m。

工程量计算规则：①以平方米计量，按设计图示长度乘以高度以面积计算；②以米计量，按延长米计算。

工程内容：基层清理；基层铺贴；面层铺贴；材料运输。

011105005 木质踢脚线/**011105006** 金属踢脚线/**011105007** 防静电踢脚线

项目特征：踢脚线高度；基层材料种类、规格；面层材料种类、规格、颜色。

计量单位：m^2/m。

工程量计算规则：①以平方米计量，按设计图示长度乘以高度以面积计算；②以米计量，按延长米计算。

工程内容：基层清理；基层铺贴；面层铺贴；材料运输。

【注】石材、块料与粘接材料的结合面刷防渗材料的种类在防护层材料种类中描述。

（六）L.6 楼梯装饰 011106

011106001 石材楼梯面层/**011106002** 块料楼梯面层/**011106003** 碎石块料面层

项目特征：找平层厚度、砂浆配合比；粘接层厚度、材料种类；面层材料品种、规格、颜色；防滑条材料种类、规格；勾缝材料种类；防护层材料种类；酸洗、打蜡要求。

计量单位：m^2。

工程量计算规则：按设计图示尺寸以楼梯（包括踏步、休息平台及宽度≤500mm的楼梯井）水平投影面积计算。楼梯与楼地面相连时，算至梯口梁内侧边缘；无梯口梁者，算至最上一层踏步边加300mm。

工作内容：基层清理；抹找平层；面层铺贴、磨边；贴嵌防滑条；勾缝；刷防护材料；酸洗、打蜡；材料运输。

011106004 水泥砂浆楼梯面

项目特征：找平底厚度、砂浆配合比；面层厚度、砂浆配合比；防滑条材料种类、规格。

计量单位：m^2。

工程量计算规则：按设计图示尺寸以楼梯（包括踏步、休息平台及宽度500mm以内的楼梯井）水平投影面积计算。楼梯与楼地面相连时，算至梯口梁内侧边缘；无梯口梁者，算至最上一层踏步边加300mm。

工程内容：基层清理；抹找平层；抹面层；抹防滑条；材料运输；

011106005 现浇水磨石楼梯面

项目特征：找平层厚度、砂浆配合比；面层厚度、水泥石子浆配合比；防滑条材料种类、规格；石子种类、规格、颜色；颜料种类、颜色；磨光、酸洗、打蜡要求。

计量单位：m^2。

工程量计算规则：按设计图示尺寸以楼梯（包括踏步、休息平台及宽度500mm以内的楼梯井）水平投影面积计算。楼梯与楼地面相连时，算至梯口梁内侧边缘；无梯口梁者，算至最上一层踏步边加300mm。

工程内容：基层清理；抹找平层；抹面层；贴嵌防滑条；磨光、酸洗、打蜡；材料运输。

011106006 地毯楼梯面

项目特征：基层种类；面层材料品种、规格、颜色；防护材料种类；粘接材料种类；固定配件材料种类、规格。

计量单位：m^2。

工程量计算规则：按设计图示尺寸以楼梯（包括踏步、休息平台及宽度500mm以内的楼梯井）水平投影面积计算。楼梯与楼地面相连时，算至梯口梁内侧边缘；无梯口梁者，算至最上一层踏步边加300mm。

工程内容：基层清理；铺贴面层；固定配件安装；刷防护材料；材料运输。

011106007 木板楼梯面

项目特征：基层材料种类、规格；面层材料品种、规格、颜色；粘接材料种类；防护材料种类。

计量单位：m^2。

工程量计算规则：按设计图示尺寸以楼梯（包括踏步、休息平台及宽度500mm以内的楼梯井）水平投影面积计算。楼梯与楼地面相连时，算至梯口梁内侧边缘；无梯口梁者，算至最上一层踏步边加300mm。

工程内容：基层清理；基层铺贴；面层铺贴；刷防护材料；材料运输。

011106008 橡胶板楼梯面/**011106009** 塑料板楼梯面

项目特征：粘接材料种类；面层材料品种、规格、颜色；压线条种类。

计量单位：m^2。

工程量计算规则：按设计图示尺寸以楼梯（包括踏步、休息平台及宽度500mm以内的楼梯井）水平投影面积计算。楼梯与楼地面相连时，算至梯口梁内侧边缘；无梯口梁者，算至最上一层踏步边加300mm。

工程内容：基层清理；面层铺贴；压线条装订；材料运输。

【注】1. 在描述碎石材项目的面层材料特征时可不用描述规格、颜色。
2. 石材、块料与粘接材料的结合面刷防渗材料的种类在防护层材料种类中描述。

（七）L.7台阶装饰011107

011107001 石材台阶/**011107002** 块料台阶面/**011107003** 碎石块料台阶面

项目特征：找平层厚度、砂浆配合比；粘接层材料种类；面层材料品种、规格、品牌、颜色；勾缝材料种类；防滑条材料种类、规格；防护材料种类。

计量单位：m^2。

工程量计算规则：按设计图示尺寸以台阶（包括最上层踏步边沿加300mm）水平投影面积计算。

工程内容：基层清理；抹找平层；面层铺贴；贴嵌防滑条；勾缝；刷防护材料；材料运输。

011107004 水泥砂浆台阶面

项目特征：找平层厚度、砂浆配合比；面层厚度，砂浆配合比；防滑条材料种类。

计量单位：m^2。

工程量计算规则：按设计图示尺寸以台阶（包括最上层踏步边沿加300mm）水平投影面积计算。

工程内容：基层清理；抹找平层；抹面层；抹防滑条；材料运输。

011107005 现浇水磨石台阶面

项目特征：找平层厚度、砂浆配合比；面层厚度、水泥石子浆配合比；防滑条材料种类、规格；石子种类、规格、颜色；颜料种类、颜色；磨光、酸洗、打蜡要求。

计量单位：m^2。

工程量计算规则：按设计图示以尺寸台阶（包括最上层踏步边沿加300mm）水平投影面积计算。

工程内容：清理基层；抹找平层；抹面层；贴嵌防滑条；打磨、酸洗、打蜡；材料运输。

011107006 剁假石台阶面

项目特征：找平层厚度、砂浆配合比；面层厚度、砂浆配合比；剁假石要求。

计量单位：m^2。

工程量计算规则：按设计图示尺寸以台阶（包括最上层踏步边沿加300mm）水平投影面积计算。

工程内容：清理基层；抹找平层；抹面层；剁假石；材料运输。

【注】1. 在描述碎石材项目的面层材料特征时可不用描述规格、颜色。

2. 石材、块料与粘接材料的结合面刷防渗材料的种类在防护层材料种类中描述。

（八）L.8 零星装饰项目 011108

011108001 石材零星项目/**011108002** 碎拼石材零星项目/**011108003** 块料零星项目

项目特征：工程部位；找平层厚度、砂浆配合比；粘接层厚度、材料种类；面层材料品种、规格、颜色；勾缝材料种类；防护材料种类；酸洗、打蜡要求。

计量单位：m^2。

工程量计算规则：按设计图示尺寸以面积计算。

工程内容：清理基层；抹找平层；面层铺贴、磨边；勾缝；刷防护材料；酸洗、打蜡；材料运输。

011108004 水泥砂浆零星项目

项目特征：工程部位；找平层厚度、砂浆配合比；面层厚度、砂浆配合比。

计量单位：m^2。

工程量计算规则：按设计图示尺寸以面积计算。

工程内容：清理基层；抹找平层；抹面层；材料运输。

【注】1. 楼梯、台阶牵边和侧边镶嵌贴块料面层，$\leqslant 0.5m^2$的少数分散的楼地面镶嵌贴块料面层，应按本表执行。

2. 石材、块料与粘接材料的结合面刷防渗材料的种类在防护层材料种类中描述。

十、附录M墙、柱面工程

（一）M.1 墙面抹灰 011201

011201001 墙面一般抹灰/**011201002** 墙面装饰抹灰

项目特征：墙体类型；底层厚度、砂浆配合比；面层厚度、砂浆配合比；装饰面材料种类；分格缝宽度、材料种类。

计量单位：m^2。

工程量计算规则：按设计图示尺寸以面积计算。扣除墙裙、门窗洞口及单个$>0.3m^2$的孔洞面积；不扣除踢脚板、挂镜线和墙与构件交换处的面积；门窗洞口和孔洞侧壁及顶面不增加面积。附墙柱、梁、垛、烟囱侧壁面积并入相应的墙面面积内。

① 外墙面抹灰面积按外墙面的垂直投影面积计算。

② 外墙裙抹灰面积按其长度乘以高度计算。

③ 内墙面抹灰面积按内墙的净长乘以高度计算。无墙裙的，高度按室内楼地面至天棚底面计算；有墙裙的，高度按墙裙顶至天棚底面计算；有吊顶天棚抹灰，高度算至天棚底。

④ 内墙裙抹灰面积按内墙净长乘以高度计算。

工程内容：基层清理；砂浆制作、运输；底层抹灰；抹面层；抹装饰面；勾分格缝。

011201003 墙面勾缝

项目特征：勾缝形式；勾缝材料种类。

计量单位：m^2。

工程量计算规则：按设计图示尺寸以面积计算。扣除墙裙、门窗洞口及单个面积$>0.3m^2$的孔洞面积；不扣除踢脚板、挂镜线和墙与构件交换处的面积；门窗洞口和孔洞侧壁及顶面不增加面积。附墙柱、梁、垛、烟囱侧壁面积并入相应的墙面面积内。

① 外墙面抹灰面积按外墙面的垂直投影面积计算。

② 外墙裙抹灰面积按其长度乘以高度计算。

③ 内墙面抹灰面积按内墙的净长乘以高度计算。无墙裙的，高度按室内楼地面至天棚底面计算；有墙裙的，高度按墙裙顶至天棚底面计算；有吊顶天棚抹灰，高度算至天棚底。

④ 内墙裙抹灰面积按内墙净长乘以高度计算。

工程内容：基层清理；砂浆制作、运输；勾缝。

011201004 立面砂浆找平层

项目特征：基层类型；找平层厚度、砂浆配合比。

计量单位：m^2。

工程量计算规则：按设计图示尺寸以面积计算。扣除墙裙、门窗洞口及单个面积>0.3m²的孔洞面积；不扣除踢脚板、挂镜线和墙与构件交换处的面积；门窗洞口和孔洞侧壁及顶面不增加面积。附墙柱、梁、垛、烟囱侧壁面积并入相应的墙面面积内。

① 外墙面抹灰面积按外墙面的垂直投影面积计算。

② 外墙裙抹灰面积按其长度乘以高度计算。

③ 内墙面抹灰面积按内墙的净长乘以高度计算。无墙裙的，高度按室内楼地面至天棚底面计算；有墙裙的，高度按墙裙顶至天棚底面计算；有吊顶天棚抹灰，高度算至天棚底。

④ 内墙裙抹灰面积按内墙净长乘以高度计算。

工程内容：基层清理；砂浆制作、运输；抹找平层。

【注】1. 立面砂浆找平项目适用于仅做平面的立面抹灰。

2. 墙面抹石灰砂浆、水泥砂浆、水泥混合砂浆、聚合物水泥砂浆、麻刀石灰、石膏灰等应按本表中墙面一般抹灰列项；墙面水刷石、斩假石、干粘石、假面砖等应按本表中装饰抹灰列项。

（二）M.2 柱面抹灰 011202

011202001 柱、梁面一般抹灰/**011202002** 柱、梁面装饰抹灰

项目特征：柱（梁）体类型；底层厚度、砂浆配合比；面层厚度、砂浆配合比；装饰材料种类；分格缝宽度、材料种类。

计量单位：m²。

工程量计算规则：①柱面抹灰，按设计图示柱断面周长乘以高度以面积计算；②梁面抹灰，按设计图示柱梁面周长乘以高度以面积计算。

工程内容：基层清理；砂浆制作、运输；底层抹灰；抹面层；勾分格缝。

011202003 柱、梁砂浆找平

项目特征：柱（梁）体类型；找平的厚度、砂浆配合比。

计量单位：m²。

工程量计算规则：①柱面抹灰，按设计图示柱断面周长乘以高度以面积计算；②梁面抹灰，按设计图示柱梁面周长乘以高度以面积计算。

工程内容：基层清理；砂浆制作、运输；抹灰找平。

011202004 柱面勾缝

项目特征：勾缝形式；勾缝材料种类。

计量单位：m²。

工程量计算规则：按设计图示柱断面周长乘以高度以面积计算。

工程内容：基层清理，砂浆制作、运输，勾缝。

【注】1. 砂浆找平项目适用于仅做平层的柱（梁）面抹灰。

2. 柱（梁）面抹石灰砂浆、水泥砂浆、水泥混合砂浆、聚合物水泥砂浆、麻刀石灰、石膏灰等应按本表中柱（梁）面一般抹灰列项；柱（梁）面水刷石、斩假石、干粘石、假面砖等应按本表中柱（梁）面装饰抹灰项目特征列项。

（三）M.3 零星抹灰 011203

011203001 零星项目一般抹灰/**011203002** 零星项目装饰抹灰

项目特征：基层类型、部位；底层厚度、砂浆配合比；面层厚度、砂浆配合比；装饰面材料种类；分格缝宽度、材料种类。

计量单位：m²。

工程量计算规则：按设计图示尺寸以面积计算。

工程内容：基层清理；砂浆制作、运输；底层抹灰；抹面层，抹装饰面；勾分格缝。

011203003 零星项目砂浆找平

项目特征：基层类型、部位；找平的厚度、砂浆配合比。

计量单位：m²。

工程量计算规则：按设计图示尺寸以面积计算。

工程内容：基层清理；砂浆制作、运输；抹灰找平。

【注】1. 零星项目抹石灰砂浆、水泥砂浆、水泥混合砂浆、聚合物水泥砂浆、麻刀石灰、石膏灰等应按本表中零星项目一般抹灰列项；零星项目水刷石、斩假石、干粘石、假面砖等应按本表中零星项目装饰抹灰项目特征列项。

2. 墙、柱（梁）面≤0.5m²的少数分散的抹灰按本表中零星抹灰项目编码列项。

（四）M.4 墙面镶贴块料 011204

011204001 石材墙面/**011204002** 拼碎石材墙面/**011204003** 块料墙面

项目特征： 墙体类型；安装方式；面层材料品种、规格、颜色；缝宽、嵌缝材料种类；防护材料种类；磨光、酸洗、打蜡要求。

计量单位： m^2。

工程量计算规则： 按镶贴表面积计算。

工程内容： 基层清理；砂浆制作、运输；粘接层铺贴；面层安装；嵌缝；刷防护材料；磨光、酸洗、打蜡。

011204004 干挂石材钢骨架

项目特征： 骨架种类、规格；防锈漆品种遍数。

计量单位： t。

工程量计算规则： 按设计图示尺寸以质量计算。

工程内容： 骨架制作、运输、安装，刷漆。

【注】1. 在描述碎块项目的面层材料特征时可不用描述规格、颜色。

2. 石材、块料与粘接材料的结合面刷防渗材料的种类在防护层材料种类中描述。

3. 安装方式可描述为砂浆或黏结剂粘贴、挂贴、干挂等，不论哪种安装方式，都要详细描述与组价相关内容。

（五）M.5 柱（梁）面镶贴块料 011205

011205001 石材柱面 / **011205002** 块料柱面 / **011205003** 拼碎石材柱面

项目特征： 柱截面类型、尺寸；安装方式；面层材料品种、规格、颜色；缝宽、嵌缝材料种类；防护材料种类；磨光、酸洗、打蜡要求。

计量单位： m^2。

工程量计算规则： 按镶贴表面积计算。

工程内容： 基层清理；砂浆制作、运输；粘接层铺贴；面层安装；嵌缝；刷防护材料；磨光、酸洗、打蜡。

011205004 石材梁面/**011205005** 块料梁面

项目特征： 安装方式；面层材料品种、规格、颜色；缝宽、嵌缝材料种类；防护材料种类；磨光、酸洗、打蜡要求。

计量单位： m^2。

工程量计算规则： 按镶贴表面积计算。

工程内容： 基层清理；砂浆制作、运输；粘接层铺贴；面层安装；嵌缝；刷防护材料；磨光、酸洗、打蜡。

【注】1. 在描述碎块项目的面层材料特征时可不用描述规格、颜色。

2. 石材、块料与粘接材料的结合面刷防渗材料的种类在防护层材料种类中描述。

3. 柱梁面干挂石材的钢骨架按表 M.4 相应项目编码列项。

（六）M.6 零星镶贴块料 011206

011206001 石材零星项目/**011206002** 块料石材零星项目/**011206003** 拼碎零星项目

项目特征： 基层类型、部位；安装方式；面层材料品种、规格、颜色；缝宽、嵌缝材料种类；防护材料种类；磨光、酸洗、打蜡要求。

计量单位： m^2。

工程量计算规则： 按镶贴表面积计算。

工程内容： 基层清理；砂浆制作、运输；面层安装；嵌缝；刷防护材料；磨光、酸洗、打蜡。

【注】1. 在描述碎块项目的面层材料特征时可不用描述规格、颜色。

2. 石材、块料与粘接材料的结合面刷防渗材料的种类在防护层材料种类中描述。

3. 零星项目干挂石材的钢骨架按表 M.4 相应项目编码列项。

4. 墙柱面$\leqslant 0.5m^2$的少数分散的镶嵌块料面层按本表中零星项目编码列项。

（七）M.7 墙饰面 011207

011207001 装饰板墙面

项目特征： 龙骨材料种类、规格、中距；隔离层材料种类、规格；基层材料种类、规格；面层材料品种、规格、颜色；压条材料种类、规格。

计量单位：m^2。

工程量计算规则：按设计图示墙净长乘以墙净高以面积计算。扣除门窗洞口及单个＞0.3m^2的孔洞所占面积。

工程内容：基层清理；龙骨制作、运输、安装；钉隔离层；基层铺钉；面层铺贴。

011207002 墙面装饰浮雕

项目特征：基层材料种类、规格；浮雕材料种类；浮雕样式。

计量单位：m^2。

工程量计算规则：按设计图示尺寸以面积计算。

工程内容：基层清理；材料制作、运输；安装成型。

（八）M.8 柱（梁）饰面 011208

011208001 柱（梁）面装饰

项目特征：龙骨材料种类、规格、中距；隔离层材料种类、规格；基层材料种类、规格；面层材料品种、规格、品牌、颜色；压条材料种类、规格。

计量单位：m^2。

工程量计算规则：按设计图示饰面外围尺寸以面积计算。柱帽、柱墩的饰面面积并入相应柱饰面面积之内。

工程内容：基层清理；龙骨制作、运输、安装；钉隔离层；基层铺钉；面层铺贴。

011208002 成品装饰柱

项目特征：柱截面、高度尺寸；柱材质。

计量单位：根/m。

工程量计算规则：①以根计量，按设计数量计算；②按米计量，按设计程度计算。

工程内容：柱运输、固定、安装。

（九）M.9 幕墙 011209

011209001 带骨架幕墙

项目特征：骨架材料种类、规格、中距；面层材料品种、规格、颜色；面层固定方式；隔离带、框边封闭材料品种、规格；嵌缝、塞口材料种类。

计量单位：m^2。

工程量计算规则：按设计图示框外围尺寸以面积计算。与幕墙同种材质的窗所占面积不扣除。

工程内容：骨架制作、运输、安装；面层安装；隔离带、框边封闭；嵌缝、塞口；清洗。

011209002 全玻（无框玻璃）幕墙

项目特征：玻璃品种、规格、颜色；粘接塞口材料种类；固定方式。

计量单位：m^2。

工程量计算规则：按设计图示尺寸以面积计算。带肋全玻幕墙按展开面积计算。

工程内容：幕墙安装；嵌缝、塞口；清洗。

【注】幕墙钢骨架按表 M.4 干挂石材骨架编码列项。

（十）M.10 隔断 011210

011210001 隔断

项目特征：骨架、边框材料种类、规格；隔板材料品种、规格、颜色；嵌缝、塞口材料品种；压条材料种类。

计量单位：m^2。

工程量计算规则：按设计图示框外围尺寸以面积计算。不扣除单个面积≤0.3m^2的孔洞所占面积；浴厕门的材质与隔断相同时，门的面积并入隔断面积内。

工程内容：骨架及边框制作、运输、安装；隔板制作、运输、安装；嵌缝、塞口；装钉压条。

011210002 金属隔断

项目特征：骨架、边框材料种类、规格；隔板材料品种、规格、颜色；嵌缝、塞口材料品种。

计量单位：m^2。

工程量计算规则：按设计图示框外围尺寸以面积计算。不扣除单个面积≤0.3m^2的孔洞所占面积；浴厕门的材质与隔断相同时，门的面积并入隔断面积内。

工程内容：骨架及边框制作、运输、安装；隔板制作、运输、安装；嵌缝、塞口。

011210003 玻璃隔断

项目特征：边框材料种类、规格；玻璃品种、规格、颜色；嵌缝、塞口材料品种。

计量单位：m^2。

工程量计算规则：按设计图示框外围尺寸以面积计算。不扣除单个面积≤0.3m^2的孔洞所占面积。

工程内容：边框制作、运输、安装；玻璃制作、运输、安装；嵌缝、塞口。

011210004 塑料隔断

项目特征：边框材料种类、规格；隔板材料品种、规格、颜色；嵌缝、塞口材料品种。

计量单位：m^2。

工程量计算规则：按设计图示框外围尺寸以面积计算。不扣除单个面积≤0.3m^2的孔洞所占面积。

工程内容：骨架及边框制作、运输、安装；隔板制作、运输、安装；嵌缝、塞口。

011210005 成品隔断

项目特征：隔板材料品种、规格、颜色；配件品种、规格。

计量单位：m^2/间。

工程量计算规则：①以平方米计量，按设计图示框外围尺寸以面积计算；②以间计量，按设计间的数量计算。

工程内容：隔板制作、运输、安装；嵌缝、塞口。

011210006 其他隔断

项目特征：骨架、边框材料种类、规格；隔板材料品种、规格、颜色；嵌缝、塞口材料品种。

计量单位：m^2。

工程量计算规则：按设计图示框外围尺寸以面积计算。不扣除单个面积≤0.3m^2的孔洞所占面积。

工程内容：骨架及边框制作、运输、安装；隔板安装；嵌缝、塞口。

十一、附录N天棚工程

（一）N.1天棚抹灰011301

011301001 天棚抹灰

项目特征：基层类型；抹灰厚度、材料种类；砂浆配合比。

计量单位：m^2。

工程量计算规则：按设计图示尺寸以水平投影面积计算。不扣除隔墙、垛、柱、附墙烟囱、检查口和管道所占的面积，带梁天棚、梁两侧抹灰面积并入天棚面积内，板式楼梯底面抹灰工程量，按楼梯底面的斜面积计算，锯齿形楼梯底面抹灰工程量，按楼梯底面的展开面积计算。

工程内容：基层清理；底层抹灰；抹面层。

（二）N.2天棚吊顶011302

011302001 天棚吊顶

项目特征：吊顶形式吊杆规格、高度；龙骨类型、材料种类、规格、中距；基层材料种类、规格；面层材料品种、规格；压条材料种类、规格；嵌缝材料种类；防护材料种类。

计量单位：m^2。

工程量计算规则：按设计图示尺寸以水平投影面积计算。天棚吊顶面积中的灯槽及跌级、锯齿形、吊挂式、藻井式天棚面积不展开计算。不扣除间壁墙、检查口、附墙烟囱、柱垛和管道所占面积，应扣除单个面积＞0.3m^2的孔洞、独立柱及与天棚相连的窗帘盒所占的面积。

工程内容：基层清理、吊杆安装；龙骨安装；基层板铺贴；面层铺贴；嵌缝；刷防护材料。

011302002 格栅吊顶

项目特征：龙骨材料种类、规格、中距；基层材料种类、规格；面层材料品种、规格、颜色；防护材料种类。

计量单位：m^2。

工程量计算规则：按设计图示尺寸以水平投影面积计算。

工程内容：基层清理；安装龙骨；基层板铺贴；面层铺贴；刷防护材料。

011302003 吊筒吊顶

项目特征：吊筒形状、规格；吊筒材料种类；防护材料种类。

计量单位：m^2。

工程量计算规则：按设计图示尺寸以水平投影面积

计算。

工程内容：基层清理；吊筒安装；刷防护材料。

011302004 藤条造型悬挂吊顶/**011302005** 织物软雕吊顶

项目特征：骨架材料种类、规格；面层材料品种、规格。

计量单位：m^2。

工程量计算规则：按设计图示尺寸以水平投影面积计算。

工程内容：基层清理；龙骨安装；铺贴面层。

011302006 装饰网架吊顶

项目特征：网架材料品种、规格。

计量单位：m^2。

工程量计算规则：按设计图示尺寸以水平投影面积计算。

工程内容：基层清理；网架制作、安装。

（三）N.3 采光天棚 011303

011303001 采光天棚

项目特征：骨架类型；固定类型、固定材料品种、规格；面层材料品种、规格；嵌缝、塞口材料种类。

计量单位：m^2。

工程量计算规则：按框外围展开面积计算。

工程内容：基层清理；面层制安；嵌缝、塞口、清洗。

【注】采光天棚骨架不包括在本节中，应单独按本规范附录F相关项目编码列项。

（四）N.4 天棚其他装饰 011304

011304001 灯带（槽）

项目特征：灯带形式、尺寸；格栅片材料品种、规格；安装固定方式。

计量单位：m^2。

工程量计算规则：按设计图示尺寸以框外围面积计算。

工程内容：安装、固定。

011304002 送风口、回风口

项目特征：风口材料品种、规格；安装固定方式；防护材料种类。

计量单位：个。

工程量计算规则：按设计图示数量计算。

工程内容：安装、固定；刷防护材料。

十二、附录P油漆、涂料、裱糊工程

（一）P.1门油漆 011401

011401001 木门油漆

项目特征：门类型；门代号及洞口尺寸；腻子种类；刮腻子遍数；防护材料种类；油漆品种、刷漆遍数。

计量单位：樘/m^2。

工程量计算规则：①以樘计量，按设计图示数量计量；②以平方米计量，按设计图示洞口尺寸以面积计算。

工程内容：基层清理；刮腻子；刷防护材料、油漆。

011401002 金属门油漆

项目特征：门类型；门代号及洞口尺寸；腻子种类；刮腻子遍数；防护材料种类；油漆品种、刷漆遍数。

计量单位：樘/m^2。

工程量计算规则：①以樘计量，按设计图示数量计量；②以平方米计量，按设计图示洞口尺寸以面积计算。

工程内容：除锈、基层清理；刮腻子；刷防护材料、油漆。

【注】1. 门油漆应区别木大门、单层木门、双层（一玻一纱）木门、双层（单裁口）木门、全玻自由门、半玻自由门、装饰门及有框门或无框门等，分别编码列项。

2. 金属门油漆应区分平开门、推拉门、钢质防火门等项目，分别编码列项。

3. 以平方米计量，项目特征可不必描述洞口尺寸。

（二）P.2 窗油漆 011402

011402001 木窗油漆

项目特征：窗类型；窗代号及洞口尺寸；腻子种类；刮腻子遍数；防护材料种类；油漆品种、刷漆遍数。

计量单位：樘/m^2。

工程量计算规则：①以樘计量，按设计图示数量计量；②以平方米计量，按设计图示洞口尺寸以面积计算。

工程内容：基层清理；刮腻子；刷防护材料、油漆。

011402002 金属窗油漆

项目特征：窗类型；窗代号及洞口尺寸；腻子种类；刮腻子遍数；防护材料种类；油漆品种、刷漆遍数。

计量单位：樘/m^2。

工程量计算规则：①以樘计量，按设计图示数量计量；②以平方米计量，按设计图示洞口尺寸以面积计算。

工程内容：除锈、基层清理；刮腻子；刷防护材料、油漆。

【注】1. 窗油漆应区别单层玻璃窗、双层（一玻一纱）木窗、双层框扇（单裁口）木窗、双层框三层（二玻一纱）木窗、单层组合窗、双层组合窗、木百叶窗、木推拉窗等项目，分别编码列项。

2. 金属窗油漆应区分平开窗、推拉窗、固定窗、组合窗、金属格栅窗等项目，分别编码列项。

3. 以平方米计量，项目特征可不必描述洞口尺寸。

（三）P.3 木扶手及其他板条线条油漆 011403

011403001 木扶手油漆/**011403002** 窗帘盒油漆/**011403003** 封檐板、顺水板油漆/**011403004** 挂衣板、黑板框油漆/**011403005** 挂镜线、窗帘棍、单独木线油漆

项目特征：断面尺寸；腻子种类；刮腻子遍数；防护材料种类；油漆品种、刷漆遍数。

计量单位：m。

工程量计算规则：按设计图示尺寸以长度计算。

工程内容：基层清理；刮腻子；刷防护材料、油漆。

【注】木扶手应区别带托板与不带托板，分别编码列项，若是木栏杆带扶手，木扶手不应单独列项，应包含在木栏杆油漆中。

（四）P.4 木材面油漆 011404

011404001 木护墙、木墙裙/**011404002** 窗台板、筒子板、盖板、门窗套、踢脚线油漆/**011404003** 清水板条天棚、檐口油漆/**011404004** 木方格吊顶天棚油漆/**011404005** 吸声板墙面、天棚面油漆/**011404006** 暖气罩油漆/**011404007** 其他木材面

项目特征：腻子种类；刮腻子遍数；防护材料种类；油漆品种、刷浆遍数。

计量单位：m^2。

工程量计算规则：按设计图示尺寸以面积计算。

工程内容：基层清理；刮腻子；刷防护材料、油漆。

011404008 木间壁、木隔断油漆/**011404009** 玻璃间壁露明墙筋油漆/**011404010** 木栅栏、木栏杆（带扶手）油漆

项目特征：腻子种类；刮腻子遍数；防护材料种类；油漆品种、刷浆遍数。

计量单位：m^2。

工程量计算规则：按设计图示尺寸以单面外围面积计算。

工程内容：基层清理；刮腻子；刷防护材料、油漆。

011404011 衣柜、壁柜油漆/**011404012** 梁柱饰面油漆/**011404013** 零星木装修油漆

项目特征：腻子种类；刮腻子遍数；防护材料种类；油漆品种、刷浆遍数。

计量单位：m^2。

工程量计算规则：按设计图示尺寸以油漆部分展开面积计算。

工程内容：基层清理；刮腻子；刷防护材料、油漆。

011404014 木地板油漆

项目特征：腻子种类；刮腻子遍数；防护材料种类；油漆品种、刷浆遍数。

计量单位：m^2。

工程量计算规则：按设计图示尺寸以面积计算。空洞、空圈、暖气包槽、壁完的开口部分面积并入相应工程量内。

工程内容：基层清理；刮腻子；刷防护材料、油漆。

011404015 土地板烫硬蜡面

项目特征：硬蜡品种；面层处理要求。

计量单位：m^2。

工程量计算规则：按设计图示尺寸以面积计算。空洞、空圈、暖气包槽、壁完的开口部分面积并入相应工程量内。

工程内容：基层清理；烫蜡。

（五）P.5 金属面油漆 011405

011405001 金属面油漆

项目特征：构件名称；腻子种类；刮腻子遍数；防护材料种类；油漆品种、刷浆遍数。

计量单位：t。

工程量计算规则：按设计图示尺寸以质量计算。

工程内容：基层清理；刮腻子；刷防护材料、油漆。

（六）P.6 抹灰面油漆 011406

011406001 抹灰面油漆

项目特征：基层类型；腻子种类；刮腻子遍数；防护材料种类；油漆品种、刷浆遍数；部位。

计量单位：m^2。

工程量计算规则：按设计图示尺寸以面积计算。

工程内容：基层清理；刮腻子；刷防护材料、油漆。

011406002 抹灰线条油漆

项目特征：线条宽度、道数；腻子种类；刮腻子遍数；防护材料种类；油漆品种、刷浆遍数。

计量单位：m。

工程量计算规则：按设计图示尺寸以长度计算。

工程内容：基层清理；刮腻子；刷防护材料、油漆。

011406003 满刮腻子

项目特征：基层类型；腻子种类；刮腻子遍数。

计量单位：m^2。

工程量计算规则：按设计图示尺寸以面积计算。

工程内容：基层清理；刮腻子。

（七）P.7 喷刷涂料 011407

011407001 墙面刷喷涂料/**011407002** 天棚刷、喷涂料

项目特征：基层类型；刷、喷涂料部位；腻子种类；线条宽度；刮腻子遍数；涂料品种、刷喷遍数。

计量单位：m^2。

工程量计算规则：按设计图示尺寸以面积计算。

工程内容：基层清理；刮腻子；刷喷涂料。

011407003 空花格、栏杆刷涂料

项目特征：腻子种类；线条宽度；刮腻子遍数；涂料品种、刷喷遍数。

计量单位：m^2。

工程量计算规则：按设计图示尺寸以单面外围面积计算。

工程内容：基层清理；刮腻子；刷、喷涂料。

011407004 线条刷涂料

项目特征：基层清理；线条宽度；刮腻子遍数；刷防护材料、油漆。

计量单位：m。

工程量计算规则：按设计图示尺寸以长度计算。

工程内容：基层清理；刮腻子；刷、喷涂料。

011407005 金属构件刷防火涂料

项目特征：喷刷防火涂料构件名称，防火等级要求；涂料品种、刷喷遍数。

计量单位：m^2/t。

工程量计算规则：①以平方米计量，按设计展开面积计算；②以吨计量，按设计图示尺寸以质量计算。

工程内容：基层清理；刷防护材料、油漆。

011407006 木材构件刷防火涂料

项目特征：喷刷防火涂料构件名称，防火等级要求；涂料品种、刷喷遍数。

【注】喷刷墙面涂料部位要注明内墙或外墙。

计量单位：m^2。

工程量计算规则：以平方米计量，按设计图示尺寸以面积计算。

工程内容：基层清理；刷防火材料。

（八）P.8 裱糊 011408

011408001 墙纸裱糊/**011408002** 织锦缎裱糊

项目特征：基层类型；裱糊部位；腻子种类；刮腻子遍数；粘接材料种类；防护材料种类；面层材料品种、规格、颜色。

计量单位：m^2。

工程量计算规则：按设计图示尺寸以面积计算。

工程内容：基层清理；刮腻子；面层铺贴；刷防护材料。

十三、附录 Q 其他工程

（一）Q.1 柜类、货架 011501

011501001 柜台/**011501002** 酒柜/**011501003** 衣柜/**011501004** 存包柜/**011501005** 鞋柜/**011501006** 书柜/**011501007** 厨房壁柜/**011501008** 木壁柜/**011501009** 厨房低柜/**011501010** 厨房吊柜/**011501011** 矮柜/**011501012** 吧台背柜/**011501013** 酒吧吊柜/**011501014** 酒吧台/**011501015** 展台/**011501016** 收银台/**011501017** 试衣间/**011501018** 货架/**011501019** 书架/**011501020** 服务台

项目特征：台柜规格、材料种类、规格；五金种类、规格；防护材料种类；油漆品种、刷漆遍数。

计量单位：个/m/m^3。

工程量计算规则：①以个计量，按设计图示数量计算；②以米计量，按设计图示尺寸以延长米计算；③以立方米计量，按设计图示尺寸以体积计算。

工程内容：台柜制作、运输、安装（安放）；刷防护材料、油漆；五金件安装。

（二）Q.2 压条、装饰线 011502

011502001 金属装饰线/**011502002** 木质装饰线/**011502003** 石材装饰线/**011502004** 石膏装饰线/**011502005** 镜面玻璃线/**011502006** 铝塑装饰线/**011502007** 塑料装饰线

项目特征：基层类型；线条材料品种、规格、颜色；防护材料种类。

计量单位：m。

工程量计算规则：按设计图示尺寸以长度计算。

工程内容：线条制作、安装，刷防护材料。

011502008 GRC 装饰线条

项目特征：基层类型；线条规格；线条安装部位；填充材料种类。

计量单位：m。

工程量计算规则：按设计图示尺寸以长度计算。

工程内容：线条制作安装。

（三）Q.3 扶手、栏杆、栏板装饰 011503

011503001 金属扶手带栏杆、栏板/**011503002** 硬木扶手带栏杆、栏板/**011503003** 塑料扶手带栏杆、栏板

项目特征：扶手材料种类、规格；栏杆材料种类、规格；栏板材料种类、规格、颜色；固定配件种类；防护材料种类。

计量单位：m。

工程量计算规则：按设计图示尺寸以扶手中心线（包括弯头长度）计算。

工程内容：制作；运输；安装；刷防护材料。

011503004 GRC 栏杆、扶手

项目特征：栏杆规格；安装间距；扶手类型规格；

填充材料种类。
计量单位： m。
工程量计算规则： 按设计图示尺寸以扶手中心线（包括弯头长度）计算。
工程内容： 制作；运输；安装；刷防护材料。
011503005 金属靠墙扶手/**011503006** 硬木靠墙扶手/**011503007** 塑料靠墙扶手
项目特征： 扶手材料种类、规格；固定配件种类；防护材料种类。
计量单位： m。
工程量计算规则： 按设计图示尺寸以扶手中心线（包括弯头长度）计算。
工程内容： 制作；运输；安装；刷防护材料。
011503008 玻璃栏板
项目特征： 栏杆玻璃的种类、规格、颜色；固定方式；固定配件种类。
计量单位： m。
工程量计算规则： 按设计图示尺寸以扶手中心线（包括弯头长度）计算。
工程内容： 制作；运输；安装；刷防护材料。

（四）Q.4 暖气罩 011504

011504001 饰面板暖气罩/**011504002** 塑料板暖气罩/**011504003** 金属暖气罩
项目特征： 暖气罩材质；防护材料种类。
工程量计算规则： 按设计图示尺寸以垂直投影面积（不展开）计算。
计量单位： m^2。
工程内容： 暖气罩制作、运输、安装；刷防护材料。

（五）Q.5 浴厕配件 011505

011505001 洗漱台
项目特征： 材料品种、规格、颜色；支架、配件品种、规格。
计量单位： m^2/个。
工程量计算规则： ①以平方米计量，按设计图示尺寸以台面外接矩形面积计算，不扣除孔洞、挖弯、削角所占面积，挡板、吊沿板面积并入台面面积内；②以个计量，按设计图示数量计算。
工程内容： 台面及支架运输、安装；杆、环、盒、配件安装；刷油漆。
011505002 晒衣架/**011505003** 帘子杆/**011505004** 浴缸拉手/**011505005** 卫生间扶手
项目特征： 材料品种、规格、颜色；支架、配件品种、规格。
计量单位： 个。
工程量计算规则： 按设计图示数量计算。
工程内容： 台面及支架运输、安装；杆、环、盒、配件安装；刷油漆。
011505006 毛巾杆（架）
项目特征、工程内容及工程量计算同晒衣架。
计量单位： 套。
011505007 毛巾环
项目特征： 工程内容及工程量计算同晒衣架。
计量单位： 副。
011505008 卫生纸盒/**011505009** 肥皂盒
项目特征： 工程内容及工程量计算同晒衣架。
计量单位： 个。
011505010 镜面玻璃
项目特征： 镜面玻璃品种、规格；框材质、断面尺寸；基层材料种类；防护材料种类。
计量单位： m^2。
工程量计算规则： 按设计图示尺寸以边框外围面积计算。
工程内容： 基层安装；玻璃及框制作、运输、安装。
011505011 镜箱
项目特征： 镜箱材质、规格；玻璃品种、规格；基层材料种类；防护材料种类；油漆品种、刷漆遍数。
计量单位： 个。
工程量计算规则： 按设计图示数量计算。
工程内容： 基层安装；箱体制作、运输、安装；玻璃安装；刷防护材料、油漆。

（六）Q.6 雨篷、旗杆 011506

011506001 雨篷吊挂饰面
项目特征： 基层类型；龙骨材料种类、规格、中距；面层材料品种、规格；吊顶（天棚）材料品种、规格；嵌缝材料种类；防护材料种类。

计量单位：m^2。

工程量计算规则：按设计图示尺寸以水平投影面积计算。

工程内容：底层抹灰；龙骨基层安装；面层安装；刷防护材料、油漆。

011506002 金属旗杆

项目特征：旗杆材料、种类、规格；旗杆高度；基础材料种类；基座材料种类；基座面层材料种类、规格。

计量单位：根。

工程量计算规则：按设计图示数量计算。

工程内容：土石方挖、填、运；基础混凝土浇筑；旗杆制作、安装；旗杆台座制作、饰面。

011506003 玻璃雨篷

项目特征：玻璃雨篷固定方式；龙骨材料种类、规格、中距；玻璃材料品种、规格；嵌缝材料种类；防护材料种类。

计量单位：m^2。

工程量计算规则：按设计图示尺寸以水平投影面积计算。

工程内容：龙骨基层安装；面层安装；刷防护材料、油漆。

（七）Q.7 招牌、灯箱 011507

011507001 平面、箱式招牌

项目特征：箱体规格；基层材料种类；面层材料种类；防护材料种类。

计量单位：m^2。

工程量计算规则：按设计图示尺寸以正立面边框外围面积计算。复杂形凹凸造型部分不增加面积。

工程内容：基层安装；箱体及支架制作、运输、安装；面层制作、安装；刷防护材料、油漆。

011507002 竖式标箱/**011507003** 灯箱

项目特征：箱体规格；基层材料种类；面层材料种类；防护材料种类。

计量单位：个。

工程量计算规则：按设计图示数量计算。

工程内容：基层安装；箱体及支架制作、运输、安装；面层制作、安装；刷防护材料、油漆。

011507004 信报箱

项目特征：箱体规格；基层材料种类；面层材料种类；防护材料种类；户数。

计量单位：个。

工程量计算规则：按设计图示数量计算。

工程内容：基层安装；箱体及支架制作、运输、安装；面层制作、安装；刷防护材料、油漆。

（八）Q.8 美术字 011508

011508001 泡沫塑料字/**011508002** 有机玻璃字/**011508003** 木质字/**011508004** 金属字/**011508005** 吸塑字

项目特征：基层类型；携字材料品种、颜色；字体规格；固定方式；油漆品种、刷漆遍数。

计量单位：个。

工程量计算规则：按设计图示数量计算。

工程内容：字制作、运输、安装；刷油漆。

十四、 附录S措施项目

（一）S.1 脚手架工程 011701

011701001 综合脚手架

项目特征：建筑结构形式；檐口高度。

计量单位：m^2。

工程量计算规则：按建筑面积计算。

工程内容：场内、场外材料搬运；搭、拆脚手架、斜道、上料平台；安全网的铺设；选择附墙点与主体连接；测试电动装置、安全锁等；拆除脚手架后材料的堆放。

011701002 外脚手架/**011701003** 里脚手架

项目特征：搭设方式；搭设高度；脚手架材质。

计量单位：m^2。

工程量计算规则：按所服务对象的垂直投影面积计算。

工程内容：场内、场外材料搬运；搭、拆脚手架、

斜道、上料平台；安全网的铺设；拆除脚手架后材料的堆放。

011701004 悬空脚手架

项目特征： 搭设方式；悬挑宽度；脚手架材质。

计量单位： m^2。

工程量计算规则： 按搭设的水平投影面积计算。

工程内容： 场内、场外材料搬运；搭、拆脚手架、斜道、上料平台；安全网的铺设；拆除脚手架后材料的堆放。

011701005 挑脚手架

项目特征： 搭设方式；悬挑宽度；脚手架材质。

计量单位： m。

工程量计算规则： 按搭设长度乘以搭设层数以延长米计算。

工程内容： 场内、场外材料搬运；搭、拆脚手架、斜道、上料平台；安全网的铺设；拆除脚手架后材料的堆放。

011701006 满堂脚手架

项目特征： 搭设方式；搭设高度；脚手架材质。

计量单位： m^2。

工程量计算规则： 按搭设的水平投影面积计算。

工程内容： 场内、场外材料搬运；搭、拆脚手架、斜道、上料平台；安全网的铺设；拆除脚手架后材料的堆放。

011701007 整体提升架

项目特征： 搭设方式及启动装置；搭设高度。

计量单位： m^2。

工程量计算规则： 按所服务对象的垂直投影面积计算。

工程内容： 场内、场外材料搬运；选择附墙点与主体连接；搭、拆脚手架、斜道、上料平台；安全网的铺设；测试电动装置、安全锁等；拆除脚手架后材料的堆放。

011701008 外装饰吊篮。

项目特征： 升降方式及启动装置；搭设高度及吊篮型号。

计量单位： m^2。

工程量计算规则： 按所服务对象的垂直投影面积计算。

工程内容： 场内、场外材料搬运；吊篮的安装；测试电动装置、安全锁、平衡控制器等；吊篮的拆卸。

【注】1. 使用综合脚手架时，不再使用外脚手架、里脚手架等单项脚手架；综合脚手架适用于能够按“建筑面积计算规则”计算建筑面积的建筑工程脚手架，不适用于房屋加层、构筑物及附属工程脚手架。

2. 同一建筑物有不同檐高时，按建筑物竖向切面分别按不同檐高编列清单项目。

3. 整体提升架已包括 2m 高的防护架体设施。

4. 脚手架材质可以不描述，但应注明由投标人根据工程实际情况按照国家现行标准《建筑施工扣件式钢管脚手架安全技术规范》(JGJ 130—2011)、《建筑施工附着升降脚手架管理规定》（建建【2000】230 号）等规范自行确定。

（二）S.2 混凝土模板及支架（撑）011702

011702001 基础

项目特征： 基础形状。

计量单位： m^2。

工程量计算规则： 按模板与现浇混凝土构件的接触面积计算。

① 现浇钢筋混凝土墙、板单孔面积≤0.3m^2 的孔洞不予扣除，洞侧壁模板亦不增加；单孔面积＞0.3m^2 时应予扣除，洞侧壁模板面积并入墙、板工程量内计算。

② 现浇框架分别按梁、板、柱有关规定计算；附墙柱、暗梁、暗柱并入墙内工程量内计算。

③ 柱、梁、墙、板相互连接的重叠部分，均不计算模板面积。

④ 构造柱按图示外露部分计算模板面积。

工程内容： 模板制作；模板安装、拆除、整理堆放及场内外运输；清理模板黏结物及模内杂物、刷隔离剂等。

011702002 矩形柱/**011702003** 构造柱

项目特征： 无。

011702004 异形柱

项目特征： 柱截面形状。

011702005 基础梁

项目特征： 梁截面形状。

011702006 矩形梁

项目特征： 支撑高度。

011702007 异形梁

项目特征： 梁截面形状；支撑高度。

011702008 圈梁/**011702009** 过梁

项目特征：无

011702010 弧形、拱形梁

项目特征：梁截面形状；支撑高度。

011702011 直行墙/**011702012** 拱形墙/**011702013** 短肢剪力墙、电梯井

项目特征：无。

011702014 有梁板/**011702015** 梁板/**011702016** 平板/**011702017** 拱板/**011702018** 薄壳板/**011702019** 空心板/**011702020** 其他板

项目特征：支撑高度。

011702021 栏板

项目特征：无。

以上子目计量单位与工程量计算规则、工作内容同基础。

011702022 天沟、檐沟

项目特征：构件类型。

计量单位：m^2。

工程量计算规则：按模板与现浇混凝土构件的接触面积计算。

工程内容：模板制作；模板安装、拆除、整理堆放及场内外运输；清理模板黏结物及模内杂物、刷隔离剂等。

011702023 雨棚、悬挑板、阳台板

项目特征：构件类型；板厚度。

计量单位：m^2。

工程量计算规则：按图示外挑部分尺寸的水平投影面积计算，挑出墙外的悬臂梁及板边不另计算。

工程内容：模板制作；模板安装、拆除、整理堆放及场内外运输；清理模板黏结物及模内杂物、刷隔离剂等。

011702024 楼梯

项目特征：类型。

计量单位：m^2。

工程量计算规则：按楼梯（包括休息平台、平台梁和楼层板的连接梁）的水平投影面积计算，不扣除宽度≤500mm 的楼梯井所占面积，楼梯踏步、踏步板、平台梁等侧面模板不另计算，伸入墙内部分亦不增加。

工程内容：模板制作；模板安装、拆除、整理堆放及场内外运输；清理模板黏结物及模内杂物、刷隔离剂等。

011702025 其他现浇构件

项目特征：构件类型。

计量单位：m^2。

工程量计算规则：按模板与现浇混凝土构件的接触面积计算。

工程内容：模板制作；模板安装、拆除、整理堆放及场内外运输；清理模板黏结物及模内杂物、刷隔离剂等。

011702026 电缆沟、地沟

项目特征：沟类型；沟截面。

计量单位：m^2。

工程量计算规则：按模板与电缆沟、地沟的接触面积计算。

工程内容：模板制作；模板安装、拆除、整理堆放及场内外运输；清理模板黏结物及模内杂物、刷隔离剂等。

011702027 台阶

项目特征：台阶踏步宽。

计量单位：m^2。

工程量计算规则：按图示台阶水平投影面积计算，台阶端头两侧不另计算模板面积。架空式混凝土台阶，按现浇楼梯计算。

工程内容：模板制作；模板安装、拆除、整理堆放及场内外运输；清理模板黏结物及模内杂物、刷隔离剂等。

011702028 扶手

项目特征：扶手断面尺寸。

计量单位：m^2。

工程量计算规则：按模板与扶手的接触面积计算。

工程内容：模板制作；模板安装、拆除、整理堆放及场内外运输；清理模板黏结物及模内杂物、刷隔离剂等。

011702029 散水

项目特征：无。

计量单位：m^2。

工程量计算规则：按模板与散水的接触面积计算。

工程内容：模板制作；模板安装、拆除、整理堆放及场内外运输；清理模板黏结物及模内杂物、刷隔离剂等。

011702030 后浇带

项目特征：后浇带部位。

计量单位：m^2。

工程量计算规则：按模板与后浇带的接触面积计算。

工程内容：模板制作；模板安装、拆除、整理堆放及场内外运输；清理模板黏结物及模内杂物、刷隔离剂等。

011702031 化粪池

项目特征：化粪池部位；化粪池规格。

计量单位：m^2。

工程量计算规则：按模板与混凝土的接触面积计算。

工程内容：模板制作；模板安装、拆除、整理堆放及场内外运输；清理模板黏结物及模内杂物、刷隔离剂等。

011702032 检查井

项目特征：检查井部位；检查井规格。

计量单位：m^2。

工程量计算规则：按模板与混凝土的接触面积计算。

工程内容：模板制作；模板安装、拆除、整理堆放及场内外运输；清理模板黏结物及模内杂物、刷隔离剂等。

【注】1. 原槽浇灌的混凝土基础，不计算模板。

2. 此混凝土模板及支撑（架）项目，只适用于以平方米计量，按模板与混凝土构件的接触面积计算；以“立方米”计量的模板及支撑（支架），按混凝土及钢筋混凝土实体项目执行，其综合单价中应包含模板及支撑（支架）。

3. 采用清水模板时，应在特征中注明。

4. 若现浇混凝土梁、板支撑高度超过 3.6m 时，项目特征描述支撑高度。

（三）S. 3 垂直运输 011703

011703001 垂直运输

项目特征：建筑物建筑类型及结构形式；地下室建筑面积；建筑物檐口高度、层数。

计量单位：m^2/d。

工程量计算规则：①按建筑面积计算；②按施工工期日历天数。

工程内容：垂直运输机械的固定装置、基础制作、安装；行走式垂直运输机械轨道的铺设、拆除、摊销。

【注】1. 建筑物的檐口高度是指设计室外地坪至檐口滴水的高度（平屋顶系指屋面板底高度），突出主体建筑物屋顶的电梯机房、楼梯出口间、水箱间、瞭望塔、排烟机房等不计入檐口高度。

2. 垂直运输机械指施工工程在合理工期内所需垂直运输机械。

3. 同一建筑物有不同檐高时，按建筑物的不同檐高做纵向分割，分别计算建筑面积，以不同檐高分别编码列项。

（四）S. 4 超高施工增加 011704

011704001 超高施工增加

项目特征：建筑物建筑类型及结构形式；建筑物檐口高度、层数；单层建筑物檐口高度超过 20m，多层建筑物超过 6 层部分的建筑面积。

计量单位：m^2。

工程量计算规则：按建筑物超高部分的建筑面积计算。

工程内容：建筑物超高引起的人工工效降低以及由于人工工效降低引起的机械降效；高层施工用水加压水泵的安装、拆除及工作台班；通讯联络设备的使用及摊销。

【注】1. 单层建筑物檐口高度超过 20m，多层建筑物超过 6 层时，可按超高部分的建筑面积计算超高施工增加。计算层数时，地下室不计入层数。

2. 同一建筑物有不同檐高时，可按不同高度的建筑面积分别计算建筑面积，以不同檐高分别编码列项。

（五）S. 5 大型机械设备进出场及安拆 011705

011705001 大型机械设备进出场及安拆

项目特征：机械设备名称；机械设备规格型号。

计量单位：台次。

工程量计算规则：按使用机械设备的数量计算。

工程内容：安拆费包括施工机械、设备在现场进行安装、拆卸所需的人工费、材料费、机械费、试运转费和安装所需的辅助设施的费用以及机械辅助设施的折旧、搭设、拆除等费用；进出场包括施工机械、设备整体或分体自停放场地运至施工现场或由一个施工地点运至另一个施工地点所发生的运输、装卸、辅助材料费等费用。

（六）S.6 施工排水、降水 011706

011706001 成井

项目特征：成井方式；地层情况；成井直径；井（滤）管类型、直径。

计量单位：m。

工程量计算规则：按设计图示尺寸以孔深度计算。

工程内容：准备钻孔机械、埋设护筒、钻机就位；泥浆制作、固壁；成孔、出渣、清孔等；对接上、下井管（滤管），焊接，安放，下滤料，洗井，连接试抽等。

011706002 施工排水、降水

项目特征：机械规格型号；降、排水管规格。

计量单位：昼夜。

工程量计算规则：按排、降水日历天数计算。

工程内容：管道安装、拆除，场内搬运等；抽水、值班、降水设备维修等。

【注】相应专项设计不具备时，可按暂估量计算。

（七）S.7 安全文明施工及其他措施项目

011707001 安全文明施工

工作内容及包含范围如下所述。

① 环境保护包含范围：现场施工机械设备降低噪声、防扰民措施费用；水泥和其他易飞扬细颗粒建筑材料密闭存放或采取覆盖措施等费用；工程防扬尘洒水费用；土石方、建渣外运车辆防护措施等；现场污染源的控制、生活垃圾清理外运、场地排水排污措施的费用；其他环境保护措施费用。

② 文明施工："五牌一图"的费用；现场围挡的墙面美化（包括内外粉刷、刷白、标语等）、压顶装饰；现场厕所便槽刷白、贴面砖，水泥砂浆地面或地砖，建筑物内临时便溺设施；其他施工现场临时设施的装饰装修、美化措施；现场生活卫生设施；符合卫生要求的饮水设备、淋浴、消毒等设施；生活用洁净燃料；防煤气中毒、防蚊虫叮咬等措施；施工现场操作场地的硬化；现场绿化、治安综合治理；现场配备医药保健器材、物品费用和急救人员培训费用；用于现场工人的防暑降温、电风扇、空调等设备及用电；其他文明施工措施。

③ 安全施工：安全资料、特殊作业专项方案的编制，安全施工标志的购置及安全宣传；"三宝"（安全帽、安全带、安全网）、"四口"（楼梯口、电梯井口、通道口、预留洞口）、"五临边"（阳台围边、楼板围边、屋面围边、槽坑围边、卸料平台两侧），水平防护架、垂直防护架、外架封闭等防护；施工安全用电，包括配电箱三级配电、两级保护装置要求、外电防护措施；起重机、塔吊等起重设备（含井架、门架）及外用电梯的安全防护措施（含警示标志）及卸料平台的临边防护、层间安全门、防护棚等设施；建筑工地起重机械的检验检测；施工机具防护棚及其围栏的安全保护设施；施工安全防护通道；工人的安全防护用品、用具购置；消防设施与消防器材的配置；电气保护、安全照明设施；其他安全防护措施。

④ 临时设施：施工现场采用彩色、定型钢板，砖、混凝土砌块等围挡的安砌、维修、拆除；施工现场临时建筑物、构筑物的搭设、维修、拆除；如临时宿舍、办公室、食堂、厨房、厕所、诊疗所、临时文化福利用房、临时仓库、加工场、搅拌台、临时简易水塔、水池等；施工现场临时设施的搭设、维修、拆除，如临时供水管道、临时供电管线、小型临时设施等；施工现场规定范围内临时简易道路铺设，临时排水沟、排水设施安砌、维修、拆除；其他临时设施的搭设、维修、拆除。

011707002 夜间施工

工作内容及包含范围：

① 夜间固定照明灯具和临时可移动照明灯具的设置、拆除；

② 夜间施工时，施工现场交通标志、安全标牌、警示灯等的设置、移动、拆除；

③ 包括夜间照明设备摊销及照明用电、施工人员夜班补助、夜间施工劳动效率降低等。

011707003 非夜间施工照明

工作内容及包含范围：为保证工程施工正常进行，在如地下室等特殊施工部位施工时所采用的照明设备的安拆、维护、摊销及照明用电等。

011707004 二次搬运

工作内容及包含范围：由于施工场地条件限制而发生的材料、成品、半成品等一次运输不能到达堆放地点，必须进行二次或多次搬运。

011707005 冬雨季施工

工作内容及包含范围：

① 冬雨（风）季施工时增加的临时设施（防寒保温、防雨、防风设施）的搭设、拆除；

② 冬雨（风）季施工时，对砌体、混凝土等采用的特殊加温、保温和养护措施；

③ 冬雨（风）季施工时，施工现场的防滑处理、对影响施工的雨雪的清除；

④ 包括冬雨（风）季施工时增加的临时设施、施工人员的劳动保护用品、冬雨（风）季施工劳动效率降低等。

011707006 地上、地下设施、建筑物的临时保护设施

工作内容及包含范围：在工程施工过程中，对已建成的地上、地下设施和建筑物进行的遮盖、封闭、隔离等必要保护措施。

011707007 已完工程及设备保护

工作内容及包含范围：对已完工程及设备采取的覆盖、包裹、封闭、隔离等必要保护措施。

【注】本表所列项目应根据工程实际情况计算措施项目费用，需分摊的应合理计算摊销费用。

第五节 建筑与装饰工程工程量清单计算实例

为了对工程量清单编制有一个清晰的认识，下面用一个完整的实际例子，完整地介绍工程量清单编制的计算过程和具体编制方法。

实例是某学院的车库。该工程为框架结构，两层，建筑面积 432m^2，总高度 7m，钢筋混凝土独立基础。施工图共 15 张。

1. 工程量计算

工程量计算是根据施工图纸、计价规范等资料。

2. 编制工程量清单

详细内容如下。

【注】案例工程量清单文件中，由于其他项目与计价汇总表以及暂列金额、材料暂估价、计日工、总承包服务费、发包人材料表等表格没有实质使用，限于教材空间要求，不列出标准表格，但实际成品需要打印出来。

建筑设计说明

1. 本工程为框架结构。总高度约 7m，总层数两层，建筑面积 432m^2。
2. 本工程±0.00 以下，MU10 标准砖；±0.00 以上，MU10KP1 砖。
3. 外墙面采用高级涂料，参见苏 J9501-22/6。
4. 走廊、卫生间、厨房楼面比相应室内楼面标高低 20mm，以上部分楼面按 1%坡向地漏或落水处。卫生间、厨房墙下做 150mm 高的细石混凝土带。
5. 底层车库地面采用现浇水磨石，参见苏 J9501-2/2。
6. 女儿墙泛水参见苏 J9503-1/12。

7. 木扶手金属栏杆做法参见苏 J9505 第 3 页。

8. 混凝土散水 600mm 宽，混凝土台阶、车库人口坡道 1500mm 宽，做法如下。

散水：60mm 厚 C15 混凝土垫层；1∶2.5 水泥砂浆 20mm 厚面层。

坡道：150mm 厚碎石、上做 80mm 厚 C15 混凝土垫层；1∶2.5 水泥砂浆 20mm 厚面层。

土建、水电暖等设备施工时应密切配合：配电箱、管线、埋件及洞口应预埋预留，不得对砌体、主体结构进行破坏性开凿。

9. 各部分做法如下。

墙体防潮层做法：砖砌体一般应在室内地坪以下 60mm 处做 20mm 厚 1∶2 防水砂浆（加 3%～5%防水剂）。

地面做法：现浇水磨石地面 100mm 碎石垫层，60mm 厚 C10 混凝土垫层；20mm 厚 1∶3水泥砂浆找平层；15mm 厚 1∶2 水泥石子磨光打蜡。

楼面做法如下。

房间：地砖楼面 20mm 厚 1∶3 水泥砂浆找平；5mm 厚 1∶1 水泥细砂浆贴地面砖 500mm×500mm。

走廊、楼梯：现浇水磨石楼面 20mm 厚 1∶3 水泥砂浆找平；15mm 厚 1∶2 水泥石子磨光打蜡。

卫生间：地砖楼面 20mm 厚 1∶3 水泥砂浆找平；5mm 厚 1∶1 水泥细砂浆贴地面砖 300mm×300mm。

踢脚、台度做法：苏 J9501-1/4。

内墙面做法：15mm 厚 1∶1∶6 混合砂浆打底，5mm 厚 1∶0.3∶3 水泥砂浆粉面。

外墙面做法：12mm 厚 1∶3 水泥砂浆打底，10mm 厚 1∶2.5 水泥砂浆粉面。

内墙面（卫生间）做法：12mm 厚 1∶3 水泥砂浆打底，6mm 厚 1∶0.1∶2.5 混合砂浆结合 200mm×300mm 白色瓷砖。

屋面防水做法：20mm 厚 1∶3 水泥砂浆找平，SBS 改性沥青防水卷材防水。

屋面保温做法：20mm 厚 1∶3 水泥砂浆找平，现浇 1∶8 水泥珍珠岩，平均厚度 220mm。

平顶做法：刷素水泥浆一道：6mm 厚 1∶3 水泥砂浆打底，6mm 厚 1∶2.5 水泥砂浆粉面。

油漆做法：苏 J9501-3/9。

楼梯扶手做法：苏 J9505-1/16。

门窗表

序　号	门窗名称	洞口尺寸	门窗樘数	备　注
1	M1	3200mm×2950mm	7	车库防盗门
2	M2	900mm×2000mm	7	木门
3	M3	800mm×2000mm	7	木门
4	C1	1800mm×1200mm	8	白色塑钢推拉窗
5	C2	3200mm×1600mm	7	白色塑钢推拉窗
6	C3	2600mm×1600mm	1	白色塑钢推拉窗
7	C4	1800mm×1600mm	8	白色塑钢推拉窗
8	C5	1200mm×1000mm	7	白色塑钢推拉窗
9	C6	1280mm×1600mm	2	白色塑钢推拉窗

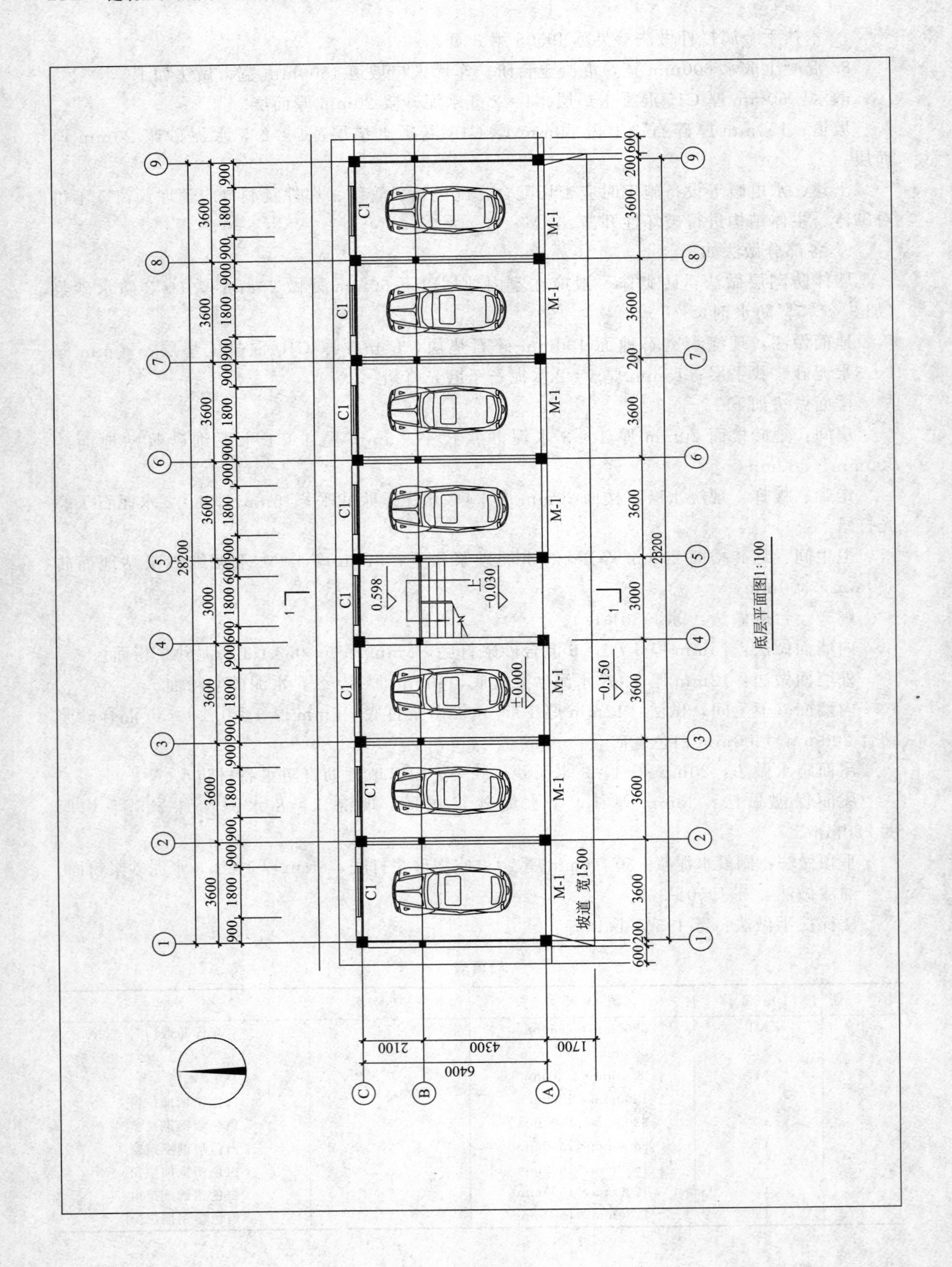
底层平面图1:100
C1
M-1
坡道 宽1500
28200
3600
3000
6400
2100
4300
1700
±0.000
-0.150
-0.030
0.598
上

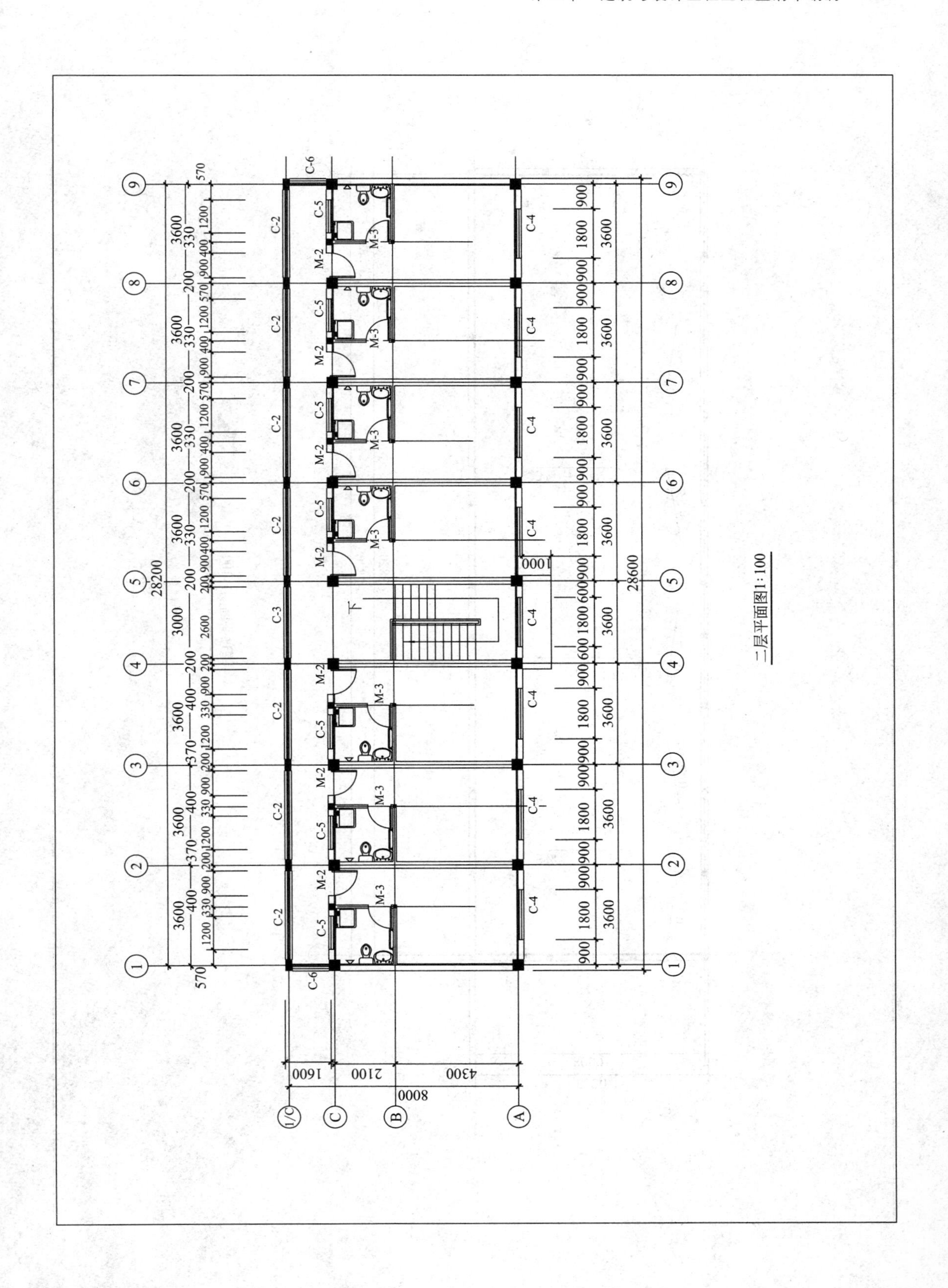

二层平面图1:100

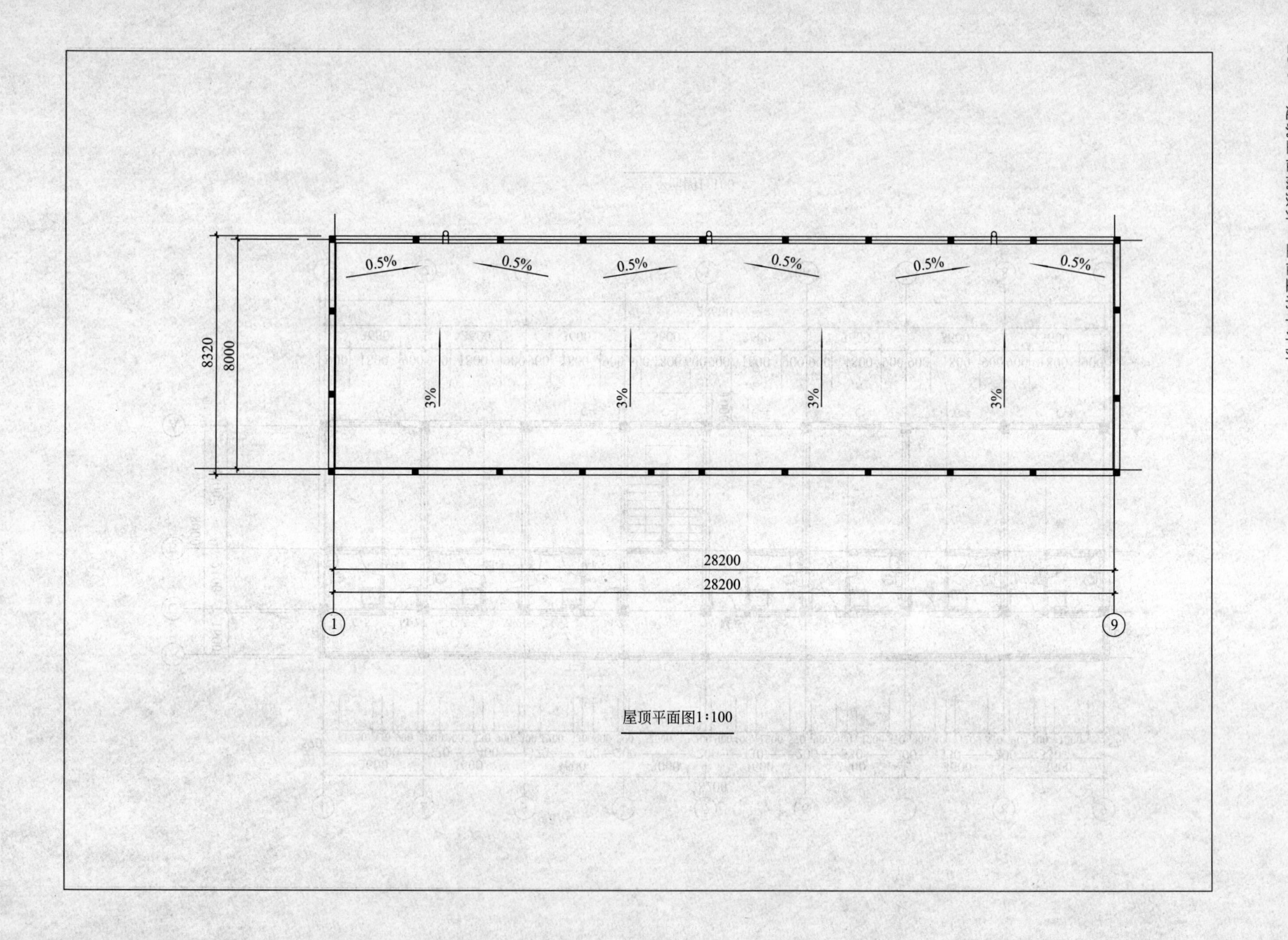

屋顶平面图1:100

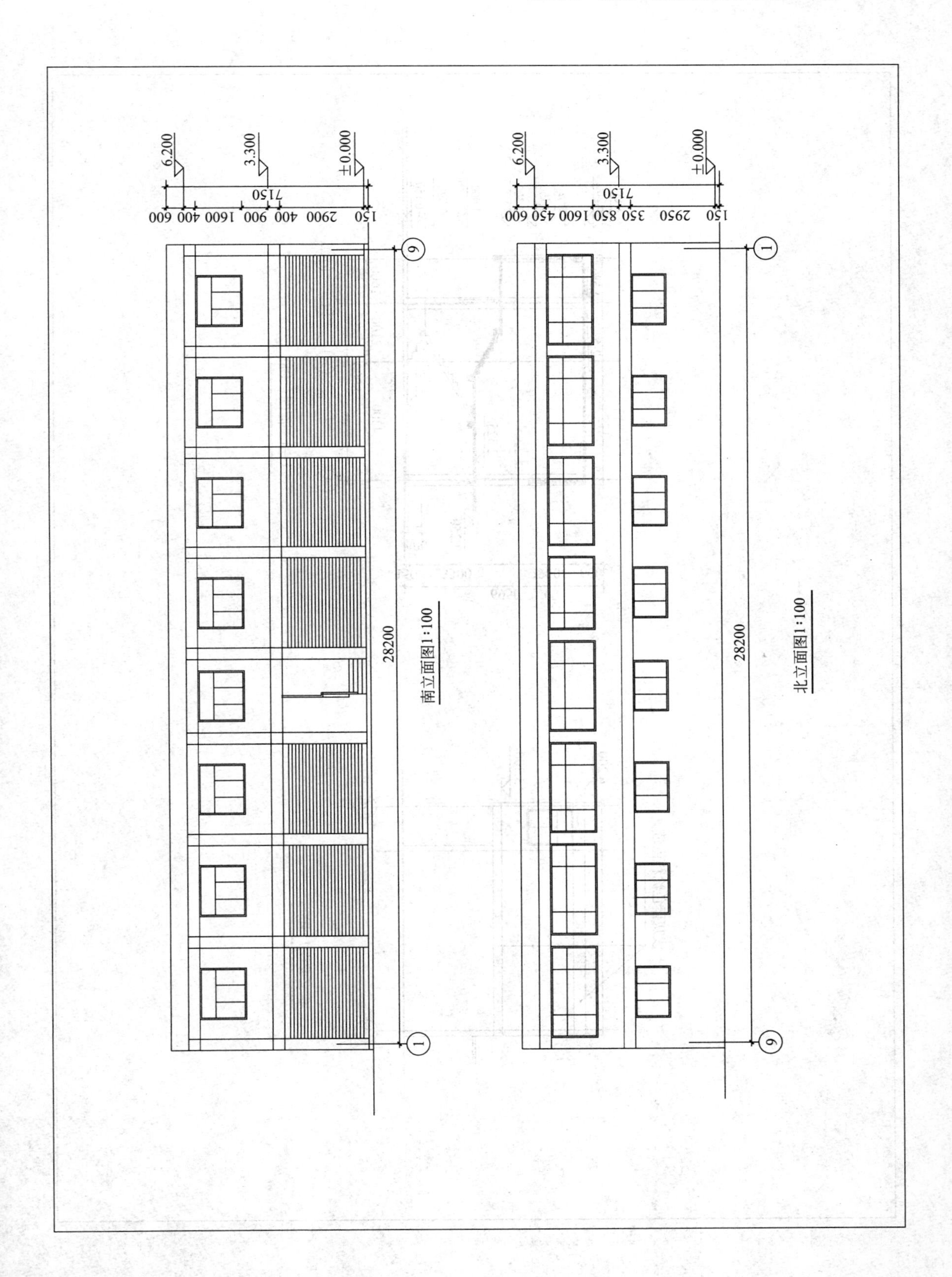
6.200
3.300
±0.000
7150
600 400 1600 900 400 2900 150
9
1
28200
南立面图1:100
6.200
3.300
±0.000
7150
600 450 1600 850 350 2950 150
1
9
28200
北立面图1:100

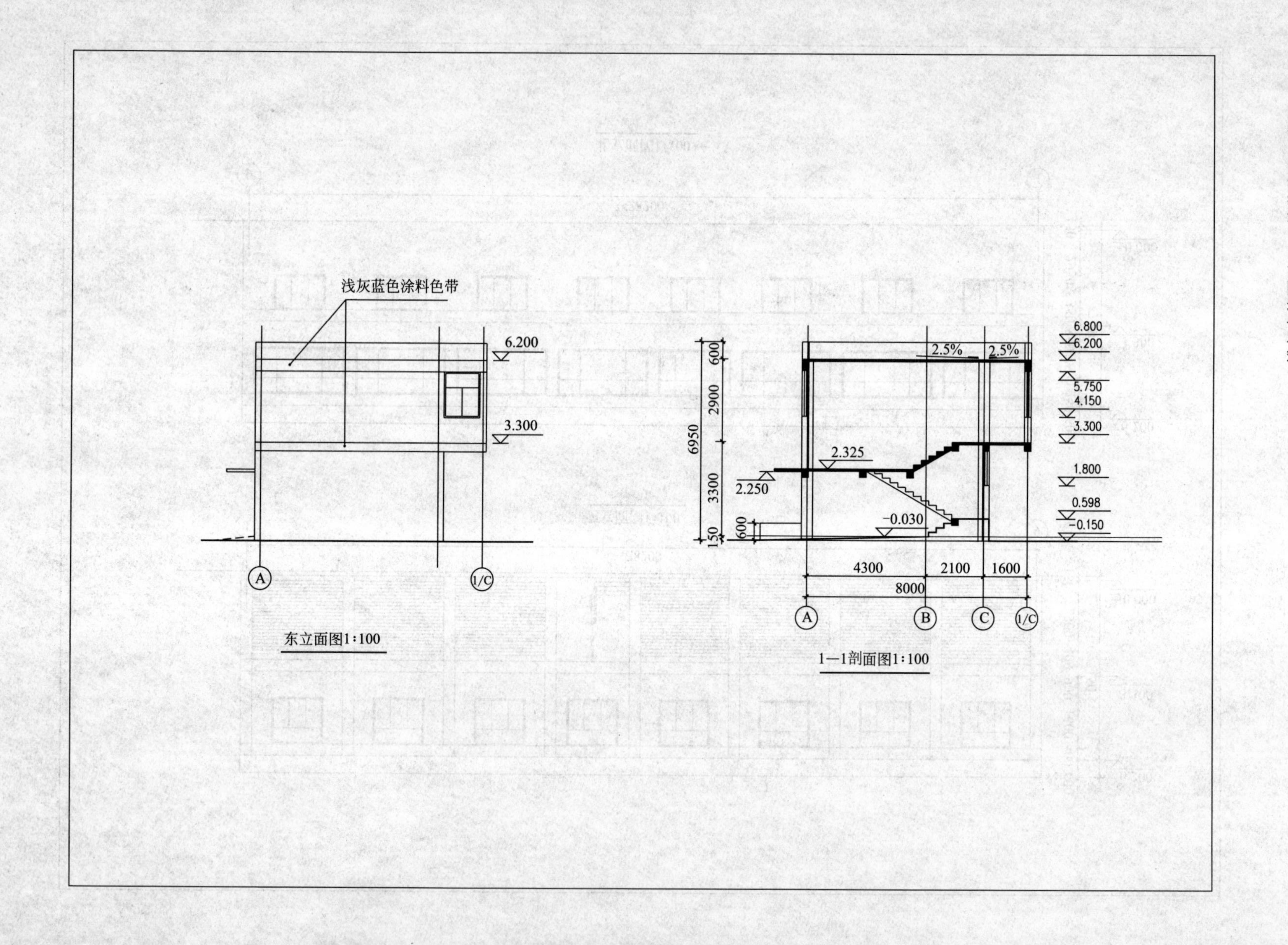

东立面图1:100

1—1剖面图1:100

×2	①	2150	Φ10	2275	22	31
	②	2150	Φ10	2275	22	31
	101	100 2725	Φ20	2825	4	28
	102	100 2725	Φ16	2825	2	9
	104	100 2725	Φ16	2825	2	9
	109	350 350	Φ8	1640	2	2
	110		Φ8	1230	2	1
						220
×7	①	2550	Φ10	2675	26	43
	②	2550	Φ10	2675	26	43
	101	100 2725	Φ22	2825	4	34
	102	100 2725	Φ22	2825	4	34
	104	100 2725	Φ22	2825	4	34
	109	350 350	Φ8	1640	2	2
						1318
×8	①	2250	Φ10	2375	23	34
	②	2250	Φ10	2375	23	34
	101	100 2725	Φ22	2825	4	34
	102	100 2725	Φ22	2825	4	34
	104	100 2725	Φ22	2825	4	34
	109	350 350	Φ8	1640	2	2
						1359
×1	①	1950	Φ10	2075	20	26
	②	1950	Φ10	2075	20	26
	101	100 2725	Φ22	2825	4	34
	102	100 2725	Φ22	2825	4	34
	104	100 2725	Φ22	2825	4	34
	109	350 350	Φ8	1640	2	2
						154

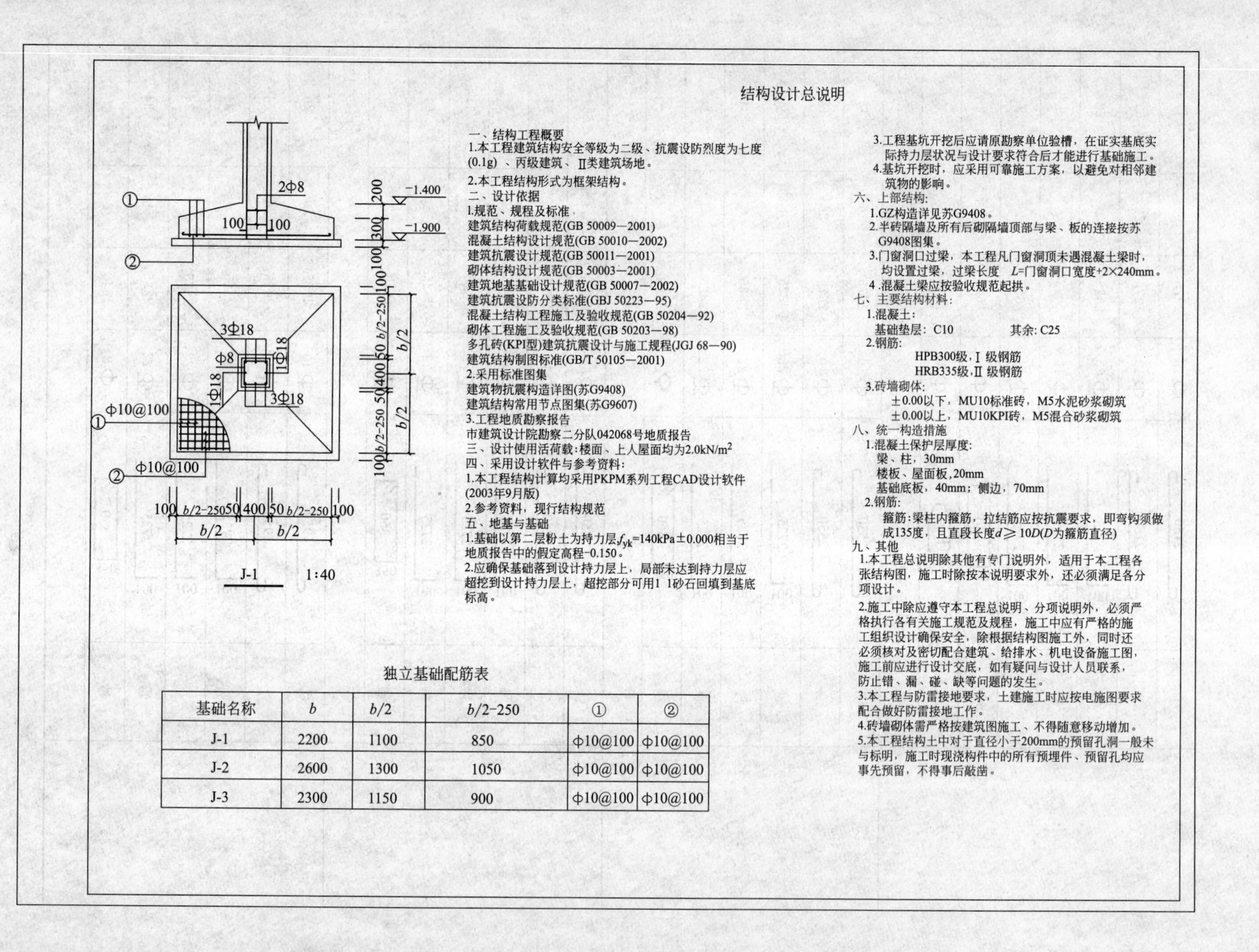

结构设计总说明

一、结构工程概要

1.本工程建筑结构安全等级为二级、抗震设防烈度为七度(0.1g)、丙级建筑、Ⅱ类建筑场地。

2.本工程结构形式为框架结构。

二、设计依据

1.规范、规程及标准

建筑结构荷载规范(GB 50009—2001)
混凝土结构设计规范(GB 50010—2002)
建筑抗震设计规范(GB 50011—2001)
砌体结构设计规范(GB 50003—2001)
建筑地基基础设计规范(GB 50007—2002)
建筑抗震设防分类标准(GBJ 50223—95)
混凝土结构工程施工及验收规范(GB 50204—92)
砌体工程施工及验收规范(GB 50203—98)
多孔砖(KPI型)建筑抗震设计与施工规程(JGJ 68—90)
建筑结构制图标准(GB/T 50105—2001)

2.采用标准图集

建筑物抗震构造详图(苏G9408)
建筑结构常用节点图集(苏G9607)

3.工程地质勘察报告

市建筑设计院勘察二分队042068号地质报告

三、设计使用活荷载:楼面、上人屋面均为2.0kN/m^2

四、采用设计软件与参考资料:

1.本工程结构计算均采用PKPM系列工程CAD设计软件(2003年9月版)

2.参考资料，现行结构规范

五、地基与基础

1.基础以第二层粉土为持力层f_{yk}=140kPa±0.000相当于地质报告中的假定高程-0.150。

2.应确保基础落到设计持力层上，局部未达到持力层应超挖到设计持力层上，超挖部分可用1 1砂石回填到基底标高。

3.工程基坑开挖后应请原勘察单位验槽，在证实基底实际持力层状况与设计要求符合后才能进行基础施工。

4.基坑开挖时，应采用可靠施工方案，以避免对相邻建筑物的影响。

六、上部结构:

1.GZ构造详见苏G9408。

2.半砖隔墙及所有后砌隔墙顶部与梁、板的连接按苏G9408图集。

3.门窗洞口过梁，本工程凡门窗洞顶未遇混凝土梁时，均设置过梁，过梁长度 L=门窗洞口宽度+2×240mm。

4.混凝土梁应按验收规范起拱。

七、主要结构材料:

1.混凝土:

基础垫层: C10　　　其余: C25

2.钢筋:

HPB300级，Ⅰ级钢筋
HRB335级，Ⅱ级钢筋

3.砖墙砌体:

±0.00以下，MU10标准砖，M5水泥砂浆砌筑
±0.00以上，MU10KPI砖，M5混合砂浆砌筑

八、统一构造措施

1.混凝土保护层厚度:

梁、柱，30mm
楼板、屋面板,20mm
基础底板，40mm；侧边，70mm

2.钢筋:

箍筋:梁柱内箍筋，拉结筋应按抗震要求，即弯钩须做成135度，且直段长度$d \geqslant 10D$(D为箍筋直径)

九、其他

1.本工程总说明除其他有专门说明外，适用于本工程各张结构图，施工时除按本说明要求外，还必须满足各分项设计。

2.施工中除应遵守本工程总说明、分项说明外，必须严格执行各有关施工规范及规程，施工中应有严格的施工组织设计确保安全，除根据结构图施工外，同时还必须核对及密切配合建筑、给排水、机电设备施工图，施工前应进行设计交底，如有疑问与设计人员联系，防止错、漏、碰、缺等问题的发生。

3.本工程与防雷接地要求，土建施工时应按电施图要求配合做好防雷接地工作。

4.砖墙砌体需严格按建筑图施工、不得随意移动增加。

5.本工程结构土中对于直径小于200mm的预留孔洞一般未与标明，施工时现浇构件中的所有预埋件、预留孔均应事先预留，不得事后敲凿。

独立基础配筋表

基础名称	b	$b/2$	$b/2-250$	①	②
J-1	2200	1100	850	Φ10@100	Φ10@100
J-2	2600	1300	1050	Φ10@100	Φ10@100
J-3	2300	1150	900	Φ10@100	Φ10@100

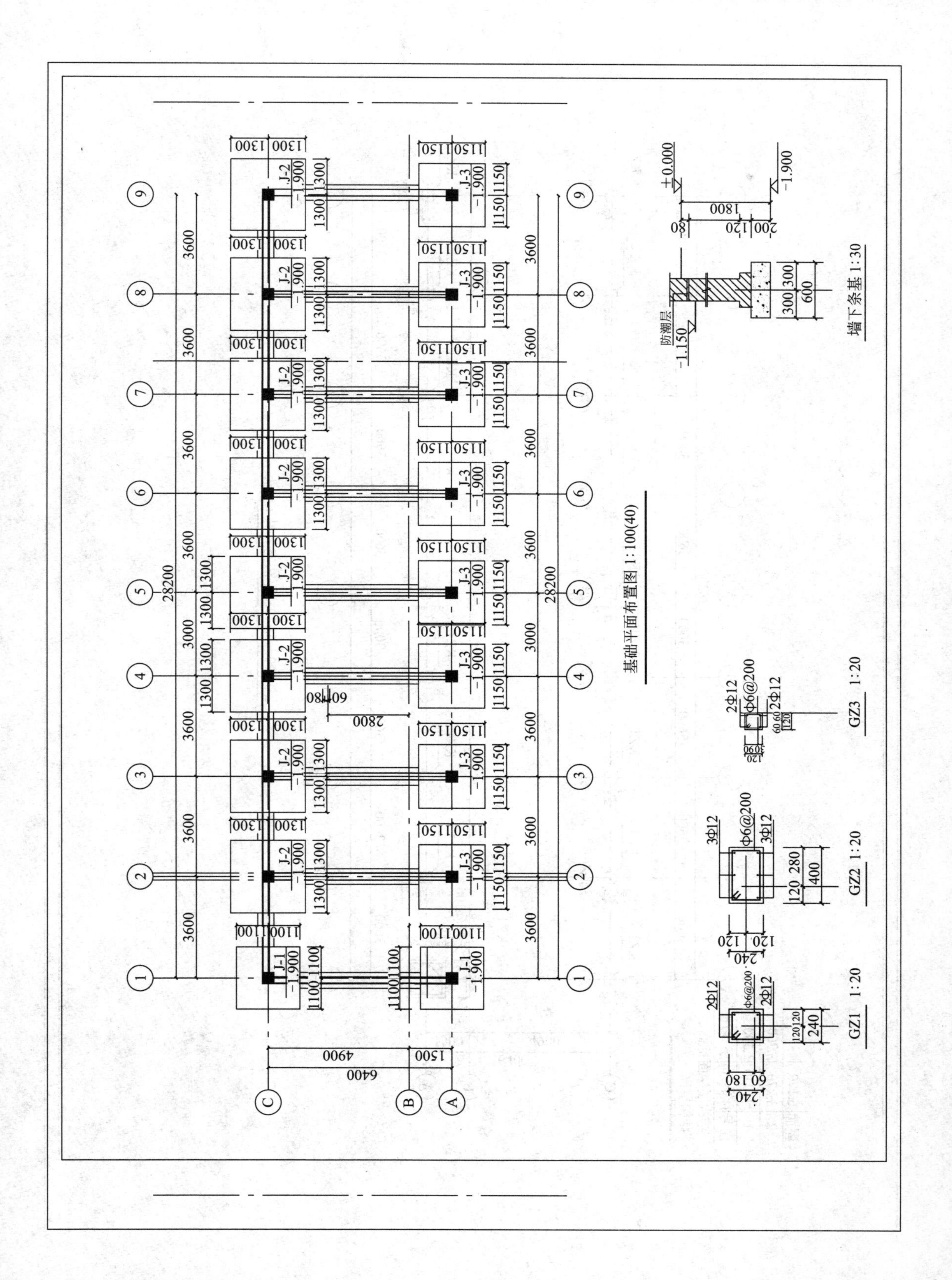
基础平面布置图 1:100(40)
墙下条基 1:30
防潮层
GZ1 1:20
GZ2 1:20
GZ3 1:20
J-1
J-2
J-3
-1.900
28200
6400
4900
1500

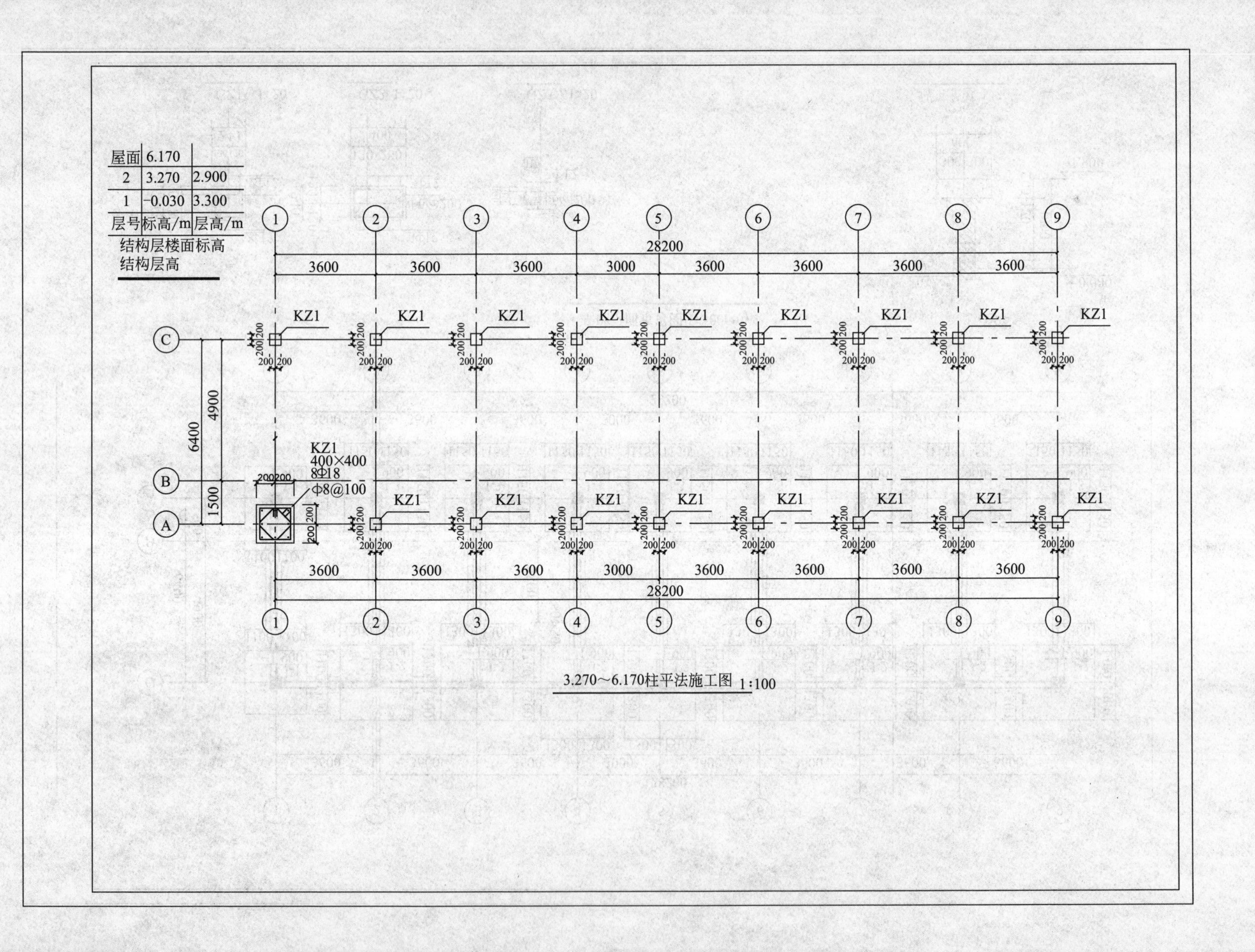

3.270～6.170柱平法施工图 1:100

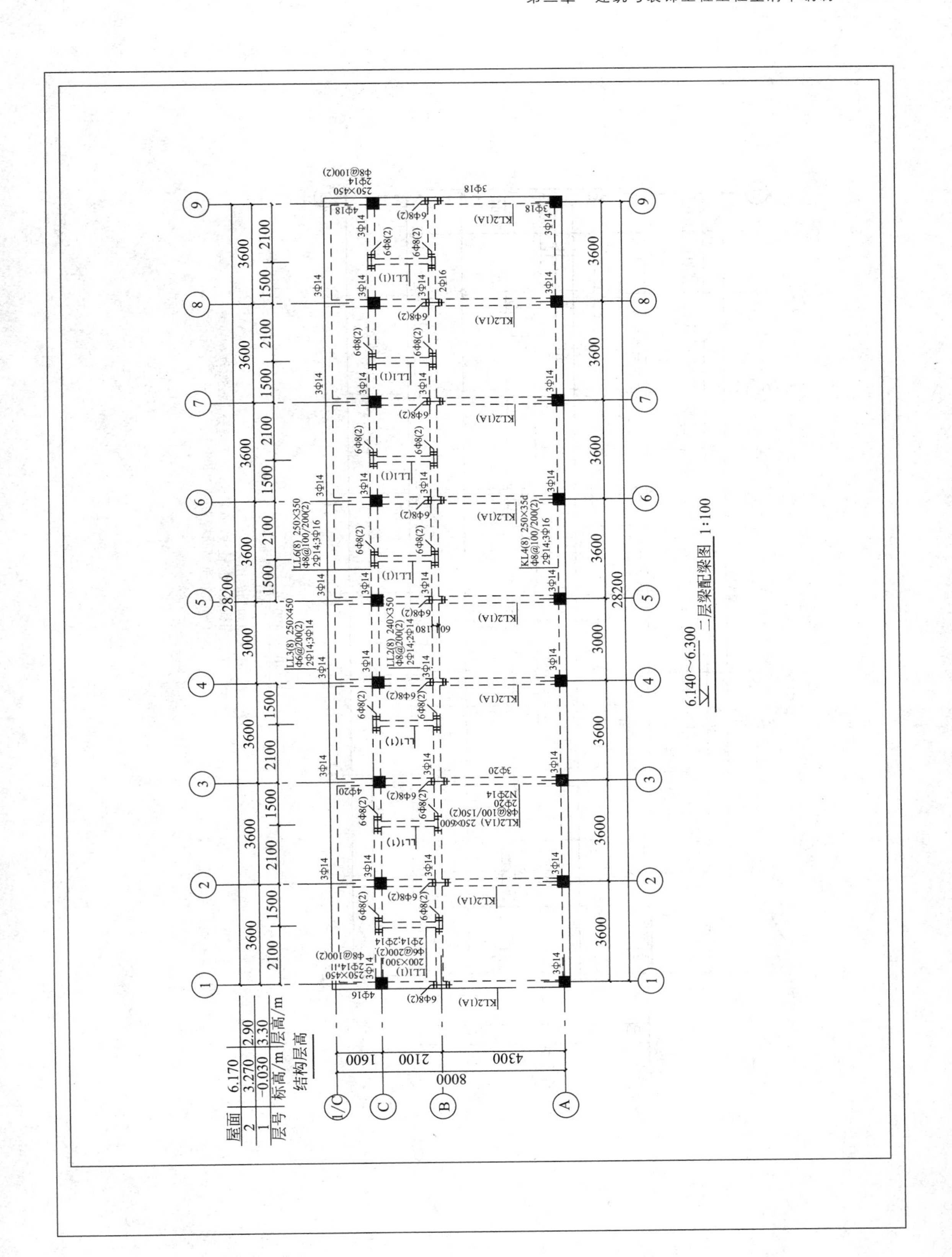
6.140~6.300
二层梁配梁图 1:100
屋面 6.170
2 3.270 2.90
1 -0.030 3.30
层号 标高/m 层高/m
结构层高
28200
8000
1600 2100 4300
KL2(1A) 250×600
Φ8@100/150(2)
2Φ20
N2Φ14
KL4(8) 250×350
Φ8@100/200(2)
2Φ14;3Φ16
LL6(8) 250×350
Φ8@100/200(2)
2Φ14;3Φ16
LL3(8) 250×450
Φ6@200(2)
2Φ14;3Φ14
LL2(8) 240×350
Φ8@200(2)
2Φ14;2Φ14
LL1(1)
200×300
Φ6@200(2)
2Φ14;2Φ14

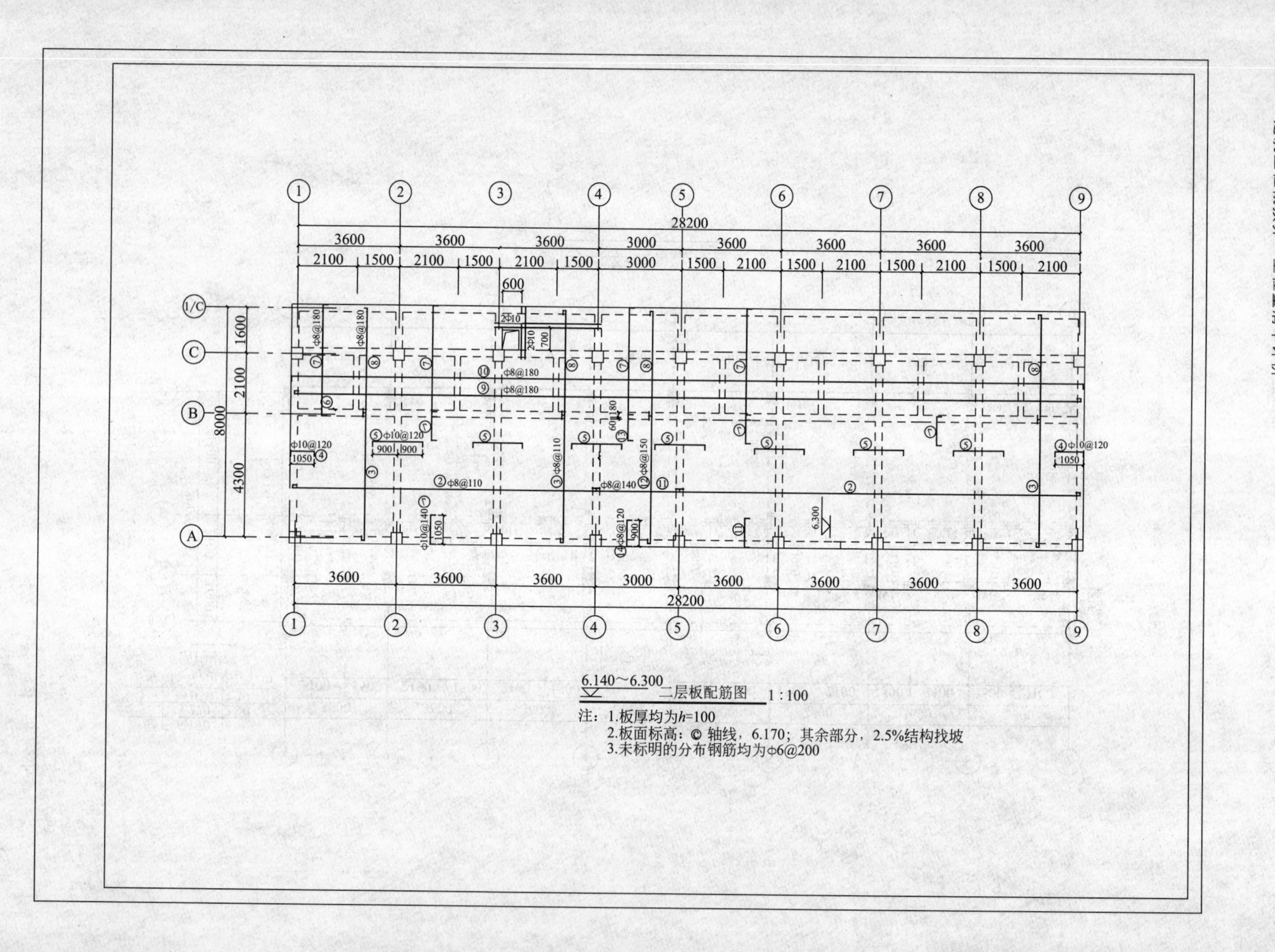
6.140～6.300
二层板配筋图 1:100
注：1.板厚均为h=100
2.板面标高：© 轴线，6.170；其余部分，2.5%结构找坡
3.未标明的分布钢筋均为φ6@200

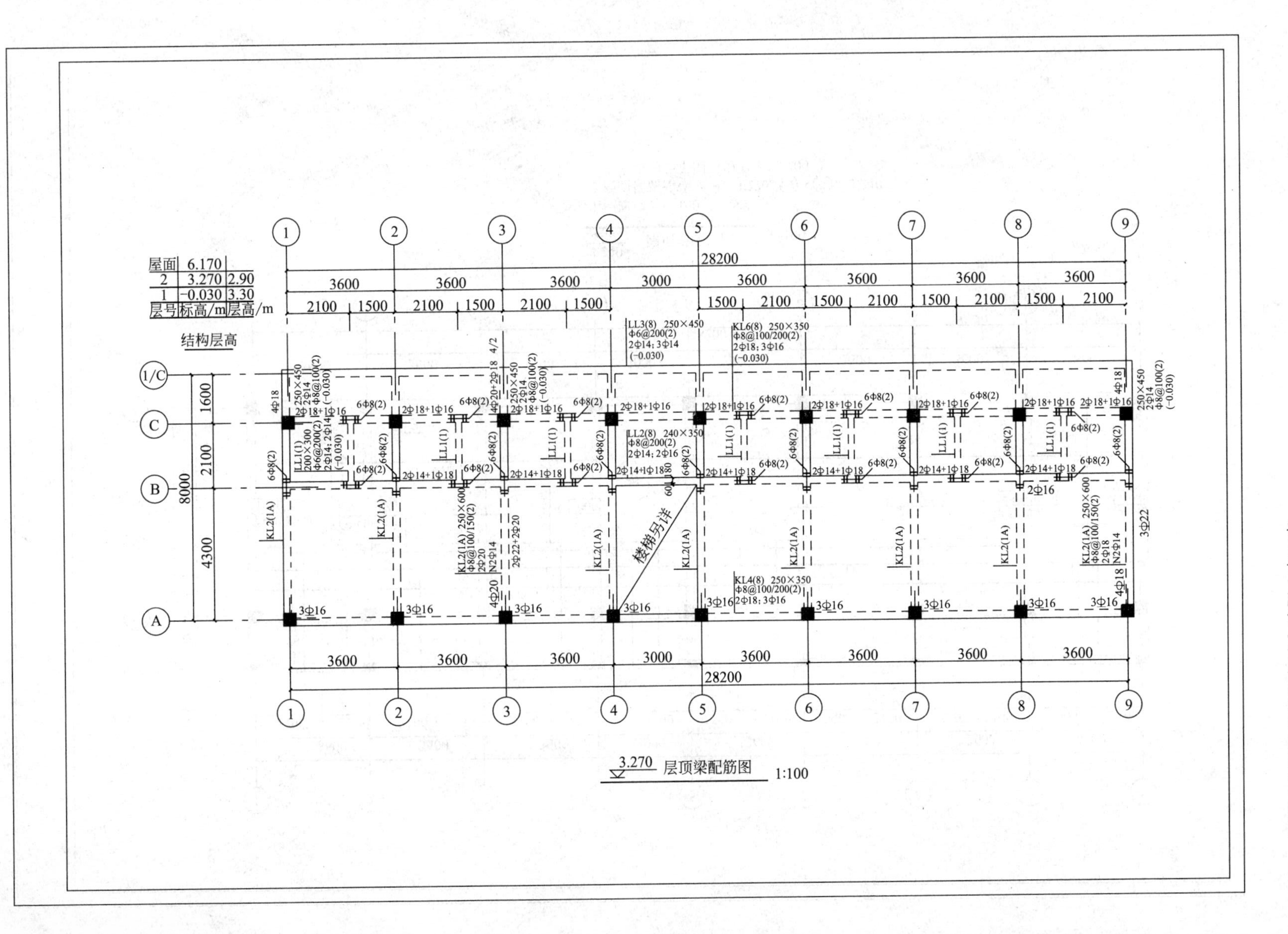
屋面 6.170
2 3.270 2.90
1 -0.030 3.30
层号 标高/m 层高/m
结构层高
28200
3600
3000
2100
1500
8000
1600
4300
1/C
C
B
A
LL3(8) 250×450
Φ6@200(2)
2Φ14; 3Φ14
(−0.030)
KL6(8) 250×350
Φ8@100/200(2)
2Φ18; 3Φ16
(−0.030)
LL2(8) 240×350
Φ8@200(2)
2Φ14; 2Φ16
KL4(8) 250×350
Φ8@100/200(2)
2Φ18; 3Φ16
LL1(1)
200×300
Φ6@200(2)
2Φ14; 2Φ14
(−0.030)
KL2(1A) 250×600
Φ8@100/150(2)
2Φ20
N2Φ14
2Φ22+2Φ20
KL2(1A)
楼梯另详
3Φ22
3.270 层顶梁配筋图
1:100

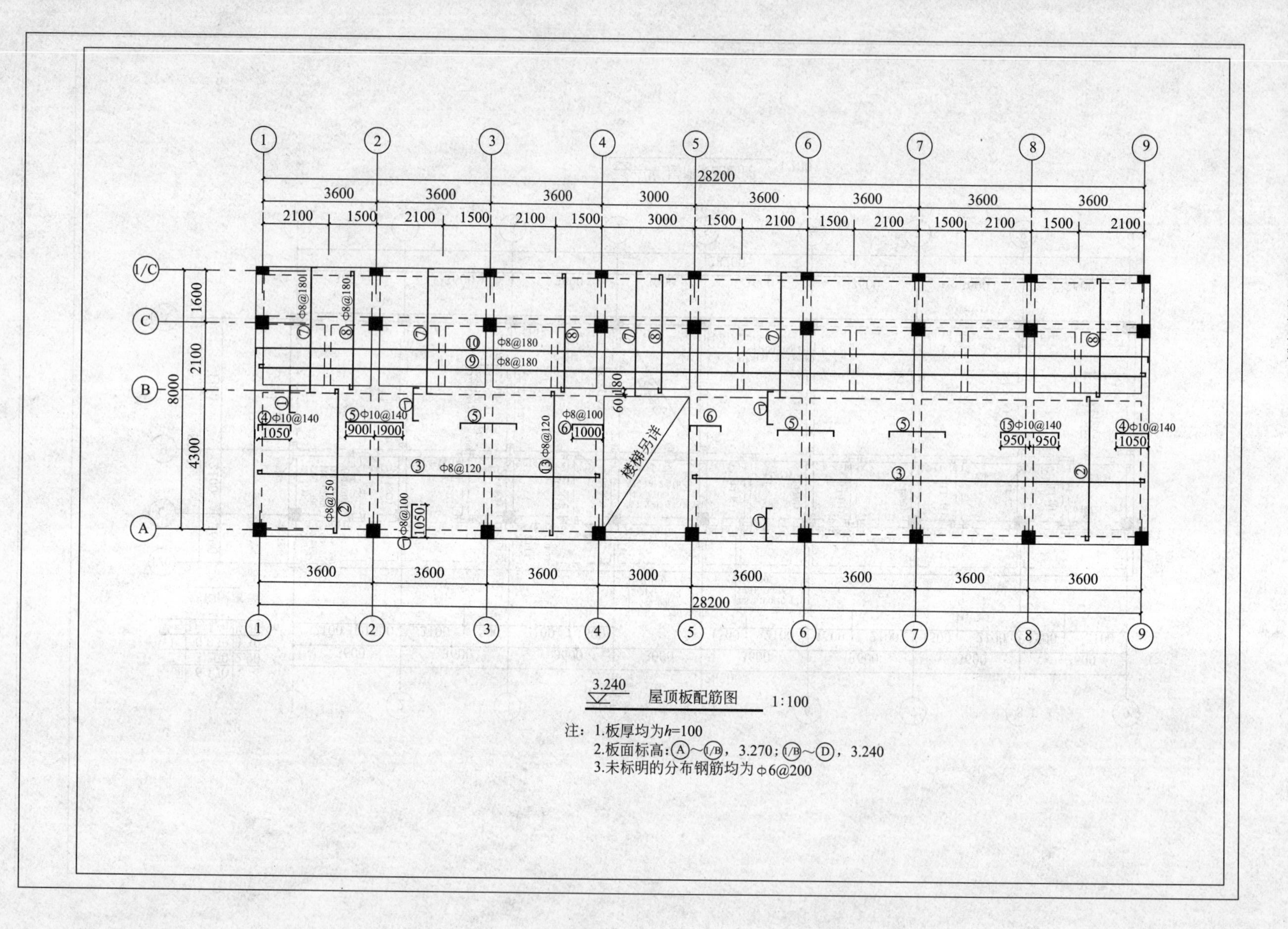
28200
3600
3000
2100
1500
1600
8000
4300
Φ8@180
Φ8@120
Φ8@150
Φ8@100
Φ10@140
1050
900
950
1000
楼梯另详
3.240
屋顶板配筋图 1:100
注：1.板厚均为h=100
2.板面标高：A～1/B，3.270；1/B～D，3.240
3.未标明的分布钢筋均为φ6@200

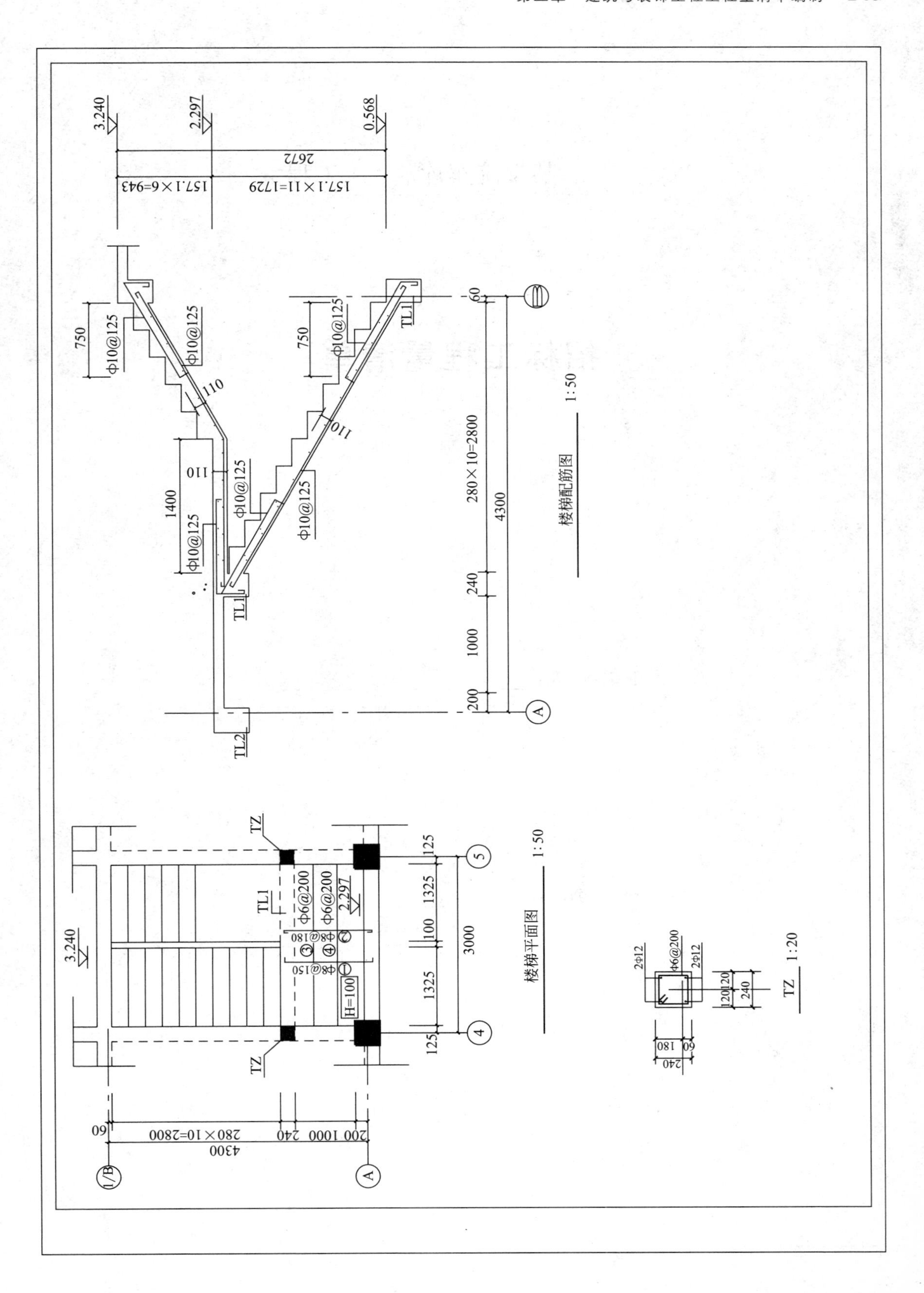
3.240
2.297
0.568
2672
157.1×6=943
157.1×11=1729
750
Φ10@125
110
1400
TL1
TL2
280×10=2800
4300
240
1000
200
60
楼梯配筋图　1:50
TZ
Φ6@200
Φ8@180
Φ8@150
H=100
125
1325
100
3000
楼梯平面图　1:50
2Φ12
Φ6@200
120
240
180
TZ　1:20

某学院车库 工程

招标工程量清单

招 标 人：________________

（单位盖章）

造价咨询人：________________

（单位盖章）

年 月 日

某学院车库　　　　工程

招标工程量清单

招　标　人：＿＿＿＿＿＿　　　造价咨询人：＿＿＿＿＿＿
（单位盖章）　　　　　　　　　（单位资质专用章）

法定代表人　　　　　　　　　　法定代表人
或其授权人：＿＿＿＿＿＿　　　或其授权人：＿＿＿＿＿＿
（签字或盖章）　　　　　　　　（签字或盖章）

编　制　人：＿＿＿＿＿＿　　　复　核　人：＿＿＿＿＿＿
（造价人员签字盖专用章）　　　（造价工程师签字盖专用章）

编制时间：　年　月　日　　　复核时间：　年　月　日

扉-1

总说明

工程名称：某学院车库

一、工程概况：

本工程为二层房屋建筑，檐高7mm，建筑面积为432m²，框架结构，室外地坪为-0.15m，其地面、天棚、内外装饰装修工程做法详见施工图及设计说明。

二、工程招标和分包范围

1. 工程招标范围：施工图范围内的建筑工程、装饰装修工程，详见工程量清单。

2. 分包范围：无分包工程。

三、清单编制依据

1.《建设工程工程量清单计价规范》（GB 50500—2013）、《房屋建筑与装饰工程工程量清单计算规范》（GB 50854—2013）及解释和勘误。

2. 2014年《江苏省建筑与装饰工程计价定额》、2014年《江苏省建筑与安装工程费用定额》及江苏省苏建价[2014] 448号文。

3. 本工程施工图。

4. 与本工程有关的标准（包括标准图集）、规范、技术资料。

5. 招标文件、补充通知。

6. 其他有关文件、资料。

7. 材料价格为2013年十一月南京造价信息。

四、其他说明事项

1. 一般说明

2. 有关专业技术说明

本工程使用现浇混凝土，现场搅拌。

表-01

分部分项工程和单价措施项目清单与计价表

工程名称：某学院车库　　　　标段：某学院车库

序号	项目编码	项目名称	项目特征描述	计量单位	工程量	金额/元		
						综合单价	合价	其中 暂估价
	A.1	土石方工程						
1	010101001001	平整场地	土类别：二类土	m²	194.48			
2	010101002001	室内挖土方		m³	7.96			
3	010101003001	人工挖沟槽土方	土类别：三类土 基础类型：砖带基 底宽：0.6m 挖土深度：1.75m 弃土运距：场内100m	m³	93.95			
4	010101004001	人工挖基坑土方	土类别：三类土 基础类型：独立基础 底宽：2.4m×2.4m、2.8m×2.8m、2.5m×2.5m 挖土深度：1.85m 弃土运距：场内100m	m³	494.17			
			本页小计					

续表

序号	项目编码	项目名称	项目特征描述	计量单位	工程量	金额/元		
						综合单价	合价	其中 暂估价
5	010103001001	基坑、基槽回填土夯实	300mm 厚分层夯填	m^3	497.76			
	A.4	砌筑工程						
6	010401001001	M5 水泥砂浆砖基础砖	MU10 标准砖 砂浆:M5 水泥砂浆 基础类型:带形基础 基础深度:1.9m	m^3	30.63			
7	010401003001	实心砖墙	砖墙:内墙 砖品种:MU10 标准砖 砂浆:M5 混合砂浆 墙厚:120mm	m^3	7.45			
8	010401003002	实心砖墙	砖墙:女儿墙 砖品种:MU10 标准砖 砂浆:M5 混合砂浆 墙厚:240mm	m^3	7.89			
9	010401004001	多空砖墙	砖墙:外墙 砖品种:KP 砖 砂浆:M5 混合砂浆 墙厚:240mm	m^3	44.28			
10	010401004002	多空砖墙	砖墙:内墙 砖品种:KP 砖 砂浆:M5 混合砂浆 墙厚:240mm	m^3	56.82			
11	010401012001	砖砌台阶	砖:MU10 标准砖 砂浆:M5 混合砂浆 部位:－0.03～0.598m	m^2	1.2			
	A.5	混凝土及钢筋混凝土工程						
12	010501001001	垫层	混凝土:C10	m^3	12.42			
13	010501002001	现浇混凝土条形基础	混凝土:C25	m^3	5.21			
14	010501003001	现浇混凝土独立基础	垫层:C10 混凝土 100mm 厚 混凝土:C25	m^3	40.65			
15	010502001001	现浇混凝土 C25 矩形柱	柱高:6.20m 截面:400mm×400mm	m^3	22.18			
16	010502002001	现浇混凝土 C25 构造柱	截面:240mm×400mm	m^3	2.12			
17	010502002002	现浇混凝土 C25 构造柱	柱高:0.8m、0.218m 截面:240mm×240mm	m^3	4.34			
18	010502002003	现浇混凝土 C25 构造柱	柱高:0.6m 截面:240mm×240mm	m^3	1.56			
19	010505001001	现浇混凝土 C25 有梁板	板底标高:3.17m、6.07m 板厚:100mm	m^3	76.9			
20	010505008001	现浇雨篷	C25	m^3	0.37			
			本页小计					

续表

序号	项目编码	项目名称	项目特征描述	计量单位	工程量	金额/元		
						综合单价	合价	其中
								暂估价
21	010506001001	现浇混凝土 C25 直形楼梯		m^2	12.25			
22	010507001001	现浇混凝土坡道	垫层:150mm 厚碎石垫层上做 80mm 厚 C15 混凝土 面层:1∶2.5 水泥砂浆 20mm 厚	m^2	42.9			
23	010507001002	现浇混凝土散水	垫层:60mm 厚 C15 混凝土 面层:1∶2.5 水泥砂浆 20mm 厚 填缝:油膏	m^2	26.04			
24	010507005001	现浇混凝土 C20 压顶梁	截面:240mm×60mm	m^3	1.05			
25	010515001001	现浇构件钢筋	直径 12mm 以内	t	10.311			
26	010515001002	浇构件钢筋	直径 25mm 以内	t	0.026			
27	010515001004	现浇构件钢筋	直径 12mm 以内	t	0.042			
28	010515001003	现浇构件钢筋	直径 25mm 以内	t	6.801			
29	010515009001	支撑钢筋(铁马)	直径 12mm 以内	t	0.146			
30	010516003001	机械连接		个	52			
31	010516004001	钢筋电渣压力焊接头		个	288			
32	010515001005	现浇构件钢筋-砌体加筋		t	0.259			
	A.8	门窗工程						
33	010801001001	胶合板门(m^2)	洞口:900mm×2000mm	樘	7			
34	010801001002	胶合板门(m^3)	洞口:800mm×2000mm	樘	7			
35	010803001001	金属卷闸门	材质:铝合金外围尺寸:3200mm×2950mm 电动装置	樘	7			
36	010807001001	塑钢窗(C1)	洞口:1800mm×1200mm	樘	8			
37	010807001002	塑钢窗(C2)	洞口:3200mm×1600mm	樘	7			
38	010807001003	塑钢窗(C3)	洞口:2600mm×1600mm	樘	1			
39	010807001004	塑钢窗(C4)	洞口:1800mm×1600mm	樘	8			
40	010807001005	塑钢窗(C5)	洞口:1200mm×1000mm	樘	7			
41	010807001006	塑钢窗(C6)	洞口:1280mm×1600mm	樘	2			
	A.9	屋面及防水工程						
42	010902001001	屋面卷材防水	防水做法: SBS 改性沥青防水卷材 找平层:20mm 厚 1∶3 水泥砂浆	m^2	238.44			
			本页小计					

续表

序号	项目编码	项目名称	项目特征描述	计量单位	工程量	金额/元		
						综合单价	合价	其中 暂估价
43	010902004001	屋面排水管	ϕ100mm UPVC 增强型排水管	m	19.05			
44	010902006001	屋面(廊、阳台)泄(吐)水管		个	3			
	A.10	保温、隔热、防腐工程						
45	011001001001	保温隔热屋面	现浇1∶8水泥珍珠平均厚度220mm,20mm厚1∶3水泥砂浆找平	m^2	220.46			
	A.11	楼地面装饰工程						
46	011101002001	现浇水磨石地面	100mm碎石垫层 60mm C10混凝土垫层 20mm 1∶3水泥砂浆找平层 15mm 1∶2水泥石子磨光打蜡	m^2	176.97			
47	011101002002	现浇水磨石楼面(走廊)	20mm 1∶3水泥砂浆找平层 15mm 1∶2水泥石子磨光打蜡	m^2	41.85			
48	011102003001	地砖搂面(房间)	20mm 1∶3水泥砂浆找平 5mm 1∶1水泥细砂浆贴地面砖500mm×500mm	m^2	119.05			
49	011102003002	地砖搂面(卫生间)	20mm 1∶3水泥砂浆找平 5mm 1∶1水泥细砂浆贴地面砖300mm×300mm	m^2	27.2			
50	011105001001	现浇水磨石踢脚线	高度:150mm 12mm 1∶3水泥砂浆打底 15mm 1∶2水泥石子磨光打蜡	m^2	25.86			
51	011105001002	现浇水磨石楼面(楼梯)	20mm 1∶3水泥砂浆找平层 15mm 1∶2水泥石子磨光打蜡	m^2	12.25			
52	011105003001	地砖踢脚线	高度:150mm 12mm 1∶3水泥砂浆打底 5mm 1∶1水泥细砂结合层贴地砖	m^2	10.19			
53	011107005001	现浇水磨石台阶面磨光打蜡	20mm 1∶3水泥砂浆找平层 15mm 1∶2水泥石子	m^2	1.2			
	A.12	墙、柱面装饰与隔断、幕墙工程						
			本页小节					

续表

序号	项目编码	项目名称	项目特征描述	计量单位	工程量	金额/元		
						综合单价	合价	其中
								暂估价
54	011201001001	外墙面抹灰	砖墙面水泥砂浆 12mm厚1∶3水泥砂浆打底 10mm厚1∶2.5水泥砂浆粉面	m^2	349.37			
55	011201001002	内墙面抹灰	砖墙面混合砂浆 15mm厚1∶1∶6混合砂浆打底 5mm厚1∶0.3∶3水泥砂浆粉面	m^2	842.38			
56	011201001003	女儿墙内侧抹灰	女儿墙内侧、顶面 1∶2水泥砂浆	m^2	75.03			
57	011203001001	雨篷粉刷		m^2	7.8			
58	011204003001	卫生间200mm×300mm瓷砖墙面	墙体材料:标准砖、KP砖 底层厚度、砂浆配合比:12mm厚1∶3水泥砂浆打底 贴结层厚度、材料种类:6mm厚1∶0.1∶2.5混合砂浆结合 面层材料:200mm×300mm白色瓷砖	m^2	134.96			
	A.13	天棚工程						
59	011301001001	天棚抹灰	基层类型:混凝土板底 刷素水泥浆一道 6mm厚1∶3水泥砂浆打底 6mm厚1∶2.5水泥砂浆粉面	m^2	372.27			
	A.15	其他装饰工程						
60	011503001001	楼梯栏杆	不锈钢	m	9.97			
		单价措施						
61	011701001001	综合脚手架		m^2	432.43			
62	011702001001	基础模板-垫层		m^2	18.88			
63	011702001002	基础模板-条基		m^2	17.36			
64	011702001003	基础模板-独基		m^2	48.24			
65	011702002001	矩形柱模板		m^2	202.3			
66	011702003001	构造柱模板		m^2	107.4			
67	011702014001	有梁板模板		m^2	719.76			
68	011702023001	雨篷、悬挑板、阳台板模板		m^2	3.66			
69	011702024001	楼梯模板		m^2	12.25			
70	011702027001	台阶模板		m^2	1.2			
71	011702025001	其他现浇构件模板-压顶		m^2	87.46			
本页小计								
合 计								

表-08

总价措施项目清单与计价表

工程名称：某学院车库　　　　　　标段：某学院车库

序号	项目编码	项目名称	计算基础	费率/%	金额/元	调整费率/%	调整后金额/元	备注
1	011707002001	夜间施工	分部分项合计+技术措施项目合计-分部分项设备费-技术措施项目设备费	0				
2	011707003001	非夜间施工照明	分部分项合计+技术措施项目合计-分部分项设备费-技术措施项目设备费	0				在计取非夜间施工照明费时，建筑工程、仿古工程、修缮土建部分仅地下室（地宫）部分可计取；单独装饰、安装工程、园林绿化工程、修缮安装部分仅特殊施工部位内施工项目可计取
3	011707004001	二次搬运	分部分项合计+技术措施项目合计-分部分项设备费-技术措施项目设备费	0				
4	011707005001	冬雨季施工	分部分项合计+技术措施项目合计-分部分项设备费-技术措施项目设备费	0				
5	011707006001	地上、地下设施、建筑物的临时保护设施	分部分项合计+技术措施项目合计-分部分项设备费-技术措施项目设备费	0				
6	011707007001	已完工程及设备保护	分部分项合计+技术措施项目合计-分部分项设备费-技术措施项目设备费	0				
7	011707009001	赶工措施	分部分项合计+技术措施项目合计-分部分项设备费-技术措施项目设备费	0				
8	011707010001	按质论价	分部分项合计+技术措施项目合计-分部分项设备费-技术措施项目设备费	0				
9	011707011001	住宅分户验收	分部分项合计+技术措施项目合计-分部分项设备费-技术措施项目设备费	0				在计取住宅分户验收时，大型土石方工程、桩基工程和地下室部分不计入计费基础

编制人（造价人员）：　　　　　　　　　　复核人（造价工程师）：

续表

序号	项目编码	项目名称	计算基础	费率/%	金额/元	调整费率/%	调整后金额/元	备注
10	011707008001	临时设施	分部分项合计+技术措施项目合计-分部分项设备费-技术措施项目设备费	1.5				
11	011707001001	安全文明施工费						
12	1.1	基本费	分部分项合计+技术措施项目合计-分部分项设备费-技术措施项目设备费	3				
13	1.2	省级标化增加费	分部分项合计+技术措施项目合计-分部分项设备费-技术措施项目设备费	0.7				
		合计						

编制人(造价人员): 复核人(造价工程师):

表-11

规费、税金项目计价表

工程名称：某学院车库　　　　　　　　标段：某学院车库

序号	项目名称	计算基础	计算基数/元	计算费率/%	金额/元
1	规费	工程排污费＋社会保险费＋住房公积金			
1.1	工程排污费	分部分项工程＋措施项目＋其他项目－分部分项设备费－技术措施项目设备费		0.1	
1.2	社会保险费	分部分项工程＋措施项目＋其他项目－分部分项设备费－技术措施项目设备费		3	
1.3	住房公积金	分部分项工程＋措施项目＋其他项目－分部分项设备费－技术措施项目设备费		0.5	
2	税金	分部分项工程＋措施项目＋其他项目＋规费－甲供设备费		3.48	
合计					

编制人（造价人员）：　　　　　　　　复核人（造价工程师）：

表-13

分部分项工程量计算表

序号	项目编码	项目名称	单位	工程量	计算过程
		建筑面积	m^2	432.43	一层:6.8×28.6=194.48 二层:(8+0.2+0.12)×28.6=237.95 合计:432.43
1	010101001001	平整场地 土类别:二类土	m^2	194.48	28.6×6.8=194.48
2	010101004001	人工挖基坑土方 土类别:三类土 基础类型:独立基础 底宽:2.4m×2.4m、2.8m×2.8m、2.5m×2.5m 挖土深度:1.85m 弃土运距:场内 100m	m^3	494.17	J_1:2×(3×3+4.221×4.221+7.221×7.221)×(2−0.15)/6=48.69 J_2:8×(3.4×3.4+4.621×4.621+8.021×8.021)×(2−0.15)/6=239.88 J_3:8×(3.1×3.1+4.321×4.321+7.421×7.421)×(2−0.15)/6=205.60 合计:494.17
3	010101003001	人工挖沟槽土方 土类别:三类土 基础类型:砖带基 底宽:0.6m 挖土深度:1.75m 弃土运距:场内 100m	m^3	93.95	(1.2+2.355)×(1.9−0.15)×(6.4−1.2−0.3−1.2−0.3)/2=10.58 8×(1.2+2.355)×(1.9−0.15)×(6.4−1.25−0.3−1.4−0.3)/2=78.39 (1.2+2.355)×(1.9−0.15)×(3.6−1.5−1.7+0.2×6)/2=4.98 合计:93.95
4	010101002001	室内挖土方	m^3	7.96	室内外高差为 150mm,现浇水磨石地面总厚度为 195mm, 所以应挖土 45mm,后运走运距 50m 176.97(参见序号 26)×0.045=7.96
5	010103001001	基坑、基槽回填土 夯实: 300mm 厚分层夯填	m^3	497.76	494.17+93.95−12.42−5.21−40.65−1.85−25.35−3.69−0.18−1.01=497.76 合计:497.76

续表

序号	项目编码	项目名称	单位	工程量	计算过程
6	010401001001	M5 水泥砂浆标准砖基础 砖:MU10 标准砖 砂浆:M5 水泥砂浆 基础类型:带形基础 基础深度:1.7m 防潮层材料种类:20mm 厚 1:2 防水砂浆(加 3%～5%防水剂)	m^3	30.63	C 轴:(28.2−8×0.4)×0.24×(1.9−0.2+0.066)=10.60 扣独基斜面所占部分: $-\left(\frac{1}{2}\times(0.05+1.1)\times0.2+0.1\times1.1\right)\times0.24\times15-$ $\left(\frac{1}{2}\times(0.05+0.9)\times0.2+0.1\times0.9\right)\times0.24=-0.85$ 1 轴:(6.4−0.4)×0.24×1.766=2.54 $-\left(\frac{1}{2}\times(0.05+0.9)\times0.2+0.1\times0.9\right)\times0.24\times2=-0.09$ 2～9 轴: 8×(6.4−0.4)×0.24×(1.9−0.2=0.066)=20.34 扣 2～9 轴独基斜面所占部分: $-\left(\frac{1}{2}\times(0.05+1.1)\times0.2+0.1\times1.1\right)\times0.24\times8-$ $\left(\frac{1}{2}\times(0.05+0.95)\times0.2+0.1\times0.95\right)\times0.24\times8=-0.81$ 扣构造柱体积:−9×0.24×0.3×1.7=−1.10 合计:30.63 防潮层 85.66×0.24=20.56
7	010401004001	砖墙:外墙 砖品种:KP 砖 砂浆:M5 混合砂浆 墙厚:240mm	m^3	44.28	一层: C 轴:(28.2−0.4×8)×0.24×(3.3−0.35)=17.7 扣 C1:−8×1.8×1.2×0.24=−4.15 1、9 轴:2×(6.4−0.4)×0.24×(3.3−0.6)=7.78 二层: A 轴:(28.2−0.4×8)×0.24×(2.9−0.35)=15.3 扣 C4:−8×1.8×1.6×0.24=−5.53 1/C 轴:(28.2−0.4×8)×0.24×(2.9−0.45)=14.7 扣 C2、C3:−(7×3.2×1.6+2.6×1.6)×0.24=−9.6 1、4 轴: 2×[6×0.24×(2.9−0.6)+1.28×(2.9−0.45−1.6)]=8.8 扣构造柱体积:−2×0.24×0.3×[(3.3−0.6)+(2.9−0.6)]=−0.72 合计:44.28

续表

序号	项目编码	项目名称	单位	工程量	计算过程
8	010401004002	砖墙:内墙 砖品种:KP 砖 砂浆:M5 混合砂浆 墙厚:240mm	m^3	56.82	一层:7×(6.4−0.4)×0.24×(3.3−0.6)=27.22 扣构造柱:−7×0.24×0.24×(3.3−0.6)=−1.09 二层: C 轴:(28.2−0.4×8−2.6)×0.24×(2.9−0.35)=13.71 扣 M2、C5:−(0.9×2.0+1.2×1.0)×7×0.24=−5.04 2～8 轴:7×6×0.24×(2.9−0.6)=3.31×7=23.18 扣构造柱体积:−7×0.24×0.3×(2.9−0.6)=−1.16 合计:56.82
9	010401003001	砖墙:内墙 砖品种:MU10 标准砖 砂浆:M5 混合砂浆 墙厚:120mm	m^3	7.45	5×(2.1−0.12+0.06)×(2.9−0.35)×0.12=3.12 2×(2.1−0.04+0.06)×(2.9−0.35)×0.12=1.30 7×(2.1−0.04−0.06)×(2.9−0.3)×0.12=4.37 扣 M_3 部分:−7×0.8×2×0.12=−1.34 合计:7.45
10	010401003002	砖墙:女儿墙 砖品种:MU10 标准砖 砂浆:M5 混合砂浆 墙厚:240mm	m^3	7.89	女儿墙:2×[(28.6−0.24)+(8+0.2−0.12)]=72.88 72.88×0.24×(0.6−0.06)=9.45 扣构造柱:−40×0.24×0.3×(0.6−0.06)=−1.56 合计:9.45−1.56=7.89
11	010401012001	砖砌台阶 砖:MU10 标准砖 砂浆:M5 混合砂浆 部位:−0.03m 至 0.598m	m^2	1.2	3×0.28×1.425=1.20
12	010501002001	现浇混凝土条形基础 混凝土:C25	m^3	5.21	0.6×0.2×(6.4−1.1−1.1)=0.504 8×0.6×0.2×(6.4−1.15−1.3)=3.792 0.6×0.2×(28.2−1.1−1.3−2.6×7)=0.912 合计:5.21
13	010501003001	现浇混凝土独立基础 混凝土:C25	m^3	40.65	J_1:$\left[2.2\times2.2\times0.3+\frac{0.2}{6}\times(2.2\times2.2+0.5\times0.5+2.7\times2.7)\right]\times2=3.73$ J_2:$\left[2.6\times2.6\times0.3+\frac{0.2}{6}\times(2.6\times2.6+0.5\times0.5+3.1\times3.1)\right]\times8=20.66$ J_3:$\left[2.3\times2.3\times0.3+\frac{0.2}{6}\times(2.3\times2.3+0.5\times0.5+2.8\times2.8)\right]\times8=16.26$ 合计:40.65

续表

序号	项目编码	项目名称	单位	工程量	计算过程
14	010501001001	垫层(独基) 垫层:C10 混凝土 100mm 厚	m^3	12.42	2.4×2.4×0.1×2+2.8×2.8×0.1×8+2.5×2.5×0.1×8=12.42
15	010502001001	现浇混凝土 C25 矩形柱 柱高:6.20m　截面:400mm×400mm	m^3	22.18	9×2×0.4×0.4×(1.9−0.4+3.3+2.9)=22.18
16	010502002001	现浇混凝土 C25 构造柱 截面:240mm×400mm	m^3	2.12	二层 GZ:9×0.24×0.4×(2.9−0.45)=2.12
17	010502002002	现浇混凝土 C25 构造柱 柱高:0.8m、0.218m 截面:240mm×240mm	m^3	4.34	一、二层 GZ:9×0.24×0.3×[(3.3−0.60)+(2.9−0.6)+1.7]=4.34
18	010502002003	现浇混凝土 C25 构造柱 柱高:0.6m 截面:240mm×240mm	m^3	1.56	层面 GZ:40×0.24×0.3×(0.6−0.06)=1.56
19	010505001001	现浇混凝土 C25 有梁板 板底标高:3.17m、6.07m 板厚:100mm	m^3	76.90	一层 板:28.6×8.32×0.1=23.80 扣楼梯洞口:−2.76×(4.3−0.05+0.18)×0.1=−1.22 板下梁: A 轴:(28.2−0.4×8)×0.25×(0.35−0.1)=1.56 C 轴:(28.2−0.4×8)×0.25×(0.35−0.1)=1.56 1/C 轴:28.6×0.25×(0.45−0.1)=2.50 B 轴:(28.6−9×0.25)×0.24×(0.35−0.1)=1.58 1～9 轴: 9×[(6.4−0.4)×0.25×(0.6−0.1)+1.27×0.25×(0.45−0.1)]=7.75 LL-1:(2.1−0.05−0.18)×0.2×(0.3−0.1)×7=0.52 小计:38.05 二层 板:28.6×8.32×0.1=23.80 扣屋面洞口:−0.7×0.6=−0.42 板下梁:同一层 小计:38.85 合计:76.9

续表

序号	项目编码	项目名称	单位	工程量	计算过程
20	010505008001	现浇雨篷：C25	m^3	0.37	1.0×2.75+(2.67+0.94×2)×0.2=3.66 3.66×0.1=0.37
21	010506001001	现浇混凝土 C25 直形楼梯	m^2	12.25	2.76×(4.3−0.04+0.18)=12.25
22	010507005001	现浇混凝土 C20 压顶梁 截面：240mm×60mm	m^3	1.05	女儿墙中心线长：72.88m 72.88×0.24×0.06=1.05
23	010507001001	现浇混凝土坡道 垫层：150mm 厚碎石垫层上做 80mm 厚 C15 混凝土 面层：1∶2.5 水泥砂浆 20mm 厚	m^2	42.9	28.6×1.5=42.9
24	010507001002	现浇混凝土散水 垫层：60mm 厚 C15 混凝土 面层： 1∶2.5 水泥砂浆 20mm 厚 填缝：油膏	m^2	26.04	[(6.8+0.3)×2+(28.6+0.6)]×0.6=26.04
25	010902001001	屋面卷材防水 防水做法： SBS 改性沥青防水卷材	m^2	238.44	(28.6−0.48)×(8.32−0.48)=220.46 (28.12+7.84)×2×0.25=17.98 合计：238.44
	011101006001	屋面砂浆找平 找平层：20mm 厚 1∶3 水泥砂浆	m^2	220.46	(28.6−0.48)×(8.32−0.48)=220.46 合计：220.46
26	010902004001	屋面排水管： ϕ100mm UPVC 增强型排水管	m	19.05	(6.2+0.15)×3=19.05
27	011001001001	保温隔热屋面： 现浇 1∶8 水泥珍珠岩平均厚度 220mm	m^2	220.46	28.12×7.84=220.46
	011101006001	屋面砂浆找平 找平层：20mm 厚 1∶3 水泥砂浆	m^2	220.46	
28	011101002001	现浇水磨石地面： 100mm 碎石垫层，60mmC10 混凝土垫层 20mm 1∶3 水泥砂浆找平层 15mm 1∶2 水泥石子磨光打蜡	m^2	176.97	(3.6−0.12−0.04)×(6.4−0.04+0.2)=22.57 2×(7.2−0.24)×6.56=91.31 (3.0−0.24)×6.56−1.20=16.91 (7.2−0.12−0.04)×6.56=46.18 合计：176.97

续表

序号	项目编码	项目名称	单位	工程量	计算过程
29	011101002002	现浇水磨石楼面(走廊) 20mm 1∶3 水泥砂浆找平层 15mm 1∶2 水泥石子磨光打蜡	m^2	41.85	(1.6−0.2−0.12)×(28.6−0.24×2)=36.00 2.76×(2.1+0.2−0.18)=5.85 合计:41.85
30	011102003001	地砖搂面(房间); 20mm 1∶3 水泥砂浆找平 5mm 1∶1 水泥细砂浆贴地面砖 500mm×500mm	m^2	119.05	2×[(6.4−0.04×2)×(3.6−0.12−0.04)−(2.1+0.06−0.04)×(2.1+0.−0.04)]=34.50 5×[(3.6−0.24)×(6.4−0.04×0.2)−(2.1−0.12+0.06)×(2.1+0.06−0.04)]=84.55 合计:119.05
31	011102003002	地砖搂面(卫生间); 20mm 1∶3 水泥砂浆找平层 5mm 1∶1 水泥细砂浆贴地面砖 300mm×300mm	m^2	27.2	2×(2.1−0.06−0.04)×(2.1−0.06−0.04)=8 5×(2.1−0.06−0.04)×(2.1−0.12−0.06)=19.2 合计:27.2
32	011105003001	地砖踢脚线 高度:150mm 12mm 1∶3 水泥砂浆打底 5mm1∶1 水泥细砂结合层贴地砖	m^2	10.19	2×[(6.4−0.04×2)+(3.6−0.04−0.12)]=19.52 5×[(6.4−0.04×2)+(3.6−0.24)]=48.4 合计:(19.52+48.4)×0.15=10.19
33	011105001001	现浇水磨石踢脚线 高度:150mm 12mm 1∶3 水泥砂浆打底 15mm 1∶2 水泥石子磨光打蜡	m^2	25.86	一层: (6.4−0.04+0.2)×7×2=91.8 28.2−0.04×2−7×0.24=26.44 二层: [(28.6−0.48)+1.28]×2−2.6+2×(2.1+0.2−0.18)−0.9×7=54.14 合计:(91.8+26.44+54.14)×0.15=25.86
34	011105001002	现浇水磨石楼面(楼梯) 20mm 1∶3 水泥砂浆找平层 15mm 1∶2 水泥石子磨光打蜡	m^2	12.25	2.76×(4.3−0.04+0.18)=12.25
35	011503001001	楼梯栏杆:不锈钢	m	9.97	$\sqrt{3.08^2+1.729^2}+0.2+1.4+\sqrt{1.68^2+0.94^2}+1.425+0.2+\sqrt{1.12^2+0.628^2}=9.97$

续表

序号	项目编码	项目名称	单位	工程量	计算过程
36	011107005001	现浇水磨石台阶面 20mm 1∶3 水泥砂浆找平层 15mm 1∶2 水泥石子磨光打蜡	m^2	1.20	0.28×3×1.425=1.20
37	011201001001	外墙面抹灰： 砖墙面水泥砂浆 12mm 厚 1∶3 水泥砂浆打底 10mm 厚 1∶2.5 水泥砂浆粉面	m^2	349.37	东立面： 6.95×28.6=198.77 扣 M1、洞口：−(7×3.2×2.95+2.6×2.95+8×1.8×1.6)=−96.79 西立面：(2.95+0.15)×28.6−8×1.8×1.2=71.38 (2.9 + 0.6 + 0.45) × 28.6 − 7 × 3.2 × 1.6 − 2.6 × 1.6 = 72.972 × [(6.4+0.4)×6.95+(1.6−0.2+0.12)×(2.9+0.45+0.8)−1.28×1.6]=103.04 合计：349.37
38	011201001002	内墙面抹灰：砖墙面混合砂浆 15mm 厚 1∶1∶6 混合砂浆打底 5mm 厚 1∶0.3∶3 水泥砂浆粉面	m^2	842.38	一层： [(3.6−0.04−0.12)+(6.4+0.2−0.04)×2+0.16×2] ×(3.3−0.1)×2=108.03 [(3.6−0.24)+(6.4+0.2−0.04)×2+0.16×2]×(3.3−0.1)×5=268.80 扣 C1：−8×1.8×1.2=−17.28 二层： 房间：2×[(3.6−0.04−0.12)+(6.4−0.04×2)] ×2×(2.9−0.1)=109.31 5×[(3.6−0.24)+(6.4−0.04×2)]×2×(2.9−0.1)=271.04 扣 C4：−7×1.8×1.6=−20.16 扣 M2、M3：−7(0.9×2+0.8×2)=−23.8 走廊：{[(28.6−0.48)+(1.6−0.2−0.12)]×2−2.6}×(2.9−0.1)=157.36 扣 C5：−7×1.2×1=−8.4 扣 C2、C3：−(7×3.2×1.6+2.6×1.6)=−40 扣 C6：−2×1.28×1.6=−4.10 楼梯间：[(6.8−0.24)×2+2.76]×(2.9−0.1)=44.46 扣 C4：−1.8×1.6=−2.88 合计 842.38

续表

序号	项目编码	项目名称	单位	工程量	计算过程
39	011201001003	水泥砂浆零星抹灰 女儿墙内侧、顶面 1∶2 水泥砂浆	m^2	75.03	顶面:72.88×0.24=17.49 内侧面:[(28.6−0.48)+(8.32−0.48)]×2×0.8=57.54 合计:75.03
40	011301001001	天棚抹灰 基层类型:混凝土板底 刷素水泥浆一道 6mm 厚 1∶3 水泥砂浆打底 6mm 厚 1∶2.5 水泥砂浆粉面	m^2	372.27	一层:3.44×(6.4−0.04+0.2+0.25)=23.43 2×(7.2−0.24)×6.81=94.80 (7.2−0.12−0.04)×6.81=47.94 二层:走廊(28.6−0.48)×1.28=36.99 2×(3.6−0.04−0.12)×(6.4−0.04×2)=21.74×2=43.48 5×3.36×6.32=106.18 楼梯间:(2.1+0.2+0.25×2+0.06+0.25)×2.76=8.58 $\sqrt{1.4^2+0.943^2}\times1.325+1.4\times1.325+1.24\times2.76+\sqrt{2.8^2+1.729^2}\times1.325=$ 11.87 合计:372.27
41	011203001001	雨篷粉刷	m^2	7.8	2.75×1+(2.75−0.16+0.9×2)×0.2+2.75×1+(2.75+1×2)×0.3=7.8
42	011204003001	卫生间:200mm×300mm 瓷砖墙面 墙体材料: 标准砖、KP 砖 底层厚度、砂浆配合比:12mm 厚 1∶3 水泥砂浆打底 黏结层厚度、材料种类:6mm 厚 1∶0.1∶2.5 混合砂浆结合 面层材料:200mm×300mm 白色瓷砖	m^2	134.96	2×(2.1−0.04−0.06)×4×(2.9−0.1)=44.8 5×[(2.1−0.12−0.06)+(2.1−0.04−0.06)] ×2×(2.9−0.1)=109.76 扣 M3、M5:−19.6 合计:134.96

续表

序号	项目编码	项目名称	单位	工程量	计算过程
43	010803001001	金属卷闸门 材质:铝合金 外围尺寸:3200mm×2950mm 电动装置	樘	7	
44	010801001001	胶合板门(M2) 洞口:900mm×2000mm	樘	7	
45	010801001002	胶合板门(M3) 洞口:800mm×2000mm	樘	7	
46	010807001001	塑钢窗(C1) 洞口:1800mm×1200mm	樘	8	
47	010807001002	塑钢窗(C2) 洞口:3200mm×1600mm	樘	7	
48	010807001003	塑钢窗(C3) 洞口:2600mm×1600mm	樘	1	
49	010807001004	塑钢窗(C4) 洞口:1800mm×1600mm	樘	8	
50	010807001005	塑钢窗(C5) 洞口:1200mm×1000mm	樘	7	
51	010807001006	塑钢窗(C6) 洞口:1280mm×1600mm	樘	2	
52	010515001001	现浇构件钢筋直径 12mm 以内	t	9.589	具体见钢筋计算汇总表
53	010515001002	现浇构件钢筋直径 12mm 以外	t	6.743	

楼层构件类型级别直径汇总表

单位：kg

楼层名称	构件类型	钢筋总重	HPB300					HRB335						
			6	8	10	12	14	12	14	16	18	20	22	25
基础层	柱	751.424	0.929	39.062				19.657			691.776			
	构造柱	91.175	16.981			74.194								
	独立基础	1290.591			1290.591									
	合计	2133.19	17.909	39.062	1290.591	74.194		19.657			691.776			
首层	柱	2107.094	49.424	937.496				22.03			1098.144			
	构造柱	125.275	25.471			99.804								
	梁	3049.16	89.066	645.248					558.016	519.156	620.304	103.493	510.951	2.926
	现浇板	2326.162	76.786	2012.892	236.484									
	合计	7607.691	240.746	3595.637	236.484	99.804		22.03	558.016	519.156	1718.448	103.493	510.951	2.926
第2层	柱	1239.983		585.935							654.048			
	构造柱	562.896	95.506			467.39								
	梁	2703.763	88.688	572.169					839.278	312.976	78.032	812.62		
	现浇板	2661.245	84.639	2003.139	573.467									
	板洞加筋	4.072			4.072									
	合计	7171.96	268.834	3161.244	577.539	467.39			839.278	312.976	732.08	812.62		
单构件	构造柱	215.288	25.228			190.06								
	楼梯	197.681	34.918	32.885	103.96		25.918							
	合计	412.969	60.146	32.885	103.96	190.06	25.918							
全部层汇总	柱	4098.501	50.353	1562.494				41.686			2443.968			
	构造柱	994.635	163.186			831.449								
	梁	5752.924	177.754	1217.418					1397.293	832.132	698.336	916.113	510.951	2.926
	现浇板	4987.407	161.425	4016.032	809.951									
	板洞加筋	4.072			4.072									
	独立基础	1290.591			1290.591									
	楼梯	197.681	34.918	32.885	103.96		25.918							
	合计	17325.811	587.636	6828.828	2208.574	831.449	25.918	41.686	1397.293	832.132	3142.304	916.113	510.951	2.926

复习思考题

1.《建设工程工程量清单计价规范》(GB 50500—2013)是什么？什么时间发布？什么时间起实施？其主要内容有哪些？

2.《建设工程工程量清单计价规范》(GB 50500—2013)适用范围有哪些？

3. 什么是项目编码？每位编码的含义是什么？

4. 什么是招标工程量清单？它应由谁编制？其主要内容有哪些？编制工程量清单时，对分部分项工程量清单提出的是哪四个统一？

5. 什么是措施项目清单？其主要内容有哪些？如何编制措施项目清单？

6. 什么是工程量清单计价？它应由谁编制？其主要内容有哪些？编制工程量清单计价时，对分部分项工程量清单计价提出的是哪四个统一？

7. 简述工程量清单与工程量清单计价的区别。

8. 什么是工程量清单的综合单价？它包括哪些内容？

9. 工程量清单与工程量清单计价格式是相同的吗？若不是，请简述其不同。

10. 简述房屋建筑与装饰工程工程量清单计算规范(GB 50854—2013)的内容。其适用范围是什么？

11. 简述土石方工程清单项目中包括的主要内容？

12. 简述 010414001 的工程量计算规则。

13. 举例说明墙面砌筑、墙面抹灰分别套什么清单子目项。

14. 举例说明现浇混凝土柱与预制混凝土柱在工程量计算规则和工作内容上有何区别。

15. 020101 表示什么？其主要内容是什么？它与 020101001 之间的关系是什么？

第四章　建筑工程施工图预算的编制

本章主要内容：了解建筑工程施工图预算的作用、编制依据及方法，熟悉建筑面积的概念及计算规则，掌握建筑及装饰工程的工程量计算规则，通过实例介绍了掌握建筑与装饰工程施工图预算的编制方法。

第一节　建筑工程施工图预算的编制依据及方法

一、施工图预算的基本概念

1. 施工图预算的含义

施工图预算是施工图设计预算的简称，又叫设计预算。它是在施工图设计完成后，根据施工图设计图纸、现行预算定额、费用定额以及地区设备、材料、施工机械台班等价格编制和确定的建筑安装工程造价的文件。

施工图预算也是规范所指的工程造价计价的另一种方法——定额计价法。

施工图预算应该严格执行国家和省规定的政策，如实反映工程项目建设安装施工的全部造价。

2. 施工图预算的作用

在社会主义市场经济条件下，施工图预算的主要作用是：

① 施工图预算是设计阶段控制工程造价的重要环节，是控制施工图设计不突破设计概算的重要措施。

② 施工图预算是编制或调整固定资产投资计划的依据。

③ 对于实行施工招标的工程，施工图预算是编制标底的依据，也是承包企业投标报价的基础。

④ 对于不宜实行招标而采用施工图预算加调整价结算的工程，施工图预算可作为确定合同价款的基础或作为审查施工企业提出的施工预算的依据。

3. 施工图预算的内容

施工图预算有单位工程预算、单项工程预算和建设项目总预算。在单位工程预算的基础上汇总所有各单位工程施工图预算，成为单项工程施工预算；再汇总各所有单项施工图预算，便是一个建设项目建筑安装工程的总预算。

单位工程预算包括建筑工程预算和设备安装工程预算。建筑工程预算按其工程性质分为一般土建工程预算、水暖工程预算（包括室内外给排水工程、采暖通风工程、煤气工程等）、电气照明工程预算、弱电工程预算、特殊构筑物如炉窑、烟囱、水塔等工程预算和工业管道工程预算等。设备安装工程预算可分为机械设备安装工程预算、电气设备安装工程预算和热力安装工程预算等。

二、建筑工程施工图预算的编制依据

编制施工图预算必须深入现场进行充分调研，使预算的内容既能反映实际，又能满足施工管理工作的需要。同时，必须严格遵守国家建设的各项方针、政策和法令，做到实事求是，不弄虚作假，并注意不断研究和改进编制的方法，提高效率，准确及时地编制出高质量的预算，以满足工程建设的需要。

施工图预算的编制依据主要有以下内容。

1. 施工图纸及设计说明和标准图集

经审定的施工图纸、说明书和标准图集，完整地反映了工程的具体内容，各部的具体做法，结构尺寸、技术特征以及施工方法，是编制施工图预算的重要依据。

2. 现行国家基础定额及有关计价表

国家和地区都颁发有现行建筑、安装工程预算定额及计价表和相应的工程量计算规则，是编制施工图预算确定分项工程子目、计算工程量、计算工程费的直接主要依据。

3. 施工组织设计或施工方案

因为施工组织设计或施工方案中包括了与编制施工图预算必不可少的有关资料，如建设地点的土质、地质情况，土石方开挖的施工方法及余土外运方式与运距，施工机械使用情况，结构构件预制加工方法及运距，重要的梁板柱的施工方案、重要或特殊设备的安装方案等。

4. 材料、 人工、 机械台班预算价格及市场价格

材料、人工、机械台班预算价格是构成综合单价的主要因素。尤其是材料费在工程成本中占的比重大，而且在市场经济条件下，材料、人工、机械台班的价格是随市场而变化的。为使预算造价尽可能符合实际，合理确定材料、人工、机械台班预算价格是编制施工图预算的重要依据。

5. 建筑安装工程费用定额

建筑安装工程费用定额是各省、市、自治区和各专业部门规定的费用定额及计算程序。

6. 预算员工作手册及有关工具书

预算员工作手册和工具书包括了计算各种结构件面积和体积的公式，钢材、木材等各种材料规格型号及用量数据，各种单位换算比例，特殊断面、结构件的工程量的速算方法、金属材料重量表等。

三、施工图预算的编制方法

单位工程施工图预算，通常有单价法和实物法两种编制方法。

1. 单价法

单价法是首先根据单位工程施工图计算出各分部分项工程和措施项目的工程量；然后从预算定额中查出各分项工程相应的定额单价，并将各分项工程量与相应的定额单价相乘，其积就是各分项工程的价值；再累计各分项工程的价值，即得出该单位工程的直接费；根据地区费用定额和各项取费标准（取费率），计算出各项费用等；最后汇总各项费用即得到单位工程施工图预算造价。预算单价法又称为工料单价法。

这种编制方法，既简化编制工作，又便于进行技术经济分析。但在市场价格波动较大的情况下，用该法计算的造价可能会偏离实际水平，造成误差，因此需要对价差进行调整。

2. 实物法

实物法首先根据单位工程施工图计算出各个分部分项的工程量；然后从消耗量定额中查出各相应分项工程所需的人工、材料和机械台班定额用量，再分别将各分项的工程量与其相应的定额人工、材料和机械台班的总耗用量相乘；再将所得的人工、材料和机械台班总耗用量，各自分别乘以当时当地的工资单价、材料预算价格和机械台班单价，其积的总和就是该单位工程的直接费；根据本地区取费标准进行取费，最后汇总各项费用，形成单位工程施工图预算造价。

这种编制方法适用于工料因时因地发生价格波动、变动情况下的市场经济需要。

第二节　建筑面积的计算规范

一、建筑面积及作用

建筑面积是表示建筑物平面特征的几何参数，是指建筑物外墙勒脚以上各层水平投影面积之和。建筑面积是确定建设规模的重要指标，包括使用面积、交通面积和结构面积。计量单位“m^2”。建筑面积主要作用有：

① 建筑面积是计算建筑工程相关分部分项工程量与有关工程费用项目的依据。如楼地面工程量的大小与建筑面积直接相关；工程措施费中，高层建筑增加费的工程量就是以超高部分建筑面积计算的。

② 建筑面积是编制、控制与调整施工进度计划和竣工交验的重要指标。

③ 建筑面积是确定建筑、装饰工程技术经济指标的重要依据。

二、计算建筑面积的规范（GB/T 50353—2013）

1. 计算建筑面积的规范概述

为规范工业与民用建筑工程建设全过程的建筑面积计算，统一计算方法，制定本规范。本规范适用于新建、扩建、改建的工业与民用建筑工程建设全过程的建筑面积计算。建筑工程的建筑面积计算，除应符合本规范外，尚应符合国家现行有关标准的规定。

2. 名词解释

（1）建筑面积是指建筑物（包括墙体）所形成的楼地面面积。

（2）自然层是指按楼地面结构分层的楼层。

（3）结构层高是指楼面或地面结构层上表面至上部结构层上表面之间的垂直距离。

（4）围护结构是指围合建筑空间的墙体、门、窗。

（5）建筑空间是指以建筑界面限定的、供人们生活和活动的场所。

（6）结构净高是指楼面或地面结构层上表面至上部结构层下表面之间的垂直距离。

（7）围护设施是指为保障安全而设置的栏杆、栏板等围挡。

（8）地下室是指室内地平面低于室外地平面的高度超过室内净高的1/2的房间。

（9）半地下室是指室内地平面低于室外地平面的高度超过室内净高的1/3，且不超过1/2的房间。

（10）架空层是指仅有结构支撑而无外围护结构的开敞空间层。

（11）走廊是指建筑物中的水平交通空间。

（12）架空走廊是指专门设置在建筑物的二层或二层以上，作为不同建筑物之间水平交通的空间。

（13）结构层是指整体结构体系中承重的楼板层。

（14）落地橱窗是指突出外墙面且根基落地的橱窗。

（15）凸窗（飘窗）是指凸出建筑物外墙面的窗户。

（16）檐廊是指建筑物挑檐下的水平交通空间。

（17）挑廊是指挑出建筑物外墙的水平交通空间。

（18）门斗是指建筑物入口处两道门之间的空间。

（19）雨篷是指建筑出入口上方为遮挡雨水而设置的部件。

（20）门廊是指建筑物入口前有顶棚的半围合空间。

（21）楼梯是指由连续行走的梯级、休息平台和维护安全的栏杆（或栏板）、扶手以及相应的支托结构组成的作为楼层之间垂直交通使用的建筑部件。

（22）阳台是指附设于建筑物外墙，设有栏杆或栏板，可供人活动的室外空间。

（23）主体结构是指接受、承担和传递建设工程所有上部荷载，维持上部结构整体性、稳定性和安全性的有机联系的构造。

（24）变形缝是指防止建筑物在某些因素作用下引起开裂甚至破坏而预留的构造缝。

（25）骑楼是指建筑底层沿街面后退且留出公共人行空间的建筑物。

（26）过街楼是指跨越道路上空并与两边建筑相连接的建筑物。

（27）建筑物通道是指为穿过建筑物而设置的空间。

（28）露台是指设置在屋面、首层地面或雨篷上的供人室外活动的有围护设施的平台。

（29）勒脚是指在房屋外墙接近地面部位设置的饰面保护构造。

（30）台阶是指联系室内外地坪或同楼层不同标高而设置的阶梯形踏步。

3. 计算建筑面积的规定

（1）建筑物的建筑面积应按自然层外墙结构外围水平面积之和计算。结构层高在2.20m及以上的，应计算全面积；结构层高在2.20m以下的，应计算1/2面积。

（2）建筑物内设有局部楼层时，对于局部楼层的二层及以上楼层，有围护结构的应按其围护结构外围水平面积计算，无围护结构的应按其结构底板水平面积计算，且结构层高在2.20m及以上的，应计算全面积，结构层高在2.20m以下的，应计算1/2面积。

（3）对于形成建筑空间的坡屋顶，结构净高在2.10m及以上的部位应计算全面积；结构净高在1.20m及以上至2.10m以下的部位应计算1/2面积；结构净高在1.20m以下的部位不应计算建筑面积。

（4）对于场馆看台下的建筑空间，结构净高在2.10m及以上的部位应计算全面积；结构净高在1.20m及以上至2.10m以下的部位应计算1/2面积；结构净高在1.20m以下的部位不应计算建筑面积。室内单独设置的有围护设施的悬挑看台，应按看台结构底板水平投影面积计算建筑面积。有顶盖无围护结构的场馆看台应按其顶盖水平投影面积的1/2计算面积。

（5）地下室、半地下室应按其结构外围水平面积计算。结构层高在2.20m及以上的，应计算全面积；结构层高在2.20m以下的，应计算1/2面积。

（6）出入口外墙外侧坡道有顶盖的部位，应按其外墙结构外围水平面积的1/2计算面积。

（7）建筑物架空层及坡地建筑物吊脚架空层，应按其顶板水平投影计算建筑面积。结构层高在2.20m及以上的，应计算全面积；结构层高在2.20m以下的，应计算1/2面积。

（8）建筑物的门厅、大厅应按一层计算建筑面积，门厅、大厅内设置的走廊应按走廊结构底板水平投影面积计算建筑面积。结构层高在2.20m及以上的，应计算全面积；结构层高在2.20m以下的，应计算1/2面积。

（9）对于建筑物间的架空走廊，有顶盖和围护设施的，应按其围护结构外围水平面积计算全面积；无围护结构、有围护设施的，应按其结构底板水平投影面积计算1/2面积。

（10）对于立体书库、立体仓库、立体车库，有围护结构的，应按其围护结构外围水平面积计算建筑面积；无围护结构、有围护设施的，应按其结构底板水平投影面积计算建筑面积。无结构层的应按一层计算，有结构层的应按其结构层面积分别计算。结构层高在2.20m及以上的，应计算全面积；结构层高在2.20m以下的，应计算1/2面积。

（11）有围护结构的舞台灯光控制室，应按其围护结构外围水平面积计算。结构层高在2.20m及以上的，应计算全面积；结构层高在2.20m以下的，应计算1/2面积。

（12）附属在建筑物外墙的落地橱窗，应按其围护结构外围水平面积计算。结构层高在2.20m及以上的，应计算全面积；结构层高在2.20m以下的，应计算1/2面积。

（13）窗台与室内楼地面高差在0.45m以下且结构净高在2.10m及以上的凸（飘）窗，应按其围护结构外围水平面积计算1/2面积。

（14）有围护设施的室外走廊（挑廊），应按其结构底板水平投影面积计算1/2面积；有围护设施（或柱）的檐廊，应按其围护设施（或柱）外围水平面积计算1/2面积。

（15）门斗应按其围护结构外围水平面积计算建筑面积，且结构层高在2.20m及以上的，应计算全面积；结构层高在 2.20m 以下的，应计算 1/2 面积。

(16) 门廊应按其顶板的水平投影面积的 1/2 计算建筑面积；有柱雨篷应按其结构板水平投影面积的 1/2 计算建筑面积；无柱雨篷的结构外边线至外墙结构外边线的宽度在 2.10m 及以上的，应按雨篷结构板的水平投影面积的 1/2 计算建筑面积。

(17) 设在建筑物顶部的、有围护结构的楼梯间、水箱间、电梯机房等，结构层高在 2.20m 及以上的应计算全面积；结构层高在 2.20m 以下的，应计算 1/2 面积。

(18) 围护结构不垂直于水平面的楼层，应按其底板面的外墙外围水平面积计算。结构净高在 2.10m 及以上的部位，应计算全面积；结构净高在 1.20m 及以上至 2.10m 以下的部位，应计算 1/2 面积；结构净高在 1.20m 以下的部位，不应计算建筑面积。

(19) 建筑物的室内楼梯、电梯井、提物井、管道井、通风排气竖井、烟道，应并入建筑物的自然层计算建筑面积。有顶盖的采光井应按一层计算面积，且结构净高在 2.10m 及以上的，应计算全面积；结构净高在 2.10m 以下的，应计算 1/2 面积。

(20) 室外楼梯应并入所依附建筑物自然层，并应按其水平投影面积的 1/2 计算建筑面积。

(21) 在主体结构内的阳台，应按其结构外围水平面积计算全面积；在主体结构外的阳台，应按其结构底板水平投影面积计算 1/2 面积。

(22) 有顶盖无围护结构的车棚、货棚、站台、加油站、收费站等，应按其顶盖水平投影面积的 1/2 计算建筑面积。

(23) 以幕墙作为围护结构的建筑物，应按幕墙外边线计算建筑面积。

(24) 建筑物的外墙外保温层，应按其保温材料的水平截面积计算，并计入自然层建筑面积。

(25) 与室内相通的变形缝，应按其自然层合并在建筑物建筑面积内计算。对于高低联跨的建筑物，当高低跨内部连通时，其变形缝应计算在低跨面积内。

(26) 对于建筑物内的设备层、管道层、避难层等有结构层的楼层，结构层高在 2.20m 及以上的，应计算全面积；结构层高在 2.20m 以下的，应计算 1/2 面积。

(27) 下列项目不应计算建筑面积：

① 与建筑物内不相连通的建筑部件；

② 骑楼、过街楼底层的开放公共空间和建筑物通道；

③ 舞台及后台悬挂幕布和布景的天桥、挑台等；

④ 露台、露天游泳池、花架、屋顶的水箱及装饰性结构构件；

⑤ 建筑物内的操作平台、上料平台、安装箱和罐体的平台；

⑥ 勒脚、附墙柱、垛、台阶、墙面抹灰、装饰面、镶贴块料面层、装饰性幕墙，主体结构外的空调室外机搁板（箱）、构件、配件，挑出宽度在 2.10m 以下的无柱雨篷和顶盖高度达到或超过两个楼层的无柱雨篷；

⑦ 窗台与室内地面高差在 0.45m 以下且结构净高在 2.10m 以下的凸（飘）窗，窗台与室内地面高差在 0.45m 及以上的凸（飘）窗；

⑧ 室外爬梯、室外专用消防钢楼梯；

⑨ 无围护结构的观光电梯；

⑩ 建筑物以外的地下人防通道，独立的烟囱、烟道、地沟、油（水）罐、气柜、水塔、贮油（水）池、贮仓、栈桥等构筑物。

第三节 建筑与装饰工程预算工程量计算

一、工程量计算概述

1. 工程量计算的意义

工程量是指以自然计量单位或物理计量单位所表示各分项工程或结构、构件的实物数量。

物理计量单位是指以物体（分项工程或构件）的物理法定计量单位表示工程的数量。如建筑墙面贴壁纸以 m^2 为计量单位；楼梯栏杆、扶手以 m 为计量单位。

自然计量单位是以物体自身的计量单位来表示的工程数量。如装饰灯具安装以“套”为计量单位；卫生器具安装以“组”为计量单位。

正确计算建筑与装饰工程工程量是编制建筑、装饰预算的一个重要环节。其意义主要表现在以下几个方面。

① 建筑与装饰工程工程量计算的准确与否，直接影响着建筑、装饰工程的预算造价，从而影响整个工程建设过程的造价计价与控制。

② 建筑与装饰工程工程量是建筑、装饰施工企业编制施工作业计划，合理安排施工进度，组织劳动力、材料和机械的重要依据。

③ 建筑与装饰工程工程量是基本建设财务管理和会计核算的重要指标。

2. 工程量计算的依据

① 施工图纸、设计说明和有关图集。

② 施工组织设计。

③ 建筑与装饰工程计价表。

④ 有关的工程量计算规则。

二、工程量计算的一般方法

为了便于建筑与装饰工程工程量的计算和审核，防止重算和漏算的现象，计算工程量时必须按照一定的顺序和方法来进行。

1. 各分部工程之间工程量的计算顺序

(1) 规范顺序法　即完全按照计价规范中分部工程的编排顺序进行工程量的计算。

这种方法能依据计价规范的项目划分顺序逐项计算，通过工程项目与规范项目之间的对照，能清楚地反映出已算和未算项目，防止漏项，并有利于工程量的整理与报价，此法比较适合于初学者。

(2) 施工顺序法　即根据各建筑、装饰工程项目的施工工艺特点，按其施工的先后顺序，同时考虑到计算的方便，由基层到面层或从下层到上层逐层计算。此法打破了定额分章的界限，计算工作流畅，但对使用者的技能要求较高。

(3) 统筹原理计算法　即通过对计价规范的项目划分和工程量计算规则进行分析，找出各建筑、装饰分项项目之间的内在线索，运用统筹法原理，合理安排计算顺序。

实际工作中，往往综合应用上述三种方法。在建筑、装饰工程量计算中，分部工作量计算其参考顺序可排列如下。

建筑分部工程量计算其参考顺序可排列为：

门窗构件统计→混凝土及钢筋混凝土→砌筑工程→土（石）方工程→楼地面工程→金属结构工程→构件运输与安装工程→屋面工程→防腐保温工程。

装饰分部工程量计算其参考顺序可排列为：

门窗工程→楼地面工程→顶棚工程→墙柱面工程→油漆、涂料、裱糊工程→其他装饰工程。

2. 不同分部分子目之间的计算顺序

一般按定额编排顺序或按施工顺序计算。

3. 同一分项工程分布在不同部位时的计算顺序

（1）按顺时针方向计算 即从施工平面图左上角开始，由左而右、先外后内顺时针环绕一周，再回到起点，这一方法适用于计算外墙面、楼地面、顶棚等项目。如图 4-1 所示。

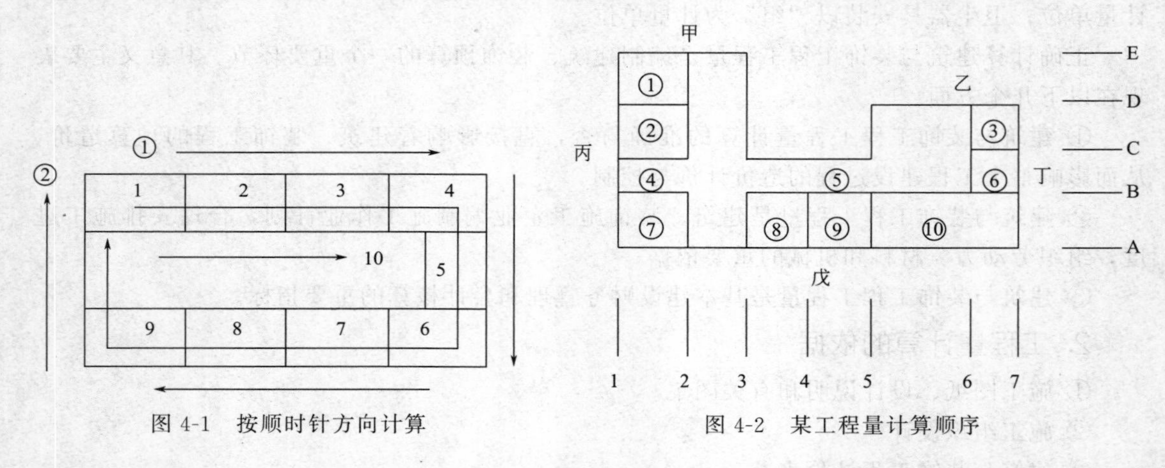

图 4-1 按顺时针方向计算

图 4-2 某工程量计算顺序

（2）先横后竖、先上后下、先左后右的顺序计算 这种方法适用于计算内墙面、顶棚等项目。如图 4-2 所示。

（3）按图纸上注明的轴线或构件的编号依次计算 这种方法适用于计算门框、墙面等项目。如铝合金门制作安装其编号 M1、M2、…、M*N* 依次计算；独立柱、柱面装修按其编号 Z1、Z2、…、Z*N* 依次计算工程量，如图 4-3 所示。

总之，合理的工程量计算顺序不仅能加快计算速度，还能防止错算、重算或漏算。造价人员应在实践中不断探索总结经验，形成适合自己特点的工程量计算顺序，以达到事半功倍的效果。

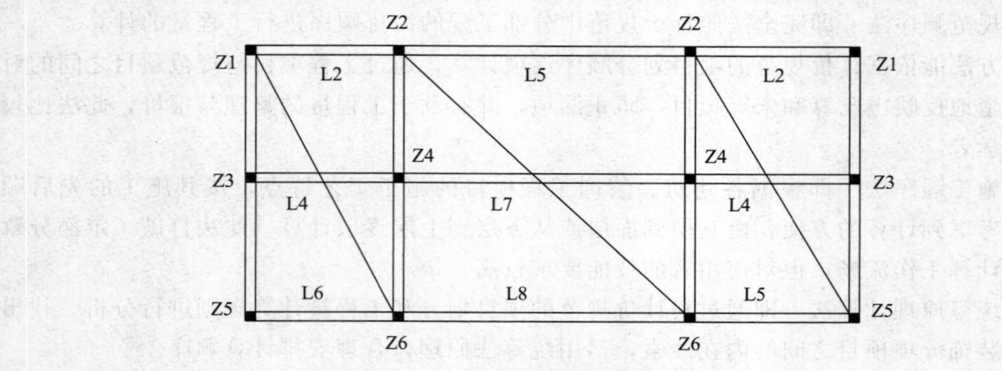

图 4-3 按轴线编号计算工程量

三、工程量计算的步骤

工程量计算实际上就是填写工程量计算表的过程。其步骤如下所述。

① 列项。注明该分部分项工程的主要做法及所用材料的品种、规格等内容。

② 确定填写计量单位。

③ 填列计算式。为了便于计算和复核，对计算式中某些数据来源和计算方法加括号简要说明，并尽可能分段分步列出计算式。

④ 计算结果，根据所列计算式计算数量并汇总。

第四节　建筑与装饰工程工程量计算规则

以《江苏省建筑与装饰工程计价定额》(2014 年版，上、下册）为依据，摘录常用分部工程计算规则。

一、土石方工程

1. 有关说明

(1) 人工土、石方

① 土壤及岩石划分：与 2013 年规范相同，见第三章土壤分类表。

② 土、石方的体积除计价表中注有规定外，均按天然实体积（自然方）计算。

③ 挖土深度一律以设计室外标高为起点，如实际自然地面标高与设计地面标高发生高低差时，其工程量在竣工结算时调整。

④ 干土与湿土的划分应以地质勘查资料为准；如无资料时以地下常水位为准，常水位以上为干土，常水位以下为湿土。采用人工降低地下水位时，干、湿土的划分仍以常水位为准。

⑤ 运余松土或挖堆积期在一年以内的堆积土，除按运土方定额执行外，另增加按挖一类土的定额计算（工程量按实方计算，若为虚方折算成实方，按工程量计算规则的折算方法计算)。取自然方回填时，按土壤类别执行挖土定额。

⑥ 支挡土板不分密撑、疏撑，均按定额执行，实际施工中材料不同均不调整。

⑦ 桩间挖土按打桩后坑内挖土相应定额执行。桩间挖土指桩（不分材质和成桩方式）顶设计标高以下及桩顶设计标高以上 0.5m 范围内的挖土。

(2) 机械土、石方

① 定额中机械土方按三类取定。如实际土壤类别不同，定额中机械台班量乘以表 4-1 中的系数。

4-1　土壤系数

项目	三类土	一类、二类土	四类土
推土机推土方	1.00	0.84	1.18
铲运机铲运土方	1.00	0.84	1.26
自行式铲运机铲运土方	1.00	0.86	1.09
挖掘机挖土方	1.00	0.84	1.14

② 土、石方体积均按天然实体积（自然方）计算；推土机、铲运机、推铲未经压实的堆积土，按三类土定额项目乘以系数 0.73。

③ 推土机推土、石，铲运机运土重车上坡时，如坡度大于5%，运距按坡度区段斜长乘以表 4-2 中的系数。

表 4-2 坡度系数

坡度/%	10 以内	15 以内	20 以内	25 以内
系数	1.75	2.00	2.25	2.50

④ 机械挖土方工程量，按机械实际完成工程量计算。机械确实挖不到的地方，用人工修边坡、整平的土方工程量套用人工挖土方（最多不得超过挖方量的 10%）相应定额项目人工乘以系数 2。机械挖土、石方单位工程量小于 $2000m^3$ 或在桩间挖土、石方，按相应定额乘系数 1.10。

⑤ 机械挖土均按天然湿度土壤为准，含水率达到或超过 25%时，定额人工、机械乘以 1.15；含水率超过 40%时另行计算。

⑥ 支撑下挖土定额适用于有横支撑的深基坑开挖。

⑦ 本定额自卸汽车运土。对道路的类别及自卸汽车吨位已分别进行综合计算。

⑧ 自卸汽车运土，按正铲挖掘机挖土考虑。如系反铲挖掘机装车，则自卸汽车运土台班量乘以系数 1.10；拉铲挖掘机装车，自卸汽车运土台班乘以系数 1.20。

⑨ 挖掘机在垫板上作业时，其人工、机械乘以系数 1.25，垫板铺设所需的人工、材料、机械消耗另行计算。

⑩ 推土机推土或铲运机铲土，推土区土层平均厚度小于 300mm 时，其推土机台班乘以系数 1.25，铲运机台班乘以系数 1.17。

⑪ 装载机装原状土，需要推土机破土时，另增加推土机推土项目。

⑫ 爆破石方定额是按炮眼法松动爆破编制的，不分明炮或闷炮，如实际采用闷炮法爆破的，其覆盖保护材料另行计算。

⑬ 爆破石方定额是按电雷管导起爆编制的，如采用火雷管起爆，雷管数量不变，单价换算，胶质导线扣除，但导火索应另外增加（导火索长度按每个雷管 2.12m 计算）。

⑭ 石方爆破中已综合了不同开挖深度、坡面开挖、放炮找平因数，如设计规定爆破有粒径要求时，需增加的人工、材料、机械应由甲乙双方协商处理。

2. 主要计算规则

（1）人工土、石方

① 计算土、石方工程量前，应确定下列各项资料。

a. 土壤及岩石类别的确定。土壤及岩石类别的划分，应依工程地质勘察资料与所述“土壤及岩石的划分”对照后确定。

b. 地下水位标高。

c. 土方、沟槽、基坑挖（填）起止标高、施工方法及运距。

d. 岩石开凿、爆破方法、石碴清运方法及运距。

e. 其他有关资料。

② 一般规则。

a. 土方体积，以挖凿前的天然密实体积（m^3）为准。若虚方计算按表 4-3 所列系数进行折算。

表 4-3　土方体积折算系数

虚方体积	天然密实体积	夯实后体积	松填体积
1.00	0.77	0.67	0.83
1.20	0.92	0.80	1.00
1.30	1.00	0.87	1.08
1.50	1.15	1.00	1.25

注：虚方指未经碾压、堆积时间不长于 1 年的土壤。

b. 挖土以设计室外地坪标高为起点，深度按图示尺寸计算。

c. 按不同的土壤类别、挖土深度、干湿土分别计算工程量。

d. 在同一槽、坑内或沟内有干、湿土时应分别计算，但使用定额时，按槽、坑或沟的全深计算。

e. 桩间挖土不扣除桩的体积。

③ 平整场地工程量，按下列规定计算。

a. 平整场地是指建筑物场地挖、填土方厚度在±300mm 以内及找平。

b. 平整场地工程量按建筑物外墙外边线每边各加 2m，以平方米计算。

④ 沟槽、基坑土方工程量，按下列规定计算。

a. 沟槽、基坑划分。底宽≤7m 且底长>3 倍底宽为沟槽。套用定额计价时，应根据底宽的不同，分别按底宽 3～7m 间、3m 以内，套用对应的定额子目。

底长≤3 倍底宽且底面积≤150m^2 为基坑。套用定额计价时，应根据底面积的不同，分别按底面积 20～150m^2 间、20m^2 以内，套用对应的定额子目。

凡沟槽底宽在 7m 以内，基坑底面积 150m^2 以上，均按一般挖土方或挖一般石方计算。

b. 沟槽工程量按沟槽长度乘沟槽截面积（m^2）计算。沟槽长度（m），外墙按图示基础中心线长度计算；内墙按图示基础底宽加工作宽度之间净长度计算。沟槽宽（m）按设计宽度加基础施工所需工作面宽度计算。突出墙面的附墙烟囱、垛等体积并入沟槽土方工程量内。

c. 挖沟槽、基坑、土方需放坡时，以施工组织设计规定计算，施工组织设计无明确规定时，放坡高度、比例按表 4-4 计算。

d. 基础施工所需工作面宽度按表 4-5 规定计算。

表 4-4　放坡高度、比例确定

土壤类别	放坡深度规定/m	高与宽之比			
		人工挖土	机械挖土		
			坑内作业	坑上作业	顺沟槽在坑上作业
一类、二类土	超过 1.20	1∶0.5	1∶0.33	1∶0.75	1∶0.5
三类土	超过 1.50	1∶0.33	1∶0.25	1∶0.67	1∶0.33
四类土	超过 2.00	1∶0.25	1∶0.10	1∶0.33	1∶0.25

注：1. 沟槽、基坑中土壤类别不同时，分别按其土壤类别、放坡比例以不同土壤厚度分别计算。

2. 计算放坡工程量时交接处的重复工程量不扣除，原槽、坑作基础垫层时，放坡高度应自垫层上表面开始计算。

表 4-5 基础施工所需工作面宽度

基础材料	每边各增加工作面宽度/mm	基础材料	每边各增加工作面宽度/mm
砖基础	200	混凝土基础支模板	300
浆砌毛石、条石基础	150	基础垂直面做防水层	1000(防水层面)
混凝土基础垫层支模板	300		

e. 沟槽、基坑需支挡土板时，挡土板面积按槽、坑边实际支挡板面积（即每块挡板的最长边×挡板的最宽边之积）计算。

f. 管道地沟、地槽、基坑深度，按槽、坑、垫层底面至室外地坪深度计算。

⑤ 建筑物场地厚度在±300mm 以外的竖向布置挖土或山坡切土，均按挖一般土方计算。

⑥ 回填土区分夯填、松填以 m^3 计算。

a. 基槽、坑回填土体积＝挖土体积－设计室外地坪以下埋设的体积（包括基础垫层、柱、墙基础及柱等）。

b. 室内回填土体积按主墙间净面积乘填土厚度计算，不扣除附垛及附墙烟囱等体积。

⑦ 余土外运、缺土内运工程量按下式计算：运土工程量＝挖土工程量－回填土工程量

正值为余土外运，负值为缺土内运。

(2) 机械土、石方

① 机械土、石方运距按下列规定计算。

a. 推土机推距　按挖方区重心至回填区重心之间的直线距离计算。

b. 铲运机运距　按挖方区重心至卸土区重心加转向距离 45m 计算。

c. 自卸汽车运距　按挖方区重心至填土区（或堆放地点）重心的最短距离计算。

② 建筑场地原土碾压以面积计算，填土碾压按图示填土厚度以体积计算。

二、地基处理及边坡支护工程

1. 有关说明

① 本定额适用于一般工业与民用建筑工程的地基处理及边坡支护。

② 换填垫层适用于软弱地基的换填材料加固，按“砌筑工程”相应子目执行。

③ 强夯法加固地基是天然地基土上或在填土地基上进行作业的，不包括强夯前的试夯工作和费用。如设计要求试夯，可按设计要求另行计算。

④ 深层搅拌桩不分桩径大小，执行相应子目。设计水泥量不同可换算，其他不调整。

⑤ 深层搅拌桩（三轴外）和粉喷桩按四搅二喷施工编制，设计为两搅一喷，定额人工、机械乘以系数 0.7；六搅三喷，定额人工、机械乘以系数 1.4。

⑥ 高压旋喷桩根据设计调整水泥用量。如设计不使用粉煤灰、促进剂时，粉煤灰和促进剂应扣除。

⑦ 斜拉锚桩是指深基坑围护中，锚接围护桩体的斜拉桩。

⑧ 基坑钢管支撑为周转摊销材料，其场内运输、回库保养均已包括在内。支撑处需挖运土方、围檩与基坑护壁的填充混凝土未包括在内，发生时应按实际另行计算。场外运输按金属Ⅲ类构件计算。

⑨ 打、拔钢板桩单位工程打桩工程量小于 50t 时，人工、材料、机械乘以系数 1.25。

场内运输超过300m时，应按相应构件运输子目执行，并扣除打桩子目中的场内运输费。

⑩ 采用桩进行地基处理时，按“桩基工程”相应子目执行。

⑪ 本节为列混凝土支撑，若发生，按相应混凝土构件定额执行。

2. 主要计算规则

① 强夯法加固地基，以夯锤底面积计算，并根据设计要求的夯击能量和每点夯击数执行相应定额。

② 深层搅拌桩、粉喷桩加固地基，按设计长度另加500mm（设计有规定的按设计要求）乘以设计截面积以立方米计算（重叠部分面积不得重复计算），群桩间的搭接不扣除。

③ 高压旋喷桩钻孔长度按自然地面至设计桩底标高以长度计算，喷浆按设计加固桩的截面积乘以设计桩长以体积计算。

④ 灰土挤密桩按设计图示尺寸以桩长计算。

⑤ 压密注浆钻孔长度按设计长度计算。注浆工程量按以下方式计算：设计图纸注明加固土体积的，按注明的加固体积计算；设计图纸按布点形式图示土体积加固范围，则按孔间距的一半作为扩散尺寸，以布点边线各加扩散半径形成计算平面，计算注浆体积；如果设计图纸上注浆点在钻孔灌注桩之间，按两注浆孔距的一半作为每孔的扩散半径，以此圆柱体体积计算。

⑥ 基坑锚喷护壁成孔、斜拉锚桩成孔及孔内注浆按设计图示尺寸以长度计算。护壁喷射混凝土按设计图示尺寸以面积计算。

⑦ 土钉、支护钉、土锚杆按设计图示尺寸以长度计算，挂钢筋网按设计图纸以面积计算。

⑧ 基坑钢管支撑以坑内的钢立柱、支撑、围檩、活络接头、法兰盘、预埋铁件的合并质量计算。

⑨ 打、拔钢板桩按设计钢板桩质量计算。

三、桩基工程

1. 有关说明

（1）本定额适用于一般工业与民用建筑工程的桩基础，不适用于支架上、室内打桩。打试桩可按相应定额项目的人工、机械乘以系数2，试桩期间的停置台班结算时应按实调整。

（2）本定额打桩机的类别、规格执行中不换算。打桩机及为打桩机配套的施工机械的进（退）场费和组装、拆卸费用，另按实际进场机械的类别、规格计算。

（3）打桩工程

① 预制钢筋混凝土土桩的制作费，另按相关章节规定计算。打桩如设计有接桩，另按接桩定额执行。

② 本定额土壤级别已综合考虑，执行中不换算。子目中的桩长度是指包括桩尖及接桩后的总长度。

③ 电焊接桩钢材用量，设计与定额不同时，按设计用量乘系数1.05调整，人工、材料、机械消耗量不变。

④ 每个单位工程的打（灌注）桩工程量小于表4-6规定数量时，其人工、机械（包括送桩）按相应定额项目乘以系数1.25。

表 4-6 单位打桩工程工程量

项目	工程量/m^3	项目	工程量/m^3
预制钢筋混凝土方桩	150	打孔灌注桩砂桩、碎石桩、砂石桩	100
预制钢筋混凝土离心管桩(空心方桩)	50	钻孔灌注桩、混凝土桩	60
打孔灌注桩、混凝土桩	60		

⑤ 本定额以打直桩为准，若打斜桩，斜度在 1∶6 以内，按相应定额项目人工、机械乘以系数 1.25；若打斜桩，斜度大于 1∶6，按相应定额项目人工、机械乘以系数 1.43。

⑥ 地面打桩坡度以小于 15°为准，大于 15°打桩按相应定额项目人工、机械乘以系数 1.15。如在基坑内（基坑深度大于 1.15m）打桩或在地坪上打坑槽内（坑槽深度大于 1.0m）桩时，按相应定额项目人工、机械乘以系数 1.11。

⑦ 本定额打桩（包括方桩、管桩）已包括 300m 内的场地运输，实际超过 300m 时，应按相应构件运输定额执行，并扣除定额内的场内运输费。

(4) 灌注桩

① 各种灌注桩中材料用量预算暂充盈系数和操作损耗计算，结算时充盈系数按打桩记录灌入量进行调整，操作损耗不变（灌注桩充盈系数机操作损耗率表略）。

各种灌注桩中设计钢筋笼时，按相应定额执行。设计混凝土强度、等级或砂、石级配与定额取定不同，应按设计要求调整材料，其他不变。

② 钻孔灌注桩钻孔深度超过 50m 内综合编制的，超过 50m 的桩，钻孔人工、机械乘以系数 1.10。人工挖孔灌注混凝土桩的挖孔深度是按 15m 内综合编制的，超过 15m 的桩，挖孔人工、机械乘以系数 1.20。

钻孔灌注桩钻土孔含极软岩，钻入岩石以软岩为准（参照岩石分类别），如钻入较软岩时，人工、机械乘以系数 1.15，如钻入较硬岩以上时，应另行调整人工、机械用量。

③ 打孔沉管灌注桩分单打、复打，第一次按单打桩定额执行，在单打的基础上再次打，按复打桩定额执行。打孔夯扩灌注桩一次夯扩执行一次夯扩定额，再次夯扩时，应执行二次夯扩定额，最后在管内灌注混凝土到设计高度按一次夯扩定额执行。使用预制钢筋混凝土桩尖时，钢筋混凝土桩尖另加，定额中活瓣桩尖摊销费应扣除。

④ 注浆管埋设定额按桩底注浆考虑，如设计采用侧向注浆，则人工和机械乘以系数 1.20。

⑤ 灌注桩后注浆的注浆管、声测管埋设，注浆管、声测管如遇材质、规格不同时，可以换算，其余不变。

(5) 本定额不包括打桩、送桩后场地隆起土的清除、清孔及填桩孔的处理（包括填的材料），现场实际发生时，应另行计算。

(6) 凿出后的桩端部钢筋与底板或承台钢筋焊接应按相应定额执行。

(7) 坑内钢筋混凝土支撑需截断，按截断桩定额执行。

(8) 因设计修改在桩间补打桩时，补打桩按相应打桩定额子目人工、机械乘以系数 1.15。

2. 主要计算规则

(1) 打预制钢筋混凝土桩的体积，按设计桩长（包括桩尖，不扣除桩尖虚体积）乘以桩截面面积计算；管桩（空心方桩）的空心体积应扣除，管桩（空心方桩）的空心部分设计要求灌注混凝土或其他填充材料时，应另行计算。

（2）接桩　按每个接头计算。

（3）送桩　以送桩长度（自桩顶面至自然地坪另加500mm）乘桩截面面积以体积计算。

（4）泥浆护壁钻孔灌注桩

① 钻土孔与钻岩石孔工程量应分别计算。土和岩石地层分类详见土壤分类表和岩石分类表。钻土孔自自然地面至岩石表面之深度乘设计桩截面积以体积计算；钻岩石孔以入岩深度乘桩截面面积以体积计算。

② 混凝土灌入量以设计桩长（含桩尖长）另加一个直径（设计有规定的，按设计要求）乘桩截面积以体积计算；地下室基础超灌高度按现场具体情况另行计算。

③ 泥浆外运的体积等于钻孔的体积以立方米计算。

（5）长螺旋或钻盘式钻机钻孔灌注桩的单桩体积，按设计桩长（包括桩尖）另加500mm（设计有规定，按设计要求）再乘以螺旋外径或设计截面以体积计算。

（6）打孔沉管、夯扩灌注桩

① 灌注混凝土、砂、碎石桩使用活瓣桩尖时，单打、复打桩体积均按设计桩长（包括桩尖）另加250mm（设计有规定，按设计要求）乘以标准管外径以立方米计算。使用预制钢筋混凝土桩尖时，单打、复打桩体积均按设计桩长（不包括预制桩尖）另加250mm乘以标准管外径以立方米计算。

② 打孔、沉管灌注桩空沉管部分，按空沉管的实体积计算。

③ 夯扩桩体积分别按每次设计夯扩前投料长度（不包括预制桩尖）乘以标准管内径体积计算，最后管内灌注混凝土按设计桩长另加250mm乘以标准管外径体积计算。

④ 打孔灌注桩、夯扩桩使用预制钢筋混凝土桩尖的，桩尖个数另列项目计算，单打、复打的桩尖按单打、复打次数之和计算。

⑤ 注浆管、声测管按打桩前的自然地坪标高至设计桩底标高的长度另加0.2m，按长度计算。

⑥ 灌注桩后注浆按设计注入水泥用量，以质量计算。

⑦ 人工挖孔灌注混凝土桩中挖井坑土、挖井坑岩石、砖砌井壁、混凝土井壁、井壁内灌注混凝土均按图示尺寸以体积计算。如设计要求超灌时，另行注浆超灌工程量。

⑧ 凿灌注混凝土桩头按体积计算，凿、截断预制方（管）桩均以根计算。

四、砌筑工程

1. 有关说明

（1）标准砖墙不分清、混水墙及艺术形式复杂程度。砖旋、砖过梁、砖圈梁、腰线、砖垛、砖挑沿、附墙烟囱等因素已综合在定额内，不得另立项目计算。阳台砖隔断按相应内墙定额执行。

（2）标准砖砌体如使用配砖，仍按本定额执行，不作调整。

（3）空斗墙中门窗立边、门窗过梁、窗台、墙角、檩条下、楼板下、踢脚线部分和屋檐处的实砌砖已包括在定额内，不得另立项目计算。空斗墙中遇有实砌钢筋砖圈梁及单面附垛时，应另列项目按零星砌砖定额执行。

（4）砌块墙、多孔砖墙中，窗台虎头砖、腰线、门窗洞边接茬用标准砖已包括在定额内。

（5）门窗洞口侧预埋混凝土块，定额中已综合考虑。实际施工不同时，不调整（相关定额子目增加其他材料费 1 元/m³）。

（6）各种砖砌体的砖、砌体是按表 4-7 编制的，规格不同时，可以换算，具体规格见表 4-7。

表 4-7 各种砖砌体的砖、砌体具体规格 单位：mm

砖名称	长×宽×高	砖名称	长×宽×高	砖名称	长×宽×高
标准砖	240×115×53	粉煤灰硅酸盐砌块	430×430×240 280×430×240	页岩模数多孔砖	240×90×90 190×120×90
多孔砖	240×240×115 240×115×115	七五砖	190×90×40	KP1 砖	240×115×90
六孔砖	190×190×140	KM1 空心砖	190×190×90 190×90×90	三孔砖	190×190×90
普通混凝土小型空心砌块（双孔）	390×190×190	九孔砖	190×190×190	普通混凝土小型空心砌块（单孔）	190×190×190 190×190×90
粉煤灰硅酸盐砌块	880×430×240 580×430×240	页岩模数多孔砖	240×190×90 240×140×90	加气混凝土块	600×240×150 600×200×250 600×100×250

（7）除标准砖墙外，本定额的其他品种砖弧形墙其弧形部分每立方米砌体按相应定额人工增加 15%，砖增加 5%，其他不变。

（8）砌砖、块定额中已包括了门、窗框与砌体的原浆勾缝在内，砌筑砂浆强度等级按设计规定应分别套用。

（9）砖砌体内的钢筋加固及转角、内外墙的搭接钢筋，按设计图示钢筋长度乘以单位理论质量计算，执行“钢筋工程”中的“砌体、板缝内加固钢筋”子目。

（10）砖砌挡土墙以顶面宽度按相应墙厚内墙定额执行，顶面宽度超过 1 砖按砖基础定额执行。

（11）零星砌砖系指砖砌门蹲、房上烟囱、地垄墙、水槽、水池脚、垃圾箱、台阶面上矮墙、花台、煤箱、垃圾箱、容积在 3m³ 内的水池、大小便槽（包括踏步）、阳台栏板等砌体。

（12）砖砌围墙如设计空斗墙、砌块墙时，应按相应定额执行，其基础与墙身除定额注明外应分别套用定额。

（13）蒸压加气混凝土砌块根据施工方法的不同，分为普通砂浆砌筑加气混凝土砌块墙（指主要靠普通砂浆或专用砌筑砂浆黏结，砂浆灰缝厚度在 15mm 以内）和薄层砂浆砌筑加气混凝土砌块墙（简称薄灰砌筑法，使用专用黏结砂浆和专用铁件连接，砂浆灰缝一般 2～4mm）。定额分别按蒸压加气混凝土砌块和蒸压砂加气混凝土砌块列入子目，实际砌块种类与定额不同时，可以替换。

（14）定额分毛石、方整石砌体两种。毛石系指无规则的乱毛石，方整石系指已加工好有面、有线的商品方整石（方整石砌体不得再套打荒、錾凿、垛斧定额）。

（15）分毛石、方整石零星砌体按窗台下墙相应定额执行，人工乘以系数 1.10。毛石地沟、水池按窗台下石墙定额执行。分毛石、方整石围墙按相应定额执行。砌筑圆弧形基础、墙（含砖、石混合砌体），人工按相应定额乘以系数 1.10，其他不变。

（16）砖烟囱毛石砌体基础按水塔的相应定额执行。

（17）整板基础下垫层采用压路机碾压时，人工乘以系数 0.9，垫层材料乘以系数 1.15，增加光轮压路机（8t）0.022 台班，同时扣除定额中的电动机夯实机台班（已有压路机的子目除外）。

（18）混凝土垫层应另外执行“混凝土工程”相应子目。

2. 主要计算规则

（1）砌筑工程量一般规则

① 计算墙体工程量时，应扣除门窗洞口、嵌入墙身的钢筋混凝土柱、梁、圈梁、挑梁、过梁及凹进墙内的壁龛、管槽、暖气槽、消火栓箱所占的体积，不扣除梁头、板头、檩头、垫木、木棱头、沿椽木、木砖、门窗走头、砖墙内的加固钢筋、木筋、铁件、钢管及每个面积不大于0.3m^2的孔洞等所占的体积。凸出墙面的腰线、挑檐、压顶、窗台线、虎头砖、门窗套亦不增加。凸出墙面的砖垛并入墙体体积内计算。

② 附墙烟囱、通风道、垃圾道按其外型体积并入所依附的墙体积内合并计算，不扣除每个横截面在0.1m^2以内的孔洞体积。

（2）标准砖计算厚度按表4-8计算。

表4-8 标准砖计算厚度

砖墙计算厚度/mm	1/4	1/2	3/4	1	3/2	2
标准砖	53	115	178	240	365	490

（3）基础与墙身的划分

① 砖墙 基础与墙身使用同一种材料时，以设计室内地坪（有地下室者以地下室设计室内地坪）为界，以下为基础，以上为墙身。基础、墙身使用不同材料时，位于设计室内地坪±300mm以内，以不同材料为分界线，超过±300mm，以设计室内地坪分界。

② 石墙 外墙以设计室外地坪、内墙以设计室内地坪为界，以下为基础，以上为墙身。

③ 砖石围墙以设计室外地坪为分界线，以下为基础，以上为墙身。

（4）砖石基础长度的确定

① 外墙墙基按外墙中心线长度计算。

② 内墙墙基按内墙基最上一步净长度计算。基础大放脚T形接头处重叠部分以及嵌入基础的钢筋，铁件、管道、基础防水砂浆防潮层、通过基础单个面积在0.3m^2以内孔洞所占体积不扣除，但靠墙暖气沟的挑檐亦不增加。附墙垛基础宽出部分体积，并入所依附的基础工程量内。

（5）墙身长度的确定 外墙按外墙中心线、内墙按净长度计算。弧形墙按中心线处长度计算。

（6）墙身高度的确定 设计有明确高度时以设计高度计算，没明确高度时按下列规定计算。

① 外墙 坡（斜）屋面无檐口天棚者，算至屋面板底；有屋架且室内外均有天棚者，算至屋架下弦底面另加200mm，无天棚，算至屋架下弦另加300mm；出檐宽度超过600m时按实砌高度计算；有现浇钢筋混凝土平板楼层，应算至平板底面。

② 内墙 位于屋架下，算至屋架下弦底；无屋架，算至天棚底另加120mm；有钢筋混凝土楼隔层者，算至楼板底；有框架梁时，算至梁底。

③ 女儿墙 从屋面板上表面算至女儿墙顶面（如有混凝土压顶时算至下表面）。

（7）框架间墙 不分内外墙，按墙体净尺寸以体积计算。框架外表面镶砖部分，按零星砌砖子目计算。

（8）空斗墙、空花墙、围墙

① 空花墙按设计图示尺寸以空斗外形体积以体积计算，墙角、内外墙交接处、门窗洞口立边、窗台砖、屋檐处的实砌部分体积，并入空斗墙体积内。空斗墙的窗间墙、窗台下、楼板下、梁头下等实砌部分，按零星砌砖定额计算。

② 空斗墙按外形尺寸以空花部分的外形体积计算，不扣除空洞部分体积。空花墙外有实砌部分，其实砌部分应以体积另列项目计算。

③ 围墙按设计图示尺寸以体积计算，其围墙附垛、围墙柱及砖压顶应并入墙身工程量内；砖围墙上有混凝土花格、混凝土压顶时，混凝土花格及压顶应按“混凝土工程”规定子目计算，其围墙高度算至混凝土压顶下表面。

(9) 填充墙按设计图示尺寸以填充墙外形体积计算，其实砌部分及填充料已包括在定额内，不另计算。

(10) 砖柱按设计图示尺寸以体积计算。扣除混凝土及钢筋混凝土梁垫、梁头、板头所占体积。砖柱基、柱身不分断面均以设计体积计算，柱身、柱基工程量合并套“砖柱”定额。柱基与柱身砌体品种不同时，应分开计算并分别套用相应定额。

(11) 砖砌地下室墙身及基础按设计图示以体积计算，内、外墙身工程量合并计算按相应内墙定额执行。墙身外侧面砌贴砖按设计厚度以体积计算。

(12) 钢筋砖过梁加气混凝土、硅酸盐砌块、小型空心砌块墙砌体中设计钢筋砖过梁时，应另行计算，套“零星砌砖”定额。

(13) 毛石、方整石按图示尺寸以体积计算。方整石墙单面出垛并入墙身工程量内，双面出墙垛按柱计算。标准砖镶砌门、窗口立边、窗台虎头砖、钢筋砖过梁等按实砌砖体积另行项目计算，套“零星砌砖”定额。

(14) 墙基防潮层按墙基顶面水平宽度乘以长度以面积计算，有附垛时将其面积并入墙基内。

(15) 其他

① 砖砌台阶按水平投影面积以面积计算。

② 毛石、方整石台阶均以图示尺寸按体积计算，毛石台阶按毛石基础定额执行。

③ 墙面、柱、底座、台阶的剁斧以设计展开面积计算。

④ 砖砌地沟沟底与沟壁工程量合并以体积计算。

⑤ 毛石砌体打荒、錾凿、剁斧按砌体裸露外表面积计算（錾凿包括打荒，剁斧包括打荒、錾凿，打荒、錾凿、剁斧不能同时列入）。

(16) 烟囱

① 砖烟囱基础　砖烟囱基础与砖筒身的划分以基础大放脚的扩大顶面为界，以上为筒身，以下为基础。

② 烟囱筒身。

a. 烟囱筒身不分方形、圆形均按体积计算，应扣除孔洞及钢筋混凝土过梁、圈梁所占体积。筒身体积应以筒壁平均中心线长度乘厚度计算。圆筒壁周长不同时，可按下式分段计算：

$$V=\sum HC\pi D$$

式中　V——筒身体积；

H——每段筒身垂直高度；

C——每段筒壁砖厚度；

D——每段筒壁中心线的平均直径。

b. 砖烟囱筒身原浆勾缝和烟囱帽抹灰已包括在定额内，不另计算。如设计加浆勾缝者，可按“墙柱面工程”中勾缝子目计算，原浆勾缝的工、料不予扣除。

c. 砖烟囱的钢筋混凝土圈梁和过梁，按实体积计算，套用其他章节的相应项目执行。

d. 烟囱的钢筋混凝土集灰斗（包括分隔墙、水平隔墙、柱、梁等）应按其他章节相应项目计算。

e. 砖烟囱、烟道及砖内衬，设计采用加工模形砖时，其加工模形砖的数量应按施工组织设计数量，另列项目按模形砖加工相应定额计算。

f. 砖烟囱砌体内采用钢筋加固者，应根据设计重量按“钢筋工程”中“砌体、板缝内加固钢筋”定额计算。

③ 烟囱内衬。

a. 按不同种类烟囱内衬以实体积计算，并扣除各种孔洞所占的体积。

b. 填料按烟囱筒身与内衬之间的体积计算，扣除各种孔洞所占的体积，但不扣除连接横砖（防沉带）的体积。填料所需的人工已包括在砌内衬定额内。

c. 为了内衬的稳定及防止隔热材料下沉，内衬伸入筒身的连接横砖，已包括在内衬定额内，不另计算。

d. 为防止酸性凝液渗入内衬与混凝土筒身间，而在内衬上抹水泥排水坡的，其工料已包括在定额内，不另计算。

④ 烟道砌砖。

a. 烟道与炉体的划分，以第一道闸门为准。在第一道闸门之前的砌体应列入炉体工程量内。

b. 烟道中的钢筋混凝土构件，应按钢筋混凝土分部相应定额计算。

(17) 水塔

① 基础　各种基础均以实体积计算（包括基础底板和筒座），筒座以上为塔身，以下为基础。

② 筒身。

a. 砖砌塔身不分厚度、直径均以实体积计算，并扣除门窗洞口和钢筋混凝土构件所占体积。砖磁胎板工、料已包括在定额内，不另计算。

b. 砖砌筒身设置的钢筋混凝土圈梁以实体积计算，按其他章节相应项目执行。

③ 水槽内、外壁。

a. 与塔顶、槽底（或斜壁）相连系的圈梁之间的直壁为水槽内、外壁：设保温水槽的外保护壁为外壁；直接承受水侧压力的水槽壁为内壁。非保温水箱的水槽壁按内壁计算。

b. 水槽内、外壁以实体积计算。

④ 倒锥壳水塔　基础按相应水塔基础的规定计算。

(18) 基础垫层

① 基础垫层按设计图示尺寸以立方米计算。

② 外墙基础垫层长度按外墙中心线长度计算，内墙基础垫层按内墙基础垫层净长计算。

五、混凝土工程

1. 有关说明

(1) 本定额混凝土构件分为自拌混凝土构件、商品混凝土泵送构件、商品混凝土非泵送构件三部分，各部分又包括了现浇构件、现场预制构件、加工厂预制构件、构筑物等。

(2) 混凝土石子粒径取定 设计有规定的按设计规定，无设计规定按表4-9规定计算。

表4-9 混凝土石子粒径取定

石子粒径	构件名称
5～16mm	预制板类构件、预制小型构件
5～31.5mm	现浇构件：矩形柱（构造柱除外）、圆柱、多边形柱（L、T、十字形柱除外）、框架梁、单梁、连续梁、地下室防水混凝土墙。预制构件：柱、梁、桩
5～20mm	除以上构件外均用此粒径
5～40mm	基础垫层、各种基础、道路、挡土墙、地下室墙、大体积混凝土

(3) 毛石混凝土中的毛石掺量是按15%计算的，构筑物中毛石混凝土的毛石掺量是按20%计算的。如设计要求不同时，可按比例换算毛石、混凝土数量，其余不变。

(4) 现浇柱、墙定额中，均已按规范规定综合考虑了底部铺垫1：2水泥砂浆的用量。

(5) 室内净高超过8m的现浇柱、梁、墙、板（各种板）的人工工日分别乘以下列系数：净高在12m以内乘以1.18；净高在18m以内乘以1.25。

(6) 现场预制构件，如在加工厂制作，混凝土配合比按加工厂配合比计算；加工厂构件及商品混凝土改在现场制淤，混凝土配合比按现场配合比计算；其工料、机械台班不调整。

(7) 加工厂预制构件其他材料费中已综合考虑了掺入早强剂的费用，现浇构件和现场预制构件未考虑使用早强剂费用，设计需使用时，可以另行计算早强剂增加费用。

(8) 加工厂预制构件采用蒸汽养护时，立窑、养护池养护另行计算。

(9) 小型混凝土构件，系指单体体积在0.05m^{3}以内的未列出子目的构件。

(10) 构筑物中混凝土、抗渗混凝土已按常用的强度等级列入基价，设计与子目取定不符综合单价调整。

(11) 钢筋混凝土水塔、砖水塔基础采用毛石混凝土、混凝土基础按烟囱相应项目执行。

(12) 构筑物中的混凝土、钢筋混凝土地沟是指建筑物室外的地沟，室内钢筋混凝土地沟按现浇构件相应定额执行。

(13) 泵送混凝土定额中已综合考虑了输送泵车台班，布拆管及清洗人工、泵管摊销费、冲洗费。当输送高超过30m时，输送泵车台班（含30m以内）乘以1.10；输送高度超过50m时，输送泵车台班（含50m以内）乘以1.25；输送高度超过100m时，输送泵车台班（含100m以内）乘以1.35；输送高度超过150m时，输送泵车台班（含150m以内）乘以1.45；输送高度超过200m时，输送泵车台班（含200m以内）乘以1.55。

(14) 现场集中搅拌混凝土按现场集中搅拌混凝土配合比执行，混凝土搅拌楼另行计算。

2. 主要计算规则

(1) 现浇混凝土 混凝土工程量除另有规定者外，均按图示尺寸实体积以体积计算。不扣除构件内钢筋、支架、螺栓孔、螺栓、预埋铁件及墙、板中0.3m^{2}内的孔洞所占体积。留洞所增加工、料不再另增费用。

① 混凝土基础垫层。

a. 混凝土基础垫层是指砖、石、混凝土、钢筋混凝土等基础下的混凝土垫层，按图示尺寸以体积计算。不扣除伸入承台基础的桩头所占体积。

b. 外墙基础垫层长度按外墙中心线长度计算，内墙基础垫层按内墙基础垫层净长计算。

② 基础　按图示尺寸以体积计算。不扣除伸入承台基础的桩头所占体积。

a. 带形基础长度　外墙下条形基础按外墙中心线长度计算、内墙下基础垫层按内墙基础垫层净长计算。

b. 有梁带形混凝土基础，其梁高与梁宽之比在 4∶1 以内的，按有梁式带形基础计算（带形基础梁高是指梁底部到上部的高度）。超过 4∶1 时，其基础底按无梁式带形基础计算，上部按墙计算。

c. 满堂（板式）基础有梁式（包括反梁）、无梁式应分别计算，仅带有边肋者，按无梁式满堂基础套用子目。

d. 设备基础除块体以外，其他类型设备基础分别按基础、梁、柱、板、墙等有关规定计算，套相应的项目。

e. 独立柱基、桩承台：按图示尺寸实体积以体积算至基础扩大顶面。

f. 杯形基础套用独立柱基项目。杯口外壁高度大于杯口外长边的杯形基础，套“高颈杯形基础”定额。

③ 柱　按图示断面尺寸乘柱高以体积计算，应扣除构件内型钢体积。柱高按下列规定确定。

a. 有梁板的柱高，自柱基上表面（或楼板上表面）至上一层楼板上表面之间的高度计算，不扣除板厚。

b. 无梁板的柱高，自柱基上表面（或楼板上表面）至柱帽下表面的高度计算。

c. 有预制板的框架柱柱高自柱基上表面至柱顶高度计算。

d. 构造柱按全高计算，与砖墙嵌接部分的混凝土体积并入柱身体积内计算。

e. 依附柱上的牛腿、升板的柱帽，并入相应柱身体积内计算。

f. L、T、十字形柱，按 L、T、十字形柱相应定额执行。当两边之和超过 2000mm 时，按直形墙相应定额执行。

④ 梁　按图示断面尺寸乘梁长以体积计算，梁长按下列规定确定。

a. 梁与柱连接时，梁长算至柱侧面。

b. 主梁与次梁连接时，次梁长算至主梁侧面。伸入砖墙内的梁头、梁垫体积并入梁体积内计算。

c. 圈梁、过梁应分别计算，过梁长度按图示尺寸，图纸无明确表示时，按门窗洞口外围宽另加 500mm 计算。平板与砖墙上混凝土圈梁相交时，圈梁高应算至板底面。

d. 依附于梁、板、墙（包括阳台梁、圈过梁、挑檐板、混凝土栏板、混凝土墙外侧）上的混凝土线条（包括弧形线条）按小型构件定额执行（梁、板、墙宽算至线条内侧）。

e. 现浇挑梁按挑梁计算，其压入墙身部分按圈梁计算；挑梁与单、框架梁连接时，其挑梁应并入相应梁内计算。

f. 花篮梁二次浇捣部分执行圈梁定额。

⑤ 板　按图示面积乘板厚以体积计算（梁板交接处不得重复计算），不扣除单个面积 $0.3m^2$ 内的柱、垛以及孔洞所占体积。应扣除构件中压型钢板所占体积。其中：

a. 有梁板按梁（包括主、次梁）、板体积之和计算；有后浇板带时，后浇板带（包括主、次梁）应扣除。厨房间、卫生间墙下设计有素混凝土防水坎时，工程量并入板内，套用梁板定额。

b. 无梁板按板和柱帽之和以体积计算。

c. 平板按体积计算。

d. 现浇挑檐、天沟与板（包括屋面板、楼板）连接时，以外墙面为分界线，与圈梁（包括其他梁）连接时，以梁外边线为分界线。外墙边线以外或梁外边线以外为挑檐、天沟。天沟底板与侧板工程量应分别计算，底板按板式雨篷以板底水平投影面积计算，侧板按天、檐沟侧板以体积计算。

e. 飘窗的上下挑板按板式雨篷以板底水平投影面积计算。

f. 各类板伸入墙内的板头并入板体积内计算。

g. 预制板缝宽度在100mm以上的现浇板缝按平板计算。

h. 后浇墙、板带（包括主、次梁）按设计图示以体积计算。

i. 现浇混凝土空心楼板混凝土按图示面积乘板厚以立方米计算，其中空心管、箱体及空心部分体积扣除。

j. 现浇混凝土空心楼板内筒芯按设计图示中心线长度计算；无机阻燃型箱体按设计图示数量计算。

⑥ 墙　外墙按图示中心线（内墙按净长）乘墙高、墙厚以体积计算，应扣除门、窗洞口及0.3m^2外的孔洞体积。单面墙垛其突出部分并入墙体体积内计算，双面墙垛（包括墙）按柱计算。弧形墙按弧线长度乘墙高、墙厚以体积计算，地下室墙有后浇墙带时，后浇墙带应扣除。梯形断面墙按上口与下口的平均宽度计算。墙高按下列规定确定。

a. 墙与梁平行重叠，墙高算至梁顶面；当设计梁宽超过墙宽时，梁、墙分别按相应项目计算。

b. 墙与板相交，墙高算至板底面。

c. 屋面混凝土女儿墙按直（圆）形墙以体积计算。

⑦ 整体楼梯包括休息平台、平台梁、斜梁及楼梯梁，按水平投影面积计算，不扣除宽度在500mm以内的楼梯井，伸入墙内部分不另增加，楼梯与楼板连接时，楼梯算至楼梯梁外侧面。当现浇楼板无梯梁连接时，以楼梯的最后一个踏步边缘加300mm为界。圆弧形楼梯包括圆弧形梯段、圆弧形边梁及与楼板连接的平台，按楼梯的水平投影面积计算。

⑧ 阳台、雨篷，按伸出墙外的板底水平投影面积计算，伸出墙外的牛腿不另计算。

⑨ 阳台、檐廊栏杆的轴线柱、下嵌、扶手以扶手的长度按延长米计算。混凝土栏板、竖向挑板以体积计算。栏板的斜长如图纸无规定时，按水平长度乘系数1.18计算。地沟底、壁应分别计算，沟底按基础垫层定额执行。

⑩ 预制钢筋混凝土框架的梁、柱现浇接头，按设计断面以体积计算，套用“柱接柱接头”定额。

⑪ 台阶按水平投影面积以面积计算，平台与台阶的分界线以最上层台阶的外口减300mm宽度为准，台阶宽以外部分并入地面工程量计算。

⑫ 空调板按板式雨篷以板底水平投影面积计算。

(2) 现场、加工厂预制混凝土

① 混凝土工程量均按图示尺寸实体积以体积计算，扣除圆孔板内圆孔体积，不扣除构件内钢筋、铁件、后张法预应力钢筋灌浆孔及板内小于0.3m^2孔洞面积所占的体积。

② 预制桩按桩全长（包括桩尖）乘以设计桩断面积（不扣除桩尖虚体积）以体积计算。

③ 混凝土与钢杆件组合的构件，混凝土按构件实体积以立方米计算，钢拉杆按“金属结构工程”中选用子目执行。

④ 漏空混凝土花格窗、花格芯按外形面积以面积计算。

⑤ 天窗架、端壁、桁条、支撑、楼梯、板类及厚度在 50mm 以内的薄型构件按设计图纸加定额规定的场外运输、安装损耗以体积计算。

(3) 构筑物工程　混凝土工程量除另有规定者外，均按图示尺寸实体积以体积计算。不扣除构件内钢筋、支架、螺栓孔、螺栓、预埋铁件及墙、板中 $0.3m^2$ 内的孔洞所占体积。留洞所增加工、料不再另增费用。

伸入构筑物基础内桩头所占体积不扣除。

① 烟囱

a. 烟囱基础

ⅰ. 砖基础以下的钢筋混凝土或混凝土底板基础，按本节烟囱基础相应定额执行。

ⅱ. 钢筋混凝土烟囱基础，包括基础底板及筒座，筒座以上为筒身，按实体积计算。

b. 混凝土烟囱筒身

ⅰ. 烟囱筒身不分方形、圆形均按体积计算，应扣除 $0.3m^3$ 以外孔洞所占体积。筒身体积应以筒壁平均中心线长度乘厚度。圆筒壁周长不同时，可按下式分段计算：

$$V=\sum HC\pi D$$

式中　V——筒身体积；

H——每段筒身垂直高度；

C——每段筒壁砖厚度；

D——每段筒壁中心线的平均直径。

ⅱ. 砖烟囱的钢筋混凝土圈梁和过梁，按实体积计算，套用现浇构件分部的相应定额执行。

ⅲ. 烟囱的钢筋混凝土集灰斗（包括分隔墙、水平隔墙、柱、梁等）应按现浇构件分部相应定额计算。

c. 烟道混凝土

ⅰ. 烟道中的钢筋混凝土构件，应按现浇构件分部相应定额计算。

ⅱ. 钢筋混凝土烟道，可按本分部地沟定额按顶板、壁板、底板分别计算，但架空烟道不能套用。

② 地沟及支架

a. 适用于室外的方形（封闭式）、槽形（开口式）、阶梯形（变截面式）的地沟。底、壁、顶应分别按体积计算。

b. 沟壁与底的分界，以底板上表面为界。沟壁与顶的分界以顶板下表面为界。上薄下厚的壁按平均厚度计算；阶梯形的壁按加权平均厚度计算；八字角部分的数量并入沟壁工程量内。

c. 地沟预制顶板，按预制结构分部相应定额计算。

d. 支架均以实体积计算（包括支架各组成部分）框架形或 A 字形支架应将柱、梁的体积合并计算；支架带操作平台者，其支架与操作平台的体积亦合并计算。

e. 支架基础应按现浇构件结构分部的相应定额计算。

六、屋面及防水工程

1. 有关说明

(1) 屋面防水分为瓦、卷材、刚性、涂膜四部分。

① 瓦材规格与定额不同时，瓦的数量可以换算，其他不变。换算公式：

$$\frac{10\text{m}^2}{\text{瓦有效长度}\times\text{有效宽度}}\times 1.025(\text{操作损耗})$$

② 油毡卷材屋面包括刷冷底子油一遍，但不包括天沟、泛水、屋脊、檐口等处的附加层在内，其附加层应另行计算。其他卷材屋面均包括附加层。

③ 本定额以石油沥青、石油沥青玛蹄脂为准，设计使用煤沥青、煤沥青玛蹄脂，按实调整。

④ 冷胶“二布三涂”项目，其“三涂”是指涂膜构成的防水层数，并非指涂刷遍数，每一涂层的厚度必须符合规范（每一涂层刷 2～3 遍）要求。

⑤ 伸缩缝项目中，除已注明规格可调整外，其余项目均不调整。

（2）平、立面及其他防水是指楼地面及墙面的防水，分为涂刷、砂浆、粘贴卷材三部分，既适用于建筑物（包括地下室）又适用于构筑物。各种卷材的防水层均已包括刷冷底子油一遍和平、立面交界处的附加层工料在内。

（3）在粘结层上单撒绿豆砂者（定额中已包括绿豆砂的项目外），每 10m^2 铺撒面积增加 0.066 工日，绿豆砂 0.078t。

（4）伸缩缝、盖缝项目中，除已注明规格可调整外，其余项目均不调整。

（5）无分隔缝屋面找平按“楼地面工程”相应子目执行。

2. 主要计算规则

（1）瓦屋面按图示尺寸的水平投影面积乘以屋面坡度延长系数 C 计算（瓦出线已包括在内）。不扣除房上烟囱、风帽底座、风道、屋面小气窗、斜沟等所占面积，屋面小气窗的出檐部分也不增加。

（2）瓦屋面的屋脊、蝴蝶瓦的檐口花边、滴水应另列项目按延长米计算，四坡屋面斜脊长度 b 乘以隅延长系数 D（见表 4-10）以延长米计算，山墙泛水长度 $=A\times C$，瓦穿铁丝、钉铁钉、水泥砂浆粉挂瓦条按每 10m^2 斜面积计算。

表 4-10 隅延长系数 D

坡度比例 a/b	角度 θ	延长系数 C	隅延长系数 D
1/1	45°	1.4142	1.7321
1/1.5	33°40′	1.2015	1.5620
1/2	26°34′	1.1180	1.5000
1/2.5	21°48′	1.0770	1.4697
1/3	18°26′	1.0541	1.4530

注：屋面坡度大于 45°时，按设计斜面积计算。

（3）彩钢夹芯板、彩钢复合板屋面按设计图示尺寸以面积计算，支架、槽铝、角铝等均包含在定额内。

（4）彩板屋脊、天沟、泛水、包角、山头按设计长度以延长米计算，堵头已包含在定额内。

（5）卷材屋面工程量按以下规定计算。

① 卷材屋面按图示尺寸的水平投影面积乘以规定的坡度系数计算，但不扣除房上烟囱，风帽底座、屋面小气窗和斜沟所占面积。女儿墙、伸缩缝、天窗等处的弯起高度按图示尺寸

计算并入屋面工程量内；如图纸无规定时，伸缩缝，女儿墙的弯起高度按250mm计算，天窗弯起高度按500mm计算并入屋面工程量内；檐沟、天沟按展开面积并入屋面工程量内。

② 油毡屋面均不包括附加层在内，附加层按设计尺寸和层数另行计算。

③ 其他卷材屋面已包括附加层在内，不另行计算；收头、接缝材料已列入定额内。

(6) 屋面刚性防水按设计图示尺寸以面积计算，不扣除房上烟囱、风帽底座、风道等所占面积。

(7) 屋面涂膜防水工程量计算同卷材屋面。

(8) 平、立面防水工程量按以下规定计算。

① 涂刷油类防水按设计涂刷面积计算。

② 防水砂浆防水按设计抹灰面积计算、扣除凸出地面的构筑物、设备基础及室内铁道所占的面积。不扣除附墙垛、柱、间壁墙、附墙烟囱及$0.3m^2$以内孔洞所占面积。

③ 粘贴卷材、布类。

平面：建筑物地面、地下室防水层按主墙（承重墙）间净面积以面积计算，扣除凸出地面的构筑物、柱、设备基础等所占面积，不扣除附墙垛、间壁墙、附墙烟囱及$0.3m^2$以内孔洞所占面积。与墙间连接处高度在300mm以内者，按展开面积计算并入平面工程量内，超过300mm时，按立面防水层计算。

立面：墙身防水层按设计图示尺寸以面积计算，扣除立面孔洞所占面积（$0.3m^2$以内孔洞不扣）。

构筑物防水层按设计图示尺寸以面积计算，不扣除$0.3m^2$以内孔洞面积。

(9) 伸缩缝、盖缝、止水带按延长米计算，外墙伸缩缝在墙内、外双面填缝者，工程量应按双面计算。

(10) 屋面排水工程量按以下规定计算。

① 玻璃钢、PVC、铸铁水落管、檐沟均按图示尺寸以延长米计算。水斗、女儿墙弯头、铸铁落水口（带罩），均按只计算。

② 阳台PVC管通水落管按只计算。每只阳台出水口至水落管中心线斜长按1m计（内含2只135°弯头，1只异径三通）。

七、保温、隔热、防腐工程

1. 有关说明

(1) 外墙聚苯颗粒保温系统，根据设计要求套用相应的工序。

(2) 凡保温、隔热工程用于地面时，造价电动机夯实机0.04台班/m^3。

(3) 整体面层和平面砌块料面层，适用于楼地面、平台的防腐面层。整体面层厚度、砌块料面层的规格、结合层厚度、灰缝宽度、各种胶泥、砂浆、混凝土的配合比，设计与定额不同应换算，但人工、机械不变。

块料贴面结合层厚度、灰缝宽度取定如下。

树脂胶泥、树脂砂浆结合层6mm，灰缝宽度3mm。

水玻璃胶泥、水玻璃砂浆结合层6mm，灰缝宽度4mm。

硫黄胶泥、硫黄砂浆结合层6mm，灰缝宽度5mm。

花岗岩及其他条石结合层15mm，灰缝宽度8mm。

(4) 块料面层以平面为准，立面砌时按平面砌的相应子目人工乘以系数1.38，踢脚板人工乘以系数 1.56，块料乘以系数 1.01，其他不变。

(5) 本章中浇捣混凝土的项目需立模时，按混凝土垫层项目的含模量计算，按带形基础定额执行。

2. 主要计算规则

(1) 保温隔热工程量按以下规定计算。

① 保温隔热层按隔热材料净厚度（不包括胶结材料厚度）乘以设计图示面积按体积计算。

② 地墙隔热层，按围护结构墙体内净面积计算，不扣除 0.3m^2 以内孔洞所占的面积。

③ 软木、聚苯乙烯泡沫板铺贴平顶以图示长乘宽乘厚以体积计算。

④ 外墙聚苯乙烯挤塑板外保温、外墙聚苯颗粒保温砂浆、屋面架空隔热板、保温隔热砖、瓦、天棚（沥青贴软木除外）层，按设计图示尺寸以面积计算。

⑤ 墙体隔热 外墙按隔热层中心线，内墙按隔热层净长乘图示尺寸的高度（如图纸无注明高度时，则下部由地坪隔热层起算，带阁楼时算至阁楼板顶面止；无阁楼时则算至檐口）及厚度以体积计算，应扣除冷藏门洞口和管道穿墙洞口所占的体积。

⑥ 门口周围的隔热部分，按图示部位，分别套用墙体或地坪的相应子目以体积计算。

⑦ 软木、泡沫塑料板铺贴柱帽、梁面，以设计图示尺寸按体积计算。

⑧ 梁头、管道周围及其他零星隔热工程，均按实际尺寸以体积计算，套用柱帽、梁面定额。

⑨ 池槽隔热层按设计图示池槽保温隔热层的长、宽及厚度以体积计算，其中池壁按墙面计算，池底按地面计算。

⑩ 包柱隔热层，按设计图示柱的隔热层中心线的展开长度乘以图示尺寸高度及厚度以体积计算。

(2) 防腐工程项目应区分不同防腐材料种类及厚度，按设计图示尺寸以面积计算，应扣除凸出地面的构筑物、设备基础所占的面积。砖垛等突出墙面部分，按展开面积计算，并入墙面防腐工程量内。

(3) 踢脚板按设计图示尺寸以面积计算，应扣除门洞所占面积，并相应增加侧壁展开面积。

(4) 平面砌筑双层耐酸块料时，按单层面积乘以系数 2.0 计算。

(5) 防腐卷材接缝附加层收头等工料，已计入定额中，不另行计算。

(6) 烟囱内表面涂抹隔绝层，按筒身内壁的面积计算，并扣除孔洞面积。

八、厂区道路及排水工程

1. 有关说明

(1) 本定额适用于一般工业与民用建筑物（构筑物）所在的厂区或住宅小区内的道路、广场及排水。

(2) 本定额中未包括的项目（如：土方、垫层、面层和管道基础等），应按本定额其他分部的相应子目执行。

(3) 管道铺设不论用人工或机械均执行本定额。

(4) 停车场、球场、晒场，按道路相应子目执行，其压路机台班乘以系数 1.20。

(5) 检查井综合定额中挖土、回填土、运土项目未综合在内，应按本定额土方分部的相应子目执行。

2. 主要计算规则

(1) 整理路床、路肩和道路垫层、面层均按设计规定以平方米计算。路牙(沿)以延长米计算。

(2) 钢筋混凝土井(池)底、壁、顶和砖砌井(池)壁不分厚度以实体积计算，池壁与排水管连接的壁上孔洞其排水管径在300mm以内所占的壁体积不予扣除；超过300mm时，应予扣除。所有井(池)壁孔洞上部砖，已包括在定额内，不另计算。井(池)底、壁抹灰合并计算。

(3) 路面伸缩缝、锯缝、嵌缝均按延长米计算。

(4) 混凝土、PVC排水管按不同管径分别按延长米计算，长度按两井间净长度计算。

九、楼地面工程

1. 有关说明

(1) 本部分中各种混凝土、砂浆强度等级、抹灰厚度，设计与定额规定不同时，可以换算。

(2) 整体面层子目中均包括基层与装饰面层。找平砂浆设计厚度不同，按每增、减5mm找平层调整。黏结层砂浆厚度与定额不符时，按设计厚度调整。地面防潮层按相应子目执行。

(3) 整体面层、块料面层中的楼地面项目，均不包括踢脚线工料；水泥砂浆、水磨石楼梯包括踏步、踢脚板、踢脚线、平台、堵头，不包括楼梯底抹灰(楼梯底抹灰另按相应子目执行)。

(4) 踢脚线高度按150mm编制，如设计高度不同时，整体面层不作调整，块料面层按比例调整，其他不变。

(5) 水磨石面层定额项目已包括酸洗打蜡工料，设计不做酸洗打蜡，应扣除定额中的酸洗打蜡材料费及人工0.51工日/$10m^2$；其余项目均不包括酸洗打蜡，应另列项目计算。

(6) 石材块料面板镶贴不分品种、拼色均执行相应子目。包括镶贴一道墙四周的镶边线(阴、阳角处含45°角)，设计有两条或两条以上镶边者，按相应定额子目人工乘系数1.10(工程量按镶边的工程量计算)，矩形分色镶贴的小方块仍按定额执行。

(7) 石材块料面板局部切除并分色镶贴成折线图案者称“简单图案镶贴”，切除分色镶贴成弧线形图案者称“复杂图案镶贴”，该两种图案镶贴应分别套用定额。

(8) 石材块料面板镶贴及切割费用已包括在定额内，但石材磨边未包括在内。设计磨边者，按相应子目执行。

(9) 对石材块料面板地面或特殊地面要求需成品保护者，不论采用何种材料进行保护，均按相应子目执行，但必须是实际发生时才能计算。

(10) 扶手、栏杆、栏板适用于楼梯、走廊及其他装饰性栏杆、栏板、扶手，栏杆定额项目中包括了弯头的制作、安装。设计栏杆、栏板的材料、规格、用量与定额不同，可以调整。定额中栏杆、栏板与楼梯踏步的连接是按预埋件焊接考虑。设计用膨胀螺栓连接时，每10m另增人工0.35工日，$M10mm\times100mm$膨胀螺栓10只，铁件1.25kg，合金钢钻头0.13只，电锤0.13台班。

(11) 楼梯、台阶不包括防滑条，设计用防滑条者，按相应子目执行。螺旋形、圆弧形楼梯贴块料面层按相应子目的人工乘以系数1.20，块料面层材料乘以系数1.10，其他不变。现场锯割大理石、花岗岩板材粘贴在螺旋形、圆弧形楼梯面，按实际情况另行处理。

(12) 斜坡、散水、明沟按《室外工程》(苏 J08—2006) 编制的，均包括挖（填）土、垫层、砌筑、抹面。采用其他图集时，材料含量可以调整，其他不变。

(13) 通往地下室车道的土方、垫层、混凝土、钢筋混凝土按相应子目执行。

(14) 本节不含铁件，如发生另行计算，按相应子目执行。

2. 主要计算规则

(1) 地面垫层按室内主墙间净面积乘以设计厚度以立方米计算，应扣除凸出地面的构筑物、设备基础、室内铁道、地沟等所占体积，不扣除柱、垛、间壁墙、附墙烟囱及面积在 $0.3m^2$ 以内孔洞所占体积，但门洞、空圈、暖气包槽、壁龛的开口部分亦不增加。

(2) 整体面层、找平层均按主墙间净空面积以平方米计算，应扣除凸出地面建筑物、设备基础、地沟等所占面积，不扣除柱、垛、间壁墙、附墙烟囱及面积在 $0.3m^2$ 以内的孔洞所占面积，但门洞、空圈、暖气包槽、壁龛的开口部分亦不增加。看台台阶、阶梯教室地面整体面层按展开后的净面积计算。

(3) 地板及块料面层，按图示尺寸实铺面积以平方米计算，应扣除凸出地面的构筑物、设备基础、柱、间壁墙等不做面层的部分，$0.3m^2$ 以内的孔洞面积不扣除。门洞、空圈、暖气包槽、壁龛的开口部分的工程量另增并入相应的面层内计算。

(4) 楼梯整体面层按楼梯的水平投影面积以平方米计算，包括踏步、踢脚板、中间休息平台、踢脚线、梯板侧面及堵头。楼梯井宽在 200mm 以内者不扣除，超过 200mm 者，应扣除其面积，楼梯间与走廊连接的，应算至楼梯梁的外侧。

(5) 楼梯块料面层，按展开实铺面积以平方米计算，踏步板、踢脚板、休息平台、踢脚线、堵头工程量应合并计算。

(6) 台阶（包括踏步及最上一步踏步口外延 300mm）整体面层按水平投影面积以平方米计算；块料面层，按展开（包括两侧）实铺面积以平方米计算。

(7) 水泥砂浆、水磨石踢脚线按延长米计算。其洞口、门口长度不予扣除，但洞口、门口、垛、附墙烟囱等侧壁也不增加；块料面层踢脚线，按图示尺寸以实贴延长米计算，门洞扣除，侧壁另加。

(8) 多色简单、复杂图案镶贴石材块料面板，按镶贴图案的矩形面积计算。成品拼花石材铺贴按设计图案的面积计算。计算简单、复杂图案之外的面积，扣除简单、复杂图案面积时，也按矩形面积扣除。

(9) 楼地面铺设木地板、地毯以实铺面积计算。楼梯地毯压棍安装以套计算。

(10) 其他

① 扶手、栏杆、栏板下托板均按扶手的延长米计算，楼梯踏步部分的栏杆与扶手应按水平投影长度乘以系数 1.18。

② 斜坡、散水、楼牙均按水平投影面积计算，明沟与散水连在一起，明沟按宽 300mm 计算，其余为散水。散水、明沟应分开计算。散水、明沟应扣除踏步、斜坡、花台等长度。

③ 明沟按图示尺寸以延长米计算。

④ 地面、石材面嵌金属和楼梯防滑条均按延长米计算。

十、墙柱面工程

1. 有关说明

(1) 按中级抹灰考虑，设计砂浆品种、饰面材料规格如与定额取定不同时，应按设计调整，但人工数量不变。

（2）外墙保温材料品种不同，可根据相应子目进行换算调整。地下室外墙粘贴保温板，可参照相应子目，材料可换算，其他不变。柱梁面粘贴复合保温板可参照墙面执行。

（3）均不包括抹灰脚手架费用，脚手架费用按相应子目执行。

（4）墙、柱的抹灰及镶嵌块料面层所取定的砂浆品种、厚度详见定额附录七。设计砂浆品种、厚度与定额不同均应调整。砂浆用量按比例调整。外墙面砖基层刮糙处理，如基层材料设计采用保温砂浆时，此部分砂浆作相应换算，其余不变。

（5）在圆弧形墙面、梁面抹灰或镶嵌贴块料面层（包括挂贴、干挂石材块料面板），按相应子目人工乘以系数 1.18（工程量按其弧形面积计算）。块料面层中带有弧形的石材损耗，应按实调整，每 10m 弧形部分，砌贴人工增加 0.6 工日，合金钢切割片 0.14 片，石材切割机 0.6 台班。

（6）块料面板均不包括磨边，设计要求磨边或墙、柱面贴石材装饰线条者，按相应子目执行。设计线条重叠数次，套相应“装饰线条”数次。

（7）外墙面窗间墙、窗下墙同时抹灰，按外墙抹灰相应子目执行，单独圈梁抹灰（包括门、窗、洞口顶部）按腰线子目执行，附着在混凝土梁上的混凝土线条抹灰按混凝土装饰线条抹灰子目执行。但窗间墙单独抹灰或镶嵌贴块料面层，按相应人工乘以系数 1.15。

（8）门窗洞口侧边、附墙垛等小面粘贴块料面层时，门窗洞口侧边、附墙垛等小面排版规格小于块料原规格并需要裁剪的块料面层项目，可套用柱、梁、零星项目。

（9）内外墙贴面砖的规格与定额取定规格不符，数量应按下式计算：

$$\text{实际数量}=\frac{10\text{m}^2\times(1+\text{相应损耗率})}{(\text{砖长}+\text{灰缝宽})\times(\text{砖宽}+\text{灰缝厚})}$$

（10）高在 3.60m 以内的围墙抹灰均按内墙面相应抹灰子目执行。

（11）石材块料面板上钻孔成槽由供应商完成的，扣除基价中人工的 10% 和其他机械费。本节斩假石已包括底、面抹灰。

（12）本节混凝土墙、柱、梁面的抹灰底层已包括刷一道素水泥浆在内。设计刷两道，每一道按相应子目执行。设计采用专用黏结剂时，可套用相应干粉型黏结剂粘贴子目，换算干粉型黏结剂材料为相应专用黏结剂。设计采用聚合物砂浆粉刷的，可套用相应子目，材料换算，其他不变。

（13）外墙内表面的抹灰按内墙面抹灰子目执行；砌块墙面的抹灰按混凝土墙面相应抹灰子目执行。

（14）干挂石材机大规格面砖所用的干挂胶（AB 胶）每组的用量组成为：A 组 1.33kg，B 组 0.67kg。

（15）设计木墙裙的龙骨与定额间距、规格不同时，应按比例换算。本定额仅编制了一般项目中常用的骨架与面层，骨架、衬板、基层、面层均应分开计算。

（16）木饰面子目的木基层均未含防火材料，设计要求刷防火漆，按相应子目执行。

（17）装饰面层中均未包括墙裙压顶线、压条、踢脚线、门窗贴脸等装饰线，设计有要求时，应按相应子目执行。

（18）幕墙材料品种、含量，设计要求与定额不同时应调整，但人工、机械不变。所有干挂石材、面砖、玻璃幕墙、金属板幕墙子目中不含钢骨架、预埋（后置）铁件的制作安装费，另按相应子目执行。

(19) 不锈钢、铝单板等装饰板块折边加工费及成品铝单板折边面积应计入材料单价中，不另计算。

(20) 网塑夹芯板之间设置加固方钢立柱、横梁应根据设计要求按相应子目执行。

(21) 本定额未包括玻璃、石材的车边、磨边费用。石材车边、磨边按相应子目执行；玻璃车边费用按市场加工费计算。

(22) 成品装饰面板现场安装，需做龙骨、基层板时，套用墙面相应子目。

2. 主要计算规则

(1) 内墙面抹灰

① 内墙面抹灰面积应扣除门窗洞口和空圈所占的面积，不扣除踢脚线、挂镜线、0.3m^{2}以内的孔洞和墙与构件交接处的面积；但其洞口侧壁和顶面抹灰亦不增加。垛的侧面抹灰面积应并入内墙面工程量内计算。

内墙面抹灰长度，以主墙间的图示净长计算，其高度按实际抹灰高度确定，不扣除间壁所占的面积。

② 石灰砂浆、混合砂浆粉刷中已包括水泥护角线，不另行计算。

③ 柱和单梁的抹灰按结构展开面积计算，柱与梁或梁与梁接头的面积不予扣除。砖墙中平墙面的混凝土柱、梁等的抹灰（包括侧壁）应并入墙面抹灰工程量内计算。凸出墙面的混凝土柱、梁面（包括侧壁）抹灰工程量应单独计算，按相应子目执行。

④ 厕所、浴室隔断抹灰工程量，按单面垂直投影面积乘系数 2.3 计算。

(2) 外墙抹灰

① 外墙面抹灰面积按外墙面的垂直投影面积计算，应扣除门窗洞口和空圈所占的面积，不扣除 0.3m^{2}以内的孔洞面积。但门窗洞口、空圈的侧壁、顶面及垛等抹灰，应按结构展开面积并入墙面抹灰中计算。外墙面不同品种砂浆抹灰，应分别计算，按相应子目执行。

② 外墙窗间墙与窗下墙均抹灰，以展开面积计算。

③ 挑沿、天沟、腰线、扶手、单独门窗套、窗台线、压顶等，均以结构尺寸展开面积计算。窗台线与腰线连接时，并入腰线内计算。

④ 外墙台抹灰长度，如实际图纸无规定时，可按窗洞口宽度两边共加 20cm。窗台展开宽度一砖墙按 36cm 计算，每增加半砖宽则累增 12cm。

单独圈梁抹灰（包括门、窗洞口顶部）、附着在混凝土梁上的混凝土装饰线条抹灰均以展开面积以平方米计算。

⑤ 阳台、雨篷抹灰按水平投影面积计算。定额中已包括顶面、底面、侧面及牛腿的全部抹灰面积。阳台栏杆、栏板、垂直遮阳板抹灰另列项目计算。栏板以单面垂直投影面积乘系数 2.1。

⑥ 水平遮阳板顶面、侧面抹灰按其水平投影面积乘系数 1.5，板底面积并入天棚抹灰内计算。

⑦ 勾缝按墙面垂直投影面积计算，应扣除墙裙、腰线和挑檐的抹灰面积，不扣除门、窗套、零星抹灰和门、窗洞口等面积，但垛的侧面、门窗洞侧壁和顶面的面积亦不增加。

(3) 挂、贴块料面层

① 内、外墙面、柱梁面、零星项目镶贴块料面层均按块料面层的建筑尺寸（各块料面层＋粘贴砂浆厚度＝25mm）面积计算。门窗洞口面积应扣除，侧壁、附垛贴面应并入墙面

工程量中。内墙面腰线花砖按延长米计算。

② 窗台、腰线、门窗套、天沟、挑檐、盥洗槽、池脚等块料面层镶贴，均以建筑尺寸的展开面积（包括砂浆及块料面层厚度）按零星项目计算。

③ 石材块料面板挂、贴均按面层的建筑尺寸（包括干挂空间、砂浆、板厚度）展开面积计算。

④ 石材圆柱面按石材面外围周长乘以柱高（应扣除柱墩、帽高度）以平方米计算。石材柱墩、柱帽按石材圆柱面外围周长乘以其高度以平方米计算。圆柱腰线按石材圆柱面外围周长计算。

（4）墙、柱木装饰及柱包不锈钢镜面

① 墙、墙裙、柱（梁）面　木装饰龙骨、衬板、面层及粘贴切片板按净面积计算，并扣除门、窗洞口及0.3m²以上的孔洞所占的面积，附墙垛及门、窗侧壁并入墙面工程量内计算。

单独门、窗套按相应子目计算。

柱、梁按展开宽度乘以净长计算。

② 不锈钢镜面、各种装饰板面均按展开面积计算。若地面天棚面有柱帽、柱脚，则高度应从柱脚上表面至柱帽下表面计算。柱帽、柱脚，按面层的展开面积以平方米计算，套柱帽、柱脚子目。

③ 幕墙以框外围面积计算。幕墙与建筑顶端、两端的封边按图示尺寸以平方米计算，自然层的水平隔离与建筑物的连接按延长米计算（连接层包括上、下镀锌钢板在内）。幕墙上下设计有窗者，计算幕墙面积时，窗面积不扣除，但每10m²窗面积另增加人工5工日，造价的窗料及五金按实际计算（幕墙上铝合金窗不再另外计算）。其中：全玻璃幕墙以结构外边按玻璃（带肋）展开面积计算，支座处隐藏部分玻璃合并计算。

十一、天棚工程

1. 有关说明

（1）本定额中的木龙骨、金属龙骨是按面层龙骨的方格尺寸取定的，其龙骨、断面的取定如下。

① 木龙骨断面搁在墙上，大龙骨50mm×70mm，中龙骨50mm×50mm，吊在混凝土板下，大、中龙骨50mm×40mm。

② U形轻钢龙骨上人型　大龙骨60mm×27mm×1.5mm（高×宽×厚）
中龙骨50mm×20mm×0.5mm（高×宽×厚）
小龙骨25mm×20mm×0.5mm（高×宽×厚）
不上人型　大龙骨50mm×15mm×1.2mm（高×宽×厚）
中龙骨50mm×20mm×0.5mm（高×宽×厚）
小龙骨25mm×20mm×0.5mm（高×宽×厚）

③ T形铝合金龙骨上人型　轻钢大龙骨60mm×27mm×1.5mm（高×宽×厚）
铝合金T形主龙骨20mm×35mm×0.8mm（高×宽×厚）
铝合金T形副龙骨20mm×22mm×0.6mm（高×宽×厚）
不上人型　轻钢大龙骨45mm×15mm×1.2mm（高×宽×厚）
铝合金T形主龙骨20mm×35mm×0.8mm（高×宽×厚）

铝合金T形副龙骨20mm×22mm×0.6mm（高×宽×厚）

设计与定额不符，应按设计的长度用量加下列损耗调整定额中的含量：木龙骨6%，轻钢龙骨6%，铝合金龙骨7%。

(2) 天棚的骨架基层分为简单、复杂型两种。

简单型：是指每间面层在同一标高的平面上。

复杂型：是指每一间面层不在同一标高平面上，其高差在100mm以上（含100mm），但必须满足不同标高的少数面积占该间面积的15%以上。

(3) 天棚吊筋、龙骨与面层应分开计算，按设计套用相应子目。本定额金属吊筋是按膨胀螺栓连接在楼板上考虑的，每副吊筋的规格、长度、配件及调整办法详见天棚吊筋子目，设计吊筋与楼板底面预埋铁件焊接时也执行本定额。吊筋子目适用于钢、木龙骨的天棚基层。

设计小房间（厨房、厕所）内不用吊筋时，不能计算吊筋项目，并扣除相应子目中人工含量0.67工日/10m²。

(4) 本定额轻钢、铝合金龙骨是按双层编制的，设计为单层龙骨（大、中龙骨均在同一平面上）在套用定额时，应扣除定额中小（副）龙骨及配件，人工乘以系数0.87，其他不变，实际小（副）龙骨用中龙骨代替时，其单价应调整。

(5) 胶合板面层在现场钻吸声孔时，按钻孔板部分的面积，每10m²增加人工0.64工日计算。

(6) 木质骨架及面层的上表面，未包括刷防火漆，设计要求刷防火漆时，应按相应子目计算。

(7) 上人型天棚吊顶检修道分为固定、活动两种，应按设计分别套用定额。

(8) 天棚面层中回光槽按相应子目执行。

(9) 天棚面的抹灰按中级抹灰考虑，所取定的砂浆品种、厚度详见附录。设计砂浆品种（纸筋石灰浆除外）厚度与定额不同均应按比例调整，但人工数量不变。

2. 主要计算规则

(1) 本定额天棚饰面的面积按净面积计算，不扣除间壁墙、检修孔、附墙烟囱、柱垛和管道所占面积，但应扣除独立柱、0.3m²以上的灯饰面积（石膏板、夹板天棚面层的灯饰面积不扣除）与天棚相连接的窗帘盒面积，整体金属板中间开孔的灯饰面积不扣除。

(2) 天棚中假梁、折线、叠线等圆弧形、拱形、特殊艺术形式的天棚饰面，均按展开面积计算。

(3) 天棚龙骨的面积按主墙间的水平投影面积计算。天棚龙骨的吊筋按每10m²龙骨面积套相应子目计算；全丝杆的天棚吊筋按主墙间的水平投影面积计算。

(4) 圆弧形、拱形的天棚龙骨应按其弧形或拱形部分的水平投影面积计算套用复杂型子目，龙骨用量按设计进行调整，人工和机械按复杂型天棚子目乘以系数1.8。

(5) 本定额天棚每间以在同一平面上为准，设计有圆弧形、拱形时，按其圆弧形、拱形部分的面积。圆弧形面层人工按其相应子目乘以系数1.15计算，拱形面层的人工按相应子目乘以系数1.5计算。

(6) 铝合金扣板雨篷、钢化夹胶玻璃雨棚均按水平投影面积计算。

(7) 天棚面抹灰

① 天棚面抹灰按主墙间天棚水平面积计算，不扣除间壁墙、垛、柱、附墙烟囱、检查

洞、通风洞、管道等所占的面积。

② 密肋梁、井字梁、带梁天棚抹灰面积，按展开面积计算，并入天棚抹灰工程量内。斜天棚抹灰按斜面积计算。

③ 天棚抹面如抹小圆角者，人工已包括在定额中，材料、机械按附注增加。如带装饰线者，其线分别按三道线以内或五道线以内，以延长米计算（线角的道数以每一个突出的阳角为一道线）。

④ 楼梯底面、水平遮阳板底面和沿口天棚，并入相应的天棚抹灰工程量内计算。混凝土楼梯、螺旋楼梯的底板为斜板时，按其水平投影面积（包括休息平台）乘系数1.18，底板为锯齿形时（包括预制踏步板），按其水平投影面积乘系数1.5计算。

十二、门窗工程

1. 有关说明

（1）门窗工程分为购入构件成品安装，铝合金门窗制作安装，木门窗框、扇制作安装，装饰木门扇及门窗五金配件安装五部分。

（2）购入构件成品安装门窗单价中，除地弹簧、门夹、管子、拉手等特殊五金外，玻璃及一般五金已包括在相应的成品单价中，一般五金的安装人工已包括在定额内，特殊五金和安装人工应按“门、窗配件安装”的相应子目执行。

（3）铝合金门窗制作、安装

① 铝合金门窗制作、安装是按在构件厂制作，现场安装编制的，但构件厂至现场的运输费用应按当地交通部门的规定运费执行（运费不进入取费基价）。

② 铝合金门窗制作型材分为普通铝合金型材和断桥隔热铝合金型材两种，应按设计分别套用相应子目。各种铝合金型材含量的取定定额仅为暂定。设计型材的含量与定额不符，应按设计用量加6%制作损耗调整。

③ 铝合金门窗的五金应按“门、窗五金配件安装”另列项目计算。

④ 门窗框与墙或柱的连接是按镀锌铁脚、尼龙膨胀螺钉连接考虑的，设计不同，定额中的铁脚、螺栓应扣除，其他连接件另外增加。

（4）木门、窗制作安装

① 本部分编制了一般木门窗制作、安装及成品木门框扇的安装，制作是按机械和手工操作综合编制的。

② 本部分均以一类、二类木种为准，如采用三类、四类木种，分别乘以下系数：木门、窗制作人工和机械费乘系数1.30；木门、窗安装人工乘系数1.15。

③ 木材木种划分如表4-11所示。

表4-11　木材木种的划分

一类	红松、水桐木、樟子松
二类	白松、杉木（方杉、冷杉）、杨木、铁杉、柳木、花旗松、椴木
三类	青松、黄花松、秋子松、马子松、东北榆木、柏木、苦楝木、梓木、黄菠萝、椿木、楠木（桢楠、润楠）、柚木、樟木、山毛榉、栓木、白木、云香木、枫木
四类	栎木（柞木）、檀木、色木、槐木、荔木、麻栗木（麻栎、青刚）、桦木、荷木、水曲柳、柳桉、华北榆木、核桃楸、克隆、门格里斯。

④ 木材规格是按已成型的两个切断面规格料编制的，两个切断面以前的锯缝损耗按总说明规定应另外计算。

⑤ 本部分中注明的木材断面或厚度均以毛料为准，如设计图纸注明的断面或厚度为净料时，应增加断面刨光损耗：一面刨光加3mm，两面刨光加5mm，圆木按直径增加5mm。

⑥ 本部分中木材是以自然干燥条件下的木材编制的，需要烘干时，其烘干费用及损耗由各市确定。

⑦ 本部分中门、窗框扇断面除注明者外均是按《木窗图集》(苏J73-2) 常用项目的Ⅲ级断面编制的，其具体取定尺寸见表4-12。

表 4-12 断面取定尺寸

名称	门窗类型	边框断面(含刨光损耗)		扇立梃断面(含刨光损耗)	
		定额取定断面/mm	截面积/cm²	定额取定断面/mm	截面积/cm²
门	半截玻璃门	55×100	55	50×100	50
	冒头板头	55×100	55	45×100	45
	双面胶合板门	50×100	55	38×60	22.8
	纱门	—	—	35×100	35
	全玻自由门	—	—	50×120	60
	拼板门	70×140(Ⅰ级)	98	50×100	50
	平开、推拉木门	55×100	55	60×120	72
窗	平开窗	55×100	55	45×65	29.25
	纱窗	—	—	35×65	22.75
	工业木窗	55×120(Ⅱ级)	66	—	—

设计框、扇断面与定额不同时，应按比例换算。框料以边立框断面为准（框裁口处如为钉条者，应加贴条断面），扇料以立梃断面为准。换算公式如下：

$$\frac{\text{设计断面积(净料加刨光损耗)}}{\text{定额断面积}}\times\text{相应子目材积}$$

⑧ 胶合板门的基价是按四八尺（1220mm×2440mm）编制的，剩余的边角料残值已考虑回收，如建设单位供应胶合板，按两倍门扇数量张数供应，每张裁下的边角料全部退还给建设单位（但残值回收取消）。若使用三七尺（910mm×2130mm）胶合板，定额基价应按括号内的含量换算，并相应扣除定额中的胶合板边角料残值回收值。

⑨ 门窗制作安装的五金、铁件配件按“门窗五金配件安装”相应子目执行，安装人工已包括在相应定额内。设计门、窗玻璃品种、厚度与定额不符，单价应调整，数量不变。

⑩ 木质送、回风口的制作、安装按百叶窗定额执行。

⑪ 设计门、窗有艺术造型灯特殊要求时，因设计差异变化较大，其制作、安装应按实际情况另行处理。

⑫ 本部分子目如涉及钢骨架或者铁件的制作安装，另行套用相关子目。

⑬“门窗五金配件安装”子目中，五金规格、品种与设计不符时应调整。

2. 主要计算规则

(1) 购入成品的各种铝合金门窗安装，按门窗洞口面积以平方米计算，购入成品的木门扇安装，按购入门扇的净面积计算。

(2) 现场铝合金门窗扇制作、安装按门窗洞口面积以平方米计算。

(3) 各种卷帘门按实际宽度的面积计算，卷帘门上有小门时，其卷帘门工程量应扣除小门面积。卷帘门上的小门按扇计算，卷帘门上电动提升装置以套计算，手动装置的材料、安装人工已包括在定额内，不另增加。

（4）无框玻璃门按其洞口面积计算。无框玻璃门中，部分为固定门扇、部分为开启门扇时，工程量应分开计算。无框门上带亮子时，其亮子与固定门扇合并计算。

（5）门窗框上包不锈钢板均按不锈钢板的展开面积以平方米计算，木门扇上包金属面或软包面均以门扇净面积计算。无框玻璃门上亮子与门扇之间的钢骨架横撑（外包不锈钢板），按横撑包不锈钢板的展开面积计算。

（6）门窗扇包镀锌铁皮，按门窗洞口面积以平方米计算；门窗框包镀锌铁皮、钉橡皮条、钉毛毡按图示门窗洞口尺寸以延长米计算。

（7）木门窗框、扇制作、安装工程量按以下规定计算。

① 各类木门窗（包括纱门、纱窗）制作、安装工程量均按门窗洞口面积以平方米计算。

② 连门窗的工程量应分别计算，套用相应门、窗定额，窗的宽度算至门框外侧。

③ 普通窗上部带有半圆窗的工程量应按普通窗和半圆窗分别计算，其分界线以普通窗和半圆窗之间的横框上边线为分界线。

④ 无框窗扇按扇的外围面积计算。

十三、油漆、涂料、裱糊工程

1. 有关说明

（1）本定额中涂料、油漆工程均采用手工操作，喷塑、喷涂、喷油采用机械喷枪操作，实际施工操作方法不同时，均按本定额执行。

（2）油漆项目中，已包括钉眼刷防锈漆的工、料并综合了各种油漆的颜色，设计油漆颜色与定额不符时，人工、材料均不调整。

（3）本定额已综合考虑分色及门窗内外分色的因素，如果需做美术图案者，可按实计算。

（4）定额中规定的喷、涂、刷的遍数，如与设计不同时，可按每增减一遍相应子目执行。石膏板面套用抹灰面定额。

（5）本定额对硝基清漆磨退出亮定额子目未具体要求刷理遍数，但应达到漆膜面上的白雾光消除、磨退出亮。

（6）色聚氨酯漆已经综合考虑不同色彩的因素，均按本定额执行。

（7）本定额抹灰面乳胶漆、裱糊墙纸饰面是根据现行工艺，将墙面封油刮腻子、清油封底、乳胶漆涂刷及墙纸裱糊分列子目，本定额乳胶漆、裱糊墙纸子目已包括再次找补腻子在内。

（8）浮雕喷涂料小点、大点规格划分如下。

① 小点：点面积在 $1.2cm^2$ 以下。

② 大点：点面积在 $1.2cm^2$ 以上（含 $1.2cm^2$）。

（9）涂料定额是按常规品种编制的，设计用的品种与定额不符，单价可以换算，可以根据不同的涂料调整定额含量，其余不变。

（10）木材面油漆设计有漂白处理时，由甲、乙双方另行协商。

（11）涂刷金属面防火涂料厚度应达到国家防火规范的要求。

2. 主要计算规则

（1）天棚、墙、柱、梁面的喷（刷）涂料和抹灰面乳胶漆　工程量按实喷（刷）面积计算，但不扣除 0.3m² 以内的孔洞面积。

（2）木材面油漆　各种木材面的油漆工程量按构件的工程量乘相应系数计算。

① 套用单层木门定额的项目工程量乘以相应系数（按洞口面积计算）。

② 套用单层木窗定额的项目工程量乘以相应系数（按洞口面积计算）。

③ 套用木扶手定额的项目工程量乘以相应系数（按延长米计算）。

④ 套用其他木材定额的项目工程量乘以相应系数（按长×宽、外围面积或展开面积计算）。

⑤ 套用木墙裙定额的项目工程量乘以相应系数（按净长×高计算）。

⑥ 踢脚线按延长米计算，如踢脚线与墙裙油漆处理相同，应合并在墙裙工程量内。

⑦ 橱、台、柜工程量计算按展开面积计算。零星木装修、梁、柱饰面按展开面积计算。

⑧ 窗台板、筒子板（门、窗套），不论有无拼花图案和线条均按展开面积计算。

⑨ 套用木地板定额的项目工程量乘以相应系数（按长×宽或水平投影面积计算）。

（3）抹灰面、构件面油漆、涂料、刷浆　抹灰面的油漆、涂料、刷浆工程量＝抹灰的工程量。

（4）金属面油漆

① 套用单层钢门窗定额的项目工程量乘以相应系数。

② 其他金属面油漆，按构件油漆部分表面积计算。

③ 套用金属面定额的项目：原材料每米重量 5kg 以内为小型构件，防火涂料用量乘以系数 1.02；人工乘以 1.1；网架上刷防火涂料时，人工乘以系数 1.4。

（5）刷防火漆计算规则

① 隔壁、护壁木龙骨按其面层正立面投影面积计算。

② 柱木龙骨按其面层外围面积计算。

③ 天棚龙骨按其水平投影面积计算。

④ 木地板中木龙骨及木龙骨带毛地板按地板面积计算。

⑤ 隔壁、护壁、柱、天棚面层及木地板刷防火漆，执行其他木材面刷防火漆相应子目。

十四、其他零星工程

1. 有关说明

（1）本定额中除铁件、钢骨架已包括刷防锈漆一遍外，其余均未包括油漆、防火漆的工料，如设计涂刷油漆、防火漆按油漆相应定额子目套用。

（2）本定额中招牌、灯箱不再区分平面型、箱体型、简单型、复杂型。各类招牌、灯箱的钢骨架基层制作、安装套用相应章节子目，按吨计量。

（3）招牌、灯箱内灯具未包括在内。

（4）字体安装均以成品安装考虑，不区分字体，均执行本定额。

（5）本定额装饰线条安装为线条成品安装，定额均以安装在墙面上为准。设计安装在天棚面层时，按以下规定执行（但墙、顶交界处的角线除外）：钉在木龙骨基层上人工按相应定额乘以系数 1.34；钉在钢龙骨基层上，人工按相应定额乘以系数 1.68；钉在木装饰线条图案，人工乘以系数 1.50（木龙骨基层上）及 1.80（钢龙骨基层上）。设计装饰线条成品规格与定额不同时应换算，但含量不变。

(6) 石材装饰线条均以成品安装考虑。石材装饰线条磨边、异形加工等均包括在成品线条的单价中，不再另计。

(7) 本定额中的石材磨边是按在工厂无法加工而必须在现场制作加工考虑的，实际由外单位加工的应另行计算。

(8) 成品保护是指对已做好的项目面层上覆盖保护层，保护层的材料不同不得换算，实际施工中未覆盖的不得计算成品保护。

(9) 货柜、柜类定额中未考虑板拼花及饰面板上贴其他材料的花饰、造型艺术品，货架、柜类图见定额附件。该部分定额子目仅供参考使用。

(10) 石材的镜面处理另行计算。

(11) 石材面刷防护剂是指通过刷、喷、涂、滚等方法，使石材防护剂均匀分布在石材表面或渗透到石材内部形成一种保护，使石材具有防水、防污、耐酸碱、抗老化、抗冻融、抗生物侵蚀等功能，从而达到提高石材使用寿命和装饰性能的效果。

2. 主要计算规则

(1) 灯箱面层按展开面积以平方米计算。

(2) 招牌字按每个字面积在 $0.2m^2$ 内、$0.5m^2$ 内、$0.5m^2$ 外三个子目划分，字安装不论安装在何种墙面或其他部位均按字的个数计算。

(3) 单线木压条、木花式线条、木曲线条、金属装饰条及多线木装饰条、石材线等安装均按外围延长米计算。

(4) 石材及块料磨边、胶合板刨边、打硅酮密封胶，均按延长米计算。

(5) 门窗套、筒子板按面层展开面积计算。窗台板按平方米计算。如图纸未注明窗台板长度时，可按窗框外围两边共加 100mm 计算；窗口凸出墙面的宽度，按抹灰面另加 30mm 计算。

(6) 暖气罩按外框投影面积计算。

(7) 窗帘盒及窗帘轨按延长米计算，如设计图纸未注明尺寸可按洞口尺寸加 30cm 计算。

(8) 窗帘装饰布。

① 窗帘布、窗纱布、垂直窗帘的工程量按展开面积计算。

② 窗水波幔帘按延长米计算。

(9) 石膏浮雕灯盘、角花按个数计算，检修孔、灯孔、开洞按个数计算，灯带按延长米计算，灯槽按中心线以延长米计算。

(10) 石材防护剂按实际涂刷面积计量。成品保护层按相应子目工程量计算，台阶、楼梯按水平投影面积计算。

(11) 卫生间配件。

① 石材洗漱台板工程量按展开面积计算。

② 浴帘杆按数量以每 10 支计算、浴缸拉手及毛巾架以每 10 副计算。

③ 无基层成品镜面玻璃、有基层成品镜面玻璃，均按玻璃外围面积计算。镜框线条另计。

(12) 隔断的计算

① 半玻璃隔断是指上部为玻璃隔断，下部为其他墙体，其工程量按半玻璃设计边框外

边线以平方米计算。

② 全玻璃隔断是指其高度自下横挡底算至上横挡顶面，宽度按两边立框外边以平方米计算。

③ 玻璃砖隔断按玻璃砖格式框外围面积计算。

④ 浴厕木隔断，其高度自下横挡底算至上横挡顶面以平方米计算。门扇面积并入隔断面积内计算。

⑤ 塑钢隔断按框外围面积计算。

(13) 货架、柜橱类均以正立面的高（包括脚的高度在内）乘以宽以平方米计算。收银台以个计算，其他以延长米为单位计算。

十五、建筑物超高增加费

1. 有关说明

(1) 建筑物超高增加费

① 建筑物设计室外地面至檐口的高度（不包括女儿墙、屋顶水箱、突出屋面的电梯间、楼梯间等的高度）超过 20m 或建筑物超过 6 层时，应计算超高费。

② 超高费内容包括：人工降效、除垂直运输机械外的机械降效费、高压水泵摊销费、上下联络通讯费用。超高费包干使用，不论实际发生多少，均按本定额执行，不调整。

(2) 超高费按下列规定计算

① 建筑物檐高超过 20m 或层高超过 6 层部分的按其超过部分的建筑面积计算。

② 建筑物檐高高度超过 20m，但其最高一层或其中一层楼面未超过 20m 且在 6 层以内时，则该楼层在 20m 以上部分计超高费，每超过 1m（不足 0.1m 按 0.1m 计算）按相应定额的 20%计算。

③ 建筑物 20m 或 6 层以上的楼层，如层高超过 3.6m 的，层高每增高 1m（不足 0.1m 按 0.1m 计算）层高超高费按相应定额的 20%计取。

④ 同一建筑物中有 2 个或 2 个以上的不同檐口高度时，应分别按不同高度竖向切面的建筑面积套用定额。

⑤ 单层建筑物（五楼隔层者）高度超过 20m 时，其超过部分除构件安装按相应章节规定执行外，另在按本节相应项目计算每增高 1m 层高超高费。

(3) 单独装饰工程超高人工降效

①“高度”和“层高”，只要其中一个指标达到规定，即可套用该项目。

② 当同一个楼层中的楼面和天棚不在同一计算段内时，按天棚面标高段为准计算。

2. 主要计算规则

(1) 建筑物超高费以超过 20m 或 6 层部分的建筑面积（m^2）计算。

(2) 单独装饰工程超高部分人工降效，以超过 20m 或 6 层部分的工日分段计算。

十六、脚手架

1. 有关说明

(1) 脚手架分为综合脚手架和单项脚手架两部分。单项脚手架适用于单独地下室、装配式和多（单）层工业厂房、仓库、独立的展览馆、体育馆、影剧院、礼堂、饭堂（包括附属厨房)、锅炉房、檐高未超过 3.60m 的单层建筑、超过 3.60m 高的屋顶构架、构筑物等。除此之外的单位工程均执行综合脚手架项目。

(2) 综合脚手架使用注意点

① 檐高在 3.60m 内的单层建筑不执行综合脚手架定额。

② 综合脚手架项目仅包括脚手架本身的搭拆，不包括建筑物洞口临边、电器防护设施等费用，以上费用已在安全文明施工措施费中列支。

③ 单位工程在执行综合脚手架时，遇有下列情况应另列项目计算，不再计算超过 20m 脚手架材料增加费。

a. 各种基础自设计室外地面起深度超过 1.50m（砖基础至大放脚砖基底面、钢筋混凝土基础至垫层上表面)，同时混凝土带形基础底宽超过 3m、满堂基础或独立柱基（包括设备基础）混凝土底面积超过 $16m^2$ 应计算砌墙、混凝土浇捣脚手架。砖基础以垂直面积按单项脚手架中里架子、混凝土浇捣按相应满堂脚手架定额执行。

b. 层高超过 3.60m 的钢筋混凝土框架柱、梁、墙混凝土浇捣脚手架按单项定额规定计算。

c. 独立柱、单梁、墙高度超过 3.60m 混凝土浇捣脚手架按单项定额规定计算。

d. 层高在 2.20m 以内的技术层外墙脚手架按相应单项定额规定执行。

e. 施工现场需搭设高压线防护架，金属过道防护棚脚手架按单项定额规定执行。

f. 屋面坡度大于 45°时，屋面基层、盖瓦的脚手架费用应另行计算。

g. 未计算到建筑面积的室外柱、梁等，其高度超过 3.60m 时，应另按单项脚手架相应定额计算。

h. 地下室的综合脚手架按檐高在 12m 以内的综合脚手架相应定额乘以系数 0.5 执行。

i. 檐高 20m 以下采用悬挑脚手架的可计取悬挑脚手架增加费用，20m 以上悬挑脚手架增加费已包括在脚手架超高材料增加费中。

(3) 单项脚手架使用注意点

① 本定额适用于综合脚手架以外的檐高在 20m 以内的建筑物，突出主体建筑物顶的女儿墙、楼梯间、水箱等不计入檐口高度。前后檐高不同，按平均高度计算。檐高在 20m 以上的建筑物，脚手架除按本定额计算外，其超过部分所需增加的脚手架加固措施等费用，均按超高脚手架材料增加费子目执行。构筑物、烟囱、水塔、电梯井按其相应子目执行。

② 除高压线防护架外，本定额已按扣件式钢管脚手架编制，实际施工中不论使用何种脚手架材料，均按本定额执行。

③ 需采用型钢悬挑脚手架时，除计算脚手架费用外，还应计算外架子悬挑脚手架增加费。

④ 本定额满堂脚手架不适用于满堂扣件式钢管支撑架（简称满堂支撑架），满堂支撑架应按搭设方案计价。

⑤ 单层轻钢厂房脚手架适用于单层轻钢厂房钢结构施工用脚手架，分钢柱梁安装脚手架、屋面瓦等水平结构安装脚手架和墙板、门窗、雨篷、天沟等竖向结构安装脚手架，不包括厂房内土建、装饰工作脚手架，实际发生时另执行相关子目。

⑥ 外墙镶（挂）贴脚手架定额适用于单独外装饰工程脚手架搭设。

⑦ 高度在 3.60m 以内的墙面、天棚、柱、梁抹灰（包括钉间壁、钉天棚）用的脚手架费用套用 3.60m 以内的抹灰脚手架。如室内（包括地下室）净高超过 3.60m 时，天棚需抹

灰（包括钉天棚）应按满堂脚手架计算，但其内墙抹灰不再计算脚手架。高度在 3.60m 以上的内墙面抹灰，如无满堂脚手架可以利用时，可按墙面垂直投影面积计算抹灰脚手架。

⑧ 建筑物室内净高在 3.60m 内，吊筋与楼层的连结点高度超过 3.6m，应按满堂脚手架相应定额综合单价乘以系数 0.60 计算。

⑨ 墙、柱、梁面刷浆、油漆的脚手架按抹灰脚手架相应定额乘以系数 0.1 计算。室内天棚净高超过 3.60m 的板下勾缝、刷浆、油漆可另行计算一次脚手架，按满堂脚手架相应项目乘以系数 0.1 计算。

⑩ 天棚、柱、梁、墙面不抹灰但满批腻子时，脚手架执行同抹灰脚手架。

⑪ 瓦屋面坡度大于 45°时，屋面基层、盖瓦的脚手架费用应另行计算。

⑫ 当结构施工搭设的电梯井脚手架延续至电梯设备安装使用时，套用安装用电梯井脚手架时应扣除定额中的人工及机械。

⑬ 构件吊装脚手架按表 4-13 执行，单层轻钢厂房钢构件吊装脚手架执行单层轻钢厂房钢构件施工用脚手架，不再执行表 4-13。

表 4-13 构件吊装脚手架

混凝土构件/m^3				钢构件/t			
柱	梁	屋架	其他	柱	梁	屋架	其他
1.58	1.65	3.20	2.30	0.70	1.00	1.50	1.00

⑭ 满堂支撑架适用于架体顶部承受钢结构、钢筋混凝土等施工荷载，对支撑构件起支撑平台作用的扣件式脚手架。脚手架周转材料使用量大时，可区分租赁和自备材料两种情况计算，施工过程中对满堂支撑架的使用时间、材料的投入情况应及时核实并办理好相关手续，租赁费用应由甲乙双方协商进行核定后结算，乙方自备材料按定额中满堂支撑架使用费计算。

⑮ 建筑物外墙设计采用幕墙装饰，不需要砌筑墙体，根据施工方案需搭设外围防护脚手架的，且幕墙施工不利用外防护架，应按砌筑脚手架相应子目另计防护脚手架费。

(4) 超高脚手架材料增加费使用注意点

① 本定额中脚手架是按建筑物檐高在 20m 以内编制的。檐高超过 20m 时应计算脚手架材料增加费。

② 檐高超过 20m 脚手架材料增加费内容包括：脚手架使用周期延长摊销费、脚手架加固。脚手架材料增加费包干使用，无论实际发生多少，均按本章执行，不调整。

③ 檐高超过 20m 脚手架材料增加费按下列规定计算。

a. 综合脚手架。

ⅰ. 檐高超过 20m 部分的建筑物，应按其超过部分的建筑面积计算。

ⅱ. 层高超过 3.6m，每增高 0.1m 按增高 1m 的比例换算（不足 0.1m 按 0.1m 计算），按相应项目执行。

ⅲ. 建筑物檐高高度超过 20m，但其最高一层或其中一层楼面未超过 20m 时，则该楼层在 20m 以上部分仅能计算每增高 1m 的增加费。

ⅳ. 同一建筑物中有 2 个或 2 个以上的不同檐口高度时，应分别按不同高度竖向切面的建筑面积套用相应子目。

ⅴ. 单层建筑物（五楼隔层者）高度超过 20m 时，其超过部分除构件安装按相应章节规定执行外，另再按本部分相应项目计算脚手架材料增加费。

b. 单项脚手架。

ⅰ. 檐高超过20m部分的建筑物，应根据脚手架计算规则按全部外墙脚手架面积计算。

ⅱ. 同一建筑物中有2个或2个以上的不同檐口高度时，应分别按不同高度竖向切面的外脚手架面积套用相应子目。

2. 主要计算规则

（1）综合脚手架 综合脚手架是按建筑面积计算。单位工程中不同层高的建筑面积应分别计算。

（2）单项脚手架

① 脚手架工程量计算规则。

a. 凡砌筑高度超过1.5m的砌体均需计算脚手架。

b. 砌墙脚手架均按墙面（单面）垂直投影面积以平方米计算。

c. 计算脚手架时，不扣除门、窗洞口、空圈、车辆通道、变形缝等所占面积。

d. 同一建筑物高度不同时，按建筑物的竖向不同高度分别计算。

② 砌筑脚手架工程量计算规则。

a. 外墙脚手架：面积＝外墙外边线长度×外墙高度。

外墙外边线长度：如外墙有挑阳台，则每只阳台计算一个侧面宽度，计入外墙面长度内，两户阳台连在一起的也只算一个侧面。

外墙高度：平屋面指室外设计地坪至檐口（或女儿墙上表面）高度，坡屋面至屋面板下（或椽子顶面）墙中心高度，墙算至山尖1/2处的高度。

b. 内墙脚手架：面积＝内墙净长×内墙净高。

有山尖者算至山尖1/2处的高度；有地下室时，自地下室室内地坪至墙顶面高度。

c. 砌体高度在3.60m以内者，套用里脚手架；高度超过3.60m者，套用外脚手架。

d. 山墙自设计室外地坪至山尖1/2处高度超过3.60m时，该整个外山墙按相应外脚手架计算，内山墙按单排外架子计算，内山墙按单排外架子计算。

e. 独立砖（石）柱脚手架。

柱高在3.60m以内者，面积＝柱的结构外围周长×柱高，执行砌墙脚手架里架子；

柱高超过3.60m者，面积＝(柱的结构外围周长＋3.60m）×柱高，执行砌墙脚手架外架子（单排)。

f. 砌石墙到顶的脚手架，工程量按砌墙相应脚手架乘系数1.50。

g. 外墙脚手架包括一面抹灰脚手架在内，另一面墙可计算抹灰脚手架。

h. 砖基础自设计室外地坪至垫层（或混凝土基础）上表面的深度超过1.50m时，按相应砌墙脚手架执行。

i. 突出屋面部分的烟囱，高度超过1.50m时，其脚手架按外围周长加3.60m乘以实砌高度按12m内单排外脚手架计算。

③ 外墙镶（挂）贴脚手架工程量计算规则。

a. 外墙镶（挂）贴脚手架工程量计算规则同砌墙脚手架中外墙脚手架。

b. 吊篮脚手架按装修墙面垂直投影面积以平方米计算（计算高度从室外地坪至设计高度)。安拆费按施工组织设计或实际数量确定。

④ 现浇钢筋混凝土脚手架工程量计算规则。

a. 钢筋混凝土基础自设计室外地坪至垫层上表面的深度超过 1.50m，同时带形基础底宽超过 3.0m、独立基础或满堂基础及大型设备基础的底面积超过 $16m^2$ 的混凝土浇捣脚手架应按槽、坑土方规定放工作面后的底面积计算，按满堂脚手架相应定额乘以系数 0.3 计算脚手架费用（使用泵送混凝土者，混凝土浇捣脚手架不得计算）。

b. 现浇钢筋混凝土独立柱、单梁、墙高度超过 3.60m 应计算浇捣脚手架。套柱、梁、墙混凝土浇捣脚手架。

柱：面积＝(柱的结构外围周长＋3.60m)×柱高。

梁：面积＝梁的净长×地面(或楼面)至梁顶面的高度。

墙：面积＝墙的净长×墙高。

c. 层高超过 3.60m 的钢筋混凝土框架柱、墙（楼板、屋面板为现浇板）所增加的混凝土浇捣脚手架费用，以框架轴线水平投影面积，按满堂脚手架相应子目乘以系数 0.3 执行；层高超过 3.60m 的钢筋混凝土框架柱、梁、墙（楼板、屋面板为预制空心板）所增加的混凝土浇捣脚手架费用，以框架轴线水平投影面积，按满堂脚手架相应子目乘以系数 0.4 执行。

⑤ 贮仓脚手架，不分单筒或贮仓组，高度超过 3.60m，均按外边线周长乘以设计室外地坪至贮仓上口之间高度以平方米计算。高度在 12m 内，套双排外脚手架，乘以系数 0.7 执行；高度超过 12m 套 20m 内双排外脚手架乘以系数 0.7 执行（均包括外表面抹灰脚手架在内）。贮仓内表面抹灰按抹灰脚手架工程量计算规则执行。

⑥ 抹灰脚手架工程量计算规则。

a. 钢筋混凝土单梁、柱、墙，按以下规定计算脚手架。

ⅰ. 单梁：梁净长×地坪（或楼面）至梁顶面高度。

ⅱ. 柱：(柱的结构外围周长＋3.60m）×柱高。

ⅲ. 墙：面积＝墙净长×地坪（或楼面）至板底高度。

b. 墙面抹灰以墙净长乘以净高计算。

c. 如有满堂脚手架可以利用时，不再计算墙、柱、梁面抹灰脚手架。

d. 天棚抹灰高度在 3.60m 以内，按天棚抹灰面（不扣除柱、梁所占的面积）以平方米计算。

⑦ 满堂脚手架工程量计算规则。天棚抹灰高度超过 3.60m，按室内净面积计算满堂脚手架，不扣除柱、垛、附墙烟囱所占面积。

a. 基本层：高度在 8m 以内计算基本层。

b. 增加层：高度超过 8m，每增加 2m，计算一层增加层，计算式如下。

$$增加层数=\frac{室内净高(m)-8m}{2m}$$

增加层数计算结果保留整数，小数在 0.6m 以内舍去，在 0.6 以上进位。

c. 满堂脚手架高度以室内地坪面（或楼面）至天棚面或屋面板的底面为准（斜的天棚或屋面板按平均高度计算）。室内挑台栏板外侧共享空间的装饰如无满堂脚手架利用时，按地面（或楼面）至顶层栏板顶面高度乘以栏板长度以平方米计算，套相应抹灰脚手架定额。

⑧ 其他脚手架工程量计算规则。

a. 外架子悬挑脚手架增加费按悬挑脚手架部分的垂直投影面积计算。

b. 单层轻钢厂房脚手架柱梁、屋面瓦等水平结构安装按厂房水平投影面积计算，墙板、门窗、雨篷等竖向结构安装按厂房垂直投影面积计算。

c. 高压线防护架按搭设长度以延长米计算。

d. 金属过道防护棚按搭设水平投影面积以平方米计算。

e. 斜道、烟囱、水塔、电梯井脚手架区别不同高度以座计算。滑升模板施工的烟囱、水塔，其脚手架费用已包括在滑模计价表内，不另计算脚手架。烟囱内壁抹灰是否搭设脚手架，按施工组织设计规定办理，其费用按相应满堂脚手架执行，人工增加20%其余不变。

f. 高度超过3.60m的贮水（油）池，其混凝土浇捣脚手架按外壁周长乘以池的壁高以平方米计算，按池壁混凝土浇捣脚手架项目执行，抹灰者按抹灰脚手架另计。

g. 满堂支撑架搭拆按脚手钢管重量计算，使用费（包括搭设、使用和拆除时间，不计算现场囤积和运转时间）按脚手钢管重量和使用天数计算。

（3）檐高超过20m可计算脚手架材料增加费

① 综合脚手架　建筑物檐高超过20m可计算脚手架材料增加费。建筑物檐高超过20m脚手架材料增加费以建筑物超过20m部分建筑面积计算。

② 单项脚手架　建筑物檐高超过20m可计算脚手架材料增加费。建筑物檐高超过20m脚手架材料增加费同外墙脚手架计算规则，从设计室外地面起算。

十七、模板工程

1. 有关说明

（1）现浇构件模板子目按不同构件分别编制了组合钢模板配钢支撑、复合木模板配钢支撑，使用时，任选一种套用。

（2）预制构件模板子目，按不同构件，分别以组合钢模板、复合木模板、木模板、定型钢模板、长线台钢拉模、加工厂预制构件配混凝土地模、现场预制构件配砖胎模、长线台配混凝土地胎模编制，使用其他模板时，不予换算。

（3）模板工作内容包括清理、场内运输、安装、刷隔离剂、浇灌混凝土时模板维护、拆模、集中堆放、场外运输。木模板包括制作（预制构件包括刨光、现浇构件不包括刨光），组合钢模板、复合木模板包括装箱。

（4）现浇混凝土柱、梁、墙、板支模高度净高以净高（底层无地下室者高需另加室内外高差）在3.60m以内为准，净高超过3.60m的构件其钢支撑、零星卡具及模板人工分别乘以表4-14中系数，根据施工规范要求属于高大支模的，其费用另行计算。

表4-14　净高超过3.6m的构件系数

增加内容	净高	
	5m以内	8m以内
独立柱、梁、板支撑及零星卡具	1.10	1.30
框架柱（墙）、梁、板支撑及零星卡具	1.07	1.15
模板人工（不分框架和独立柱梁板）	1.30	1.60

注：轴线未形成封闭框架的柱、梁、板称独立柱、梁、板。

（5）支模高度净高

① 柱　无地下室底层是指设计室外地面至上层板底面、楼层板顶面至上层板底面。

② 梁　无地下室底层是指设计室外地面至上层板底面、楼层板顶面至上层板底面。

③ 板 无地下室底层是指设计室外地面至上层板底面、楼层板顶面至上层板底面。

④ 墙 整板基础板顶面（或反梁顶面）至上层板底面、楼层板顶面至上层板底面。

(6) 设计 T、L、十字形柱，其单面每边宽在 1000mm 内按 T、L、十字形柱相应子目执行，其余直形墙按相应定额执行。

(7) 模板项目中，仅列出周转木材而无钢支撑的项目，其支撑量已含在周转木材中，模板与支撑按 7∶3 拆分。

(8) 模板材料已包含砂浆垫块与钢筋绑扎用的 22# 镀锌铁丝在内，现浇构件和现场预制构件不用砂浆垫块而改用塑料卡，每 $10m^2$ 模板另加塑料卡费用每只 0.2 元，计 30 只。

(9) 有梁板中的弧形梁模板按弧形梁定额执行（含模量＝肋形板含模量），其弧形板部分的模板按板定额执行。砖墙基上带形混凝土防潮层模板按圈梁定额执行。

(10) 混凝土满堂基础底板面积在 $1000m^2$ 内，若使用含模量计算模板面积，基础有砖侧模时，砖侧模的费用应另外增加，同时扣除相应的模板面积（总量不得超过总含模量）；超过 $1000m^2$，按混凝土接触面积计算。

(11) 地下室后浇墙带的模板应按已审定的施工组织设计另行计算，但混凝土墙体模板含量不扣。

(12) 带形基础、设备基础、栏板、地沟如遇圆弧形，除按相应定额的复合模板执行外，其人工、复合拳模板乘以系数 1.30，其他不变（其他弧形构件按相应定额执行）。

(13) 用钢滑升模板施工的烟囱、水塔、贮仓使用的钢提升杆是按 ϕ25mm 一次性用量编制的，设计要求不同时另行换算。施工是按无井架计算的，并综合了操作平台，不再计算脚手架和竖井架。

(14) 钢筋混凝土水塔、砖水塔基础采用毛石混凝土、混凝土基础时，按烟囱相应定额执行。

(15) 烟囱钢滑升模板项目均已包括烟囱筒身、牛腿、烟道口；水塔钢滑升模板均已包括直筒、门窗洞口等模板用量。

(16) 倒锥壳水塔塔身钢滑升模板定额也适用于一般水塔塔身滑升模板工程。

(17) 栈桥子目适用于现浇矩形柱、矩形连梁、有梁斜板栈桥，其超过 3.60m 支撑按本章有关说明执行。

(18) 本章的混凝土、钢筋混凝土地沟是指建筑物室外的地沟，室内钢筋混凝土地沟按本章相应项目执行。

(19) 现浇有梁板、无梁板、平板、楼梯、雨篷及阳台，设计底面不抹灰者，增加模板缝贴胶带纸人工 0.27 工日/$10m^2$。

(20) 飘窗上下挑板、空调板按板式雨棚模板执行。

(21) 混凝土线条按小型构件定额执行。

2. 主要计算规则

(1) 现浇混凝土及钢筋混凝土模板工程量，按以下规定计算。

① 现浇混凝土及钢筋混凝土模板工程量除另有规定者外，均按混凝土与模板的接触面积以面积计算。若使用含模量计算模板接触面积者，其工程量＝构件体积×相应项目含模量。

② 钢筋混凝土墙、板上单孔面积在 $0.3m^2$ 以内的孔洞，不予扣除，洞侧壁模板不另增

加，但突出墙面的侧壁模板应相应增加。单孔面积在 0.3m² 以外的孔洞应予扣除，洞侧壁模板面积并入墙、板模板工程量之内计算。

③ 现浇钢筋混凝土框架分别按柱、梁、墙、板有关规定计算，墙上单面附墙柱并入墙内工程量计算，双面附墙柱按柱计算，但后浇墙、板、带的工程量不扣除。

④ 设备螺栓套孔或设备螺栓分别按不同深度以个计算；二次灌浆按实灌体积以体积计算。

⑤ 预制混凝土板间或边补现浇板缝，缝宽在 100mm 以上者，模板按平板定额计算。

⑥ 构造柱外露均应按图示外露部分计算面积（锯齿形，则按锯齿形最宽面计算模板宽度），构造柱与墙接触面不计算模板面积。

⑦ 现浇混凝土雨篷、阳台、水平挑板，按图示挑出墙面以外板底尺寸的水平投影面积计算（附在阳台梁上的混凝土线条不计算水平投影面积）。挑出墙外的牛腿及板边模板已包括在内。复式雨篷挑口内侧净高超过 250mm 时，其超过部分按挑檐定额计算（超过部分的含模量按天沟含模量计算）。

⑧ 整体直形楼梯包括楼梯段、中间休息平台、平台梁、斜梁及楼梯与楼板连接的梁，按水平投影面积计算，不扣除小于宽度小于 500mm 的电梯井，伸入墙内部分不另增加。

⑨ 圆弧形楼梯按楼梯的水平投影面积计算（包括圆弧形梯段、休息平台、平台梁、斜梁及楼梯与楼板连接的梁）。

⑩ 楼板后浇带以延长米计算（整板基础的后浇带不包括在内）。

⑪ 现浇圆弧形构件除定额已注明者外，均按垂直圆弧形的面积计算。

⑫ 栏杆按扶手长度计算，栏板竖向挑板按模板接触面积计算。扶手、栏板的斜长按水平投影长度乘以系数 1.18 计算。

⑬ 劲性混凝土柱模板按现浇柱定额执行。

⑭ 砖侧模分别不同厚度，按砌筑面积计算。

⑮ 后浇板带模板、支撑增加费按后浇板带设计长度以延长米计算。

⑯ 整板基础后浇带铺设热镀锌钢丝网按实际铺设面积计算。

（2）现场预制钢筋混凝土构件模板工程量。

① 现场预制构件模板工程量，除另有规定者外，均按模板接触面积以面积计算。若使用含模量计算模板面积者，其工程量＝构件体积×相应项目的含模量。砖地模费用已包括在定额含量中，不再另行计算。

② 漏空花格窗、花格芯按外围面积计算。

③ 预制桩不扣除桩尖虚体积。

④ 加工厂预制构件有此子目，而现场预制无此子目，实际在现场预制时模板按加工厂预制模板子目执行。现场预制构件有此项目，加工厂预制构件无此项目，实际在加工厂预制时，其模板按现场预制模板子目执行。

（3）加工厂预制构件的模板

① 除漏空花格窗、花格芯外，混凝土构件体积一律按施工图纸的几何尺寸以实体积计算，空腹构件应扣除空腹体积。

② 漏空花格窗、花格芯按外围面积计算。

（4）构筑物工程模板　构筑物工程中的现浇构件模板除注明外均按模板与混凝土的接触面积以平方米计算。

① 烟囱。

a. 钢筋混凝土烟囱基础，包括基础底板及筒座，筒座以上为筒身，烟囱基础按接触面积计算。

b. 烟囱筒身。

ⅰ. 烟囱筒身不分方形、圆形均按 m^3 计算，筒身体积应以筒壁平均中心线长度乘厚度。圆筒壁周长相同时，可分段计算取和。

ⅱ. 砖烟囱的钢筋混凝土圈梁和过梁按接触面积计算，套用本章现浇钢筋混凝土构件的相应项目。

ⅲ. 烟囱的钢筋混凝土集灰斗（包括分隔墙、水平隔墙、柱、梁等）应按本部分现浇钢筋混凝土构件相应子目计算、套用。

ⅳ. 烟道中的其他钢筋混凝土构件模板，应按本章相应钢筋混凝土构件的相应定额计算、套用。

ⅴ. 钢筋混凝土烟道，可按本章地沟定额计算，但架空烟道不能套用。

② 地沟及支架。

a. 本定额适用于室外的方形（封闭式）、槽形（开口式）、阶梯形（变截面式）的地沟。底、壁、顶隘分别按接触面积计算。

b. 沟壁与底的分界，以底板上表面为界。沟壁与顶的分界以顶板下表面为界。八字角部分的数量并入沟壁工程量内。

c. 地沟预制顶板，按本章相应定额计算。

d. 支架均以接触面积计算（包括支架各组成部分），框架形或A字形支架应将柱、梁的体积合并计算；支架带操作平台者，其支架与操作台的体积亦合并计算。

e. 支架基础应按本章的相应定额计算。

③ 使用滑升模板施工的均以混凝土体积以立方米计算，其构件划分依照上述计算规则执行。

十八、建筑工程垂直运输

1. 有关说明

(1) “檐高”是指设计室外地坪至檐口的高度，突出主体建筑物顶的女儿墙、电梯间、楼梯间、水箱等不计入檐口高度以内；“层数”指地面以上建筑物的高度，地下室、地面以上部分净高小于2.1m的半地下室不计入层数。

(2) 本定额工作内容包括在江苏省调整后的国家工期定额内完成单位工程全部工程项目所需的垂直运输机械台班，不包括机械的场外运输、一次安装、拆除、路基铺垫和轨道铺拆等费用。施工塔吊与电梯基础、施工塔吊和电梯与建筑物连接的费用单独计算。

(3) 本定额项目划分是以建筑物“檐高”“层数”两个指标界定的，只要其中一个指标达到定额规定，即可套用该定额子目。

(4) 一个工程，出现两个或两个以上檐口高度（层数），使用同一台垂直运输机械时，定额不作调整；使用不同垂直运输机械时，应依照国家工期定额规定结合施工合同的工期约定分别计算。

(5) 当建筑物垂直运输机械数量与定额不同时，可按比例调整定额含量。本定额按卷扬机施工配两台卷扬机，塔式起重机施工配一台塔吊一台卷扬机（施工电梯）考虑。如采用塔式起重机施工，不采用卷扬机时，塔式起重机台班含量按卷扬机含量取定，卷扬机扣除。

（6）垂直运输高度小于3.60m的单层建筑物、单独地下室和围墙，不计算垂直运输机械台班。

（7）预制混凝土平板、空心板、小型构件的吊装机械费用已包括在本定额中。

（8）本定额现浇框架系指柱、梁、板全部为现浇的钢筋混凝土框架结构。如部分现浇、部分预制，按现浇框架乘以系数0.96。

（9）柱、梁、墙、板构件全部现浇的钢筋混凝土框筒结构、框剪结构按框架执行，筒体结构按剪力墙（滑模施工）执行。

（10）预制屋架的单层厂房，不论柱为预制还是现浇，均按预制排架定额计算。

（11）单独地下室工程项目定额工期按不含打桩工期自基础挖土开始计算。多幢房屋下有整体连通地下室，上部房屋分别套用对应单独工程工期定额，整体连通地下室按单独地下室工程执行。

（12）在计算定额工期时，未承包施工的打桩、挖土等的工期不扣除。

（13）混凝土构件，使用泵送混凝土浇筑者，卷扬机施工定额台班乘以系数0.96；塔式起重机施工定额中的塔式起重机台班含量乘以系数0.92。

（14）建筑物高度超过定额取定时，另行计算。

（15）采用覆带机、轮胎机、汽车式起重机（除塔式起重机外）吊（安）装预制大型构件的工程，除按本节规定计算垂直运输外，另按“构件运输及安装工程”有关规定计算构件吊（安）装费。

（16）烟囱、水塔、筒仓的“高度”指设计室外地坪至构筑物的顶面高度。突出构筑物主体顶的机房等高度不计入构筑物高度内。

2. 主要计算规则

（1）建筑物垂直运输机械台班用量，区分不同结构类型、檐口高度（层数）按国家工期定额套用单项工程工期以日历天计算。

（2）单独装饰工程垂直运输机械台班，区分不同施工机械、垂直运输高度、层数、按定额工日分别计算。

（3）烟囱、水塔、筒仓垂直运输机械台班，以“座”计算。超过定额规定高度时，按每增高1m定额项目计算。高度不足1m，按1m计算。

（4）施工塔吊、电梯基础，塔吊及电梯与建筑物连接件，按施工塔吊及电梯的不同型号以“台”计算。

第五节　建筑与装饰工程预算书的编制

本节仍以第三章车库为例，来计算其施工图预算（按江苏省2014年计价定额和2014年费用定额为依据）。

注：案例工程量清单文件中，由于其他项目与计价汇总表以及暂列金额、材料暂估价、计日工、总承包服务费、发包人、承包人材料表等表格没有实质使用，限于教材空间要求，不出标准表格，但实际成品需要打印出来。

施工图预算工程量计算表序列号

序号	定额编号	名称	单位	工程量	计算公式	说明
		建筑面积	m^2	432.43	一层：6.8×28.6＝194.48 二层：(8＋0.2＋0.12)×28.6＝237.95 合计：432.43	
1	1-98	平整场地	m^2	352.08	(28.6＋4)×(6.8＋4)＝352.08	
2	1-60	人工挖基坑三类干土深＜3m	m^3	494.17	J1：2×(3×3＋4.221×4.221＋7.221×7.221)×(2－0.15)/6＝48.69 J2：8×(3.4×3.4＋4.621×4.621＋8.021×8.021)×(2－0.15)/6＝239.88 J3：8×(3.1×3.1＋4.321×4.321＋7.421×7.421)×(2－0.15)/6＝205.60 合计：494.17	
3	1-92	单(双)轮车运土运距＜50m	m^3	494.17		
4	1-20	人工挖沟槽，地沟一类干土深＜3m	m^3	93.95	(1.2＋2.355)×(1.9－0.15)×(6.4－1.2－0.3－1.2－0.3)/2＝10.58 8×(1.2＋2.355)×(1.9－0.15)×(6.4－1.25－0.3－1.4－0.3)/2＝78.39 (1.2＋2.355)×(1.9－0.15)×(3.6－1.5－1.7＋0.2×6)/2＝4.98 合计：93.95	
5	1-92	单(双)轮车运土运距＜50m	m^3	93.95		
6	1-3	人工挖三类干土深＜1.5m	m^3	7.96	室内外高差为150mm，现浇水磨石地面总厚度为195mm 所以应挖土45mm，后运走运距50m 176.97(参见序号44)×0.045＝7.96	
7	1-92	单(双)轮车运土运距＜50m	m^3	7.96		
8	1-92	单(双)轮车运土运距＜50m	m^3	497.76	494.17＋93.95－12.42－5.21－40.65－1.85－25.35－3.69－0.18－1.01＝497.76 合计：497.76	
	1-95	单(双)轮车运土运距＜500m 每＋50m	m^3	497.76		
	1-104	基(槽)坑夯填回填土	m^3	497.76		
9	4-1	直形砖基础(M5 水泥砂浆)	m^3	30.63	同分部分项工程量计算表序列号6	
10	4-28	KP1 黏土多孔1砖 240mm×115mm×90mm(M5 混合砂浆)	m^3	44.28	同分部分项工程量计算表序列号7	
11	4-28	KP1 黏土多孔1砖 240mm×115mm×90mm(M5 混合砂浆)	m^3	56.82	同分部分项工程量计算表序列号8	
12	4-39	1/2 标准砖内墙(M5 混合砂浆)	m^3	7.45	同分部分项工程量计算表序列号9	
13	4-35	标准1砖外墙(M5 混合砂浆)	m^3	7.89	同分部分项工程量计算表序列号10	
14	4-55	标准砖砌台阶(M5 混合砂浆)	m^3	1.2	3×0.28×1.425＝1.20	
15	6-3换	(C20 混凝土 40mm 32.5)无梁式条形基础 C25 粒径 40mm 混凝土 32.5 级坍落度 35～50	m^3	5.23	同分部分项工程量计算表序列号12	

续表

序号	定额编号	名称	单位	工程量	计算公式	说明
16	6-8换	(C20混凝土40mm 32.5)桩承台，独立柱基基础 C25 粒径 40 混凝土 32.5 级坍落度 35～50	m^3	40.65	同分部分项工程量计算表序列号 13	
17	6-1	基础垫层现浇无筋(C10混凝土40mm 32.5)	m^3	12.42	2.4×2.4×0.1×2+2.8×2.8×0.1×8+2.5×2.5×0.1×8=12.42	
18	6-14换	(C30混凝土31.5mm 42.5)矩形柱 C25 粒径 31.5 混凝土 42.5 级坍落度 35～50	m^3	22.18	同分部分项工程量计算表序列号 5	
19	6-17换	(C20混凝土20mm 32.5)构造柱 C25 粒径 20mm 混凝土 32.5 级坍落度 35～50	m^3	2.12	同分部分项工程量计算表序列号 16	
20	6-17换	(C20混凝土20mm 32.5)构造柱 C25 粒径 20mm 混凝土 32.5 级坍落度 35～50	m^3	4.34	同分部分项工程量计算表序列号 17	
21	6-17换	(C20混凝土20mm 32.5)构造柱 C25 粒径 20mm 混凝土 32.5 级坍落度 35～50	m^3	1.56	同分部分项工程量计算表序列号 18	
22	6-32换	(C30混凝土20mm 42.5)有梁板 C25 粒径 20mm 混凝土 42.5 级坍落度 35～50	m^3	76.9	同分部分项工程量计算表序列号 19	
23	6-48换	(C20混凝土20mm 32.5)复式雨篷 C25 粒径 20mm 混凝土 32.5 级坍落度 35～50	m^2	2.75	1.0×2.75=2.75	
24	6-45换	(C20混凝土20mm 32.5)直形楼梯 C25 粒径 20mm 混凝土 32.5 级坍落度 35～50	m^2	12.25	同分部分项工程量计算表序列号 21	
25	6-57	(C20混凝土20mm 32.5)压顶	m^3	1.05	同分部分项工程量计算表序列号 22	
26	1-99	地面原土打底夯	m^2	42.9	同分部分项工程量计算表序列号 23	
27	13-9	碎石垫层干铺	m^3	6.44	42.9×0.15=6.44	
28	13-12	(C15混凝土20mm 32.5)垫层分格 C15 粒径 20mm 混凝土 32.5 级坍落度 35～50	m^3	3.43	42.9×0.08=3.43	
29	13-22换	面层:1∶2.5水泥砂浆20mm厚	m^2	42.9	42.9	
30	1-99	地面原土打底夯	m^2	26.04	同分部分项工程量计算表序列号 24	

续表

序号	定额编号	名称	单位	工程量	计算公式	说明
31	13-12	(C15 混凝土 20mm 32.5)垫层分格	m^3	1.30	26.04×0.05=1.30	
32	13-22 换	面层:1∶2.5 水泥砂浆 20mm 厚	m^2	26.04	同分部分项工程量计算表序列号 24	
33	10-170	建筑油膏伸缩缝	m	3	0.6×5=3	
34	5-1	现浇混凝土构件钢筋 $\phi<12$mm	t	9.589	(直径 12mm 以内)同分部分项工程量计算表序列号 52	
35	5-2	现浇混凝土构件钢筋 $\phi<25$mm	t	6.743	(直径 12mm 以外)同分部分项工程量计算表序列号 53	
36	10-32	单层 SBS 改性沥青防水卷材(热熔满铺法)	m^2	238.44	同分部分项工程量计算表序列号 25	
37	13-15	水泥砂浆找平层(厚 20mm)混凝土或硬基层上	m^2	238.44	同分部分项工程量计算表序列号 25	
38	10-202	PVC 水落管屋面排水 ϕ100mm	m	19.05	(6.2+0.15)×3=19.05	
39	10-206	PVC 水斗屋面排水 ϕ100mm	只	3	3	
40	11-6	屋面,楼地面铺现浇水泥珍珠岩保温隔热	m^3	48.5	220.46×0.22=48.5	
41	13-15	水泥砂浆找平层(厚 20mm)混凝土或硬基层上	m^2	220.46	同分部分项工程量计算表序列号 27	
42	13-9	碎石垫层干铺	m^3	17.7	176.97×0.1=17.70	
43	13-12 换	(C15 混凝土 20mm 32.5)垫层分格 C10	m^3	10.62	176.97×0.06=10.62	
44	13-15	水泥砂浆找平层(厚 20mm)混凝土或硬基层上	m^2	176.97	同分部分项工程量计算表序列号 28	
45	13-31	水磨石楼地面成品厚 15mm+2mm(磨耗)白石子浆嵌条	m^2	176.97	同分部分项工程量计算表序列号 28	
46	13-15	水泥砂浆找平层(厚 20mm)混凝土或硬基层上	m^2	41.85	同分部分项工程量计算表序列号 29	
47	13-31	水磨石楼地面成品厚 15mm+2mm(磨耗)白石子浆嵌条	m^2	41.85	同分部分项工程量计算表序列号 29	

续表

序号	定额编号	名称	单位	工程量	计算公式	说明
48	13-15	水泥砂浆找平层(厚 20mm)混凝土或硬基层上	m^2	119.05	同分部分项工程量计算表序列号 30	
49	13-83	400mm×400mm 地砖楼地面水泥砂浆粘贴	m^2	119.05	同分部分项工程量计算表序列号 30	
50	13-15	水泥砂浆找平层(厚 20mm)混凝土或硬基层上	m^2	27.2	同分部分项工程量计算表序列号 31	
51	13-83	300mm×300mm 地砖楼地面水泥砂浆粘贴	m^2	27.2	同分部分项工程量计算表序列号 31	
52	13-95	地砖踢脚线水泥砂浆粘贴	m	67.92	19.52＋48.4＝67.92(参见清单序号 32)	
53	13-34	水磨石踢脚线	m	172.38	91.8＋26.44＋54.14＝172.38(参见同分部分项工程量计算表序列号 33)	计算结果
54	13-35	水磨石楼梯白石子浆	m^2	12.25	同分部分项工程量计算表序列号 34	
55	13-149	不锈钢管扶手不锈钢管栏杆	m	9.97	同分部分项工程量计算表序列号 35	
56	13-37	水磨石台阶	m^2	1.20	同分部分项工程量计算表序列号 36	
57	14-8	砖外墙面，墙裙抹水泥砂浆	m^2	349.37	同分部分项工程量计算表序列号 37	
58	14-38	内砖墙面抹混合砂浆	m^2	842.38	同分部分项工程量计算表序列号 38	
59	14-9	砖外墙面，墙裙抹水泥砂浆	m^2	75.03	同分部分项工程量计算表序列号 39	
60	15-85	现浇混凝土天棚水泥砂浆面	m^2	372.27	同分部分项工程量计算表序列号 40	
61	14-14	阳台，雨篷抹水泥砂浆	m^2	7.3	2.25×1＋(2.75－0.16＋0.9×2)×0.2＋2.75×1＋(2.75＋1×2)×0.3＝7.3	
62	14-80	内墙面，墙裙贴瓷砖＞152mm×152mm 砂浆粘贴	m^2	134.96	同分部分项工程量计算表序列号 41	
63	独立费	金属卷闸门	樘	7	材质：铝合金；外围尺寸：3200mm×2950mm 电动装置	
64	16-197	胶合板门框制作(无腰单扇)	m^2	23.8	7×1.8＋7×1.6＝23.8	
65	16-199	胶合板门框安装(无腰单扇)	m^2	23.8	7×1.8＋7×1.6＝23.8	
66	16-198	胶合板门扇制作(无腰单扇)	m^2	23.8	7×1.8＋7×1.6＝23.8	

续表

序号	定额编号	名称	单位	工程量	计算公式	说明
67	16-200	胶合板门扇安装(无腰单扇)	m^2	23.8	7×1.8+7×1.6=23.8	
68	16-337	无腰单扇半截玻璃门,镶板门,胶合板门,企口板门五金配件安装	樘	14		
69	16-312	球型执手锁安装	把	14		
70	17-1	单层木门底油 1 遍,刮腻子,调和漆 2 遍	m^2	25.2	23.8×2=47.6	
71	17-1	单层木门底油 1 遍,刮腻子,调和漆 2 遍	m^2	22.4		
72	16-12	塑钢窗安装	m^2	92.82	8×1.8×1.2+7×3.2×1.6+1×2.6×1.6+8×1.8×1.6+7×1.2×1+2×1.28×1.6=92.82	
		模板工程量计算			接触面积	
73	21-2	混凝土垫层	m^2	18.88	(2.2+0.2)×0.1×4×2+(2.6+0.2)×0.1×4×8+(2.3+0.2)×0.1×4×8=18.88	
74	21-4	无梁式带形基础复合木模板	m^2	17.36	17.36	
75	21-12	桩基台复合木模板	m^2	48.24	48.24	
76	21-27	矩形柱复合木模板	m^2	202.30	202.30	
77	21-32	构造柱复合木模板	m^2	107.40	107.40	
78	21-57	现浇板厚度 10cm 内复合木模板	m^2	719.76	719.76	
79	21-74	楼梯复合木模板	m^2	12.25	同分部分项工程量计算表序列号 21	
80	21-78	复式雨棚复合木模板	m^2	3.66	3.66	
81	21-94	压顶复合木模板	m^2	87.46	87.46	
		脚手架				
82	20-1	综合脚手架	m^2	432.43	一层:6.8×28.6=194.48 二层:(8+0.2+0.12)×28.6=237.95 合计:432.43	

封 面

建设单位：____________________

工程名称：某学院车库土建工程（定额）

建筑面积：432 平方米

工程造价：686 779.24 元

单方造价：1589.77 元

建设单位盖章____________________施工单位盖章

编制日期：____________________

总说明

工程名称：某学院车库　　　　第1页　共1页

一、工程概况

本工程为二层房屋建筑，檐高7m，建筑面积为432m²，框架结构，室外地坪高为－0.15m，其地面、天棚、内外装饰装修工程做法详见施工图及设计说明。

二、工程招标和分包范围

1. 工程招标范围：施工图范围内的建筑工程、装饰装修工程，详见工程量清单。

2. 分包范围：无分包工程。

三、清单编制依据

1.《建设工程工程量清单计价规范》(GB 50500—2013)、《房屋建筑与装饰工程工程量清单计算规范》(GB 50854—2013)及解释和勘误。

2. 2014年《江苏省建筑与装饰工程计价定额》、2014年《江苏省建筑与安装工程费用定额》及江苏省苏建价〔2014〕448号文。

3. 本工程施工图。

4. 与本工程有关的标准(包括标准图集)、规范、技术资料。

5. 招标文件、补充通知。

6. 其他有关文件、资料。

7. 材料价格为2013年11月南京造价信息。

四、其他说明事项

1. 一般说明

2. 有关专业技术说明

本工程使用现浇混凝土，现场搅拌。

表-01

单位工程费汇总表

工程名称：某学院车库　　　　标段：某学院车库　　　　第1页　共1页

序号	汇总内容	金额/元	其中:暂估价/元
1	分部分项工程	531445.13	
1.1	人工费	165017.8	
1.2	材料费	293291.47	
1.3	施工机具使用费	8810.61	
1.4	企业管理费	43462.84	
1.5	利润	20862.34	
2	措施项目	109175.6	
2.1	单价措施项目费	77509.93	
2.2	总价措施项目费	31665.67	
2.2.1	其中:安全文明施工措施费	22531.34	
3	其他项目		—
3.1	其中:暂列金额		—
3.2	其中:专业工程暂估价		—
3.3	其中:计日工		—
3.4	其中:总承包服务费		—
4	规费	23062.34	—
5	税金	23096.17	—
合计=1+2+3+4+5		686,779.24	

实体项目单价分析表

工程名称：某学院车库　　　　第 1 页　共 6 页

序号	定额号	子目名称	单位	工程量	综合单价/元	综合合价/元	综合单价分析/元				
							人工费单价	材料费单价	机械费单价	管理费单价	利润单价
	0101	【土、石方工程】			75291.39	75291.39					
1	1-3	人工挖一般土方三类土	m^3	7.96	26.37	209.91	19.25			4.81	2.31
2	1-20	人工挖沟槽，地沟一类干土深<3m	m^3	93.95	27.43	2577.05	20.02			5.01	2.4
3	1-60	人工挖地坑三类干土深<3m	m^3	494.17	62.24	30757.14	45.43			11.36	5.45
4	1-92	单(双)轮车运土运距<50m	m^3	7.96	20.05	159.6	14.63			3.66	1.76
5	1-92	单(双)轮车运土运距<50m	m^3	93.95	20.05	1883.7	14.63			3.66	1.76
6	1-92	单(双)轮车运土运距<50m	m^3	494.17	20.05	9908.11	14.63			3.66	1.76
7	1-92	单(双)轮车运土运距<50m	m^3	497.76	20.05	9980.09	14.63			3.66	1.76
8	1-95	单(双)轮车运土运距<500m 每+50m	m^3	497.76	4.22	2100.55	3.08			0.77	0.37
9	1-98	平整场地	$10m^2$	35.208	60.13	2117.06	43.89			10.97	5.27
10	1-99	原土打底夯地面	$10m^2$	4.29	12.04	51.65	7.7		1.09	2.2	1.05
11	1-99	原土打底夯地面	$10m^2$	2.604	12.04	31.35	7.7		1.09	2.2	1.05
12	1-104	回填土夯填基(槽)坑	m^3	497.76	31.17	15515.18	21.56		1.19	5.69	2.73
	0104	【砌筑工程】			51031.43	51031.43					
13	4-1	直形砖基础(M5 水泥砂浆)	m^3	30.63	406.25	12443.44	98.4	263.38	5.89	26.07	12.51
14	4-28	(M5 混合砂浆)KP1 多孔砖墙 240mm×115mm×90mm1 砖	m^3	44.28	311.14	13777.28	97.58	171.24	4.54	25.53	12.25
15	4-28	(M5 混合砂浆)KP1 多孔砖墙 240mm×115mm×90mm 1 砖	m^3	56.82	311.14	17678.97	97.58	171.24	4.54	25.53	12.25
16	4-35	(M5 混合砂浆)1 标准砖外墙	m^3	7.89	442.66	3492.59	118.9	271.87	5.76	31.17	14.96
17	4-39	(M5 混合砂浆)1/2 标准砖内墙	m^3	7.45	461.14	3435.49	132.02	273.72	4.78	34.2	16.42
18	4-55	(M5 混合砂浆)标准砖砌台阶	$10m^2$	0.12	1697.2	203.66	405.08	1109.97	23.55	107.16	51.44
	0105	【钢筋工程】			96001.23	96001.23					
19	5-1	现浇混凝土构件钢筋　直径 ϕ12mm 以内	t	10.311	5470.72	56408.59	885.6	4149.06	79.11	241.18	115.77
20	5-1	现浇混凝土构件钢筋　直径 ϕ12mm 以内	t	0.042	5470.72	229.77	885.6	4149.06	79.11	241.18	115.77

续表

序号	定额号	子目名称	单位	工程量	综合单价/元	综合合价/元	综合单价分析/元				
							人工费单价	材料费单价	机械费单价	管理费单价	利润单价
21	5-1	现浇混凝土构件钢筋　直径 ϕ12mm 以内	t	0.146	5470.72	798.73	885.6	4149.06	79.11	241.18	115.77
22	5-2	现浇混凝土构件钢筋　直径 ϕ25mm 以内	t	0.026	4998.87	129.97	523.98	4167.49	82.87	151.71	72.82
23	5-2	现浇混凝土构件钢筋　直径 ϕ25mm 以内	t	6.801	4998.87	33997.31	523.98	4167.49	82.87	151.71	72.82
24	5-25	砌体、板缝内加固钢筋不绑扎	t	0.259	6559.53	1698.92	1737.58	4100.4	57.4	448.75	215.4
25	5-32	电渣压力焊	10 个接头	28.8	73.37	2113.06	25.42	10.17	20.71	11.53	5.54
26	5-37	冷压套筒接头 ϕ25mm 以内	10 个接头	5.2	120.17	624.88	44.28	29.27	22.07	16.59	7.96
	0106	【混凝土工程】			72706.32	72706.32					
27	6-1	(C10 混凝土)混凝土垫层现浇无筋	m^3	12.42	385.69	4790.27	112.34	222.07	7.09	29.86	14.33
28	6-3-3	(C25 混凝土)无梁式条形基础换为【C25 混凝土 40mm 32.5 坍落度 35～50mm】	m^3	5.21	373.33	1945.05	61.5	246.33	31.2	23.18	11.12
29	6-8-1	(C25 混凝土)桩承台独立柱基基础换为【C25 混凝土 40mm 32.5 坍落度 35～50mm】	m^3	40.65	371.51	15101.88	61.5	244.51	31.2	23.18	11.12
30	6-17	(C20 混凝土)构造柱换为【C25 混凝土 20mm 32.5 坍落度 35～50mm】	m^3	2.12	659.76	1398.69	266.5	279.79	10.85	69.34	33.28
31	6-17	(C20 混凝土)构造柱换为【C25 混凝土 20mm 32.5 坍落度 35～50mm】	m^3	4.34	659.76	2863.36	266.5	279.79	10.85	69.34	33.28
32	6-17	(C20 混凝土)构造柱换为【C25 混凝土 20mm 32.5 坍落度 35～50mm】	m^3	1.56	659.76	1029.23	266.5	279.79	10.85	69.34	33.28
33	6-14-2	(C25 混凝土)矩形柱	m^3	22.18	503.19	11160.75	157.44	272.64	10.85	42.07	20.19
34	6-32-2	(C25 混凝土)有梁板换为【C25 混凝土 20mm 42.5 坍落度 35～50mm】	m^3	76.9	423.06	32533.31	91.84	282.66	10.64	25.62	12.3
35	6-57	(C20 混凝土)压顶	m^3	1.05	540.4	567.42	175.48	280.22	14.43	47.48	22.79
36	6-45-1	(C25 混凝土)直形楼梯	10m^{2}水平投影面积	1.225	1056.71	1294.47	319.8	572.81	33.41	88.3	42.39
37	6-48-1	(C25 混凝土)复式雨篷	10m^{2}水平投影面积	0.037	591.49	21.89	184.5	313.99	18.05	50.64	24.31
	0110	【屋面及防水工程】			11091.59	11091.59					

续表

序号	定额号	子目名称	单位	工程量	综合单价/元	综合合价/元	综合单价分析/元				
							人工费单价	材料费单价	机械费单价	管理费单价	利润单价
38	10-32	单层SBS改性沥青防水卷材(热熔满铺法)	10m²	23.844	434.6	10362.6	59.86	352.59		14.97	7.18
39	10-170	建筑油膏伸缩缝	10m	0.3	114.89	34.47	45.1	53.1		11.28	5.41
40	10-202	PVC水落管屋面排水 ϕ110mm	10m	1.905	364.58	694.52	37.72	312.9		9.43	4.53
	0111	【保温、隔热、防腐工程】			17299.47	17299.47					
41	11-6	屋面、楼地面现浇水泥珍珠岩保温隔热	m³	48.5	356.69	17299.47	82	244.35		20.5	9.84
	0113	【楼地面工程】			84404.41	84404.41					
42	13-9	垫层碎石干铺	m³	6.44	171.45	1104.14	43.46	110.46	1.06	11.13	5.34
43	13-9	垫层碎石干铺	m³	17.7	171.45	3034.67	43.46	110.46	1.06	11.13	5.34
44	13-12	垫层(C15混凝土)分格	m³	3.43	425.23	1458.54	118.08	253.49	7.28	31.34	15.04
45	13-12	垫层(C15混凝土)分格	m³	1.56	425.23	663.36	118.08	253.49	7.28	31.34	15.04
46	13-12-1	垫层(C10混凝土)分格	m³	10.62	422.55	4487.48	118.08	250.81	7.28	31.34	15.04
47	13-15	找平层水泥砂浆(厚20mm)混凝土或硬基层上	10m²	23.844	130.68	3115.93	54.94	48.69	4.91	14.96	7.18
48	13-15	找平层水泥砂浆(厚20mm)混凝土或硬基层上	10m²	22.046	130.68	2880.97	54.94	48.69	4.91	14.96	7.18
49	13-15	找平层水泥砂浆(厚20mm)混凝土或硬基层上	10m²	17.697	130.68	2312.64	54.94	48.69	4.91	14.96	7.18
50	13-15	找平层水泥砂浆(厚20mm)混凝土或硬基层上	10m²	4.185	130.68	546.9	54.94	48.69	4.91	14.96	7.18
51	13-15	找平层水泥砂浆(厚20mm)混凝土或硬基层上	10m²	11.905	130.68	1555.75	54.94	48.69	4.91	14.96	7.18
52	13-15	找平层水泥砂浆(厚20mm)混凝土或硬基层上	10m²	2.72	130.68	355.45	54.94	48.69	4.91	14.96	7.18
53	13-22	水泥砂浆楼地面厚20mm换为【水泥砂浆比例1:2.5】	10m²	4.29	163.17	700	73.8	55.33	4.91	19.68	9.45
54	13-22	水泥砂浆楼地面厚20mm换为【水泥砂浆比例1:2.5】	10m²	2.604	163.17	424.89	73.8	55.33	4.91	19.68	9.45
55	13-31	水磨石楼地面成品厚白石子浆嵌条15mm+2mm(磨耗)	10m²	17.697	1502.97	26598.06	429.68	870.63	31.88	115.39	55.39

续表

序号	定额号	子目名称	单位	工程量	综合单价/元	综合合价/元	综合单价分析/元				
							人工费单价	材料费单价	机械费单价	管理费单价	利润单价
56	13-31	水磨石楼地面成品厚白石子浆嵌条 15mm+2mm(磨耗)	$10m^2$	4.185	1502.97	6289.93	429.68	870.63	31.88	115.39	55.39
57	13-34	水磨石踢脚线	10m	17.238	269.15	4639.61	180.4	20.65	0.98	45.35	21.77
58	13-35	水磨石楼梯白石子浆	$10m^2$水平投影面积	1.225	2483.47	3042.25	1625.24	239.59	12.63	409.47	196.54
59	13-37	水磨石台阶	$10m^2$水平投影面积	0.12	1857.81	222.94	1185.72	217.25	11.77	299.37	143.7
60	13-83	楼地面单块 $0.4m^2$以内地砖水泥砂浆粘贴换为【水泥砂浆比例 1∶1】	$10m^2$	11.905	994.88	11844.05	281.35	604.39	3.68	71.26	34.2
61	13-83	楼地面单块 $0.4m^2$以内地砖水泥砂浆粘贴换为【水泥砂浆比例 1∶1】	$10m^2$	2.72	994.88	2706.07	281.35	604.39	3.68	71.26	34.2
62	13-95	同质地砖踢脚线水泥砂浆粘贴换为【水泥砂浆比例 1∶3】换为【水泥砂浆比例 1∶1】	10m	6.792	207.7	1410.7	83.3	92.02	1.14	21.11	10.13
63	13-149	不锈钢管栏杆不锈钢管扶手	10m	0.997	5025.16	5010.08	560.15	4085.22	125.94	171.52	82.33
	0114	【墙柱面工程】			64537.67	64537.67					
64	14-8	砖墙外墙抹水泥砂浆	$10m^2$	34.937	255.48	8925.7	136.12	61.27	5.64	35.44	17.01
65	14-9	砖墙内墙抹水泥砂浆换为【水泥砂浆比例 1∶2】	$10m^2$	7.503	231.89	1739.87	119.72	60.48	5.4	31.28	15.01
66	14-14	阳台、雨篷抹水泥砂浆	$10m^2$水平投影面积	0.78	1026.61	800.76	637.96	134.96	12.88	162.71	78.1
67	14-38	砖墙内墙抹混合砂浆	$10m^2$	84.238	209.95	17685.77	111.52	49.77	5.4	29.23	14.03
68	14-80	单块面积 $0.06m^2$以内墙砖砂浆粘贴墙面	$10m^2$	13.496	2621.93	35385.57	373.15	2101.66	6.61	94.94	45.57
	0115	【天棚工程】			7648.29	7648.29					
69	15-85	混凝土天棚水泥砂浆面现浇	$10m^2$	37.227	205.45	7648.29	122.18	33.7	3.19	31.34	15.04
	0116	【门窗工程】			36601.58	36601.58					
70	16-12	塑钢窗安装	$10m^2$	1.728	3306.13	5712.99	372.3	2774.15	16	97.08	46.6

续表

序号	定额号	子目名称	单位	工程量	综合单价/元	综合合价/元	综合单价分析/元				
							人工费单价	材料费单价	机械费单价	管理费单价	利润单价
71	16-12	塑钢窗安装	$10m^2$	3.584	3306.13	11849.17	372.3	2774.15	16	97.08	46.6
72	16-12	塑钢窗安装	$10m^2$	0.416	3306.13	1375.35	372.3	2774.15	16	97.08	46.6
73	16-12	塑钢窗安装	$10m^2$	2.304	3306.13	7617.32	372.3	2774.15	16	97.08	46.6
74	16-12	塑钢窗安装	$10m^2$	0.84	3306.13	2777.15	372.3	2774.15	16	97.08	46.6
75	16-12	塑钢窗安装	$10m^2$	0.4096	3306.13	1354.19	372.3	2774.15	16	97.08	46.6
76	16-197	胶合板门(无腰单扇)门框断面 55mm×100mm 制作	$10m^2$	2.38	428.62	1020.12	62.05	335.5	5.92	16.99	8.16
77	16-198	胶合板门 2440mm×1220mm×3mm(无腰单扇)门扇断面 38mm×60mm 制作	$10m^2$	2.38	981.28	2335.45	227.8	626.4	31.24	64.76	31.08
78	16-199	胶合板门(无腰单扇)门框安装	$10m^2$	2.38	68.01	161.86	39.95	13.28		9.99	4.79
79	16-200	胶合板门(无腰单扇)门扇安装	$10m^2$	2.38	201.38	479.28	124.1	31.36		31.03	14.89
80	16-312	执手锁安装	把	7	96.34	674.38	14.45	76.55		3.61	1.73
81	16-312	执手锁安装	把	7	96.34	674.38	14.45	76.55		3.61	1.73
82	16-337	木门窗五金配件半截玻璃门、镶板门、胶合板门、企口板门、无腰单扇	樘	7	40.71	284.97		40.71			
83	16-337	木门窗五金配件半截玻璃门、镶板门、胶合板门、企口板门、无腰单扇	樘	7	40.71	284.97		40.71			
	0117	【油漆、涂料、裱糊工程】			1591.75	1591.75					
84	17-1	底油一遍、刮腻子、调和漆两遍单层木门	$10m^2$	2.52	334.4	842.69	182.75	84.03		45.69	21.93
85	17-1	底油一遍、刮腻子、调和漆两遍单层木门	$10m^2$	2.24	334.4	749.06	182.75	84.03		45.69	21.93
		【补充分部】			13240	13240					
86	SQDLF_001	金属卷闸门	元	7	1888	13216		1888			
87	SQDLF_002	屋面(廊、阳台)泄(吐)水管	元	3	8	24		8			
合计						531445.13					

单价措施项目清单与计价表

工程名称：某学院车库 第1页 共1 页

序号	项目编码	名称	计量单位	工程量	金额/元		
					综合单价	合价	其中暂估价
1	20-1	综合脚手架檐高在12m以内层高在3.6m内	每$1m^2$建筑面积	432.43	17.99	7779.42	
2	21-2	混凝土垫层复合木模板	$10m^2$	1.888	699.25	1320.18	
3	21-27	现浇矩形柱复合木模板	$10m^2$	20.23	616.33	12468.36	
4	21-32	现浇构造柱复合木模板	$10m^2$	10.74	742.95	7979.28	
5	21-57	现浇板厚度＜10cm复合木模板	$10m^2$	71.976	503.57	36244.95	
6	21-78	现浇复式雨篷复合木模板	$10m^2$水平投影面积	0.366	1136.07	415.80	
7	21-74	现浇楼梯复合木模板	$10m^2$水平投影面积	1.225	1613.02	1975.95	
8	21-82	现浇台阶模板	$10m^2$水平投影面积	0.12	277.44	33.29	
9	21-94	现浇压顶复合木模板	$10m^2$	8.746	620.11	5423.48	
		单价措施合计				77509.93	
本页小计						77509.93	
合计						77509.93	

总价措施项目清单与计价表

工程名称：某学院车库 标段：某学院车库 第1页 共2页

序号	项目编码	项目名称	计算基础	费率/%	金额/元	调整费率/%	调整后金额/元	备注
1	011707002001	夜间施工	分部分项合计＋技术措施项目合计－分部分项设备费－技术措施项目设备费	0				
2	011707003001	非夜间施工照明	分部分项合计＋技术措施项目合计－分部分项设备费－技术措施项目设备费	0				在计取非夜间施工照明费时，建筑工程、仿古工程、修缮土建部分仅地下室（地宫）部分可计取；单独装饰、安装工程、园林绿化工程、修缮安装部分仅特殊施工部位内施工项目可计取
3	011707004001	二次搬运	分部分项合计＋技术措施项目合计－分部分项设备费－技术措施项目设备费	0				

续表

序号	项目编码	项目名称	计算基础	费率/%	金额/元	调整费率/%	调整后金额/元	备注
4	011707005001	冬雨季施工	分部分项合计＋技术措施项目合计－分部分项设备费－技术措施项目设备费	0				
5	011707006001	地上、地下设施、建筑物的临时保护设施	分部分项合计＋技术措施项目合计－分部分项设备费－技术措施项目设备费	0				
6	011707007001	已完工程及设备保护	分部分项合计＋技术措施项目合计－分部分项设备费－技术措施项目设备费	0				
7	011707009001	赶工措施	分部分项合计＋技术措施项目合计－分部分项设备费－技术措施项目设备费	0				
8	011707010001	按质论价	分部分项合计＋技术措施项目合计－分部分项设备费－技术措施项目设备费	0				
9	011707011001	住宅分户验收	分部分项合计＋技术措施项目合计－分部分项设备费－技术措施项目设备费	0				在计取住宅分户验收时，大型土石方工程、桩基工程和地下室部分不计入计费基础
10	011707008001	临时设施	分部分项合计＋技术措施项目合计－分部分项设备费－技术措施项目设备费	1.5	9134.33			
11	011707001001	安全文明施工费			22531.34			
11.1	1.1	基本费	分部分项合计＋技术措施项目合计-分部分项设备费-技术措施项目设备费	3	18268.65			
11.2	1.2	省级标化增加费	分部分项合计＋技术措施项目合计－分部分项设备费－技术措施项目设备费	0.7	4262.69			
合　计					31665.67			

编制人（造价人员）：　　　　复核人（造价工程师）：

表-11

规费、税金项目计价表

工程名称：某学院车库　　标段：某学院车库　　第1页　共1页

序号	项目名称	计算基础	计算基数/元	费率/%	金额/元
1	规费	工程排污费＋社会保险费＋住房公积金	23062.34		23062.34
1.1	社会保险费	分部分项工程＋措施项目＋其他项目－分部分项设备费－技术措施项目设备费	640620.73	3	19218.62
1.2	住房公积金	分部分项工程＋措施项目＋其他项目－分部分项设备费－技术措施项目设备费	640620.73	0.5	3203.1
1.3	工程排污费	分部分项工程＋措施项目＋其他项目－分部分项设备费－技术措施项目设备费	640620.73	0.1	640.62
2	税金	分部分项工程＋措施项目＋其他项目＋规费－甲供设备费	663683.07	3.48	23096.17
		合计			46158.51

编制人（造价人员）：　　复核人（造价工程师）：

表-13

复习思考题

1. 简述施工图预算的作用。
2. 简述建筑工程施工图预算的编制依据和方法。
3. 简述工程量计算的步骤。

第五章 施工准备阶段建筑与装饰工程工程量清单计价

本章主要内容：熟悉招标控制价的概念、编制依据、编制原则、程序和方法，掌握分部分项工程综合单价和措施项目费用的计算方法，熟悉工程投标报价的程序、主要工作内容和报价技巧，并通过具体的实例，掌握工程量清单计价的程序和要点。

第一节 招标控制价的编制

一、招标控制价概述

1. 招标控制价的概念

招标人根据国家或省级、行业建设主管部门颁发的有关计价依据和办法，以及拟定的招标文件和招标工程量清单，结合工程具体情况编制的招标工程的最高限价。

国有资金投资的建设工程招标，招标人应编制招标控制价。

2. 招标控制价的编制原则

根据《建设工程工程量清单计价规范》(GB 50500—2013) 第五章的规定，招标控制价编制规定如下所述。

招标控制价是招标人控制投资、确定招标工程造价的重要手段，招标控制价在计算时要力求科学合理、计算准确。招标控制价应当参考国务院和省、自治区、直辖市人民政府建设行政主管部门制订的工程造价计价办法和计价依据以及其他有关规定，根据市场价格信息，招标控制价应由具有编制能力的招标人，或受其委托具有相应资质的工程造价咨询人编制。招标控制价编制人员应严格按照国家的有关政策、规定，科学、公正地编制。

在招标控制价的编制过程中，应遵循以下原则。

(1) 招标控制价作为招标人的最高限价，应力求与市场的实际变化相吻合，要有利于竞争和保证工程质量。

(2) 招标控制价应由直接工程费、间接费、利润、税金等组成，招标控制价应按照国家规范编制依据的规定编制，不应上调或下浮。招标控制价超过批准的概算时，招标人应将其报原概算审批部门审核。

(3) 招标控制价应考虑人工、材料、设备、机械台班等价格变化因素，还应包括管理费、其他费用、利润、税金以及不可预见费、预算包干费、措施费（赶工措施费、施工技术措施费）、现场因素费用、保险等。综合单价中应包括招标文件中划分的应由投标人承担的风险范围及其费用。招标文件中没有明确的，如是工程造价咨询人编制，应提请招标人明确；如是招标人编制，应予明确。

(4) 分部分项工程和措施项目中的单价项目，应根据拟定的招标文件和招标工程量清单项目中的特征描述及有关要求确定综合单价计算。

(5) 措施项目中的总价项目应根据拟定的招标文件和常规施工方案按规范相应条款的规定计价。

(6) 其他项目应按下列规定计价。

① 暂列金额应按招标工程量清单中列出的金额填写。

② 暂估价中的材料、工程设备单价应按招标工程量清单中列出的单价计入综合单价。

③ 暂估价中的专业工程金额应按招标工程量清单中列出的金额填写。

④ 计日工应按招标工程量清单中列出的项目根据工程特点和有关计价依据确定综合单价计算。

⑤ 总承包服务费应根据招标工程量清单列出的内容和要求估算。

(7) 规费和税金应按规范相应条款的规定计算。

(8) 招标人应在发布招标文件时公布招标控制价，同时应将招标控制价及有关资料报送工程所在地或有该工程管辖权的行业管理部门工程造价管理机构备查。

3. 招标控制价编制依据

招标控制价编制依据为：2013 年规范；国家或省级、行业建设主管部门颁发的计价定额和计价办法；建设工程设计文件及相关资料；拟定的招标文件及招标工程量清单；与建设项目相关的标准、规范、技术资料；施工现场情况、工程特点及常规施工方案；工程造价管理机构发布的工程造价信息；当工程造价信息没有发布的，参照市场价；其他的相关资料。

二、招标控制价的编制程序

招标控制价和招标工程量清单由具有编制招标文件能力的招标人自行编制，也可委托具有相应资质和能力的工程造价咨询机构、招标代理机构编制。

招标控制价的编制步骤如下。

1. 准备工作

首先，要熟悉施工图设计及说明书，如果发现图纸中有问题或不明确之处，可要求设计单位进行交底、补充，作好记录，在招标文件中加以说明；其次，要勘察现场，实地了解现场情况及周围环境，以作为确定施工方案、包干系数和技术措施费等有关费用的依据；再次，要了解招标文件中规定的招标范围，材料、半成品和设备的加工订货情况，工程质量和工期要求，物资供应方式；还要进行市场调查，掌握材料、设备的市场价格。

2. 收集编制资料

编制招标控制价需收集的资料和依据，包括招标文件相关条款、设计文件、工程定额、施工方案、现场环境和条件、市场价格信息等。总之，凡在工程建设实施过程中可能影响工程费用的各种因素，在编制招标控制价前都必须予以考虑，收集所有必需的资料和依据，达到招标控制价编制具备的条件。

3. 计算招标控制价

招标控制价应根据所必须的资料，依据招标文件、设计图纸、施工组织设计、要素市场价格、相关定额以及计价办法等仔细准确地进行计算。

（1）以工程量清单确定划分的计价项目及其工程量，按照采用的工程定额或招标文件的规定，计算整个工程的人工、材料、机械台班需用量。

（2）确定人工、材料、设备、机械台班的市场价格，分别编制人工工日及单价表、材料价格清单表、机械台班及单价表等标底价格表格。

（3）确定工程施工中的措施费用和特殊费用，编制工程现场因素、施工技术措施、赶工措施费用表以及其他特殊费用表。

（4）采用固定合同价格的，预算和测算工程施工周期内的人工、材料、设备、机械台班价格波动的风险系数。

（5）根据招标文件的要求，通过综合计算完成分部分项工程和措施项目所发生的人工费、材料费、机械费、管理费、利润，形成综合单价再汇总其他各项规费和税金，按综合单价编制工程招标控制价计算书和招标控制价汇总表。

三、招标控制价的编制

1. 招标控制价的计价方法

按照建设部的有关示范文本，招标控制价的编制应以工程量清单为依据，具体方法如下所述。

（1）工料单价法　工程量清单的单价，按照有关预算定额确定，再按有关文件计算其他各项费用和利润、税金。

（2）综合单价法　要根据统一的项目划分，按照统一的工程量计算规则计算工程量，形成招标工程量清单，接着估算分项工程综合单价，该单价是根据具体项目情况实际估算的。综合单价确定以后，填入工程量清单再与各分部分项工程量相乘得到合价，汇总之后即可得到标底价格。

2. 招标控制价文件的主要内容

（1）招标控制价编制的说明。

（2）招标控制价价格，包括行业信息价、市场材料价格、招标工程量清单材料暂估价、定额中的单价等。

（3）主要人工、材料、机械设备用量表。招标工程量清单、招标控制价计算书、现场因素和施工措施费明细表、工程风险金预算明细表、主要材料用量表等。

（4）招标控制价附件，包括各项交底纪要、各种材料及设备的价格来源、现场的地质、水文、地上情况的有关资料、编制招标控制价所依据的施工方案和施工组织设计、特殊施工方法等。

（5）招标控制价编制的有关表格。

3. 招标控制价表格要求

招标控制价的编制应符合下列规定。

（1）招标控制价使用表格包括：封-2、扉-2、表-01、表-02、表-03、表-04、表-08、表-09、表-11、表-12（不含表-12-6、表-12-8）、表-13、表-20、表-21或表-22。

（2）扉页应按规定的内容填写、签字、盖章，受委托编制的招标控制价，由造价员编制的应有负责审核的造价工程师签字、盖章以及工程造价咨询人盖章。

（3）总说明应按下列内容填写。

① 工程概况　建设规模、工程特征、计划工期、合同工期、实际工期、施工现场及变化情况、施工组织设计的特点、自然地理条件、环境保护要求等。

② 编制依据等。

附录 B

B.2 招标控制价封面

________________________________工程

招标控制价

招　标　人：________________
（单位盖章）

造价咨询人：________________
（单位盖章）

年　　月　　日

附录 C

C.2 招标控制价扉面

________________________________工程

招标控制价

招标控制价(小写)：____

(大写)：____

招　标　人：____________　　造价咨询人：________________
（单位盖章）　　（单位资质专用章）

法定代表人：　　法定代表人：
或其授权人：______________　　或其授权人：______________
（签字或盖章）　　（签字或盖章）

编　制　人：__________　　复　核　人：________________
（造价人员签字盖专用章）　　（造价工程师签字盖专用章）

编制时间：　年　月　日　　复核时间：　年　月　日

附录 D 工程计价总说明

总说明

工程名称： 第 页 共 页

表-01

附录 E 工程计价汇总表

E.1 建设项目招标控制价汇总表

工程名称： 第 页 共 页

序号	单项工程名称	金额/元	其中：		
			暂估价/元	安全文明施工费/元	规费/元
合 计					

注：本表适用于工程项目招标控制价的汇总。

表-02

E.2 单项工程招标控制价总表

工程名称： 第 页 共 页

序号	单项工程名称	金额/元	其中：		
			暂估价/元	安全文明施工费/元	规费/元
合计					

注：本表适用于单项工程招标控制价的汇总。暂估价包括分部分项工程中的暂估价和专业工程暂估价。

表-03

E.3 单位工程招标控制价汇总表

工程名称： 标段： 第 页 共 页

序号	汇总内容	金额/元	其中:暂估价/元
1	分部分项工程		
1.1			
1.2			
2	措施项目		
2.1	其中:安全文明施工费		
3	其他项目		

续表

序号	汇总内容	金额/元	其中:暂估价/元
3.1	其中:暂列金额		
3.2	其中:专业工程暂估价		
3.3	其中:计日工		
3.4	其中:总承包服务费		
4	规费		
5	税金		
招标控制价合计=1+2+3+4+5			

注：本表适用单位工程招标控制价汇总，如无单位工程划分，单项工程也可使用本表汇总。

表-04

附录 F

F.1　分部分项工程和单价措施项目清单与计价定额

工程名称：　　　　　　　　　　标段：　　　　　　　　　　第　页　共　页

<table>
<tr><td rowspan="2">序号</td><td rowspan="2">项目编码</td><td rowspan="2">项目名称</td><td rowspan="2">项目特征描述</td><td rowspan="2">计量单位</td><td rowspan="2">工程量</td><td colspan="3">金额/元</td></tr>
<tr><td>综合单价</td><td>合价</td><td>其中:暂估价</td></tr>
<tr><td></td><td></td><td></td><td></td><td></td><td></td><td></td><td></td><td></td></tr>
<tr><td></td><td></td><td></td><td></td><td></td><td></td><td></td><td></td><td></td></tr>
<tr><td colspan="7">本页小计</td><td></td><td></td></tr>
<tr><td colspan="7">合计</td><td></td><td></td></tr>
</table>

注：为计取规费等的使用，可在表中增设其中：“定额人工费”。

表-08

F.2　综合单价分析表

工程名称：　　　　　　　　　　标段：　　　　　　　　　　第　页　共　页

<table>
<tr><td colspan="2">项目编码</td><td colspan="2"></td><td>项目名称</td><td colspan="4"></td><td>计量单位</td><td></td><td>工程量</td><td colspan="2"></td></tr>
<tr><td colspan="14">清单综合单价组成明细</td></tr>
<tr><td rowspan="2">定额编号</td><td rowspan="2">定额项目名称</td><td rowspan="2">定额单位</td><td rowspan="2">数量</td><td colspan="5">单价/元</td><td colspan="5">合价/元</td></tr>
<tr><td>人工费</td><td>材料费</td><td>机械费</td><td>管理费</td><td>利润</td><td>人工费</td><td>材料费</td><td>机械费</td><td>管理费</td><td>利润</td></tr>
<tr><td></td><td></td><td></td><td></td><td></td><td></td><td></td><td></td><td></td><td></td><td></td><td></td><td></td><td></td></tr>
<tr><td colspan="2">综合人工工日</td><td colspan="7">小计</td><td></td><td></td><td></td><td></td><td></td></tr>
<tr><td colspan="2">工日</td><td colspan="7">未计价材料费</td><td colspan="5"></td></tr>
<tr><td colspan="9">清单项目综合单价/元</td><td colspan="5"></td></tr>
<tr><td rowspan="4">材料费明细</td><td colspan="5">主要材料名称、规格、型号</td><td>单位</td><td colspan="2">数量</td><td>单价/元</td><td>合价/元</td><td>暂估单价/元</td><td colspan="2">暂估合价/元</td></tr>
<tr><td colspan="5"></td><td></td><td colspan="2"></td><td></td><td></td><td></td><td colspan="2"></td></tr>
<tr><td colspan="8">其他材料费</td><td>—</td><td></td><td>—</td><td colspan="2"></td></tr>
<tr><td colspan="8">材料费小计</td><td>—</td><td></td><td>—</td><td colspan="2"></td></tr>
</table>

注：1. 如不使用省级或行业建设主管部门发布的计价依据，可不填定额编号、名称等。

2. 招标文件提供了暂估单价的材料，按暂估的单价填入表内“暂估单价”栏及“暂估合价”栏。

表-09

F.3 综合单价调整表

工程名称： 标段： 第 页 共 页

清单综合单价组成或明细												
序号	项目编码	项目名称	单价/元					合价/元				
			综合单价	其中				综合单价	其中			
				人工费	材料费	机械费	管理费和利润		人工费	材料费	机械费	管理费和利润

造价工程师(签章)： 发包人代表(签章)： 日期：	造价人员(签章)： 发包人代表(签章)： 日期：

注：综合单价调整应附调整依据。

表-10

F.4 总价措施项目清单与计价定额

工程名称： 标段： 第 页 共 页

序号	项目编码	项目名称	计算基础/元	费率/%	金额/元	调整费率/%	调整后金额/元	备注
1		安全文明施工费						
2		夜间施工费						
3		二次搬运费						
4		冬雨季施工						
5		已完工程及设备保护						
		合计						

编制人（造价人员）： 复核人（造价工程师）：

注：按施工方案计算的措施费，若无“计算基础”和“费率”的数值，也可只填“金额”数值，但应在备注栏说明施工方案出处或计算方法。

表-11

附录G 其他项目计价定额

G.1 其他项目清单与计价汇总表

工程名称： 标段： 第 页 共 页

序号	项目名称	金额/元	结算金额/元	备注
1	暂列金额			明细详见表-12-1
2	暂估价			
2.1	材料(工程设备)暂估价/结算价			明细详见表-12-2
2.2	专业工程暂估价/结算价			明细详见表-12-3
3	计日工			明细详见表-12-4
4	总承包服务费			明细详见表-12-5
5	索赔与现场签证			明细详见表-12-6
	合计			

注：材料（工程设备）暂估单价进入清单项目综合单价，此处不汇总。

表-12

G.2　暂列金额明细表

工程名称：　　　　　　　　　　　　标段：　　　　　　　　　　　　第　页　共　页

序号	项目名称	计量单位	暂定金额/元	备注
合计				

注：此表由招标人填写，如不能详列，也可只列暂定金额总额，投标人应将上述暂列金额计入投标总价中。

表-12-1

G.3　材料（工程设备）暂估单价及调整表

工程名称：　　　　　　　　　　　　标段：　　　　　　　　　　　　第　页　共　页

序号	材料编码	材料(工程设备)名称、规格、型号	计量单位	数量		暂估/元		确认/元		差额±/元		备注
				投标	确认	单价	合价	单价	合价	单价	合价	
合计												

注：1. 此表由招标人填写“材料编码”“材料（工程设备）名称、规格、型号”“计量单位”“暂估单价”，并在备注栏说明暂估价的材料、工程设备拟用在那些清单项目上，投标人应将上述材料、工程设备暂估单价计入工程量清单综合单价报价中，并填写“数量”中的“投标”和“暂估合价”列。

2. 此表中所列暂估材料（工程设备）为暂时不能确定价格的材料（工程设备），不包含发包人供应材料（工程设备）。

表-12-2

G.4　专业工程暂估价及结算价表

工程名称：　　　　　　　　　　　　标段：　　　　　　　　　　　　第　页　共　页

序号	工程名称	工程内容	暂估金额/元	结算金额/元	差额±/元	备注
合计						

注：此表“暂估金额”由招标人填写，投标人应将“暂估金额”计入投标总价中。结算时按合同约定结算金额填写。

表-12-3

G.5 计日工表

工程名称： 标段： 第 页 共 页

序号	项目名称	单位	暂定数量	实际数量	综合单价/元	合价/元	
						暂定	实际
一	人工						
1							
2							
人工小计							
二	材料						
1							
2							
3							
材料小计							
三	施工机械						
1							
2							
施工机械小计							
四	企业管理费和利润						
合计							

注：此表项目名称、暂定数量由招标人填写，编制招标控制价时，单价由招标人按有关计价规定确定；投标时，单价由投标人自主报价，按暂定数量计算合价计入投标总价中。结算时，按发承包双方确认的实际数量计算合价。

表-12-4

G.6 总承包服务费计价定额

工程名称： 标段： 第 页 共 页

序号	项目名称	项目价值/元	服务内容	计算基础	费率/%	金额/元
1	发包人发包专业工程					
2	发包人供应材料					
	合计					

注：此表项目名称、服务内容由招标人填写，编制招标控制价时，费率及金额由招标人按有关计价规定确定；投标时，费率及金额由投标人自主报价，计入投标总价中。

表-12-5

附录H 规费、税金项目计价定额

工程名称： 标段： 第 页 共 页

序号	项目名称	计算基础	计算基数/元	计算费率/%	金额/元
1	规费	分部分项工程费＋措施项目费＋其他项目费－工程设备费			
1.1	社会保险费				
1.2	住房公积金				
1.3	工程排污费				

续表

序号	项目名称	计算基础	计算基数/元	计算费率/%	金额/元
2	税金	分部分项工程费＋措施项目费＋其他项目费＋规费－按规定不计税的工程设备金额			
合计					

编制人（造价人员）： 复核人（造价工程师）：

注：工程排污费费率在招标时暂按0.1%计入，结算时按工程所在地环境保护部门收取标准，按实计入。

表-13

附录L 主要材料、工程设备一览表

L.1 发包人提供材料和工程设备一览表

工程名称： 标段： 第 页共 页

序号	材料编码	材料(工程设备)名称、规格、型号	单位	数量	单价/元	合价/元	交货方式	送达地点	备注

注：1. 此表由招标人填写除"数量""合价"栏之外的内容，"数量""合价"由投标人填写。

2. 结算时，"单价"栏按招标人实际采购价（包含采保费）列入。

表-20

L.2 承包人提供主要材料和工程设备一览表

（适用于造价信息差额调整法）

工程名称： 标段： 第 页共 页

序号	材料编码	名称、规格、型号	单位	数量	风险系数/%	基准单价/元	投标单价/元	发承包人确认单价/元	备注

注：1. 此表应由招标人填写除"数量"、"投标单价"栏之外的内容，投标人在投标时自主确定投标数量和单价。

2. 招标人应优先采用工程造价管理机构发布的单价作为基准单价，未发布的，通过市场调查确定其基准单价。

3. 此表中不包含暂估单价的材料（工程设备）。

表-21

L.3 承包人提供主要材料和工程设备一览表

（适用于价格指数差额调整法）

工程名称： 标段： 第 页 共 页

序号	名称、规格、型号	变值权重 B	基本价格指数 F_0	现行价格指数 F_1	备注
	定值权重 A				
合计					

注：1. "名称、规格、型号""基本价格指数"栏由招标人填写，基本价格指数应首先采用工程造价管理机构发布的价格指数，没有时，可采用发布的价格代替。如人工、机械费也采用本法调整，由招标人在"名称"栏填写。

2. "变值权重"栏由投标人根据该人工、机械费和材料、工程设备价值在投标总报价中所占的比例填写，1减去其比例为定值权重。

3. "现行价格指数"按约定的付款证书相关周期最后一天的42天的各项价格指数填写，该指数应首先采用工程造价管理机构发布的价格指数，没有时，可采用发布的价格代替。

表-22

4. 编制招标控制价应考虑因素

招标控制价的编制，除按设计图纸进行费用设计外，还需考虑图纸以外的费用，包括由合同条件、现场条件、主要施工方案、施工措施等所产生费用的取定，如依据招标文件或合同条件规定的不同要求，选择不同的计价方式；依据不同的工程发承包模式，考虑相应的风险费用；依据招标人对招标工程确定的质量要求和标准，合理确定相应的质量费用；依据招标人对招标工程确定的施工工期要求、施工现场的具体情况，考虑必需的施工措施费用和技术措施费用。

编制招标控制价需考虑的有关因素主要有以下几方面。

（1）招标控制价必须适应目标工期的要求，对提前工期因素有所反映。若招标工程的目标工程不属于正常工期，而需要缩短工期，承包方此时就要考虑施工措施，增加人员和施工机械设备的数量，加班加点，付出比正常工期更多的人力、物力、财力，这样就会提高工程成本。因此编制招标工程的招标控制价时，必须考虑这一因素，把目标工期对照正常工期，按提前天数给出必要的赶工费和奖励，并列入招标控制价。

（2）招标控制价必须适应招标人的质量要求，对高于国家验收规范的质量因素有所反映。招标控制价计算时对工程质量的要求，是遵照国家的施工验收规范，按国家规范来检查验收的。但有时招标人往往还会提出需达到高于国家验收规范的质量要求。为此，承包方要付出比达到工程合格水平更多的费用。因此，招标控制价的计算应体现优质优价的客观实际。

（3）招标控制价计算时，必须合理确定间接费、利润等费用的计取。间接费、利润等是招标控制价的重要组成部分，费用的计取应反映企业和市场的现实情况，尤其是利润，一般应以行业平均水平为基础。

（4）招标控制价应根据招标文件或合同条件的规定，按规定的工程发承包模式，确定相应的计价方式，考虑相应的风险费用。

（5）招标控制价必须综合考虑招标工程所处的自然地理条件和招标工程的范围等因素。

总之，编制一个比较理想的工程招标控制价。要把建设工程的施工组织和规划做得较深入、透彻，有一个比较先进、切合实际的施工规划方案。要认真分析拟采用的工程定额，认真分析行业总体的施工水平和可能前来投标企业的实际水平，比较切实地把握招标投标的形式。要正确处理招标人与投标人的利益关系，坚持公平、公正、公开、客观统一的基本原则。

5. 招标控制价的审查

对于实行设有招标控制价进行招标承包的建设工程，必须重视招标控制价的审查工作，否则在招标过程中，招标控制价将起不到应有的作用。因此，必须认真对待招标控制价，加强对招标控制价的审查，保证招标控制价的准确、严谨、严肃和科学。

（1）审查招标控制价的目的　审查招标控制价的目的是检查招标控制价的编制是否真实、准确，招标控制价如有漏洞，应予调整和修正。如总价超过概算，应按有关规定进行处理，不得以压低招标控制价作为压低投资的手段。

（2）招标控制价审查内容

① 招标控制价的计价内容，包括承包范围、招标文件规定的计价方法及招标文件的其他有关条款。

② 招标控制价组成内容，包括工程量清单、工程量清单的单价、直接工程费、间接费、利润、有关文件的取费、税金，以及主要材料、设备需用数量等的计算规定。

③ 招标控制价相关费用，包括人工、材料、机械台班的市场价格、措施费（赶工措施费、施工技术措施费）、现场因素费用、不可预见费（特殊情况）、所测算的在施工周期内人工、材料、设备、机械台班价格的波动风险系数等。

（3）招标控制价的审查方法　招标控制价的审查方法类似于施工图预算的审查方法，主要有：全面审查法、重点审查法、分组计算审查法、标准预算审查法、筛选法、应用手册审查法等。

第二节　施工投标价的编制

一、投标价的概念

投标报价是指施工单位根据招标文件及有关计算工程造价的资料，计算工程预算总造价，在工程预算总造价的基础上，再考虑投标策略以及各种造价的因素，然后提出投标报价。因此，投标价是指投标人投标时相应招标文件要求所报出的对已标价工程量清单汇总后标明的总价。又称为标价，标价是工程施工投标的关键之一。

投标单位的投标价应该根据本企业的管理水平、装备能力、技术力量、劳动效率、技术措施及本企业的定额（即施工定额），计算出由本企业完成该工程的预计直接费，再加上实际可能发生的一切间接费，即实际预测的工程成本，根据投标中竞争的情况，进行盈亏分析，确定利润和考虑适当的风险费，作出竞争决策的原则，最后提出报价书。

投标人应依据规范相应条款的规定自主确定报价成本。投标报价不得低于工程成本。投标人的投标报价高于招标控制价的应予废标。投标价应由投标人或受其委托具有相应资质的工程造价咨询人编制。

二、施工投标报价的前期准备

1. 投标报价前期的调查研究，收集信息资料

调查研究主要是对投标和中标后履行合同有影响的各种客观因素、业主和监理工程师的资信以及工程项目的具体情况等进行深入细致的了解和分析。具体包括以下内容。

（1）政治和法律方面　投标人首先应当了解在招标活动中以及在合同履行过程中有可能涉及到的法律，也应当了解与项目有关的政治形式、国家政策等，即国家对该项目采取得失鼓励还是限制政策。

（2）自然条件　自然条件包括工程所在地的地理位置和地形、地貌，气象状况，包括气温、湿度、主导风向、年降雨量等，洪水、台风及其他自然灾害状况等。

（3）市场状况　投标人调查市场情况是一项非常艰巨的工作，其内容也非常多，主要包括：建筑材料、施工机械装备、燃料、动力、水和生活用品的供应情况、价格水平还包括过去几年批发物价和零售物价指数以及今后的变化趋势和预测；劳务市场情况，如工人技术水平、工资水平、有关劳动保护和福利待遇的规定等；金融市场情况，如银行贷款的难易程度以及银行贷款利率等。

对材料设备的市场情况尤需详细了解。包括原材料和设备的来源方式，购买的成本，来

源国或厂家供货情况；材料、设备购买时的运输、税收、保险等方面的规定、手续、费用；施工设备的租赁、维修费用；使用投标人本地原材料、设备的可能性以及成本比较。

（4）工程项目方面的情况　工程项目方面的情况包括工作性质、规模、发包范围；工程的技术规模和对材料性能及工人技术水平的要求；总工期及分批竣工交付使用的要求；施工现场的地形、地址、地下水位、交通运输、给排水、供电、通信条件的情况；对购买器材和雇佣工人有无限制条件；工程价款的支付方式、外汇所占比例；监理工程师的资历、职业道德和工作作风等。

（5）业主情况　包括业主的资信情况、履约态度、支付能力，在其他项目上有无拖欠工程款的情况，对实施的工程需求的迫切程度等。

（6）投标人自身情况　投标人对自己内部情况、资料也应当进行归纳管理。这类资料主要用于招标人要求的资格审查和本企业履行项目的可能性。

（7）竞争对手资料　掌握竞争对手的情况，是投标策略中的一个重要的环节，也是投标人参加投标能否获胜的重要因素。投标人在制定投标策略时必须考虑到竞争对手的情况。

2. 对是否参加投标作出决策

承包商在是否参加投标的决策时，应该考虑到以下几个方面的问题。

（1）承包招标项目的可能性与可能性　如：本企业是否有能力（包括技术力量、设备机械等）承包该项目，能否抽调出管理力量、技术力量参加项目承包，竞争对手是否有明显的优势等。

（2）招标项目的可靠性　如：项目的审批程序是否已经完成、资金是否已经落实等。

（3）招标项目的承包条件　如承包条件苛刻，自己无力完成施工，则也应放弃投标。

3. 研究招标文件并制定施工方案

（1）研究招标文件　投标单位报名参加或接受邀请参加某一工程的投标，通过了资格审查，取得招标文件之后，首要的工作就是认真仔细地研究招标文件，充分了解其内容和要求，以便有针对性地安排投标工作。

（2）制定施工方案　施工方案是投标报价的一个前提条件，也是招标单位评标时要考虑的因素之一。施工方案应由投标单位的技术负责人主持制定，主要应考虑施工方法，主要施工机具的配置，各工种劳动力的安排及现场施工人员的平衡，施工进度及分批竣工的安排，安全措施等。施工方案的制定应在技术和工期两方面对招标单位有吸引力，同时又有助于降低施工成本。

三、施工投标报价的编制

1. 投标报价的原则

投标报价的编制主要是投标单位对承建招标工程所发生的各种费用的计算。在进行投标计算时，必须首先根据招标文件进一步复核工程量。作为投标计算的必要条件，应预先确定施工方案和施工进度，此外，投标计算还必须与采用的合同形式相协调。报价是投标的关键工作，报价是否合理直接关系到投标的成败。

投标报价的原则一般主要有以下内容。

（1）招标文件中设定的发承包双方责任划分，作为考虑到投标报价费用项目和费用计算的基础；根据工程发承包模式考虑投标报价的费用内容和计算深度。

(2) 以施工方案、技术或措施等作为投标报价计算的基本条件。

(3) 以反映企业技术和管理水平的企业定额作为计算人工、材料和机械台班消耗量的基本依据。

(4) 充分利用现场考察、调研成果、市场价格信息等行情资料，编制基价，确定调价方法。

2. 投标报价的编制依据

(1) 工程量清单计价规范；

(2) 国家或省级、行业建设主管部门颁发的计价办法；

(3) 企业定额，国家或省级、行业建设主管部门颁发的计价定额和计价办法；

(4) 招标文件、招标工程量清单及其补充通知、答疑纪要；

(5) 建设工程设计文件及相关资料；

(6) 施工现场情况、工程特点及投标时拟定的施工组织设计或施工方案；

(7) 与建设项目相关的标准、规范等技术资料；

(8) 市场价格信息或工程造价管理机构发布的工程造价信息；

(9) 其他的相关资料。

在标价的过程中，对于不可预见费用的计算必须慎重考虑，不得遗漏。

3. 工程量清单计价模式下的投标报价

以工程量清单计价模式投标报价是与市场经济相适应的投标报价方法，也是国际通用的竞争性招标方式所要求的。一般是由招标控制价编制单位根据业主委托，将拟建招标工程全部项目和内容按相关的计算规则计算出工程量，列在清单上作为招标文件的组成部分，供投标人逐项填报单价，计算出总价，作为投标价，然后通过评标竞争，最终确定合同价。工程量清单报价由招标人给出招标工程清单，投标者填报单价，单价应完全依据企业技术、管理水平等企业实力而定，以满足市场竞争的需要。

采取工程量清单综合单价计算投标报价时，投标人填入工程量清单子目中的单价是综合单价，应包括人工费、材料费、机械费、管理费、利润、税金及风险金等全部费用，将工程量与该单价相乘得出合价，将全部合价汇总后即得出投标总报价。分部分项工程费、措施项目费和其他项目费用均采用综合单价计价。工程量清单计价的投标报价应由分部分项工程费、措施项目费、其他项目费、规费和税金构成。具体如图 5-1 所示。

根据《建设工程工程量清单计价规范》(GB 50500—2013) 第六章的规定，投标价编制规定如下。

(1) 投标人应按招标工程量清单填报价格。项目编码、项目名称、项目特征、计量单位、工程量必须与招标工程量清单一致。

(2) 综合单价中应在招标文件中划分的应由投标人承担的风险范围及其费用，招标文件中没有明确的，应提请招标人明确。

(3) 分部分项工程和措施项目中的单价项目，应根据招标文件和招标工程量清单项目中的特征描述确定综合单价计算。

(4) 措施项目中的总价项目金额应根据招标文件及投标时拟定的施工组织设计或施工方案按本规范相应条款的规定自主确定。其中安全文明施工费应按照规范及其相应条款的规定确定。

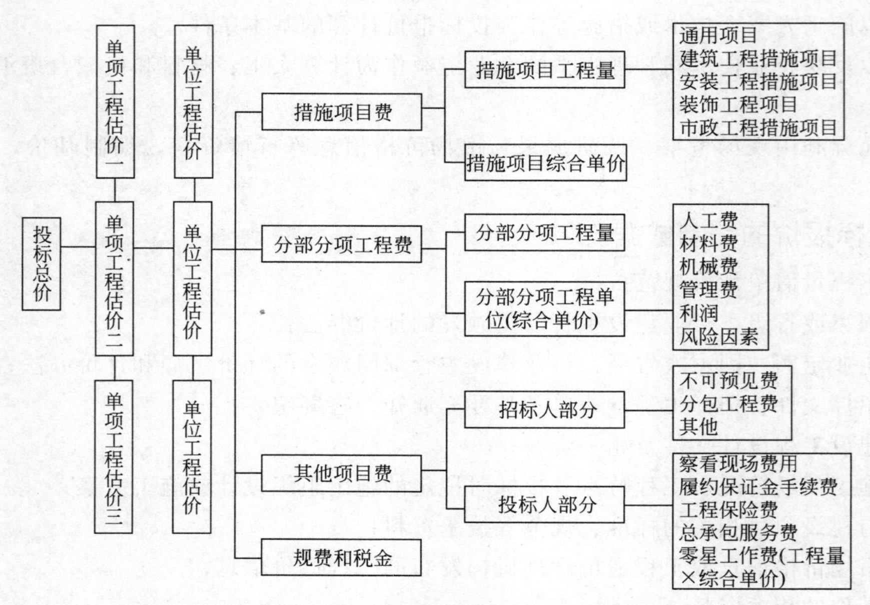

图 5-1 工程量清单计价模式下的投标总价构成

(5) 其他项目应按下列规定报价：

① 暂列金额应按招标工程量清单中列出的金额填写；

② 材料、工程设备暂估价应按招标工程量清单中列出的单价计入综合单价；

③ 专业工程暂估价应按招标工程量清单中列出的金额填写；

④ 计日工应按招标工程量清单中列出的项目和数量，自主确定综合单价并计算计日工金额；

⑤ 总承包服务费应根据招标工程量清单中列出的内容和提出的要求自主确定。

(6) 规费和税金应按本规范相应条款的规定确定。报价计算方法要科学严谨、简明适用。

(7) 招标工程量清单与计价表中列明的所有需要填写的单价和合价的项目，投标人均应填写且只允许有一个报价。未填写单价和合价的项目，可视为此项费用已包含在已标价工程量清单中其他项目的单价和合价之中。当竣工结算时，此项目不得重新组价予以调整。

(8) 投标总价应当与分部分项工程费、措施项目费、其他项目费和规费、税金的合计金额一致。

4. 报标报价的编制程序

工程量清单投标报价编制的一般程序如图 5-2 所示。

投标报价工作的主要内容如下所述。

(1) 复核或计算工程量　工程招标文件中若提供有工程量清单，投标价格计算之前，要对工程量进行校核。若招标文件中没有提供工程量清单，则需根据设计图纸计算全部工程量。如果招标文件对工程量计算方法有规定，应按规定的方法进行计算。

(2) 确定单价，计算合价　在投标报价中，复核或计算各部分项工程的实物工程量以后，就需要确定每一个分部分项工程的单价，并按招标文件中工程量表的格式填写报价，一般是按分部分项工程内容和项目名称填写单价和合价。

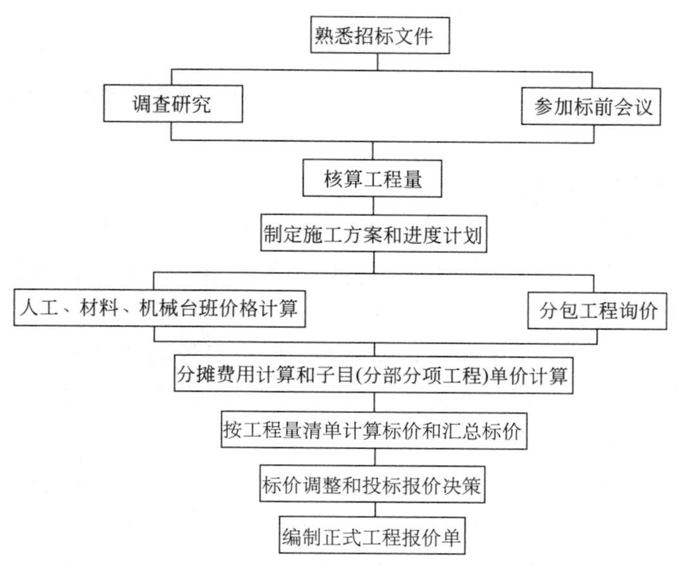

图 5-2 工程投标报价的编制程序

计算单价时，应将构成分部分项工程的所有费用项目都归入其中。人工、材料、机械费用应该是根据分部分项工程的人工、材料、机械消耗量及其相应的市场价格而得。一般来说，承包企业应建立自己的标准价格数据库，并据此计算工程的投标价格。在应用单价数据针对某一具体工程进行投标报价时，需要对选用的单价进行审核评价与调整，使之符合拟投标工程的实际情况，反映市场价格的变化。

在投标价格编制的各个阶段，投标价格一般以表格的形式进行计算，投标报价的表格与招标控制价编制的表格基本类似，主要用于工程量计算、单价确定、合价计算等阶段。在每一阶段可以制作若干不同的表格以满足不同的需要。标准表格可以提高投标价格编制的效率，保证计算过程的一致性。此外，标准表格也便于企业内各个投标价格计算者之间的交流，也便于与其他人员包括项目经理、项目管理人员、财务人员的沟通。

（3）确定分包工程费 来自分包人的工程分包费用是投标价格的一个重要组成部分，有时总承包人投标价格中的相当部分来自分包工程费。因此，在编制投标价格时需要有一个合适的价格来衡量分包人的报价，需熟悉分包工程的范围，对分包人的能力进行评估。

（4）确定利润 利润是指承包人的预期利润，确定利润取值的目标是考虑既可以获得最大的可能利润，又要保证投标价格具有一定的竞争性。投标报价时承包人应根据市场竞争情况确定在该工程上的利润率。

（5）确定风险费 风险费对承包人来说是个未定数，如果预计的风险没有全部发生，则预计的风险费可能有剩余，这部分剩余和计划利润加在一起就是盈余；如果风险费估计不足，则只有由利润来贴补，盈余自然就少，甚至可能成为负值。在投标时应根据该规模及工程所在地的实际情况，由有经验的专业人员对可能的风险因素进行逐项分析后确定一个比较合理的费用比率。

（6）确定投标价格 如前所述，将所有分部分项工程的合价累加汇总后就可得出工程的总价，但是这样计算的工程总价，还不能作为投标价格，因为计算出来的价格有可能重复计算或漏算，也有可能对某些费用的预估有偏差，等等，因此必须对计算出的工程总价作出某些必要的调整。调整投标价格应当建立在对工程盈亏分析的基础上，盈亏预测应用多种方法从多角度进行，找出计算中的问题以及分析可以通过采取哪些措施降低成本、增加盈利，确定最后的投标报价。

5. 确定投标报价的策略

投标策略是指承包商在投标竞争中的系统工作部署及其参与投标竞争的方式和手段，作为投标取胜的方式、手段、和艺术，贯穿于投标竞争的始终，内容十分丰富。

常见的投标策略主要有以下几种。

(1) 不平衡报价　所谓不平衡报价，就是在不影响投标的前提下，将某些分部分项工程的单价定得比平常水平高一些，某些分部分项工程的单价定得比正常水平低一些。不平衡报价是单价合同投标报价中常见的一种方法。

① 对能早期得到结算付款的分部分项工程（如土方工程、基础工程等）的单价定得较高，对后期的施工分项（如粉刷、油漆、电气设备等）单价适合降低。

② 估计施工中工程量可能会增加的项目，单价提高；工程量会减少的项目单价降低。

③ 设计图纸不明确或有错误的，估计今后修改后工程量会增加的项目，单价提高；工程内容说明不清的，单价降低。

④ 没有工程量，只填单价的项目（如土方工程中的挖淤泥、岩石等），其单价提高些，这样做既不影响投标总价，以后发生时承包人又可多获利。

⑤ 对于暂列数额（或工程），预计会做的可能性较大，价格定高些，估计不一定发生的则单价低一些。

⑥ 零星用工（计日工）的报价高于一般分部分项工程中的工资单价，因它不属于承包总价的范围，发生时实报实销，价高则会多获利。

(2) 多方案报价法　这是承包人如果发现招标文件、工程说明书或合同条款不够明细，或条款不很公正，技术规范要求过于苛刻时，为争取达到修改工程说明书或合同的目的而采用的一种报价方法。当工程说明书或合同条款有不够明确之处时，承包人往往可能会承担较大的风险，为了减少风险就必须提高单价，增加不可预见费，但这样又会因报价过高而增加投标失败的可能性。运用多方案报价法，是要在充分估计投标风险的基础上，按多个投标方案进行报价，即在投标文件中报两个价，按原工程说明书或合同条件报一个价，然后再提出如果工程说明书或合同条件可做某些改变时的另一个较低的报价（需要加以注释）。这样可使报价降低，吸引招标人。此外，如对工程中部分没有把握的工作，可注明采用成本加酬金的方式进行结算的办法。

(3) 突然降价法　这是一种迷惑对手的竞争手段。投标报价是一项商业秘密性的竞争工作，竞争对手之间可能会随时相互探听对方的报价情况。在整个报价过程中，投标人先按一般态度对待招标工程，按一般情况进行报价，甚至可以表现自己对该工程的兴趣不大，但等快到投标截止时，再突然降价，令竞争对手措手不及。

(4) 先亏后盈法　如想占领某一市场或想在某一地区打开局面，可能会采用这种不惜代价、降低投标报价的手段，目的是以低价甚至亏本进行投标，只求中标。但采用这种方法的承包人，必须要有十分雄厚的实力，较好的资信条件，这样才能长久、不断地扩大市场份额。

四、投标价表格要求

投标报价的编制应符合下列规定。

（1）使用表格　投标报价使用的表格包括：封-3、扉-3、表-01、表-02、表-03、表-04、表-08、表-09、表-11、表-12（不含表-12-6、表-12-8）、表-13、表-16、招标文件提供的表-20、表-21或表-22。

（2）扉页应按规定的内容填写、签字、盖章，除承包人自行编制的投标报价外，受委托编制的投标报价，由造价员编制的应有负责审核的造价工程师签字、盖章以及工程造价咨询人盖章。

（3）总说明应按下列内容填写

① 工程概况：建设规模、工程特征、计划工期、合同工期、实际工期、施工现场及变化情况、施工组织设计的特点、自然地理条件、环境保护要求等。

② 编制依据等。

③ 投标人应根据招标文件的要求，附工程量清单综合单价分析表。

附录B

B.3　投标总价封面

________________________工程

投标总价

投　标　人：____________

（单位盖章）

年　　月　　日

附录C

C.3　投标总价扉面

投标总价

招　标　人：____________________

工程名称：____________________

投标总价(小写)：________________

(大写)：________________

投　标　人：____________________

（单位盖章）

法定代表人：

或其授权人：____________________

（签字或盖章）

编　制　人：____________________

（造价人员签字盖专用章）

时　间：　　　年　月　日

附录 D 工程计价总说明

总说明

工程名称： 第 页 共 页

表-01

附录 E 工程计价汇总表

E.1 建设项目投标报价汇总表

工程名称： 第 页 共 页

序号	单项工程名称	金额/元	其中：		
			暂估价/元	安全文明施工费/元	规费/元
合 计					

注：本表适用于工程项目投标报价的汇总。

表-02

E.2 单项工程投标报价汇总表

工程名称： 第 页 共 页

序号	单位工程名称	金额/元	其中：		
			暂估价/元	安全文明施工费/元	规费/元
合计					

注：本表适用于单项工程投标报价的汇总。暂估价包括分部分项工程中的暂估价和专业工程暂估价。

表-03

E.3 单位工程投标报价汇总表

工程名称： 标段： 第 页 共 页

序号	汇总内容	金额/元	其中:暂估价/元
1	分部分项工程		
1.1			
1.2			
2	措施项目		
2.1	其中:安全文明施工费		
3	其他项目		

续表

序号	汇总内容	金额/元	其中：暂估价/元
3.1	其中：暂列金额		
3.2	其中：专业工程暂估价		
3.3	其中：计日工		
3.4	其中：总承包服务费		
4	规费		
5	税金		
投标报价合计=1+2+3+4+5			

注：本表适用单位工程投标报价汇总，如无单位工程划分，单项工程也可使用本表汇总。

表-04

附录 F

F.1　分部分项工程和单价措施项目清单与计价定额

工程名称：　　　　标段：　　　　第　页　共　页

序号	项目编码	项目名称	项目特征描述	计量单位	工程量	金额/元		
						综合单价	合价	其中：暂估价
本页小计								
合计								

注：为计取规费等的使用，可在表中增设其中：“定额人工费”。

表-08

F.2　综合单价分析表

工程名称：　　　　标段：　　　　第　页　共　页

<table>
<tr><td>项目编码</td><td colspan="3"></td><td colspan="2">项目名称</td><td colspan="4"></td><td>计量单位</td><td></td><td>工程量</td><td></td></tr>
<tr><td colspan="14">清单综合单价组成明细</td></tr>
<tr><td rowspan="2">定额编号</td><td rowspan="2">定额项目名称</td><td rowspan="2">定额单位</td><td rowspan="2">数量</td><td colspan="5">单价/元</td><td colspan="5">合价/元</td></tr>
<tr><td>人工费</td><td>材料费</td><td>机械费</td><td>管理费</td><td>利润</td><td>人工费</td><td>材料费</td><td>机械费</td><td>管理费</td><td>利润</td></tr>
<tr><td></td><td></td><td></td><td></td><td></td><td></td><td></td><td></td><td></td><td></td><td></td><td></td><td></td><td></td></tr>
<tr><td colspan="2">综合人工工日</td><td colspan="7">小计</td><td></td><td></td><td></td><td></td><td></td></tr>
<tr><td colspan="2">工日</td><td colspan="7">未计价材料费</td><td colspan="5"></td></tr>
<tr><td colspan="9">清单项目综合单价</td><td colspan="5"></td></tr>
<tr><td rowspan="4">材料费明细</td><td colspan="5">主要材料名称、规格、型号</td><td>单位</td><td colspan="2">数量</td><td>单价/元</td><td>合价/元</td><td>暂估单价/元</td><td colspan="2">暂估合价/元</td></tr>
<tr><td colspan="5"></td><td></td><td colspan="2"></td><td></td><td></td><td></td><td colspan="2"></td></tr>
<tr><td colspan="8">其他材料费</td><td>—</td><td></td><td>—</td><td colspan="2"></td></tr>
<tr><td colspan="8">材料费小计</td><td>—</td><td></td><td>—</td><td colspan="2"></td></tr>
</table>

注：1. 如不使用省级或行业建设主管部门发布的计价依据，可不填定额编号、名称等。

2. 招标文件提供了暂估单价的材料，按暂估的单价填入表内“暂估单价”栏及“暂估合价”栏。

表-09

F.3 综合单价调整表

工程名称： 标段： 第 页 共 页

清单综合单价组成或明细												
序号	项目编码	项目名称	单价/元					合价/元				
			综合单价	其中				综合单价	其中			
				人工费	材料费	机械费	管理费和利润		人工费	材料费	机械费	管理费和利润
造价工程师(签章)： 发包人代表(签章)： 日期：								造价人员(签章)： 发包人代表(签章)： 日期：				

注：综合单价如有调整应附调整依据。

表-10

F.4 总价措施项目清单与计价定额

工程名称： 标段： 第 页 共 页

序号	项目编码	项目名称	计算基础	费率/%	金额/元	调整费率/%	调整后金额/元	备注
1		安全文明施工费						
2		夜间施工费						
3		二次搬运费						
4		冬雨季施工						
5		已完工程及设备保护						
		合计						

编制人（造价人员）： 复核人（造价工程师）：

注：按施工方案计算的措施费，若无“计算基础”和“费率”的数值，也可只填“金额”数值，但应在备注栏说明施工方案出处或计算方法。

表-11

附录G 其他项目计价定额

G.1 其他项目清单与计价汇总表

工程名称： 标段： 第 页 共 页

序号	项目名称	金额/元	结算金额/元	备注
1	暂列金额			明细详见表-12-1
2	暂估价			
2.1	材料(工程设备)暂估价/结算价			明细详见表-12-2
2.2	专业工程暂估价/结算价			明细详见表-12-3
3	计日工			明细详见表-12-4
4	总承包服务费			明细详见表-12-5
5	索赔与现场签证			明细详见表-12-6
	合计			

注：材料（工程设备）暂估单价进入清单项目综合单价，此处不汇总。

表-12

G.2　暂列金额明细表

工程名称：　　　　标段：　　　　第　页　共　页

序号	项目名称	计量单位	暂定金额/元	备注
合计				

注：此表由招标人填写，如不能详列，也可只列暂定金额总额，投标人应将上述暂列金额计入投标总价中。

表-12-1

G.3　材料（工程设备）暂估单价及调整表

工程名称：　　　　标段：　　　　第　页　共　页

序号	材料编码	材料(工程设备)名称、规格、型号	计量单位	数量		暂估/元		确认/元		差额±/元		备注
				投标	确认	单价	合价	单价	合价	单价	合价	
合计												

注：1. 此表由招标人填写“材料编码”“材料（工程设备）名称、规格、型号”“计量单位”“暂估单价”，并在备注栏说明暂估价的材料、工程设备拟用在那些清单项目上，投标人应将上述材料、工程设备暂估单价计入工程量清单综合单价报价中，并填写“数量”中的“投标”和“暂估合价”列。

2. 此表中所列暂估材料（工程设备）为暂时不能确定价格的材料（工程设备），不包含发包人供应材料（工程设备）。

表-12-2

G.4　专业工程暂估价及结算价表

工程名称：　　　　标段：　　　　第　页　共　页

序号	工程名称	工程内容	暂估金额/元	结算金额/元	差额±/元	备注
合计						

注：此表“暂估金额”由招标人填写，投标人应将“暂估金额”计入投标总价中。结算时按合同约定结算金额填写。

表-12-3

G.5　计日工表

工程名称：　　　　标段：　　　　第　页　共　页

序号	项目名称	单位	暂定数量	实际数量	综合单价/元	合价/元	
						暂定	实际
一	人工						
1							
2							
人工小计							

续表

序号	项目名称	单位	暂定数量	实际数量	综合单价/元	合价/元	
						暂定	实际
二	材料						
1							
2							
3							
材料小计							
三	施工机械						
1							
2							
施工机械小计							
四	企业管理费和利润						
合计							

注：此表项目名称、暂定数量由招标人填写，编制招标控制价时，单价由招标人按有关计价规定确定；投标时，单价由投标人自主报价，按暂定数量计算合价计入投标总价中。结算时，按发承包双方确认的实际数量计算合价。

表-12-4

G.6 总承包服务费计价定额

工程名称： 标段： 第 页 共 页

序号	项目名称	项目价值/元	服务内容	计算基础	费率/%	金额/元
1	发包人发包专业工程					
2	发包人供应材料					
合计						

注：此表项目名称、服务内容由招标人填写，编制招标控制价时，费率及金额由招标人按有关计价规定确定；投标时，费率及金额由投标人自主报价，计入投标总价中。

表-12-5

附录H 规费、税金项目计价定额

附录H 规费、税金项目计价定额

工程名称： 标段： 第 页 共 页

序号	项目名称	计算基础	计算基数/元	计算费率/%	金额/元
1	规费				
1.1	社会保险费	分部分项工程费＋措施项目费＋其他项目费－工程设备费			
1.2	住房公积金				
1.3	工程排污费				
2	税金	分部分项工程费＋措施项目费＋其他项目费＋规费－按规定不计税的工程设备金额			
合计					

编制人（造价人员）： 复核人（造价工程师）：

注：工程排污费费率在招标时暂按0.1%计入，结算时按工程所在地环境保护部门收取标准，按实计入。

表-13

附录 L　主要材料、工程设备一览表

L.1　发包人提供材料和工程设备一览表

工程名称：　　　　　　　　　　标段：　　　　　　　　　　第　页　共　页

序号	材料编码	材料(工程设备)名称、规格、型号	单位	数量	单价/元	合价/元	交货方式	送达地点	备注

注：1. 此表由招标人填写除“数量”、“合价”栏之外的内容，“数量”、“合价”由投标人填写。

2. 结算时，“单价”栏按招标人实际采购价（包含采保费）列入。

表-20

L.2　承包人提供主要材料和工程设备一览表

（适用于造价信息差额调整法）

工程名称：　　　　　　　　　　标段：　　　　　　　　　　第　页　共　页

序号	材料编码	名称、规格、型号	单位	数量	风险系数/%	基准单价/元	投标单价/元	发承包人确认单价/元	备注

注：1. 此表应由招标人填写除“数量”、“投标单价”栏之外的内容，投标人在投标时自主确定投标数量和单价。

2. 招标人应优先采用工程造价管理机构发布的单价作为基准单价，未发布的，通过市场调查确定其基准单价。

3. 此表中不包含暂估单价的材料（工程设备）。

表-21

L.3　承包人提供主要材料和工程设备一览表

（适用于价格指数差额调整法）

工程名称：　　　　　　　　　　标段：　　　　　　　　　　第　页　共　页

序号	名称、规格、型号	变值权重 B	基本价格指数 F_0	现行价格指数 F_1	备注
	定值权重 A				
合计					

注：1. “名称、规格、型号”“基本价格指数”栏由招标人填写，基本价格指数应首先采用工程造价管理机构发布的价格指数，没有时，可采用发布的价格代替。如人工、机械费也采用本法调整，由招标人在“名称”栏填写。

2. “变值权重”栏由投标人根据该人工、机械费和材料、工程设备价值在投标总报价中所占的比例填写，1 减去其比例为定值权重。

3. “现行价格指数”按约定的付款证书相关周期最后一天的 42 天的各项价格指数填写，该指数应首先采用工程造价管理机构发布的价格指数，没有时，可采用发布的价格代替。

表-22

第三节 建筑与装饰工程工程量清单计价编制方法

一、建筑与装饰工程工程量清单计价概述

建筑与装饰工程工程量清单计价是指招标控制价、投标报价、合同价款、工程结算等内容。

1. 工程量清单计价的基本过程

在统一的工程量计算规则的基础上，制订工程量清单项目设置规则，根据具体的施工图纸计算出各个单项目的工程量，再根据各种渠道所获得的工程造价信息和经验数据计算或市场价格得到工程造价。

2. 工程量清单计价的特点和作用

在工程量清单计价方法的招标方式下，由业主或招标单位根据统一的工程量清单项目设置规则和工程量清单计量规则编制招标工程量清单，鼓励企业自主报价，业主根据其报价，结合质量、工期等因素综合评定，选择最佳的投标企业中标。而在工程价格的形成过程中摆脱了长期以来的计划管理色彩，而由市场的参与双方主体自主定价，符合价格形成的基本原理。

工程量清单计价真实反映了工程实际，为把定价自主权交给市场参与方提供了可能。在工程招标投标过程中，投标企业在投标报价时必须考虑工程本身的内容、范围、技术特点要求以及招标文件的有关规定、工程现场情况等因素；同时还必须充分考虑到许多其他方面的因素，如投标单位自己制订的工程总进度计划、施工方案、分包计划、资源安排计划等。这些因素对投标报价有着直接而重大的影响，而且对每一项招标工程来讲都具有其特殊性的一面，所以应该允许投标单位针对这些方面灵活机动地调整报价，以使报价能够比较准确地与工程实际相吻合。而只有这样才能把投标定价自主权真正交给招标和投标单位，投标单位才会对自己的报价承担相应的风险与责任，从而建立起真正的风险制约和竞争机制，避免合同实施过程中的推诿和扯皮现象的发生，为工程管理提供方便。

（1）工程量清单计价方法的特点

① 满足竞争的需要。招投标过程本身就是一个竞争的过程，招标人给出工程量清单，投标人去填单价（此单价中一般包括成本、利润），填高了中不了标，填低了又要赔本，这时候就体现出了企业技术、管理水平的重要性，形成了企业整体实力的竞争。

② 提供了一个平等的竞争条件。采用施工图预算来投标报价，由于设计图纸的缺陷，不同投标企业的人员理解不一，计算出的工程量也不同，报价相去甚远，容易产生纠纷。而工程量清单报价就为投标者提供一个平等竞争的条件，相同的工程量，由企业根据自身的实力来填不同的单价，符合商品交换的一般性原则。

③ 有利于工程款的拨付和工程造价的最终确定。中标后，业主要与中标施工企业签订施工合同，工程量清单报价基础上的中标价就成了合同价的基础。已标价工程量清单上的单价也就成了拨付工程款的依据。业主根据施工企业完成的工程量，可以很容易地确定进度款的拨付额。工程竣工后，再根据设计变更、工程量的增减乘以相应单价，业主也很容易确定工程的最终造价。

④ 有利于实现风险的合理分担。采用工程量清单报价方式后，投标单位只对自己所报的成本、单价等负责，而对工程量的变更或计算错误等不负责任；相应地，对于这一部分风险则应由业主承担，这种格局符合风险合理分担与责权利关系对等的一般原则。

⑤ 有利于业主对投资的控制。采用施工图预算形式，业主对因设计变更、工程量的增减所引起的工程造价变化不敏感，往往等竣工结算时才知道这些对项目投资的影响有多大，但此时常常是为时已晚，而采用工程量清单计价的方式则一目了然，在要进行设计变更时，能马上知道它对工程造价的影响，这样业主就能根据投资情况来决定是否变更或进行方案比较，以决定最恰当的处理方法。

（2）工程量清单计价方法对推进我国工程造价管理体制改革的重大作用

① 用工程量清单招标符合我国当前工程造价体制改革中“逐步建立以市场形成价格为主的价格机制”的目标。这一目标的本身就是要把价格的决定权逐步交给发包单位、交给施工企业、交给建筑市场，并最终通过市场来配置资源，决定工程价格。它能真正实现通过市场机制决定工程造价。

② 采用工程量清单招标有利于将工程的“质”与“量”紧密结合起来。质量、造价、工期三者之间存在着一定的必然联系，报价当中必须充分考虑到工期和质量因素，这是客观规律的反映和要求。采用工程量清单招标有利于投标单位通过报价的调整来反映质量、工期、成本三者之间的科学关系。

③ 有利于业主获得最合理的工程造价。增加了综合实力强、社会信誉好的企业的中标机会，更能体现招标投标宗旨。同时也可为建设单位的工程成本控制提供准确、可靠的依据。

④ 有利于中标企业精心组织施工，控制成本。中标后，中标企业可以根据中标价及投标文件中的承诺，通过对单位工程成本、利润进行分析，统筹考虑、精心选择施工方案；并根据企业定额合理确定人工、材料、施工机械要素的投入与配置，优化组合，合理控制现场费用和施工技术措施费用等，以便更好地履行承诺，抓好工程质量和工期。

3. 工程量清单计价的依据

工程量清单计价的确定依据，主要包括招标工程量清单、定额、工料单价、费用及利润标准、施工组织设计、招标文件、施工图纸及图纸答疑、现场踏勘情况、计价规范。

（1）招标工程量清单　招标工程量清单是由招标人提供的工程清单，综合单价应根据工程量清单中提供的项目名称及该项目所包括的工程内容来确定。

（2）定额　定额是指消耗量定额或企业定额。消耗量定额是在编制标底时确定综合单价的依据；企业定额是在编制投标时确定综合单价的依据，若投标企业没有企业定额时可参照消耗量定额确定综合单价。

定额的人工、材料、机械消耗量是计算综合单价中人工费、材料费、机械费的基础。

（3）工料单价　工料单价是指人工单价、材料单价（即材料预算价格）、机械台班单价。分部分项工程费的人工费、材料费、机械费，是由定额中工料消耗量乘以相应的工料单价计算得到的，见下列各式：

$$人工费=\sum(工日数\times人工单价)$$

$$材料费=\sum(材料数量\times材料单价)$$

$$机械费=\sum(机械台班数\times机械台班单价)$$

（4）其他直接费用、管理费的费率、利润率　除人工费、材料费、机械费外的各种费用

（如其他直接费、管理费等）及利润，是根据各种费率、利润率乘以其基础费计算的。

（5）计价规范　分部分项工程费的综合单价所包括的范围，应符合《计价规范》中项目特征及工程内容中规定的要求。

（6）招标文件　计价包括的内容应满足招标文件的要求，如工程招标范围、甲方供应材料的方式等。

（7）施工图纸及图纸答疑　在确定计价时，除满足工程量清单中给出的内容外，还应尽量注意施工图纸及图纸答疑的具体内容，才能有效地确定综合单价。

（8）现场踏勘情况　通过现场考察，可以了解工程项目的现场情况、自然条件、施工条件以及周围环境条件，以便于正确计价。

（9）施工组织设计　现场踏勘情况及施工组织设计，是计算措施费的重要资料。

二、建筑与装饰工程工程量清单计价表的编制

1. 综合单价的概念及确定依据

（1）综合单价的概念　完成一个规定清单项目所需的人工费、材料和工程设备费、施工机具使用费和企业管理费、利润以及一定范围内的风险费用。

分部分项工程费由分项工程数量乘以综合单价汇总而成，所以综合单价是计算分部分项工程费的基础。

（2）综合单价的组成　综合单价由下列内容组成。

① 人工费是指施工现场工人的工资。

② 材料费是指分部分项工程消耗的材料费。

③ 机械费是指分部分项工程的机械费。

④ 管理费是指为施工组织管理发生的费用。

⑤ 利润是指企业应获得的利润。

在综合单价中除上述五种费用外，还应考虑一定范围内的风险因素。

2. 分部分项工程综合单价的确定方法

综合单价的确定是一项复杂的工作。需要在熟悉工程的具体情况、当地市场价格、各种技术经济法规等的情况下进行。

现阶段，我们一般根据“计价规范”和“计价定额”中的有关规定来计价，但由于两者在工程量计算规则、计量单位、项目内容方面不尽相同，因此在组价时，必须弄清以下两个问题。

（1）拟组价项目的内容是否一致　用《计价规范》规定的内容与相应定额项目的内容作比较，看拟组价项目应该用哪几个定额项目来组合单价。如“预制预应力 C20 混凝土空心板”项目《计价规范》规定此项目包括制作、安装、吊装及接头灌浆，而定额分别列有制作、安装、吊装及接头灌浆，所以根据制作、安装、吊装及接头灌浆定额项目组合该综合单价。

（2）《计价规范》与定额的工程量计算规则、工程量计量单位是否相同　由于“计价规范”与“定额”中的工程量计算规则、计量单位、项目内容不尽相同，综合单价的组合方法包括以下几种。

① 直接套用定额组价　根据单项定额组价，也就是指一个分项工程的单价仅用一个定

额项目组合而成。一般当项目内容比较简单，《计价规范》与所使用定额中的工程量计算规则相同时，可以采用这种方法组价。具体有以下几个步骤。

第一步：直接套用定额的消耗量；

第二步：计算工料费用，包括人工费、材料费、机械费；

$$工料费用=\sum(工料消耗量\times工料单价)$$

第三步：计算管理费及利润；

第四步：汇总形成综合单价；

$$综合单价=人工费+材料费+机械费+管理费+利润$$

【例 5-1】 某工程墙体分部分项工程量清单数量为 $10m^3$，墙体为外墙，M5 混合砂浆砌标准砖，墙厚：240mm，求综合单价和合价。

解　查定额 4-35 得综合单价：442.66 元/m^3（其中人工费 118.90 元，材料费 271.87 元，机械费 5.76 元，管理费 31.17 元，利润 14.96 元）合价：442.66 元/m^3 $\times 10m^3=$ 4426.6 元。

测算管理费和利润是分别按照（人工费＋机械费）的 25%和 12%来计算的。

② 重新计算工程量组价　是指工程量清单给出的分项工程项目的单位，与所用的消耗量定额的单位不同，或工程量计算规则不同，需要按消耗量定额的计算规则重新计算工程量来组价综合单价。

工程量清单是根据《计价规范》计算规则编制的，综合性很大，其工程量的计量单位可能与所使用的消耗量定额的计量单位不同，如铝合金门，工程量清单的单位是“樘”，而消耗量定额的计量单位是平方米，就需要重新计算其工程量。

【例 5-2】 计算图 5-3 所示工程，尺寸为墙外包线之间的距离，“人工平整场地”的综合单价。

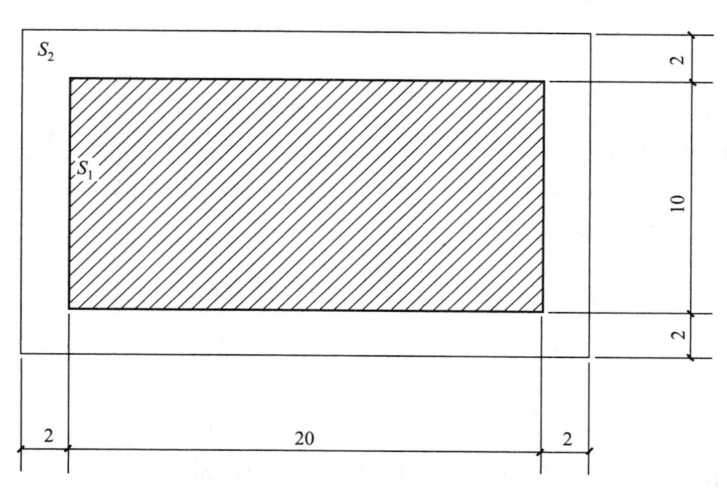

图 5-3　平整场地示意图（单位：m）

解　(1) 确定项目编码　010101001001；项目名称：平整场地。

(2) 按计价规范计算工程量

$$S_1=(20+10)\times10+10\times5=350(m^2)$$

(3) 按计价定额计算

$$S_2=(20+10+2\times2)\times(10+2\times2)+(10+2\times2)\times5=546(m^2)$$

(4) 计算工程量含量

$$\frac{546}{350}=1.56(m^2/m^2)$$

(5) 综合单价 定额编号 1-98。

$$60.13\times1.56\div10=9.38\ (元/m^2)$$

【例 5-3】 某工程基础断面如图 5-4 所示。设垫层（混凝土 C10）底面标高−1.8m，自然地面标高−0.150m，地下水标高为−2.0m，土壤类别为三类干土，挖土运距为 50m。试计算该工程挖基槽清单工程量和综合价。

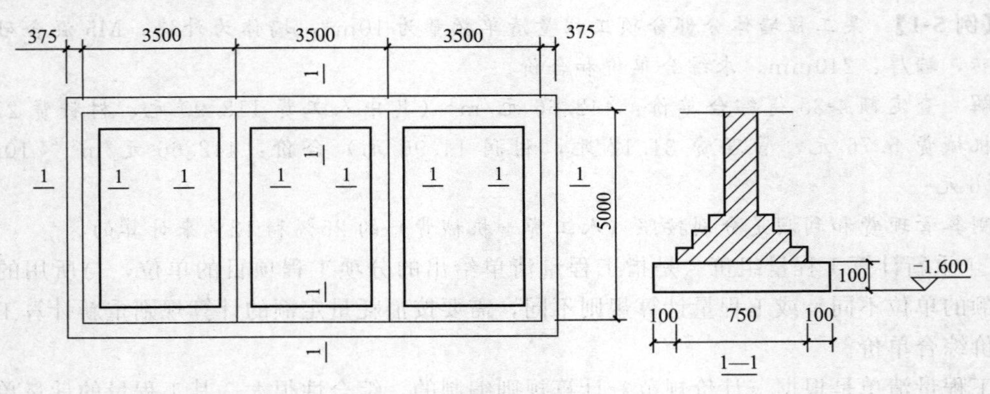

图 5-4 某工程基础断面

解 (1) 确定项目编码 土方工程：010101003001；项目名称：挖基础土方。

(2) 清单工程量计算

① 挖土深度 1.8−0.150=1.65m

② 挖土宽度 1.065m

③ 挖土长度

a. 确定放坡系数 深度 1.65>1.5 查表 $m=0.33$

b. 每边增加工作面 200mm

外墙中心线长：(18.8+7.6)×2=52.8(m)

内墙基槽净长：35.615m

C 轴：$18.8-\frac{1.065}{2}\times2=17.735(m)$

2、6 轴：(3+3.4−1.065×2)×2=8.54(m)

3、5 轴：(3−1.065)×2=3.87(m)

4 轴：7.6−1.065×2=5.47(m)

内墙基墙净长 35.615−0.3×18=30.815(m)

c. 实际挖土体积

$$V=(1.065+0.3\times2+1.65\times0.33)\times1.65\times(52.8+30.815)=304.83(m^3)$$

④ 确定挖土含量 由于清单工程量计算规则与江苏省 14 计价定额规则相同，所以含量为 1。

⑤ 组合综合单价

a. 定额编号 1-28 人工挖基槽 三类干土 深 1.65m 单位 m^3

53.8 元/m^3

b. 定额编号 1-92 双轮车运土 50m 单位 m^3

20.05 元/m^3

⑥ 分部分项工程费

$$(53.8+20.05)\times304.83=22511.70(元)$$

【例 5-4】 某单位工程设计预制钢筋混凝土桩如图 5-5 所示。共 120 根，计算打桩分部分项工程费用（不含桩制作）。

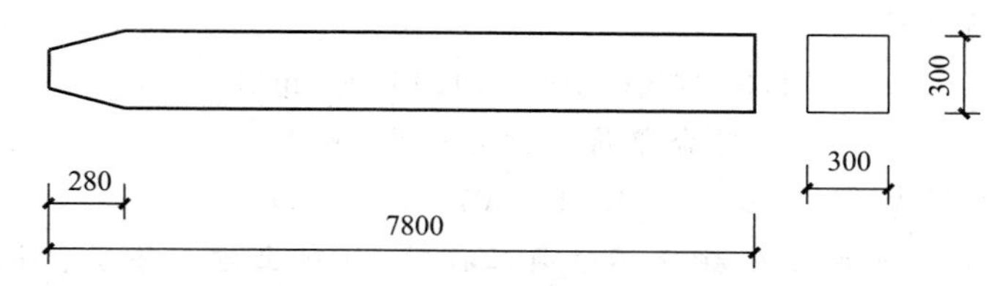

图 5-5 预制混凝土柱示意

解 (1) 确定项目编码 010301001001；项目名称：预制钢筋混凝土桩。

(2) 清单工程量 120 根。

(3) 按计价定额计算工程量

桩长 7.8m（不扣桩尖） 断面积 $0.3\times0.3=0.09$（m^2）

$V=7.8\times0.09\times120=84.24(m^3)$（1 根桩混凝土量为 0.702$m^3$）

(4) 组合综合单价

3-1 打方桩（12m）以内 $283.64\times0.702=199.16(元)$

(5) 分部分项工程费用

$$199.16\times120=23899.2(元)$$

③ 复合组价 是指一些复合分项工程项目，要根据多个定额项目组合而成，这种组价较为复杂。

【例 5-5】 计算**【例 5-3】**图中砖基础的分部分项工程费用

(1) 确定项目编码 010401001001；项目名称：砖基础。

工作内容：铺设垫层、砖砌体、防潮层铺设。

(2) 清单工程量计算

① 外墙中心线长度：52.8m。

② 内墙净长度：

$$18.8-0.24+(3.4-0.24)\times3+(3.0-0.24)\times4+(4.2-0.24)=43.04(m)$$

基础体积：$(52.8+43.04)\times0.24\times(1.8-0.1-0.24+0.985)=56.24(m^3)$

(3) 按计价定额计算工程量

① 垫层计算

外墙中心线长：52.8m

内墙垫层净长：35.615m

$$V=(52.8+35.615)\times0.1\times1.065=9.42(m^3)$$

② 砖基础体积 56.24m^3

③ 防潮层面积 $(52.8+43.04)\times0.24=23.0(m^2)$

(4) 各项工作内容的含量测算

① 垫层　9.42/56.24＝0.168(m^3/m^3)

② 砖基础　1

③ 防潮层　23/56.24＝0.409(m^2/m^3)

(5) 组合综合单价

① 6-1　混凝土垫层　0.168×385.69＝64.8(元/m^3)

② 4-1　砖基础　查砌115注换算

406.25＋0.041×82＋0.041×82×0.25＋0.041×82×0.12＝410.86(元/m^3)

③ 4-52　墙基防潮层

173.94×0.409＝71.14(元/m^3)

综合单价＝546.8(元/m^3)

(6) 分部分项工程费　546.8×56.24＝30752.03(元)

【例5-6】 计算图5-6所示砖柱分部分项工程费，(含土方、垫层、柱) 土壤类别为三类土、三类工程，结构做法：C10混凝土垫层，M10混合砂浆标准砖柱(490mm×490mm)：柱顶标高从室外地坪至顶为3.5m。工料消耗量及单价取定与计价定额相同。

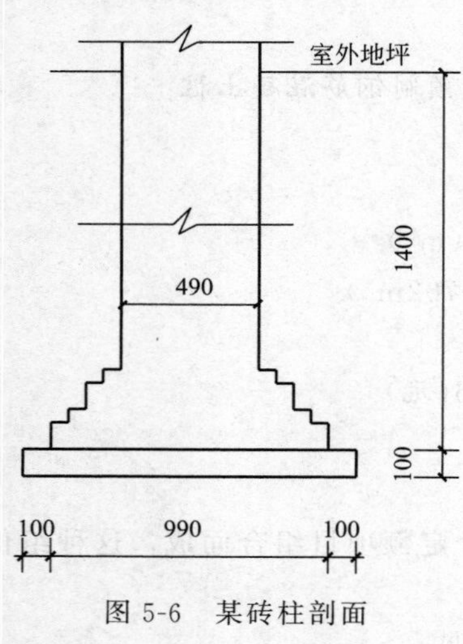

图5-6　某砖柱剖面

解　(1) 确定项目编码

① 010101003001　挖地坑

② 010103001001　基坑回填土

③ 010401001001　砖基础

④ 010401009001　砖柱

⑤ 010501001001　混凝土垫层

(2) 清单工程量计算

① 人工挖地坑　挖土深度为1.5m无须放坡。

垫层为混凝土，需支模，需增工作面，每边300mm

$$V=(0.99+0.3\times2)^2\times(1.4+0.1)=3.79(m^3)$$

② M10混合砂浆柱基础

0.49×0.49×(柱基础高＋大放脚折加高度)＝0.49×0.49×(0.64＋0.717)＝0.508(m^3)

③ C10混凝土垫层

$$(0.99+0.1\times2)^2\times0.1=0.142(m^3)$$

④ 基坑回填土　3.79－0.508－0.142＝3.14(m^3)

⑤ 砖柱　0.49×0.49×3.5＝0.84(m^3)

(3) 按计价定额计算工程量：由于2014年版计价定额与规范相同。

① 人工挖地坑：$V=3.79m^3$

② C10混凝土垫层：$V=0.142m^3$

③ 回填土：$V=3.14m$

④ M10混合沙浆砖柱：砖柱按设计图示尺寸以体积计算。扣除混凝土及钢筋混凝土梁垫、梁头、板头所占体积。砖柱基、柱身不分断面均以设计体积计算，柱身、柱基工程量合并套“砖柱”定额。柱基与柱身砌体品种不同时，应分开计算并分别套用相应定额。

$$V=0.508+0.84=1.348(m^3)$$

(4) 组合综合单价

① 人工挖地坑

定额编号 1-55　　综合单价　30.59 元/m^3

② 地坑回填土

定额编号 1-104　综合单价　31.17 元/m^3

③ C10 混凝土垫层

定额编号 6-1　垫层　综合单价 385.69 元/m^3

④ M10 混合砂浆柱基础

定额编号 4-3　砖柱　综合单价 500.48 元/m^3

⑤ M10 混合砂浆方形柱　500.48 元/m

(5) 分部分项工程费

① 土方工程　010101003001　挖地坑　　30.59×3.79=115.94(元)

010103001001　回填土　　31.17×3.14=97.87(元)

② 砌筑工程　010401001001　柱基础　　500.48×0.508=254.24(元)

010401009001　砖柱　　500.48×0.84=420.40(元)

③ 混凝土工程 010501001001　混凝土垫层　385.69×0.84=323.98(元)

合计：1212.43 元

【例 5-7】 某厂房有一平开木门，1 樘，设计洞口尺寸为 3600mm×3000mm，底油一遍，满批腻子，刷调和漆三遍，若工料机消耗量及单价均与计价定额相同，计算大门的综合单价。

解　(1) 确定项目编码：010804001001　项目名称：厂库房木板大门

(2) 计算工程量

① 门制作、安装　　3.6×3=10.8(m^2)

② 油漆　　3×3.6×1.30 (系数) =14.04(m^2)

(3) 组合综合单价

① 9-1　　平开大门制作　　1593.15×1.08=1720.60(元/樘)

② 9-2　　平开大门安装　　976.99×1.08=1055.15(元/樘)

③ 9-66　　五金、配件　　538.64 元/樘

④ 17-1　　底油、刮腻子、调和漆两遍 334.40×1.404=469.50(元/樘)

⑤ 17-6　　增调和漆一遍　　103.69×1.404=145.58(元/樘)

综合单价=3929.47 元/樘

【例 5-8】 某工程钢支撑如图 5-7 所示共 8 副。设计防锈漆一遍，调和漆两遍，钢支撑、加工厂制作，场外运输 10km 以内，运至现场后直接吊装，试确定钢支撑的分部分项工程费用。

解　(1) 确定项目编码　010606001001；项目名称：钢支撑。

(2) 工程量计算　查有关资料∟63mm×6mm 角钢每米 5.72kg，－8 钢板每平方米 62.8kg。

① ∟63mm×6mm 角钢

$$W_1=\sqrt{5.54^2+2.7^2}\times5.72\times2\times8=564.04(kg)$$

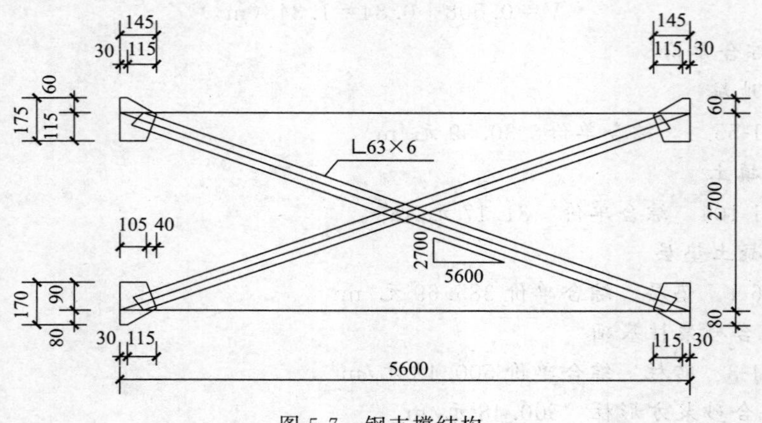

图 5-7 钢支撑结构

② -175mm×145×8mm 钢板

$$W_2 = 0.175 \times 0.145 \times 62.8 \times 2 \times 8 = 25.50\text{kg}$$

③ -170mm×145mm×8mm 钢板

$$W_3 = 0.170 \times 0.145 \times 2 \times 8 \times 62.8 = 24.77(\text{kg})$$

合计 614.31kg=0.614t

(3) 组合综合单价

① 7-28 柱间钢支撑制作 7045.80 元/t

② 8-39 柱间钢支撑运输 (10km) 124.00 元/t

③ 8-144 柱间钢支撑安装 542.90 元/t

④ 17-132 调和漆第一遍 45.21 元/t

⑤ 17-133 调和漆第二遍 41.19 元/t

⑥ 17-135 防锈漆一遍 57.23 元/t

综合单价=7856.33 元

(4) 分部分项工程费

柱间钢支撑 010606001001 7856.33×0.614=4823.79(元)

【例 5-9】 现有 10 樘单扇无纱切片板门，洞口尺寸 900mm×2100mm，门框设计断面为 55mm×100mm，门扇为细木工板双面贴花式切片板，每樘门装执手锁 1 把，100mm 厚铜铰链 1 副，铜门吸 1 只 (15 元/只)，其余材料单价与计价定额相同，试计算分部分项费 (不含油漆)。

解 (1) 确定项目编码 010801002001；项目名称：夹板装饰门。

(2) 计算清单工程量 10 樘

(3) 计算计价定额工程量 $0.9 \times 2.1 = 1.89(\text{m}^2/\text{樘})$

(4) 组合综合单价

① 16-221 换门框制作 设计框断面积为 $(55+3) \times (100+5) = 60.9(\text{cm}^2)$

$$\text{设计材积} = \frac{\text{设计截面积}}{\text{定额面积}} \times \text{定额木材体积} = \frac{60.9}{55} \times 0.156 = 0.173(\text{m}^3/10\text{m}^2)$$

$$434.86\text{ 元} + (0.173 - 0.156) \times 1600.0\text{ 元}/\text{m}^3 = 462.06(\text{元}/10\text{m}^2)$$

$$462.06\text{ 元}/10\text{m}^2 \times 0.189 = 87.33(\text{元}/\text{樘})$$

② 16-223　　门框安装　　69.18×0.189＝13.08(元/樘)

③ 16-293　　细木板贴花式切片板门扇　3621.77×0.189＝684.51(元/樘)

④ 16-312　　执手锁　　96.34 元/把

⑤ 16-314　　门铰链安装　　32.41 元/个×2＝64.82(元/樘)

⑥ 15-315　　门吸安装　　13.48－5.05＋1.01×15＝24.18(元/只)

合计：综合单价 970.26 元/樘

(5) 分部分项工程费　　970.26×10＝9702.6(元)

三、措施项目费的计算

措施项目费，是指不直接形成工程实体，而有助于工程实体形成的各项费用，包括发生于该工程施工前和施工过程中技术、生活、安全等方面的非工程实体项目费用。如脚手架费、模板费、临时设施费、安全文明施工费、垂直运输机械费等。

措施项目清单计价应根据拟建工程的施工组织设计，可以计算工程量的措施项目，应按分部分项工程量清单的方式采用综合单价计价；其余的措施项目可以“项”为单位的方式计价，应包括除规费、税金外的全部费用。

措施项目费的计算方法，有按定额计算、按费率计算和按经验计算多种。有的措施费按定额计算，如脚手架费和模板费等；有的措施费按费率计算，如临时设施费和安全文明施工费等。

1. 按定额计算

按定额计算是指按照所使用的消耗量定额，先计算出各种工料消耗，再根据相应的工料单价计算出人工费、材料费、机械费，再在此基础上计算管理费和利润。其计算方法同分项工程综合单价的计算方法。下面举例说明。

2. 按费率计算

按费率计算，是指按费率乘以直接费或人工费计算。一般可按费率计算的措施项目费有：安全文明施工费、临时设施费、夜间施工费、二次搬运费等。

措施项目清单中的安全文明施工费应按照国家或省级、行业建设主管部门的规定计价，不得作为竞争性费用。

建筑工程临时设施费＝42654.27×2.2%＝938.39 元（注：42654.27 是直接费；2.2%是临时设施费的费率）

装饰工程临时设施费＝18991.0×1.2%＝227.89 元（注：18991.0 是人工费；1.2%是临时设施费的费率）

3. 按经验计算

措施项目费的计算一般可根据上述两种方法计算，也可根据经验计算。

例如，混凝土及钢筋混凝土模板费，有的企业根据建筑面积分不同的结构类型计算。如全框架结构按每平方米建筑面积 28 元计算，框剪结构按平方米建筑面积 38 元计算，砖混结构按平方米建筑面积 15 元计算。

又如，垂直运输费，可根据投标工程的工期及垂直运输机械的租金计算。如某工程使用 QT-25 塔吊 1 台，每天租金 200 元，施工工期 280 天，则该工程的垂直运输费等于 280 天×280(元/天) ×1.18＝66080 元（加计 18%的管理费及利润）。

某项措施费具体按什么计算，应在实际工作中不断积累经验，形成自己的经验数据，在工程招投标中报出正确的措施项目费。

措施项目费的多少，与施工组织设计的好坏有关，所以不能千篇一律，大家计算的结果一个样，作为投标企业要加强管理，在保证质量的前提下尽量少地投入措施费用，以便在竞争中取胜。

第四节 建筑与装饰工程投标报价实例

本节以第三章工程图纸为例，用第三章招标工程量清单进行投标报价编制。

【注】案例工程量清单文件中，由于其他项目与计价汇总表以及暂列金额、材料暂估价、计日工、总承包服务费、发包人、承包人材料表等表格没有实质使用，限于教材空间要求，不出标准表格，但实际成品需要打印出来。

某学院车库工程

投标总价

投 标 人：

（单位盖章）

2015 年 3 月 17 日

封-3

投标总价

招　　标　　人：______________________

工　程　名　称：某学院车库

投标总价(小写)：686 770.00 元

　　　　(大写)：陆拾捌万陆仟柒佰柒拾元整

投　标　人：______________________
(单位盖章)

法定代表人
或其授权人：______________________
(签字或盖章)

编　制　人：______________________
(造价人员签字盖专用章)

时　　　间：2015 年 3 月 17 日

总说明

工程名称：某学院车库　　　　第　页　共　页

一、工程概况

本工程为二层房屋建筑，檐高7m，建筑面积为432m²，框架结构，室外地坪高为−0.15m，其地面、天棚、内外装饰装修工程做法详见施工图及设计说明。

二、工程招标和分包范围

1. 工程招标范围：施工图范围内的建筑工程、装饰装修工程，详见工程量清单。

2. 分包范围：无分包工程。

三、清单编制依据

1.《建设工程工程量清单计价规范》(GB 50500—2013)、《房屋建筑与装饰工程工程量清单计算规范》(GB 50854—2013)及解释和勘误。

2. 2014年《江苏省建筑与装饰工程计价定额》、2014年《江苏省建筑与安装工程费用定额》及江苏省苏建价〔2014〕448号文。

3. 本工程施工图。

4. 与本工程有关的标准(包括标准图集)、规范、技术资料。

5. 招标文件、补充通知。

6. 其他有关文件、资料。

7. 材料价格为2013年11月南京造价信息。

四、其他说明事项

1. 一般说明

2. 有关专业技术说明

本工程使用现浇混凝土，现场搅拌。

表-01

单位工程投标报价汇总表

工程名称：某学院车库　　标段：某学院车库　　第1页　共1页

序号	汇总内容	金额/元	其中：暂估价/元
1	分部分项工程	531434.79	
1.1	人工费	165017.8	
1.2	材料费	293291.47	
1.3	施工机具使用费	8810.61	
1.4	企业管理费	43459.95	
1.5	利润	20856.32	
2	措施项目	109177.32	
2.1	单价措施项目费	77512.08	
2.2	总价措施项目费	31665.24	
2.2.1	其中：安全文明施工措施费	22531.04	
3	其他项目		—
3.1	其中：暂列金额		—
3.2	其中：专业工程暂估价		—
3.3	其中：计日工		—
3.4	其中：总承包服务费		—
4	规费	23062.03	—
5	税金	23095.86	—
投标报价合计=1+2+3+4+5		686,770.00	0

表-04

分部分项工程和单价措施项目清单与计价表

工程名称：某学院车库　　　　标段：某学院车库　　　　第1页　共5页

序号	项目编码	项目名称	项目特征描述	计量单位	工程量	金额/元		
						综合单价	合价	其中 暂估价
A.1		土石方工程					75208.26	
1	010101001001	平整场地	土类别：二类土	m^2	194.48	10.89	2117.89	
2	010101002001	室内挖土方		m^3	7.96	46.42	369.5	
3	010101003001	人工挖沟槽土方	土类别：三类土 基础类型：砖带基 底宽：0.6m 挖土深度：1.75m 弃土运距：场内100m	m^3	93.95	47.47	4459.81	
4	010101004001	人工挖基坑土方	土类别：三类土 基础类型：独立基础 底宽：2.4m×2.4m、2.8m×2.8m、2.5m×2.5m 挖土深度：1.85m 弃土运距：场内100m	m^3	494.17	82.29	40665.25	
5	010103001001	基坑、基槽回填土	夯实：300mm厚分层夯填	m^3	497.76	55.44	27595.81	
A.4		砌筑工程					51031.45	
6	010401001001	M5水泥砂浆砖基础	砖：MU10标准砖 砂浆：M5水泥砂浆 基础类型：带形基础 基础深度：1.9m	m^3	30.63	406.25	12443.44	
7	010401003001	实心砖墙	砖墙：内墙 砖品种：MU10标准砖 砂浆：M5混合砂浆 墙厚：120mm	m^3	7.45	461.14	3435.49	
8	010401003002	实心砖墙	砖墙：女儿墙 砖品种：MU10标准砖 砂浆：M5混合砂浆 墙厚：240mm	m^3	7.89	442.66	3492.59	
9	010401004001	多空砖墙	砖墙：外墙 砖品种：KP砖 砂浆：M5混合砂浆 墙厚：240mm	m^3	44.28	311.14	13777.28	
10	010401004002	多空砖墙	砖墙：内墙 砖品种：KP砖 砂浆：M5混合砂浆 墙厚：240mm	m^3	56.82	311.14	17678.97	
11	010401012001	砖砌台阶	砖：MU10标准砖 砂浆：M5混合砂浆 部位：−0.03m至0.598m	m^2	1.2	169.73	203.68	
A.5		混凝土及钢筋混凝土工程					173173.89	
12	010501001001	垫层	混凝土：C10	m^3	12.42	385.69	4790.27	
			本页小计				131029.98	

表-08

续表

序号	项目编码	项目名称	项目特征描述	计量单位	工程量	金额/元		
						综合单价	合价	其中 暂估价
13	010501002001	现浇混凝土条形基础	混凝土:C25	m^3	5.21	373.33	1945.05	
14	010501003001	现浇混凝土独立基础	垫层:C10 混凝土 100mm 厚 混凝土:C25	m^3	40.65	371.51	15101.88	
15	010502001001	现浇混凝土 C25 矩形柱	柱高:6.20m 截面:400mm×400mm	m^3	22.18	503.19	11160.75	
16	010502002001	现浇混凝土 C25 构造柱	截面:240mm×400mm	m^3	2.12	659.76	1398.69	
17	010502002002	现浇混凝土 C25 构造柱	柱高:0.8m、0.218m 截面:240mm×240mm	m^3	4.34	659.76	2863.36	
18	010502002003	现浇混凝土 C25 构造柱	柱高:0.6m 截面:240mm×240mm	m^3	1.56	659.76	1029.23	
19	010505001001	现浇混凝土 C25 有梁板	板底标高:3.17m、6.07m 板厚:100mm	m^3	76.9	423.06	32533.31	
20	010505008001	现浇雨篷	C25	m^3	0.37	59.18	21.9	
21	010506001001	现浇混凝土 C25 直形楼梯		m^2	12.25	105.67	1294.46	
22	010507001001	现浇混凝土坡道	垫层:150mm 厚碎石垫层上做 80mm 厚 C15 混凝土 面层:1∶2.5 水泥砂浆 20mm 厚	m^2	42.9	77.24	3313.6	
23	010507001002	现浇混凝土散水	垫层:60mm 厚 C15 混凝土 面层:1∶2.5 水泥砂浆 20mm 厚 填缝:油膏	m^2	26.04	44.32	1154.09	
24	010507005001	现浇混凝土 C20 压顶梁	截面:240mm×60mm	m^3	1.05	540.4	567.42	
25	010515001001	现浇构件钢筋	直径 12mm 以内	t	10.311	5470.72	56408.59	
26	010515001002	现浇构件钢筋	直径 25mm 以内	t	0.026	4998.27	129.96	
27	010515001004	现浇构件钢筋	直径 12mm 以内	t	0.042	5470.77	229.77	
28	010515001003	现浇构件钢筋	直径 25mm 以内	t	6.801	4998.87	33997.31	
29	010515009001	支撑钢筋(铁马)	直径 12mm 以内	t	0.146	5470.72	798.73	
30	010516003001	机械连接		个	52	12.03	625.56	
31	010516004001	钢筋电渣压力焊接头		个	288	7.33	2111.04	
32	010515001005	现浇构件钢筋-砌体加筋		t	0.259	6559.52	1698.92	
	A.8	门窗工程					51409.55	
33	010801001001	胶合板门(M2)	洞口:900mm×2000mm	樘	7	426.29	2984.03	
		本页小计					171367.65	

表-08

续表

序号	项目编码	项目名称	项目特征描述	计量单位	工程量	金额/元		
						综合单价	合价	其中 暂估价
34	010801001002	胶合板门(M3)	洞口:800mm×2000mm	樘	7	646.17	4523.19	
35	010803001001	金属卷闸门	材质:铝合金 外围尺寸:3200mm×2950mm 电动装置	樘	7	1888	13216	
36	010807001001	塑钢窗(C1)	洞口:1800mm×1200mm	樘	8	714.14	5713.12	
37	010807001002	塑钢窗(C2)	洞口:3200mm×1600mm	樘	7	1692.73	11849.11	
38	010807001003	塑钢窗(C3)	洞口:2600mm×1600mm	樘	1	1375.36	1375.36	
39	010807001004	塑钢窗(C4)	洞口:1800mm×1600mm	樘	8	952.17	7617.36	
40	010807001005	塑钢窗(C5)	洞口:1200mm×1000mm	樘	7	396.74	2777.18	
41	010807001006	塑钢窗(C6)	洞口:1280mm×1600mm	樘	2	677.1	1354.2	
A.9		屋面及防水工程					14197.38	
42	010902001001	屋面防水卷材	防水做法: SBS改性沥青防水卷材 找平层:20mm厚1∶3水泥砂浆	m^2	238.44	56.53	13479.01	
43	010902004001	屋面排水管	ϕ100mm UPVC增强型排水管	m	19.05	36.45	694.37	
44	010902006001	屋面(廊、阳台)泄(吐)水管		个	3	8	24	
A.10		保温、隔热、防腐工程					20178.7	
45	011001001001	保温隔热屋面	现浇1∶8水泥珍珠岩平均厚度220mm,20mm厚1∶3水泥砂浆找平	m^2	220.46	91.53	20178.7	
A.11		楼地面装饰工程					69044.98	
46	011101002001	现浇水磨石地面	100mm碎石垫层、60mm C10混凝土垫层 20mm 1∶3水泥砂浆找平层 15mm 1∶2水泥石子磨光打蜡	m^2	176.97	205.86	36431.04	
47	011101002002	现浇水磨石楼面(走廊)	20mm 1∶3水泥砂浆找平层 15mm 1∶2水泥石子磨光打蜡	m^2	41.85	163.37	6837.03	
48	011102003001	地砖楼面(房间)	20mm 1∶3水泥砂浆找平 5mm 1∶1水泥细砂浆贴地面砖500mm×500mm	m^2	119.05	112.56	13400.27	
49	011102003002	地砖楼面(卫生间)	20mm 1∶3水泥砂浆找平 5mm 1∶1水泥细砂浆贴地面砖300mm×300mm	m^2	27.2	112.56	3061.63	
		本页小计					142531.57	

表-08

续表

序号	项目编码	项目名称	项目特征描述	计量单位	工程量	金额/元		
						综合单价	合价	其中
								暂估价
50	011105001001	现浇水磨石踢脚线	高度：150mm 12mm厚1∶3水泥砂浆打底 15mm厚1∶2水泥石子磨光打蜡	m²	25.86	179.4	4639.28	
51	011105001002	现浇水磨石楼面（楼梯）	20mm厚1∶3水泥砂浆找平层 15mm厚1∶2水泥石子磨光打蜡	m²	12.25	248.34	3042.17	
52	011105003001	地砖踢脚线	高度:150mm 12mm厚1∶3水泥砂浆打底 5mm厚1∶1水泥细砂结合层贴地砖	m²	10.19	138.43	1410.6	
53	011107005001	现浇水磨石台阶面磨光打蜡	20mm厚1∶3水泥砂浆找平层 15mm厚1∶2水泥石子	m²	1.2	185.8	222.96	
	A.12	墙、柱面装饰与隔断、幕墙工程					64530.41	
54	011201001001	外墙面抹灰	砖墙面水泥砂浆 12mm厚1∶3水泥砂浆打底 10mm厚1∶2.5水泥砂浆粉面	m²	349.37	25.54	8922.91	
55	011201001002	内墙面抹灰	砖墙面混合砂浆 15mm厚1∶1∶6混合砂浆打底 5mm厚1∶0.3∶3水泥砂浆粉面	m²	842.38	20.99	17681.56	
56	011201001003	女儿墙内侧抹灰	女儿墙内侧、顶面 1∶2水泥砂浆	m²	75.03	23.19	1739.95	
57	011203001001	雨篷粉刷		m²	7.8	102.67	800.83	
58	011204003001	卫生间200mm×300mm瓷砖墙面	墙体材料;标准砖、KP砖 底层厚度、砂浆配合比：12mm厚1∶3水泥砂浆打底 贴结层厚度、材料种类：6mm厚1∶0.1∶2.5混合砂浆结合 面层材料：200mm×300mm白色瓷砖	m²	134.96	262.19	35385.16	
	A.13	天棚工程					7650.15	
59	011301001001	天棚抹灰	基层类型：混凝土板底 刷素水泥浆一道 6mm厚1∶3水泥砂浆打底 6mm厚1∶2.5水泥砂浆粉面	m²	372.27	20.55	7650.15	
	A.15	其他装饰工程					5010.02	
60	011503001001	楼梯栏杆	不锈钢	m	9.97	502.51	5010.02	
		单价措施					77512.08	
			本页小计				86505.59	

表-08

续表

序号	项目编码	项目名称	项目特征描述	计量单位	工程量	金额/元		
						综合单价	合价	其中
								暂估价
61	011701001001	综合脚手架		m^2	432.43	17.99	7779.42	
62	011702001001	基础　模板-垫层		m^2	18.88	69.92	1320.09	
63	011702001002	基础　模板-条基		m^2	17.36	54.53	946.64	
64	011702001003	基础　模板-独基		m^2	48.24	60.57	2921.9	
65	011702002001	矩形柱模板		m^2	202.3	61.64	12469.77	
66	011702003001	构造柱　模板		m^2	107.4	74.29	7978.75	
67	011702014001	有梁板　模板		m^2	719.76	50.36	36247.11	
68	011702023001	雨篷、悬挑板、阳台板 模板		m^2	3.66	113.6	415.78	
69	011702024001	楼梯　模板		m^2	12.25	161.3	1975.93	
70	011702027001	台阶　模板		m^2	1.2	27.75	33.3	
71	011702025001	其他现浇构件　模板-压顶		m^2	87.46	62.01	5423.39	
本页小计							77512.08	
合　　计							608946.87	

表-08

综合单价分析表

工程名称：某学院车库　　　　标段：某学院车库　　　　第 2 页　共 71 页

项目编码		010101002001	项目名称		室内挖土方			计量单位	m³	工程量	7.96		
清单综合单价组成明细													
定额编号	定额项目名称	定额单位	数量	单价/元					合价/元				
				人工费	材料费	机械费	管理费	利润	人工费	材料费	机械费	管理费	利润
1-3	人工挖一般土方三类土	m³	1	19.25	0	0	4.81	2.31	19.25	0	0	4.81	2.31
1-92	单(双)轮车运土运距<50m	m³	1	14.63	0	0	3.66	1.76	14.63	0	0	3.66	1.76
综合人工工日				小计					33.88	0	0	8.47	4.07
三类工 77 元/工日				未计价材料费					0				
清单项目综合单价									46.42				
材料费明细	主要材料名称、规格、型号				单位	数量	单价/元	合价/元	暂估单价/元	暂估合价/元			

表-09

综合单价分析表

工程名称：某学院车库　　　　标段：某学院车库　　　　第 23 页　共 71 页

项目编码		010507001002	项目名称	现浇混凝土散水				计量单位	m²	工程量	26.04		
清单综合单价组成明细													
定额编号	定额项目名称	定额单位	数量	单价/元					合价/元				
				人工费	材料费	机械费	管理费	利润	人工费	材料费	机械费	管理费	利润
1-99	原土打底夯地面	10m²	0.1	7.7	0	1.09	2.2	1.05	0.77	0	0.11	0.22	0.11
13-12	垫层(C15 混凝土)分格	m³	0.0599	118.08	253.49	7.28	31.34	15.04	7.07	15.19	0.44	1.88	0.9
13-22	水泥砂浆楼地面厚 20mm 换为【水泥砂浆比例 1：2.5】	10m²	0.1	73.8	55.33	4.91	19.68	9.45	7.38	5.53	0.49	1.97	0.95
10-170	建筑油膏伸缩缝	10m	0.0115	45.1	53.1	0	11.28	5.41	0.52	0.61	0	0.13	0.06
综合人工工日		小计							15.74	21.33	1.04	4.2	2.01
二类工 82 元/工日；三类工 77 元/工日		未计价材料费							0				
清单项目综合单价									44.32				
材料费明细	主要材料名称、规格、型号					单位	数量		单价/元	合价/元	暂估单价/元	暂估合价/元	
	水					m³	0.0781		4.7	0.37			
	周转木材					m³	0.0004		1850	0.74			
	其他材料费								—	20.3	—	0	
	材料费小计								—	21.4	—	0	

表-09

综合单价分析表

工程名称：某学院车库　　标段：某学院车库　　第 34 页　共 71 页

项目编码	010801001002	项目名称	胶合板门(M3)	计量单位	樘	工程量	7

清单综合单价组成明细

定额编号	定额项目名称	定额单位	数量	单价/元					合价/元				
				人工费	材料费	机械费	管理费	利润	人工费	材料费	机械费	管理费	利润
16-198	胶合板门 2440mm×1220mm×3mm(无腰单扇)门扇断面 38mm×60mm 制作	$10m^2$	0.34	227.8	626.4	31.24	64.76	31.08	77.45	212.98	10.62	22.02	10.57
16-200	胶合板门(无腰单扇)门扇安装	$10m^2$	0.34	124.1	31.36	0	31.03	14.89	42.19	10.66	0	10.55	5.06
16-337	木门窗五金配件半截玻璃门、镶板门、胶合板门、企口板门无腰单扇	樘	1	0	40.71	0	0	0	0	40.71	0	0	0
16-312	执手锁安装	把	1	14.45	76.55	0	3.61	1.73	14.45	76.55	0	3.61	1.73
17-1	底油一遍、刮腻子、调和漆二遍单层木门	$10m^2$	0.32	182.75	84.03	0	45.69	21.93	58.48	26.89	0	14.62	7.02
综合人工工日		小计							192.58	367.79	10.62	50.8	24.38
一类工 85 元/工日		未计价材料费							0				
清单项目综合单价									646.17				

材料费明细	主要材料名称、规格、型号	单位	数量	单价/元	合价/元	暂估单价/元	暂估合价/元
	其他材料费	元	0.832	1	0.83	—	
	其他材料费			—	366.89	—	0
	材料费小计			—	367.72	—	0

表-09

综合单价分析表

工程名称：某学院车库　　　　标段：某学院车库　　　　第63页　共71页

<table>
<tr><td colspan="3">项目编码</td><td colspan="2">011702001002</td><td colspan="2">项目名称</td><td colspan="3">基础模板-条基</td><td>计量单位</td><td>m^2</td><td>工程量</td><td>17.36</td></tr>
<tr><td colspan="14">清单综合单价组成明细</td></tr>
<tr><td rowspan="2">定额编号</td><td rowspan="2">定额项目名称</td><td rowspan="2">定额单位</td><td rowspan="2">数量</td><td colspan="5">单价/元</td><td colspan="5">合价/元</td></tr>
<tr><td>人工费</td><td>材料费</td><td>机械费</td><td>管理费</td><td>利润</td><td>人工费</td><td>材料费</td><td>机械费</td><td>管理费</td><td>利润</td></tr>
<tr><td>21-4</td><td>现浇无梁式带形基础复合木模板</td><td>$10m^2$</td><td>0.1</td><td>217.3</td><td>233.41</td><td>10.39</td><td>84.24</td><td>27.32</td><td>21.73</td><td>23.34</td><td>1.04</td><td>8.42</td><td>2.73</td></tr>
<tr><td colspan="2">人工单价</td><td colspan="7">小计</td><td>21.73</td><td>23.34</td><td>1.04</td><td>8.42</td><td>2.73</td></tr>
<tr><td colspan="2">二类工82元/工日</td><td colspan="7">未计价材料费</td><td colspan="5">0</td></tr>
<tr><td colspan="9">清单项目综合单价</td><td colspan="5">57.26</td></tr>
<tr><td rowspan="7">材料费明细</td><td colspan="5">主要材料名称、规格、型号</td><td>单位</td><td colspan="2">数量</td><td>单价/元</td><td>合价/元</td><td>暂估单价/元</td><td colspan="2">暂估合价/元</td></tr>
<tr><td colspan="5">其他材料费</td><td>元</td><td colspan="2">0.5</td><td>1</td><td>0.5</td><td></td><td colspan="2"></td></tr>
<tr><td colspan="5">周转木材</td><td>m^3</td><td colspan="2">0.0066</td><td>1850</td><td>12.21</td><td></td><td colspan="2"></td></tr>
<tr><td colspan="5">复合木模板18mm</td><td>m^2</td><td colspan="2">0.22</td><td>38</td><td>8.36</td><td></td><td colspan="2"></td></tr>
<tr><td colspan="5">钢管支撑</td><td>kg</td><td colspan="2">0.149</td><td>4.19</td><td>0.62</td><td></td><td colspan="2"></td></tr>
<tr><td colspan="8">其他材料费</td><td>—</td><td>1.65</td><td>—</td><td colspan="2">0</td></tr>
<tr><td colspan="8">材料费小计</td><td>—</td><td>23.34</td><td>—</td><td colspan="2">0</td></tr>
</table>

表-09

总价措施项目清单与计价表

工程名称：某学院车库 标段：某学院车库 第1页 共2页

序号	项目编码	项目名称	计算基础	费率/%	金额/元	调整费率/%	调整后金额/元	备注
1	011707002001	夜间施工	分部分项合计＋技术措施项目合计－分部分项设备费－技术措施项目设备费	0				
2	011707003001	非夜间施工照明	分部分项合计＋技术措施项目合计－分部分项设备费－技术措施项目设备费	0				在计取非夜间施工照明费时，建筑工程、仿古工程、修缮土建部分仅地下室(地宫)部分可计取；单独装饰、安装工程、园林绿化工程、修缮安装部分仅特殊施工部位内施工项目可计取
3	011707004001	二次搬运	分部分项合计＋技术措施项目合计－分部分项设备费－技术措施项目设备费	0				
4	011707005001	冬雨季施工	分部分项合计＋技术措施项目合计－分部分项设备费－技术措施项目设备费	0				
5	011707006001	地上、地下设施、建筑物的临时保护设施	分部分项合计＋技术措施项目合计－分部分项设备费－技术措施项目设备费	0				
6	011707007001	已完工程及设备保护	分部分项合计＋技术措施项目合计－分部分项设备费－技术措施项目设备费	0				
7	011707009001	赶工措施	分部分项合计＋技术措施项目合计－分部分项设备费－技术措施项目设备费	0				
8	011707010001	按质论价	分部分项合计＋技术措施项目合计－分部分项设备费－技术措施项目设备费	0				

表-11

续表

序号	项目编码	项目名称	计算基础	费率/%	金额/元	调整费率/%	调整后金额/元	备注
9	011707011001	住宅分户验收	分部分项合计＋技术措施项目合计－分部分项设备费－技术措施项目设备费	0				在计取住宅分户验收时，大型土石方工程、桩基工程和地下室部分不计入计费基础
10	011707008001	临时设施	分部分项合计＋技术措施项目合计－分部分项设备费－技术措施项目设备费	1.5	9134.2			
11	011707001001	安全文明施工费			22531.04			
12	1.1	基本费	分部分项合计＋技术措施项目合计－分部分项设备费－技术措施项目设备费	3	18268.41			
13	1.2	省级标化增加费	分部分项合计＋技术措施项目合计－分部分项设备费－技术措施项目设备费	0.7	4262.63			
合　计					31665.24			

编制人（造价人员）：　　　　　　　　复核人（造价工程师）：

表-11

其他项目清单与计价汇总表

工程名称：某学院车库　　标段：某学院车库　　第1页　共1页

序号	项目名称	金额/元	结算金额/元	备注
1	暂列金额			明细详见表-12-1
2	暂估价			
2.1	材料(工程设备)暂估价			
2.2	专业工程暂估价			明细详见表-12-3
3	计日工			明细详见表-12-4
4	总承包服务费			明细详见表-12-5
5	索赔与现场签证			明细详见表-12-6
合计				—

表-12

规费、税金项目计价表

工程名称：某学院车库　　标段：某学院车库　　第1页　共1页

序号	项目名称	计算基础	计算基数/元	计算费率/%	金额/元
1	规费	工程排污费＋社会保险费＋住房公积金	23062.03		23062.03
1.1	工程排污费	分部分项工程＋措施项目＋其他项目－分部分项设备费－技术措施项目设备费	640612.11	0.1	640.61
1.2	社会保险费	分部分项工程＋措施项目＋其他项目－分部分项设备费－技术措施项目设备费	640612.11	3	19218.36
1.3	住房公积金	分部分项工程＋措施项目＋其他项目－分部分项设备费－技术措施项目设备费	640612.11	0.5	3203.06
2	税金	分部分项工程＋措施项目＋其他项目＋规费－甲供设备费	663674.14	3.48	23095.86
合计		46157.89			

编制人（造价人员）：　　复核人（造价工程师）：

表-13

复习思考题

1. 简述招标控制价的编制原则和依据。
2. 简述招标控制价的编制步骤。
3. 简述投标价工作的主要内容。
4. 简述常见投标价的策略。
5. 什么是综合单价？综合单价包括哪些内容？
6. 计算综合单价的依据有哪些？
7. 确定综合单价的方法有哪几种？
8. 措施项目费用如何计算？
9. 什么是合同价款的约定？

第六章　建筑工程设计概算的编制

本章主要内容：了解设计概算的基本内容，掌握单位工程设计概算的编制方法与步骤。

第一节　建筑工程设计概算概述

设计概算文件是根据初步设计和扩大初步设计、概算定额（或概算指标、预算定额）、费用定额指标等资料，计算建设工程的全部费用的文件。它是初步设计文件的重要组成部分。

根据国家有关规定，初步设计文件必须要有概算，且概算书应由设计单位负责编制。

一、设计概算的内容与作用

1. 设计概算的内容

初步设计概算包括了单位工程概算、单项工程综合概算、建设项目总概算、工程建设其他费用和概算编制说明等。单位工程概算包括建筑工程概算、安装工程概算和设备购置费与工器具购置费概算。

由若干个单位工程概算和其他工程费用文件汇总后，成为单项工程综合概算。由若干个单项工程概算可汇总成为总概算。综合概算和总概算，仅是一种归纳、汇总性文件，最基本的计算文件仍是单位工程概算书。

2. 设计概算的作用

设计概算一经批准，将作为国家或建设单位上级主管部门控制投资的最高限额。如果由于设计变更等原因，建设费用超过概算，必须重新审查批准。概算不仅为建设项目投资和贷款提供了依据，同时也是编制基本建设计划、签定承包合同、考核投资效果的重要依据。

二、设计概算编制的依据

① 经批准的建设项目的可行性研究报告。工程建设项目的可行性研究报告是由建设单位委托，工程咨询单位编制，经国家、地方发改委或建设行政主管部门批准，设计任务书和主管部门的有关规定，其内容随建设项目性质而异。一般包括：建设目的、建设规模、项目选址、建设内容、建设进度、建设投资、产品方案和原材料来源等。

② 经批准的投资估算文件。投资估算是设计概算的最高额度标准，设计概算不得突破投资估算，投资估算必须能控制设计概算。根据目前的实际做法，如果设计概算超过投资估算，则要原咨询单位对项目的投资估算重新编制、重新报批。

③ 经批准的初步设计和扩大的初步设计文件。其中包括初步设计的各工程图样、文字说明和设备清单，这些资料是用以了解本设计内容和要求，并根据以上资料计算工程的各工种工作量。

④ 现行的、地区的或行业的概算定额、费用定额和有关取费等资料。

⑤ 有关当地的各类规费及其他费用取费标准。

⑥ 设备价格的确定。对于各种类型的设备，按不同型号、规格等以市场现行产品出厂价格计算，同时，还应计算附加费用、包装费用、供销部门手续费、采购保管等费用。

⑦ 地区人工工资标准及材料预算价格。

⑧ 建设地区的自然经济状况。包括建设场地的地质资料和总平面图等。

三、设计概算编制原则

（1）坚持以调查研究为原则　在熟悉初步设计文件的基础上，概算编制人员要深入现场，进行调查研究，掌握该工程的第一手资料，特别是对工程中所采用的新结构、新材料、新技术以及一些非标准价格要搞清并落实，还应认真收集与工程相关的一些资料以及定额等。

（2）贯穿理论与联系实际的原则　根据设计说明、总平面图和全部工程项目一览表等资料，要对工程项目的内容、性质、建设单位的要求以及施工条件，进行一定的了解。概算定额或指标是固定的，但工程项目是各不相同的，如何将定额或指标灵活应用，是编制概算的一个重点，因此要求编制人员不仅要对图纸等资料熟悉，同时要掌握现场施工条件及施工要求，综合编制。

（3）抓住主要矛盾，突出重点，保证概算编制质量　在初步设计阶段，由于设计深度的制约，概算条件不是非常全面，为了保证编制质量，先要拟定出编制设计概算的大纲，明确编制工作中的主要内容、重点、编制步骤以及审查方法。要保证对关键项目和主要部分的编制精度，对次要的、不能提出条件的项目，做到漏项，利用经验估列费用的方法。

（4）概算造价要控制在投资估算范围内　在概算初步编制后，对概算要与投资估算进行对比分析，若概算超过估算，分析原因（设计原因、编制原因等），进行调整（优化设计、调整费用等）；若概算比估算低得过多，也要分析原因（设计是否达到要求、概算是否漏项等），若是，要进行调整。

第二节　建筑工程单位工程概算的编制

单位工程概算是确定某一单项工程中的某个单位工程建设费用的文件。

设计概算的特点是编制工作较为简单，在精度上没有施工图预算准确。

单位工程概算，包括建筑工程概算、设备购置费和安装工程概算三大类，单位建筑工程概算是一个独立工程中分专业工程计算费用的概算文件，它分为土建工程、装饰工程、总图道路工程；设备购置费及安装工程概算分电气设备及安装工程，给排水工程，通风、空调设备及安装工程，消防设备及安装工程等其他专业工程等，它是单项工程设计概算文件的组成部分。以下我们就单位建筑工程概算进行介绍。

单位建筑工程概算，一般有下列三种编制方法：一是利用概算定额进行编制；二是利用概算指标进行编制；三是利用类似工程预算进行编制。

根据概算定额进行编制的项目其初步设计必须具备一定的深度，当用概算定额编制的条件不具备，又要求必须在短时间内编出概算造价时，可以根据概算指标进行编制。当有类似工程预算文件时，可以根据类似工程预算进行编制。

1. 利用概算定额进行编制

利用概算定额编制单位建筑工程概算的方法，与利用预算定额编制单位建筑工程施工图预算的方法基本上相同。概算书所用表式与预算书表式亦基本相同。不同之处在于：概算项目划分子项较少，比预算项目粗略，是将施工图预算中的若干个项目合并为一项，而且，所对应的编制依据是概算定额，采用的是概算定额的工程量计算规则。

利用概算定额编制概算的具体步骤如下。

（1）列出单位工程中分项工程或扩大分项工程项目名称，并计算其工程量　按照概算定额分部分项顺序，列出各分项工程的名称。工程量计算应按概算定额中规定的工程量计算规则进行，并将所算得的各分项工程量按概算定额编号顺序，填入工程概算表内。

由于概算中的项目内容比施工图预算中的项目内容多，在计算工程量时，必须熟悉概算定额中每个项目所包括的工程内容，避免重算和漏算，以便计算出正确的概算工程量。

（2）确定各分部分项工程项目的概算定额单价　计算工程量完后，查概算定额的相应项目，逐项套用相应定额单价、人工和材料消耗指标。然后，分别将其填入工程概算表和工料分析表。当设计图中的分项工程项目名称、内容与采用的概算定额手册中相应的项目完全一致时，即可直接套用定额进行计算；如遇设计图中的分项工程项目名称，内容与采用的概算定额手册中相应的项目有某些不相符时，则按规定对定额进行换算后方可套用定额进行计算。

（3）计算各分部分项工程的直接费用和总直接费用　将已算出的各分部分项工程项目的工程量及在概算定额中已查出的相应定额单价和单位人工、材料消耗指标分别相乘，即可得出各分项工程的直接费和人工、材料消耗量，汇总各分项工程的直接费和人工、材料消耗量，即可得到该单位工程的直接费和工料的总消耗量，再汇总其他直接费即可得到该单位工程的总直接费。

如果规定有地区的人工费、材料价差调整指标，计算直接费时，还应按规定的调整系数进行调整计算。

（4）计算间接费用、利润和税金　根据总直接费、各项施工取费标准，分别计算间接费和利润、税金等费用。

(5) 计算单位工程概算造价 单位工程概算造价＝总直接费＋间接费＋计划利润＋税金

2. 利用概算指标编制设计概算

概算指标是一种用建筑面积、体积或万元为单元的，以建筑类型（住宅、商用、办公、学校、工厂等）为依据而编制的指标。由于概算指标是一种估算方法，它的数据来自于已建工程的预决算资料，对应性较差，其影响概算的精确度。

(1) 概算指标选用条件

① 在方案设计中，由于设计无详图而只有一个概念性的轮廓时，或图纸尚不完备而无法计算工程量时，可以选定一个与该工程相似类型的概算指标编制概算。

② 设计方案急需造价估算时，选择一个相似结构类型的概算指标来编制概算。

③ 图样设计间隔很久后才实施，概算造价不适用于当前情况而又急需准确确定工程造价的情形下，可按当前概算指标来修正原有概算造价。

④ 通用设计图设计可组织编制通用图设计概算指标，来确定造价。

(2) 概算指标编制方法 概算指标编制方法由直接套用概算指标编制概算和通过换算概算指标编制概算。

① 直接套用概算指标编制概算 如果拟建工程项目中，在设计结构上与概算指标中某已建建筑物相符，则可套用概算指标进行编制，此时以指标中所规定的土建工程每 $1m^2$ 的造价或人工、主要材料消耗量乘以设计工程项目的概算相对应的工程量，可得全部概算价值和主要材料消耗量。计算公式如下：

每 $1m^2$ 建筑面积人工费＝指标人工工日数×地区日工资标准

每 $1m^2$ 建筑面积主要材料费＝（主要材料数量×地区材料预算价格）

每 $1m^2$ 建筑面积直接费＝人工费＋主要材料费＋其他材料费＋施工机械费用

每 $1m^2$ 概算单价＝直接费＋间接费＋材料差价＋税金

设计工程概算价值＝设计工程建筑面积×$1m^2$ 建筑面积概算单价

同样，设计工程所需主要材料、人工数量＝设计工程建筑面积×$1m^2$ 主要材料、人工耗用量

② 通过换算概算指标编制概算 在实际工作中，随着社会的发展，人们生活水平的提高，建筑技术的不断发展，新结构、新技术、新材料的应用，设计也在不断地发展和提高，同时概算指标是一种经验积累，具有滞后性，不能反应新的工程。因此，在套用概算指标时，设计的内容不可能完全符合相对滞后的概算指标中所规定的结构特征。此时，就不能简单地按照类似的或最相近的概算指标换算，而必须根据其差别情况，对其中某一项或某几项不符合设计要求的内容，分别加以修正或换算。经换算后的概算指标，方可使用。其换算方法如下：

单位建筑面积造价换算概算指标＝原造价概算指标单价－换出结构构件单价＋换入结构构件单价

结构构件单价＝换出（或换入）结构构件工程量×换出（或换入）相应的概算定额单价

概算直接费＝单位建筑面积造价换算概算指标×建筑面积

3. 利用类似工程预算编制概算

利用类似工程概预算编制概算就是根据当地的具体情况，用与拟建工程相类似的在建或

建成的工程预（决）算类比的方法，快速、准确地编制概算。

由于类似法对条件有所要求，也就是可比性，对拟建工程项目在建筑面积、结构构造特征方面要与已建工程基本一致，如层数相同、面积相近、结构相似、工程地点相似等。

对于已建工程的预（决）算或在建工程的预算与拟建工程差异的部分进行调整。这些差异可分为两类：第一类是由于工程结构上的差异；第二类是人工、材料、机械使用费以及各种费率的差异。对于第一类差异可采取换算概算指标的方法进行换算，对于第二类差异可采用编制修正系数的方法予以解决。

在编制修正系数之前，应首先求出类似工程预算的人工、材料、机械使用费，其他直接费及综合费（指间接费与利润、税金之和）在预算造价中所占的权重（分别用 f_1、f_2、f_3、f_4、f_5表示），然后再求出这五种因素的修正系数（分别用 k_1、k_2、k_3、k_4、k_5表示），最后用下式求出预算造价总修正系数：

$$\text{预算造价总修正系数}=f_1k_1+f_2k_2+f_3k_3+f_4k_4+f_5k_5$$

k_1、k_2、k_3、k_4、k_5分别表示人工费、材料费、机械使用费、其他直接费和综合费修正系数。计算公式如下

$$k_1=\frac{\text{拟建工程所在地区的一级工资标准}}{\text{类似工程所在地区的一级工资标准}}$$

$$k_2=\frac{\sum\text{类似工程主要材料数量}\times\text{拟建工程所在地区材料预算价格}}{\sum\text{类似工程所在地区各主要材料费}}$$

$$k_3=\frac{\sum\text{类似工程主要机械台班量}\times\text{拟建工程所在地区机械台班费}}{\sum\text{类似工程主要机械台班费}}$$

$$k_4=\frac{\text{拟建工程所在地区其他直接费率}}{\text{类似工程所在地区其他直接费率}}$$

$$k_5=\frac{\text{拟建工程所在地区综合费率}}{\text{类似工程所在地区综合费率}}$$

【例 6-1】 某拟建住宅楼，建筑面积为 4000m^2，试用类似工程预算编制概算。类似工程的建筑面积为 3600m^2，预算造价 2520000 元，各种费用占预算造价的权重是：人工费 5%、材料费 54%、机械费 6%、其他直接费 3%、综合费 32%；根据上述公式计算出各种修正系数为 $k_1=1.03$、$k_2=1.07$、$k_3=0.995$、$k_4=1.02$、$k_5=0.97$。求拟建工程的概算造价。

预算造价总修正系数＝

$$5\%\times1.03+54\%\times1.07+6\%\times0.995+3\%\times1.02+32\%\times0.97=1.03$$

修正后的类似工程预算造价＝2520000 元×1.03＝2595600 元

修正后的类似工程预算单方造价＝2595600 元/3600m^2＝721 元/m^2

由此可得：

拟建办公楼概算造价＝721 元/m^2×4000m^2＝2884000 元

4. 建筑工程概算实例

以下是一个利用概算定额编制的建筑工程概算。

概算编制说明

（1）工程概况　本工程为某学校综合楼，框架六层，建筑面积为 10595m^2。编制时间 2002 年 7 月。

(2) 编制依据

本工程根据某学校要求编制综合楼工程初步设计概算(表 6-1)。

(3) 定额及费用编制依据

①《江苏省建筑工程概算定额》(1999)。

②《江苏省建筑工程综合预算定额》(2001)。

③ 江苏省建筑安装工程费用定额(2001)。

④ 苏建定(1998)73 号文关于印发《江苏省建设工程造价编制与审核暂行办法》的通知。

表 6-1 建筑工程概算表

项目名称:××学校

单项工程:综合楼土建工程

序号	编制依据	名称及规格型号	单位	数量	单价/元		总价/元	
					施工费/元		施工费/元	
					合计	工资	合计	工资
一		墙体工程						
	3-7	KP1 型多孔砖 1 砖墙	$10m^2$	576.60	461.26	97.46	265962.52	56195.44
	3-12	KM1 型多孔 1 砖墙	$10m^2$	523.60	599.83	138.16	314070.99	72340.58
	3-31	砖砌女儿墙	$10m^2$	25.00	963.35	268.18	24083.75	6704.50
	估价	防水涂料	$10m^2$	602.60	1000.00		602600.00	
	3-34	铝合金玻璃幕墙	$10m^2$	68.60	4429.36	320.54	303854.10	21989.04
二		楼地面、天棚工程			1019.80			
	5-22	普通水磨石面层	$10m^2$	989.20	1071.60	173.36	1060026.72	171487.71
	5-39	地砖面层	$10m^2$	30.60	2014.07	107.80	61630.54	3298.68
	5-52	现浇整体楼梯彩色水磨石面层	$10m^2$	39.70	3598.93	1120.68	142877.52	44491.00
	5-69	现浇钢筋混凝土雨棚	$10m^2$	9.70	1736.68	445.72	16845.80	4323.48
	5-78	铝合金条板天棚	$10m^2$	30.60	1909.92	76.12	58443.55	2329.27
	5-80	混凝土散水	$10m^2$	13.00	303.86	86.68	3950.18	1126.84
	5-85	混凝土台阶	$10m^2$	12.70	5812.69	359.92	73821.16	4570.98
三		屋盖工程						
	6-44	三元乙丙卷材	$10m^2$	168.00	385.56		64774.08	
	估价	2.5mm 厚欧文斯科宁屋面保温板	$10m^2$	168.00	700.00		117600.00	
	6-93	玻璃钢弯头落水口	10 只	2.00	163.66	42.46	327.32	84.92
	6-90	玻璃钢弯头落水管	10m	47.20	148.55	14.08	7011.56	664.58
四		门窗工程						
	7-1	单扇镶板门	$10m^2$	19.40	1142.58	195.14	22166.05	3785.72
	7-2	双扇镶板门	$10m^2$	7.60	962.39	173.14	7314.16	1315.86
	7-20	铝合金门	$10m^2$	4.80	2746.37	191.40	13182.58	918.72
	7-25	铝合金窗	$10m^2$	172.80	2149.30	166.54	371399.04	28778.11

续表

序号	编制依据	名称及规格型号	单位	数量	单价/元		总价/元	
					施工费/元		施工费/元	
					合计	工资	合计	工资
五		外墙面脚手架						
	10-2	外墙脚手架	$10m^2$	577.60	124.67	25.08	72009.39	14486.21
六	估价	电梯	部	3.00	240000		720000	
七		结构						
	1-29	平整场地	$1000m^2$	2.57	328.81	22.00	845.04	56.54
	1-31	填土	$1000m^3$	2.72	3094.71	1324.00	8417.61	3601.28
	1-23	运土	$1000m^3$	10.75	15550.83	11.88	167171.42	127.71
	1-18	挖土	$1000m^3$	13.47	3500.83	132.00	47156.18	1778.04
	4-14	圈梁 C20	$10m^3$	2.00	12422.98	1879.68	24845.96	3759.36
	4-3	构造柱 C20	$10m^3$	1.50	13428.76	3116.40	20143.14	4674.60
	2-20	设备基础	$10m^3$	1.00	6079.80	1376.54	6079.80	1376.54
	2-13	垫层 C10	$10m^3$	17.11	7647.73	1519.10	130852.66	25991.80
	2-13	地下室底板	$10m^3$	70.54	7647.73	1519.10	539470.87	107157.31
	3-26	地下室侧壁 C30	$10m^3$	102.40	2436.98	370.04	249546.75	37892.10
	8-61	水池侧板 C30	$10m^3$	2.98	11042.11	1353.44	32905.49	4033.25
	8-57	水池底板 C30	$10m^3$	2.02	5130.92	424.82	10364.46	858.14
	2-15	基础梁	$10m^3$	31.84	9049.16	1320.66	288125.25	42049.81
	2-11	桩承台 C25	$10m^3$	28.88	5128.23	1240.58	148103.28	35827.95
	2-28	钻孔灌注桩 C20	$10m^3$	65.52	9604.00	1442.32	629254.08	94500.81
	5-18	板 C30	$10m^2$	872.10	1391.33	186.34	1213378.89	162507.11
	4-14	梁 C30	$10m^3$	110.66	12422.98	1879.68	1374726.97	208005.39
	4-15	梁 C30	$10m^3$	19.73	14136.77	2654.08	278918.47	52365.00
	4-3	柱 C30	$10m^3$	3.76	13428.76	3116.40	50492.14	11717.66
	4-4	柱 C30	$10m^3$	14.11	12947.26	1728.76	182685.84	24392.80
	4-5	柱 C30	$10m^3$	28.79	12566.23	1990.12	361781.76	57295.55
		小计					9369217.08	1318860.40
		电梯估价小计					720000.00	
	1	定额直接费					9369217.08	1318860.40
	2	人工费调整					239792.80	
	3	综合间接费	(1)×17.7%				1658351.42	
	4	劳动保险费	(1)×3.7%				346661.03	
	5	现场安全文明施工费	(1)×0.6%				56215.30	
	6	其他费用	包干费(1)×1%				93692.17	
	7	税金	(1+2+3+4+5+6)×3.44%				403087.66	
	8	工程造价	(1+2+3+4+5+6+7)				12168608.99	

编制：　　　　校对：　　　　审核：

第三节 单项工程综合概算及总概算的编制

一、单项工程综合概算书的编制

单项工程综合概算书由各专业的单位工程概算书汇总组成，是确定单项工程建设费用的综合性文件，其内容一般包括综合概算汇总表、编制说明、单位工程概算表和主要建筑材料表。

1. 综合概算编制说明

编制说明列在综合概算表，其内容一般包括：

① 编制依据：说明设计文件、定额、材料及费用计算的依据。

② 编制方法：说明概算编制是利用概算指标还是概算定额或别的方法编制的。

③ 主要材料和设备的价格依据和选用原则：说明主要机械、电气设备和主要建筑材料（木材、水泥、钢材等）。

④ 其他有关问题。

2. 单项工程综合概算表

（1）综合概算表的项目组成

① 民用建筑概算一般包括：建筑工程、暖通工程、电气照明工程、给水排水工程。

② 工业建筑概算一般包括：建筑工程、给水排水工程、暖通工程、电气照明工程、构筑物工程、工艺管道工程、机械设备及安装工程、电气设备及安装工程、通风空调设备及安装工程、消防设备及安装工程、自控仪表设备及安装工程等。

（2）综合概算的费用组成 建筑工程费、安装工程费用、设备购置费及工器具和家具购置费用。

当建设项目只有一个单项工程时，可不编制总概算，此时单项综合概算中还应有工程建设其他费用和预备费。

3. 综合概算表的格式

综合概算表的表达格式如表6-2所示。

表 6-2 综合概算表

序号	主项号	工程或费用名称	概算价值/万元				价值人民币/万元	技术指标/%
			设备购置费	安装工程费	建筑工程费	其他基建费		
		××学校						
		第一部分 工程费用						
1		土建工程	72.00		1233.19		1305.19	91.01
1.1		综合楼	72.00		1212.08		1284.08	
1.2		门卫			21.11		21.11	
2		电气设备及安装	19.35	45.50			64.85	4.52
3		给排水设备及安装	6.15	55.63	2.24		64.02	4.46

续表

序号	主项号	工程或费用名称	概算价值/万元				价值人民币/万元	技术指标/%
			设备购置费	安装工程费	建筑工程费	其他基建费		
3.1		给排水系统	1.21	10.21	2.24		13.65	
3.2		消火栓系统	4.95	45.42			50.36	
		小计	97.50	101.13	1235.42		1434.05	100.00
		第一部分工程费用小计	97.50	101.13	1235.42		1434.05	
1		工器具及生产家具购置费	1.43				1.43	
		第一部分工程费用合计	98.93	101.13	1235.42		1435.48	

编制：　　　　校对：　　　　审核：

二、总概算书的编制

总概算书是确定整个建设项目的全部建设费用的总文件，它是根据各个单项工程综合概算及工程建设其他费用和预备费汇总编制而成的。

总概算书一般主要包括编制说明和总概算表，有的列出单项工程综合概算表、单位工程概算表等。

1. 编制说明

① 工程概况　说明建设项目的建设规模、建设范围、建设地点、建设条件以及期限、产量、生产品种及厂外工程的主要情况等。

② 编制依据　说明设计任务书、设计文件等；编制时采用的概算定额、概算指标、材料概算价格及各种费用标准等编制依据。

③ 编制方法　说明概算编制采用的是概算定额还是概算指标或其他方法。

④ 投资分析　主要分析各项投资的比例，以及与类似工程比较、分析投资高低的原因，说明该设计是否经济合理。

⑤ 主要材料和设备数量　说明建设工程主要材料（木料、钢材、水泥）的数量和主要机械、电气设备的价格依据。

⑥ 其他有关问题。

2. 总概算表

总概算表主要由工程费项目、工程建设其他费项目、预备费项目、建设期贷款利息项目、铺底流动资金项目组成。

① 工程费用　是将各单项工程的建筑工程费、安装工程费、设备购置费进行对应汇总。

② 工程建设其他费用　根据工程性质和工程实际需要计列，其标准执行各和行业或地方概算其他费用编制规定。

③ 预备费。

④ 建设期贷款利息。

⑤ 铺底流动资金。

三、总概算书表格式

总概算书表的表达格式，如表 6-3 所示。

表 6-3 总概算书表

序号	主项号	工程或费用名称	概算价值/万元				价值人民币/万元	技术指标/%
			设备购置费	安装工程费	建筑工程费	其他基建费		
		××学校						
		第一部分工程费用						
1		土建工程	72.00		1233.19		1305.19	91.01
1.1		综合楼	72.00		1212.08		1284.08	
1.2		门卫			21.11		21.11	
2		电气设备及安装	19.35	45.50			64.85	4.52
3		给排水设备及安装	6.15	55.63	2.24		64.02	4.46
3.1		给排水系统	1.21	10.21	2.24		13.65	
3.2		消火栓系统	4.95	45.42			50.36	
		小计	97.50	101.13	1235.42		1434.05	100.00
		第一部分工程费用小计	97.50	101.13	1235.42		1434.05	87.45
1		工器具及生产家具购置费	1.43				1.43	0.09
		第一部分工程费用合计	98.93	101.13	1235.42		1435.48	87.54
		第二部分其他工程费用						
1		建设单位管理费				61.73	61.73	3.76
2		临时设施费				13.37	13.37	0.82
3		勘察、设计费				50.24	50.24	3.06
4		施工机构迁移费				0.97	0.97	0.06
		小计				126.31	126.31	7.70
		第三部分预备费						
1		基本预备费				78.09	78.09	4.76
		小计				78.09	78.09	4.76
		第四部分						
1		建设期贷款利息				0		
2		铺底流动资金				0		
		总概算价值	98.93	101.13	1235.42	204.40	1639.88	100.00

编制：　　　　校对：　　　　审核：

复习思考题

1. 设计概算的作用是什么？

2. 设计概算编制的依据有哪些？

3. 单位工程概算有几种编制方法，各适用于什么条件？

4. 什么是单项工程综合预算？包括哪些内容？

5. 什么是建设项目总概算？包括哪些内容？

6. 某拟建教学楼，建筑面积为3000m^2，试用类似工程预算编制概算。类似工程的建筑面积为2500m^2，预算造价2000000元，各种费用占预算造价的权重是：人工费5.5%、材料费54.2%、机械费5.8%、其他直接费2.9%、综合费31.6%；根据上述公式计算出各种修正系数为$k_1=1.02$、$k_2=1.05$、$k_3=0.992$、$k_4=1.03$、$k_5=0.96$。求拟建工程的概算造价。

第七章 建筑工程结算及竣工决算的编制

本章主要内容：了解工程价款结算的方式及要求，熟悉工程预付备料款的支付与扣还、工程价款的中间结算以及工程竣工结算编制的基本要求和审核要点。了解竣工决算的概念，熟悉其基本内容和编制要求。

第一节 建筑工程结算

一、概述

工程结算是指发承包双方根据合同约定确定，对合同过程在实施中、终止时、已完工后的合同价款计算、调整和确认。包括期中结算、终止结算、竣工结算。

根据《建设工程工程量清单计价规范》(GB 50500—2013）规定对工程结算、竣工结算从定义、编制与审核、表格要求进行相应规定，因此，在工程结算过程中，严格执行规范规定。

二、工程结算的必要性

施工企业在建筑安装工程施工过程中消耗的生产资料及支付给工人的报酬，必要通过备料款和工程款的形式，分期向建设单位结算以得到补偿。这是因为建筑安装工程生产周期长，如果待工程全部竣工再结算，必然使施工企业资金产生困难。同时，由于建筑安装工程投资数额巨大，施工企业长期以来没有足够的流动资金，施工过程所需周转资金要通过向建筑单位收取预付款和结算工程款，予以补充和补偿。

1. 工程结算的重要意义

工程价款结算是工程项目承包中的一项十分重要的工作，主要表现在：

① 工程价款结算是反映工程进度的主要指标　在施工过程中，工程价款结算的依据之一就是按照已完成的工程量进行结算，也就是说，承包商完成的工程量越多，所应结算的工程价款就应越多，所以，根据累计已结算的工程价款占合同总价款的比例，能够近似地反映出工程的进度情况，有利于准确掌握工程进度。

② 工程价款结算是加速资金周转的重要环节　承包商能够尽快尽早地结算回工程价款，有利于偿还债务，也有利于资金的回笼，降低内部运营成本。通过加速资金周转，提高资金使用的有效性。

③ 工程价款结算是考核经济效益的重要指标　对于承包商来说，只有工程价款如数地结算，才意味着完成了“惊险一跳”，避免了经营风险，承包商也才能够获得相应的利润，进而达到良好的经济效益。

2. 工程结算的主要方式

我国现行工程价款结算根据不同情况，可采取多种方式。

① 按月结算　实行旬末或月中预支，月终结算，竣工后清算的方法。跨年度竣工的工程，在年终进行工程盘点，办理年度结算。我国现行建筑安装工程价款结算中，相当一部分是实行这种按月结算。

② 竣工后一次结算　建筑项目或单项工程全部建筑安装工程建设期在12个月以内，或者工程承包合同价值在100万元以下的，可以实行工程价款每月月中预支，竣工后一次结算。

③ 分段结算　即当年开工，当年不能竣工的单项工程或单位工程按照工程形象进度，划分不同阶段进行结算。分段结算可以按月预支工程款。分段的划分标准，由各部门、自治区、直辖市、计划单列市规定。

对于以上三种主要结算方式的收支确定，国家财政部在1999年1月1日起实行的《企业会计准则——建造合同》讲解中作了如下规定。

a. 实行旬末或月中预支、月中结算、竣工后清算办法的工程合同，应分期确认合同价款收入的实现，即：各月份终了，与发包单位进行已完工程价款结算时，确认为承包合同已完工部分的工程收入实现，本期收入额为月终结算的已完工程价款金额。

b. 实行合同完成后一次结算工程价款的工程合同，应于合同完成，施工企业与发包单位进行工程合同价款结算时，确认为收入实现，实现的收入额为承发包双方结算的合同价款总额。

c. 实行按工程形象进度划分不同阶段，分段结算工程价款办法的工程合同，应按合同规定的形象进度分次确认已完阶段工程收益实现。即：应于完成合同规定的工程形象进度或工程阶段，与发包单位进行工程价款结算时，确认为工程收入的实现。

④ 目标结款方式　即在工程合同中，将承包工程的内容分解成不同的控制界面，以业主验收控制界面作为支付工程价款的前提条件。也就是说，将合同中的工程内容分解成不同的验收单元，当承包商完成单元工程内容并经业主（或其委托人）验收后，业主支付构成单元工程内容的工程价款。

目标结款方式下，承包商要想获得工程价款，必须按照合同约定的质量标准完成界面内的工程内容；要想尽早获得工程价款，承包商必须充分发挥自己组织实施的能力，在保证质量前提下，加快施工进度。这意味着承包商拖延工期时，则业主推迟付款，增加承包商的财务费用、运营成本，降低承包商的收益，客观上使承包商因延迟工期而遭受损失。同样，当承包商积极组织施工，提前完成控制界面内的工程内容，则承包商可提前获得工程价款，增加承包收益，客观上承包商因提前工期而增加了有效利润。同时，因承包商在界面内质量达不到合同规定的标准而业主不预验收，承包商也会因此而遭受损失。可见，目标结款方式实质上是运用合同手段，财务手段对工程的完成进行主动控制。

目标结款方式中，对控制界面的设定应明确描述，便于量化和质量控制，同时要适应项目资金的供应周期和支付频率。

⑤ 结算双方约定的其他结算方式。

三、预付备料款的支付和扣还

1. 预付款概念

预付款（advance payment）是指在开工前，发包人按照合同约定，预先支付给承包人用于购买合同工程施工所需的材料、工程设备，以及组织施工机械和人员进场等的款项。

承包人应将预付款专用于合同工程。

2. 预付款付款条件

承包人应在签订合同或向发包人提供与预付款等额的预付款保函后向发包人提交预付款支付申请。

发包人应对在收到支付申请的 7 天内进行核实，向承包人发出预付款支付证书，并在签发支付证书后的 7 天内向承包人支付预付款。

发包人没有按合同约定时间支付预付款的，承包人可催告发包人支付；发包人在付款期满后的 7 天内仍未支付的，承包人可在付款期满后的第 8 天起暂停施工。发包人应承担由此增加的费用和延误的工期，并向承包人支付合理利润。

承包人的预付款保函的担保金额根据预付款扣回的数额相应递减，但在预付款全部扣回之前一直保持有效。发包人应在预付款扣完后的 14 天内将预付款保函退还给承包人。

3. 预付备料款的限额

预付备料款的限额由下列主要因素决定：主要材料（包括外购构件）占工程造价的比重；材料储备期；施工工期。

对于施工企业常年应备的备料款限额，可按下列计算；

$$\text{备料款限额}=\frac{\text{年度承包工程总额}\times\text{主要材料所占比重}}{\text{年度施工日历天数}}\times\text{材料储备天数} \tag{7-1}$$

预付款的支付比例不宜低于签约合同价款（扣除暂列金额）的 10%，不宜高于签约合同价款（扣除暂列金额）的 30%。计价执行《建设工程工程量清单计价规范》(GB 50500—2013）的工程，实体性消耗和非实体性消耗部分应在合同中分别约定预付款比例。

在实际工作中，备料款的数额，要根据各工程类型、合同工期、承包方式和供应体制等不同条件而定。例如，工业项目中钢结构和管道安装占比重较大的工程，其主要材料所占比重比一般安装工程要高，因而备料款数额也要相应提高；工期短的工程比工期长的要高，材料由施工单位自购的比由建设单位供应主要材料的要高。

对于只包定额工日（不包材料定额，一切材料由建设单位供给）的工程项目，则可以不预付款。

4. 预付款的扣回

预付款应从每支付期应支付给承包人的工程进度款中扣回，直到扣回的金额达到合同约定的预付款金额为止。

扣款的方式如下所述。

（1）按公式计算起扣点和最低扣额（理论计算法） 可以从未施工工程尚需的主要材料及构件的价值相当于备料款数额时起扣，从每次结算工程价款中，按材料比重扣抵工程价款，竣工前全部扣清。

其基本表达公式是：

$$T=P-\frac{M}{N} \tag{7-2}$$

式中 T——起扣点，即预付备料款开始扣回时的累计完成工作量的金额；

M——预付备料款限额；

N——主要材料所占比重；

P——承包工程价款总额。

（2）根据合同，协商确定扣还备料款 扣款的方法也可以由双方在合同中协商确定，在承包方完成金额累计达到合同总价的一定比例后，由承包方开始向发包方还款。发包方从每次应付给承包方的金额中扣回工程预付款，发包方至少在合同规定的完工期前将工程预付款的总计金额逐次扣回。

在实际经济活动中，情况比较复杂，有些工程工期较短，就无需分期扣回。有些工程工期较长，如跨年度施工，预付备料款可以不扣或少扣，并于次年按应预付备料款调整，多退少补。具体地说，跨年度工程，预计次年承包工程价值大于或相当于承包工程价值时，可以不扣回当年的预付备料款，如小于当年承包工程价值时，应按实际承包工程价值进行调整，在当年扣回部分预付备料款，并将未扣回部分，转入次年，直到竣工年度，再按上述办法扣回。

四、工程进度款结算与支付

工程进度款结算的原则是完成多少工程付多少款。中间付款称为工程进度款，其性质是按进度临时付款。

1. 工程进度款结算方式

（1）按月结算与支付 即实行按月支付进度款，竣工后清算的办法。合同工期在两个年度以上的工程，在年终进行工程盘点，办理年度结算。

（2）分段结算与支付 即当年开工、当年不能竣工的工程按照工程形象进度，划分不同阶段支付工程进度款。具体划分在合同中明确。

2. 工程计量

工程计量是指发承包双方根据合同约定确定，对承包人完成合同工程的数量进行的计算和确认。

工程量必须按照相关工程现行国家计量规范规定的工程量计算规则计算。

工程计量可选择按月或按工程形象进度分段计量，具体计量周期在合同中约定。

因承包人原因造成的超出合同工程范围施工或返工的工程量，发包人不予计量。

工程计量需要按照合同类型根据规范进行计量。

3. 工程进度款支付

进度款（Interim payment）是指在合同工程施工过程中，发包人按照合同约定，对付款周期内承包人完成的合同价款给予支付的款项，也是合同价款期中结算支付。

（1）发承包双方应按照合同约定的时间、程序和方法，根据工程计量结果，办理期中价款结算、支付进度款。

（2）进度款支付周期，应与合同约定的工程计量周期一致。

（3）已标价工程量清单中的单价项目，承包人应按工程计量确认的工程量与综合单价计算；综合单价发生调整的，以发承包双方确认调整的综合单价计算进度表。

（4）已标价工程量清单中的总价项目和按照本规范第 8.3.2 条规定形成的总价合同，承包人应按合同约定的进度款支付分解；分别列入进度款支付申请中的安全文明施工费和本周期应支付的总价项目的金额中。

（5）发包人提供的甲供材料金额，应按照发包人签约提供的单价和数量从进度款支付中扣除，列入本周期应扣减的金额中。

（6）承包人现场签证和得到发包人确认的索赔金额应列入本周期应增加的金额。

（7）进度款的支付比例按照合同约定，按期中结算价款总额计，不低于 60%，不高于 90%。

（8）承包人应在每个计量周期到期后的 7 天内向发包人提交已完工程进度款支付申请一式四份，详细说明此周期认为有权得到的款额，包括分包人已完工程的价款。支付申请应包括以下内容。

① 累计已完成的合同价款。

② 累计已实际支付的合同价款。

③ 本周期合计完成的合同价款。

a. 本周期已完成单价项目的金额；b. 本周期应支付的总价项目的金额；c. 本周期已完成计日工价款；d. 本周期应支付的安全文明施工费；e. 本周期应增加的金额。

④ 本周期合计应扣减的金额。

a. 本周期应扣回的预付款；b. 本周期应扣减的金额。

⑤ 本周期间实际应支付的工程价款。

（9）发包人应在收到承包人进度款支付申请后的 14 天内，根据计量结果和合同约定对申请内容予以核实，确认后向承包人出具进度款支付证书。若发承包双方对部分清单项目的计量结果出现争议，发包人应对无争议部分的工程计量结果向承包人出具进度款支付证书。

（10）发包人应在签发进度款支付证书后的 14 天内，按照支付证书列明的金额向承包人支付进度款。

（11）若发包人逾期未签发进度款支付证书，则视为承包人提交的进度款支付申请已被发包人认可，承包人可向发包人发出催告付款的通知。发包人应在收到通知后的 14 天内，按照承包人支付申请的金额向承包人支付进度款。

（12）发包人未按照规范相应条款规定支付进度款的，承包人可催告发包人支付，并有权获得延迟支付的利息；发包人在付款期满后的 7 天内仍未支付的，承包人可在付款期满后的第 8 天起暂停施工。发包人应承担由此增加的费用和延误的工期，向承包人支付合理利润，并承担违约责任。

（13）发现已签发的任何支付证书有错、漏或重复的数额，发包人有权予以修正，承包人也有权提出修正申请。经发承包双方复核同意修正的，应在本次到期的进度款中支付或扣除。

五、质量保证金的预留

（1）发包人应按照合同约定的质量保证金比例从结算款中预留质量保证金。

（2）承包人未按照合同约定履行属于自身责任的工程缺陷修复义务的，发包人有权从质量保证金中扣除用于缺陷修复的各项支出。经查验，工程缺陷属于发包人原因造成的，应由发包人承担查验和缺陷修复的费用。

（3）在合同约定的缺陷责任期终止后，发包人应按照规范的规定，将剩余的质量保证金返还给承包人。

① 缺陷责任期终止后，承包人应按照合同约定向发包人提交最终结清支付申请。发包人对最终结清支付申请有异议的，有权要求承包人进行修正和提供补充资料。承包人修正后，应再次向发包人提交修正后的最终结清支付申请。

② 发包人应在收到最终结清支付申请后的14天内予以核实，并应向承包人签发最终结清支付证书。

③ 发包人应在签发最终结清支付证书后的14天内，按照最终结清支付证书列明的金额向承包人支付最终结清款。

④ 发包人未在约定的时间内核实，又未提出具体意见的，应视为承包人提交的最终结清支付申请已被发包人认可。

⑤ 发包人未按期最终结清支付的，承包人可催告发包人支付，并有权获得延迟支付的利息。

⑥ 最终结清时，承包人被预留的质量保证金不足以抵减发包人工程缺陷修复费用的，承包人应承担不足部分的补偿责任。

⑦ 承包人对发包人支付的最终结清款有异议的，应按照合同约定的争议解决方式处理。

六、工程竣工结算及其审查

1. 工程竣工结算的含义及要求

竣工结算价是指发承包双方依据国家有关法律、法规和标准规定，按照合同约定确定的，包括在履行合同过程中按合同约定进行的合同价款调整，是承包人按合同约定完成了全部承包工作后，发包人应付给承包人的合同总金额。

（1）工程完工后，发承包双方必须在合同约定时间内办理工程竣工结算。

（2）工程竣工结算应由承包人或受其委托具有相应资质的工程造价咨询人编制，并应由发包人或受其委托具有相应资质的工程造价咨询人核对。

（3）当发承包双方或一方对工程造价咨询人出具的竣工结算文件有异议时，可向工程造价管理机构申诉，申请对其进行执业质量鉴定。

（4）竣工结算办理完毕，发包人应将竣工结算文件报送工程所在地或有该工程管辖权的行业管理部门的工程造价管理机构备案，竣工结算文件应作为工程竣工验收备案、交付使用的必备文件。

在实际工作中，当年开工、当年竣工的工程，只需办理一次性结算。跨年度的工程，在年终办理一次年终结算，将未完工程结转到下一年度，此时竣工结算等于各年度结算的总和。

办理工程价款竣工结算的一般公式为：

竣工结算工程价款＝预算(或概算)或合同价款＋施工过程中预算或合同价款调整数额－预付及已结算工程价款－保修金 (7-3)

2. 工程竣工结算方式

工程竣工结算分为单位工程竣工结算、单项工程竣工结算和建设项目竣工总结算。

3. 工程竣工结算编审

(1) 单位工程竣工结算由承包人编制，发包人审查；实行总承包的工程，由具体承包人编制，在总包人审查的基础上，发包人审查。

(2) 单项工程竣工结算或建设项目竣工总结算由总（承）包人编制，发包人可直接进行审查，也可以委托具有相应资质的工程造价咨询机构进行审查。政府投资项目，由同级财政部门审查。单项工程竣工结算或建设项目竣工总结算经发、承包人签字盖章后有效。

(3) 工程竣工结算编制

① 工程竣工结算应根据下列依据编制：本规范；工程合同；发承包双方实施过程中已确认的工程量及其结算的合同价款；发承包双方实施过程中已确认调整后追加（减）的合同价款；建设工程设计文件及相关资料；投标文件；其他依据。

② 分部分项工程和措施项目中的单价项目应依据发承包双方确认的工程量与已标价工程量清单的综合单价计算；发生调整的，应以发承包双方确认调整的综合单价计算。

③ 措施项目中的总价项目应依据已标价工程量清单的项目和金额计算；发生调整的，应以发承包双方确认调整的金额计算，其中安全文明施工费应按规范相关条款的规定计算。

④ 其他项目应按下列规定计价。

a. 计日工应按发包人实际签证确认的事项计算；

b. 暂估价应按规范相关条款的规定计算；

c. 总承包服务费应依据已标价工程量清单金额计算，发生调整的应以发承包双方确认调整的金额计算；

d. 索赔费用应依据发承包双方确认的索赔事项和金额计算；

e. 现场签证费用应依据发承包双方签证资料确认的金额计算；

f. 暂列金额应减去合同价款调整（包括索赔、现场签证）金额计算，如有余额归发包人。

⑤ 规费和税金应按规范相关条款的规定计算。规费中的工程排污费应按工程所在地环境保护部门规定的标准缴纳后按实列入。

⑥ 发承包双方在合同工程实施过程中已经确认的工程计量结果和合同价款，在竣工结算办理中应直接进入结算。

(4) 承包人应在合同约定期限内完成项目竣工结算编制工作，未在规定期限内完成的并且提不出正当理由延期的，责任自负。

(5) 工程竣工结算审查是竣工结算阶段的一项重要的工作。经审查核定的工程竣工结算是核定建设工程造价的依据，也是建设项目验收后编制竣工决算和核定新增固定资产价值的依据。因此，建议单位、监理公司以及审计部门等，都十分关注竣工结算的审核把关。一般从以下几方面入手。

① 核对合同条款 首先，应该对竣工工程内容是否符合合同条件要求，工程是否竣工验收合格，只有按合同要求完成全部工程并验收合格才能列入竣工结算。其次，应按合同约定的结算方法、计价定额、取费标准、主材价格和优惠条款等，对工程竣工结算进行审核，若发现合同开口或有漏洞，应建议建设单位认真研究，明确结算要求。

② 检查隐蔽验收记录 所有隐蔽工程均需进行验收，由两人以上签证；实行工程监理的项目应经监理工程师签证确认。审核竣工结算时应该对隐蔽工程施工记录和验收签证，手续完整，工程量与竣工图一致方可列入结算。

③ 落实设计变更签证 设计修改变更应由原设计单位出具设计变更通知单和修改图纸，设计、审核人员签字并加盖公章，经建设单位和监理工程师审查同意、签证；重大设计变更应经原审批部门审批，否则不应列入结算。

④ 按图核实工程数量 竣工结算的工程量应依据竣工图、设计变更单和现场签证等进行核算，并按国家统一规定的计算规则计算工程量。

⑤ 认真核实单价 结算单价应按现行的计价原则和计价方法确定，不得违背。

⑥ 注意各项费用计取 建筑安装工程的取费标准应按合同要求或项目建设期间与计价定额配套使用的建筑安装费用定额及有关规定执行，先审核各项费率、价格指数或换算系数是否正确，价差调整计算是否符合要求，再核实特殊费用和计算程序。要注意各项费用的计取基数，如安装工程间接费是以人工费为基数。

⑦ 防止各种计算误差 工程竣工结算子目多、篇幅大，往往有计算误差，应认真核算，防止因计算误差造成多计或少算。

发包人收到承包人递交的竣工结算报告及完整的结算资料后，应按本有关规定的期限（合同约定有期限的，从其约定）进行核实，给予确认或者提出修改意见。发包人根据确认的竣工结算报告向承包人支付工程竣工结算价款，保留5%左右的质量保证（保修）金，待工程交付使用一年质保期到期后清算（合同另有约定的，从其约定），质保期内如有返修，发生费用应在质量保证（保修）金内扣除。

4. 工程竣工结算审查时间规定

(1) 合同工程完工后，承包人应在经发承包双方确认的合同工程期中价款结算的基础上汇总编制完成竣工结算文件，应在提交竣工验收申请的同时向发包人提交竣工结算文件。

承包人未在合同约定的时间内提交竣工结算文件，经发包人催告后14天内仍未提交或没有明确答复的，发包人有权根据已有资料编制竣工结算文件，作为办理竣工结算和支付结算款的依据，承包人应予以认可。

(2) 发包人应在收到承包人提交的竣工结算文件后的28天内核对。发包人经核实，认为承包人还应进一步补充资料和修改结算文件，应在上述时限内向承包人提出核实意见，承包人在收到核实意见后的28天内应按照发包人提出的合理要求补充资料，修改竣工结算文件，并应再次提交给发包人复核后批准。

(3) 发包人应在收到承包人再次提交的竣工结算文件后的28天内予以复核，将复核结果通知承包人，并应遵守下列规定。

① 发包人、承包人对复核结果无异议的，应在7天内在竣工结算文件上签字确认，竣工结算办理完毕。

② 发包人或承包人对复核结果认为有误的，无异议部分按照本条第1款规定办理不完全竣工结算；有异议部分由发承包双方协商解决；协商不成的，应按照合同约定的争议解决方式处理。

(4) 发包人在收到承包人竣工结算文件后的28天内，不核对竣工结算或未提出核对意见的，应视为承包人提交的竣工结算文件已被发包人认可，竣工结算办理完毕。

(5) 承包人在收到发包人提出的核实意见后的28天内，不确认也未提出异议的，应视为发包人提出的核实意见已被承包人认可，竣工结算办理完毕。

(6) 发包人委托工程造价咨询人核对竣工结算的，工程造价咨询人应在28天内核对完毕，核对结论与承包人竣工结算文件不一致的，应提交给承包人复核；承包人应在14天内将同意核对结论或不同意见的说明提交工程造价咨询人。承包人逾期未提出书面异议的，应视为工程造价咨询人核对的竣工结算文件已经承包人认可。

(7) 对发包人或发包人委托的工程造价咨询人指派的专业人员与承包人指派的专业人员经核对后无异议并签名确认的竣工结算文件，除非发承包人能提出具体、详细的不同意见，发承包人都应在竣工结算文件上签名确认，如其中一方拒不签认的，按下列规定办理。

① 若发包人拒不签认的，承包人可不提供竣工验收备案资料，并有权拒绝与发包人或其上级部门委托的工程造价咨询人重新核对竣工结算文件。

② 若承包人拒不签认的，发包人要求办理竣工验收备案的，承包人不得拒绝提供竣工验收资料，否则，由此造成的损失，由承包人承担相应责任。

(8) 合同工程竣工结算核对完成，发承包双方签字确认后，发包人不得要求承包人与另一个或多个工程造价咨询人重复核对竣工结算。

(9) 发包人对工程质量有异议，拒绝办理工程竣工结算的，已竣工验收或已竣工未验收但实际投入使用的工程，其质量争议应按该工程保修合同执行，竣工结算应按合同约定办理；已竣工未验收且未实际投入使用的工程以及停工、停建工程的质量争议，双方应就有争议的部分委托有资质的检测鉴定机构进行检测，并应根据检测结果确定解决方案，或按工程质量监督机构的处理决定执行后办理竣工结算，无争议部分的竣工结算应按合同约定办理。

【例7-1】 某工程的合同价款为300万元，施工合同规定预付备料为合同款的25%。主要材料和结构件费用为合同价款的62.5%，尾款5%。每月实际完成计量工程款和追加合同价款总额如表7-1所示。

表7-1 某工程逐月完成计量工程款和追加合同价款总额 单位：万元

月份	1月	2月	3月	4月	5月	6月	追加合同价款总额
完成计量工程款	20	50	70	75	60	25	30

求预付备料款、每月结算工程款、竣工结算工程款各为多少（为计算方便，追加合同价款列入竣工结算时处理）？

解 (1) 预付备料款＝300×25%＝75(万元)

根据公式计算预付备料款的起扣点如下：

$$起扣点=300-\frac{75}{62.5\%}=180(万元)$$

即：当累计结算工程款为180万元时，开始抵扣备料款。

此时，未完成工程为120万元，所需要主要材料费为120×62.5%＝75(万元)，与预付备料款相等。

(2) 1 月结算工程款为 20 万元，累计结算额为 20 万元。

2 月应结算工程款为 50 万元，累计结算额为 70 万元。

3 月应结算工程款为 70 万元，累计结算额为 140 万元。

4 月完成工作量为 75 万元。

因为：75＋140＝215(万元)＞180(万元)

且 215－180＝35(万元)

所以应从 4 月的 35 万元工程款中扣还预付备料款。

因此，4 月应结算工程款为：

$$(75-35)+35\times(1-62.5\%)=53.125(\text{万元})$$

4 月累计结算金额为 193.125 万元。

5 月结算工程款为：

$$60\times(1-62.5\%)=22.5(\text{万元})$$

5 月累计结算金额为 215.625(万元)

6 月应结算工程款为：

$$25\times(1-62.5\%)=9.375(\text{万元})$$

6 月累计结算金额为 225 万元，加上预付备料款 75 万元，共 300 万元。追加合同款为 30 万元，总计结算款为 330 万元。在尾款 5%的情况下，留尾款 330×5%＝16.5(万元)。

6 月实际结算 9.375＋30－16.5＝22.875(万元)。

【例 7-2】 某业主与承包商签订了某建筑安装工程项目总包施工合同。承包范围包括土建工程和水、电、通风建筑设备安装工程，合同总价为 4800 万元。工期为 2 年，第 1 年已完成 2600 万元，第 2 年应完成 2200 万元。承包合同规定如下。

(1) 业主应向承包商支付当年合同价 25%的预付工程款。

(2) 预付工程款应从未施工工程尚需的主要材料及购配件价值相当于预付工程款时起扣，每月以抵充工程款的方式陆续回收。主要材料费比重按 62.5%考虑。

(3) 工程质量保修金为承包合同总价的 3%，经双方协商，业主从每月承包商的工程款中按 3%的比例扣留。在保修期满后，保修金及保修金利息扣除已支出费用后的剩余部分退还给承包商。

(4) 当承包商每月实际完成的建筑安装工作量少于计划完成建筑安装工作量的 10%以上(含 10%) 时业主可按 5%的比例扣留工程款，在工程竣工结算时将扣留工程款退还给承包商。

(5) 除设计变更和其他不可抗力因素外，合同总价不作调整。

(6) 由业主直接提供的材料和设备应在发生当月的工程款中扣回其费用。

经业主的工程师代表签认的承包商在第 2 年各月计划和实际完成的建筑安装工作量以及业主直接提供的材料、设备价值如表 7-2 所示。

表 7-2 工程结算数据 单位：万元

月 份	1～6	7	8	9	10	11	12
计划完成建安工作量	1100	200	200	200	190	190	120
实际完成建安工作量	1110	180	210	205	195	180	120
业主直供材料设备的价值	90.56	35.5	24.4	10.5	21	10.5	5.5

问题：

(1) 预付工程款是多少？

(2) 预付工程款从几月开始起扣？

(3) 1～6月以及其他各月工程师代表应签证的工程款是多少？应签发付款凭证金额是多少？

(4) 竣工结算时，工程师代表应签发付款凭证金额是多少？

解 问题 (1)

预付工程款金额为：2200×25%＝550(万元)

问题 (2)

预付工程款的起扣点为：2200－550/62.5%＝2200－880＝1320(万元)

开始起扣预付工程款的时间为8月，因8月累计实际完成的建筑安装工作量为：

1100＋180＋210＝1500(万元)＞1320(万元)

问题 (3)

① 1～6月

1～6月应签证的工程款为：1100×(1－3%)＝1067(万元)

1～6月应签证付款凭证金额为：1067－90.56＝976.44(万元)

② 7月

7月建安工作量实际值与计划值比较，未达到计划值，相差(200－180)/200＝10%

7月应签证的工程款为 180－180(3%＋5%)＝180－14.4＝165.6(万元)

7月应签发付款凭证金额为：165.6－35.5＝130.1(万元)

③ 8月

8月应签证的工程款为：210×(1－3%)＝203.7(万元)

8月应扣预付工程款金额为：(1500－1320)×62.5%＝112.5(万元)

8月应签发付款凭证金额为：203.7－112.5－24.4＝66.8(万元)

④ 9月

9月应签证的工程款为：205×(1－3%)＝198.85(万元)

9月应扣预付工程款金额为：205×62.5%＝128.125(万元)

9月应签发付款凭证金额为：198.85－128.125－10.5＝60.225(万元)

⑤ 10月

10月应签证的工程款为：195×(1－3%)＝189.15(万元)

10月应扣预付工程款金额为：195×62.5%＝121.875(万元)

10月应签发付款凭证金额为：189.15－121.875－21＝46.275(万元)

⑥ 11月

11月建筑安装工程量实际值与计划值比较，未达到计划值，相差：

(190－180)/190＝5.26%＜10%，工程款不扣。

11月应签证的工程款为：180×(1－3%)＝174.6(万元)

11月应扣预付工程金额为：180×62.5%＝112.5(万元)

11月应签发付款凭证金额为：174.6－112.5－10.5＝51.6(万元)

⑦ 12月

12月应签证的工程款为：120×(1－3%)＝116.4(万元)

12 月应扣预付工程款金额为：120×62.5%＝75(万元)

12 月应签发付款凭证金额为：116.4－75－5.5＝35.9(万元)

问题（4）

竣工结算时，工程师代表应签发付款金额为：180×5%＝9(万元)

七、竣工结算表格要求

根据《建设工程工程量清单计价规范》(GB 50500—2013）表格规定，具体如下。

附录 B

B.4　竣工结算书封面

____________________________工程

竣工结算书

发　包　人：________________
（单位盖章）

承　包　人：________________
（单位盖章）

造价咨询人：________________
（单位盖章）

年　　月　　日

附录 C

C.4　竣工结算书扉面

____________________________工程

竣工结算总价

签约合同价（小写）：________________　（大写）：________________

竣工结算价（小写）：________________　（大写）：________________

发　包　人：________（单位盖章）　承　包　人：________（单位盖章）　造价咨询人：________（单位资质专用章）

法定代表人：　法定代表人：　法定代表人：

或其授权人：________（签字或盖章）　或其授权人：________（签字或盖章）　或其授权人：________（签字或盖章）

编　制　人：____________（造价人员签字盖专用章）　复　核　人：____________（造价工程师签字盖专用章）

编制时间：　年　月　日　　核对时间：　年　月　日

附录D　工程计价总说明

总说明

工程名称：　　　　　　　　　　　　　　　　　　　　　　　　　　第　页　共　页

表-01

附录E　工程计价汇总表

E.4　建设项目竣工结算汇总表

工程名称：　　　　　　　　　　　　　　　　　　　　　　　　　　第　页　共　页

序号	单项工程名称	金额/元	其中：	
			安全文明施工费/元	规费/元
合计				

表-05

E.5　单项工程竣工结算汇总表

工程名称：　　　　　　　　　　　　　　　　　　　　　　　　　　第　页　共　页

序号	单项工程名称	金额/元	其中：	
			安全文明施工费/元	规费/元
合计				

表-06

E.6　单位工程竣工结算汇总表

工程名称：　　　　　　　　　　标段：　　　　　　　　　　　　　第　页　共　页

序号	汇总内容	金额/元	其中：暂估价/元
1	分部分项工程		
1.1			
1.2			
2	措施项目		
2.1	其中：安全文明施工费		
3	其他项目		
3.1	其中：暂列金额		
3.2	其中：专业工程暂估价		

续表

<table>
<tr><th>序号</th><th>汇总内容</th><th>金额/元</th><th>其中:暂估价/元</th></tr>
<tr><td>3.3</td><td>其中:计日工</td><td></td><td></td></tr>
<tr><td>3.4</td><td>其中:总承包服务费</td><td></td><td></td></tr>
<tr><td>4</td><td>规费</td><td></td><td></td></tr>
<tr><td>5</td><td>税金</td><td></td><td></td></tr>
<tr><td colspan="2">招标控制价合计=1+2+3+4+5</td><td></td><td></td></tr>
</table>

注：如无单位工程划分，单项工程也可使用本表汇总。

表-07

附录 F

F.1 分部分项工程和单价措施项目清单与计价表

工程名称： 标段： 第 页 共 页

<table>
<tr><th rowspan="2">序号</th><th rowspan="2">项目编码</th><th rowspan="2">项目名称</th><th rowspan="2">项目特征描述</th><th rowspan="2">计量单位</th><th rowspan="2">工程量</th><th colspan="3">金额/元</th></tr>
<tr><th>综合单价</th><th>合价</th><th>其中:暂估价</th></tr>
<tr><td></td><td></td><td></td><td></td><td></td><td></td><td></td><td></td><td></td></tr>
<tr><td></td><td></td><td></td><td></td><td></td><td></td><td></td><td></td><td></td></tr>
<tr><td colspan="7">本页小计</td><td></td><td></td></tr>
<tr><td colspan="7">合计</td><td></td><td></td></tr>
</table>

注：为计取规费等的使用，可在表中增设其中：“定额人工费”。

表-08

F.2 综合单价分析表

工程名称： 标段： 第 页 共 页

<table>
<tr><td colspan="2">项目编码</td><td colspan="2"></td><td colspan="2">项目名称</td><td colspan="2"></td><td>计量单位</td><td></td><td>工程量</td><td></td></tr>
<tr><td colspan="12">清单综合单价组成或明细</td></tr>
<tr><td rowspan="2">定额编号</td><td rowspan="2">定额项目名称</td><td rowspan="2">定额单位</td><td rowspan="2">数量</td><td colspan="4">单价/元</td><td colspan="4">合价/元</td></tr>
<tr><td>人工费</td><td>材料费</td><td>机械费</td><td>管理费和利润</td><td>人工费</td><td>材料费</td><td>机械费</td><td>管理费和利润</td></tr>
<tr><td></td><td></td><td></td><td></td><td></td><td></td><td></td><td></td><td></td><td></td><td></td><td></td></tr>
<tr><td></td><td></td><td></td><td></td><td></td><td></td><td></td><td></td><td></td><td></td><td></td><td></td></tr>
<tr><td></td><td></td><td></td><td></td><td></td><td></td><td></td><td></td><td></td><td></td><td></td><td></td></tr>
<tr><td colspan="2">人工单价</td><td colspan="6">小计</td><td></td><td></td><td></td><td></td></tr>
<tr><td colspan="2">元/工日</td><td colspan="6">未计价材料费</td><td colspan="4"></td></tr>
<tr><td colspan="8">清单项目综合单价</td><td colspan="4"></td></tr>
<tr><td rowspan="6">材料费明细</td><td colspan="5">主要材料名称、规格、型号</td><td>单位</td><td>数量</td><td>单价/元</td><td>合价/元</td><td>暂估单价/元</td><td>暂估合价/元</td></tr>
<tr><td colspan="5"></td><td></td><td></td><td></td><td></td><td></td><td></td></tr>
<tr><td colspan="5"></td><td></td><td></td><td></td><td></td><td></td><td></td></tr>
<tr><td colspan="5"></td><td></td><td></td><td></td><td></td><td></td><td></td></tr>
<tr><td colspan="7">其他材料费</td><td></td><td></td><td></td><td></td></tr>
<tr><td colspan="7">材料费小计</td><td></td><td></td><td></td><td></td></tr>
</table>

注：1. 如不使用省级或行业建设主管部门发布的计价依据，可不填定额编号、名称等。

2. 招标文件提供了暂估单价的材料，按暂估的单价填入表内“暂估单价”栏及“暂估合价”栏。

表-09

F.3 综合单价调整表

工程名称： 标段： 第 页 共 页

<table>
<tr><td colspan="13">清单综合单价组成或明细</td></tr>
<tr><td rowspan="3">序号</td><td rowspan="3">项目编码</td><td rowspan="3">项目名称</td><td colspan="5">单价/元</td><td colspan="5">合价/元</td></tr>
<tr><td rowspan="2">综合单价</td><td colspan="4">其中</td><td rowspan="2">综合单价</td><td colspan="4">其中</td></tr>
<tr><td>人工费</td><td>材料费</td><td>机械费</td><td>管理费和利润</td><td>人工费</td><td>材料费</td><td>机械费</td><td>管理费和利润</td></tr>
<tr><td></td><td></td><td></td><td></td><td></td><td></td><td></td><td></td><td></td><td></td><td></td><td></td><td></td></tr>
<tr><td></td><td></td><td></td><td></td><td></td><td></td><td></td><td></td><td></td><td></td><td></td><td></td><td></td></tr>
<tr><td></td><td></td><td></td><td></td><td></td><td></td><td></td><td></td><td></td><td></td><td></td><td></td><td></td></tr>
<tr><td colspan="6">造价工程师（签章）： 发包人代表（签章）：
日期：</td><td colspan="7">造价人员（签章）： 发包人代表（签章）：
日期：</td></tr>
</table>

注：综合单价调整应附调整依据。

表-10

F.4 总价措施项目清单与计价表

工程名称： 标段： 第 页 共 页

序号	项目编码	项目名称	计算基础	费率/%	金额/元	调整费率/%	调整后金额/元	备注
1		安全文明施工费						
2		夜间施工费						
3		二次搬运费						
4		冬雨季施工						
5		已完工程及设备保护						
		合计						

编制人（造价人员）： 复核人（造价工程师）：

注：1. “计算基础”中安全文明施工费可为“定额基价”、“定额人工费”或“定额人工费＋定额机械费”，其他项目可为“定额人工费”或“定额人工费＋定额机械费”。

2. 按施工方案计算的措施费，若无“计算基础”和“费率”的数值，也可只填“金额”数值，但应在备注栏说明施工方案出处或计算方法。

表-11

附录G 其他项目计价表

G.1 其他项目清单与计价汇总表

工程名称： 标段： 第 页 共 页

序号	项目名称	金额/元	结算金额/元	备注
1	暂列金额			明细详见表-12-1
2	暂估价			
2.1	材料（工程设备）暂估价/结算价			明细详见表-12-2

续表

序号	项目名称	金额/元	结算金额/元	备注
2.2	专业工程暂估价/结算价			明细详见表-12-3
3	计日工			明细详见表-12-4
4	总承包服务费			明细详见表-12-5
5	索赔与现场签证			明细详见表-12-6
合计				

注：材料（工程设备）暂估单价进入清单项目综合单价，此处不汇总。

表-12

G.2　暂列金额明细表

工程名称：　　　　　　　　　　　　标段：　　　　　　　　　　　　第　页　共　页

序号	项目名称	计量单位	暂定金额/元	备注
合计				

注：此表由招标人填写，如不能详列，也可只列暂定金额总额，投标人应将上述暂列金额计入投标总价中。

表-12-1

G.3　材料（工程设备）暂估单价及调整表

工程名称：　　　　　　　　　　　　标段：　　　　　　　　　　　　第　页　共　页

序号	材料(工程设备)名称、规格、型号	计量单位	数量		暂估/元		确认/元		差额±/元		备注
			暂估	确认	单价	合价	单价	合价	单价	合价	
合计											

注：此表由招标人填写，并在备注栏说明暂估价的材料、工程设备拟用在那些清单项目上，投票人应将上述材料、工程设备暂估单价计入工程量清单综合单价报价中。

表-12-2

G.4　专业工程暂估价及结算价表

工程名称：　　　　　　　　　　　　标段：　　　　　　　　　　　　第　页　共　页

序号	工程名称	工程内容	暂估金额/元	结算金额/元	差额±/元	备注
合计						

注：此表“暂估金额”由招标人填写，投标人应将“暂估金额”计入投标总价中。结算时按合同约定结算金额填写。

表-12-3

G.5 计日工表

工程名称： 标段： 第 页 共 页

序号	项目名称	单位	暂定数量	实际数量	综合单价/元	合价/元	
						暂定	实际
一	人工						
1							
2							
人工小计							
二	材料						
1							
2							
3							
材料小计							
三	施工机械						
1							
2							
施工机械小计							
四、企业管理费和利润							
合计							

注：此表项目名称、暂定数量由招标人填写，编制招标控制价时，单价由招标人按有关计价规定确定；投标时，单价由投标人自主报价，按暂定数量计算合价计入投标总价中。结算时，按发承包双方确认的实际数量计算合价。

表-12-4

G.6 总承包服务费计价表

工程名称： 标段： 第 页 共 页

序号	项目名称	项目价值/元	服务内容	计算基础	费率/%	金额/元
1	发包人发包专业工程					
2	发包人供应材料					
	合计					

注：此表项目名称、服务内容由招标人填写，编制招标控制价时，费率及金额由招标人按有关计价规定确定；投标时，费率及金额由投标人自主报价，计入投标总价中。

表-12-5

G.7 索赔与现场签证计价汇总表

工程名称： 标段： 第 页 共 页

序号	签证及索赔项目名称	计量单位	数量	单价/元	合价/元	签证及索赔依据
1						
2						
	本页小计					
	合计					

注：签证及索赔依据是指经双方认可的签证及索赔依据的编号。

表-12-6

G.8　费用索赔申请（核准）表

工程名称：　　　　　　　　　　　　标段：　　　　　　　　　　　编号：

致：______________________________（发包人全称）

根据施工合同条款第______条的约定，由于__________原因，我方要求索赔金额（大写）__________元，（小写）__________元，请予核准。

附：1. 费用索赔的详细理由和依据：

2. 索赔金额的计算：

3. 证明材料：

承包人（章）

造价人员__________　　承包人代表__________　　日　　期__________

复核意见： 根据施工合同条款______条的约定，你方提出的费用索赔申请经复核： □不同意此项索赔，具体意见见附件。 □同意此项索赔，索赔金额的计算，由造价工程师复核。 监理工程师______ 日　　期______	复核意见： 根据施工合同条款______条的约定，你方提出的费用索赔申请经复核，索赔金额为（大写）______元，（小写）______元。 造价工程师______ 日　　期______

审核意见：

□不同意此项索赔。

□同意此项索赔，与本期进度款同期支付。

发包人（章）

发包人代表______

日　　期______

注：1. 在选择栏中的“□”内作标识“√”。

2. 本表一式四份，由承包人填报，发包人、监理人、造价咨询人、承包人各存一份。

表-12-7

G.9　现场签证表

工程名称：　　　　　　　　　　　　标段：　　　　　　　　　　　编号：

施工单位		日期	

致：______________________________（发包人全称）

根据______（指令人姓名）　年　月　日的口头指令或你方______（或监理人）　年　月　日的书面通知，我方要求完成此项工作应支付价款为（大写）______元，（小写）__________元，请予核准。

附：1. 签证事由及原因：

2. 附图及计算式：

承包人（章）

造价人员__________　　承包人代表__________　　日　　期__________

续表

<table>
<tr><td>复核意见：
你方提出的此项签证申请经复核：
□不同意此项签证，具体意见见附件。
□同意此项签证，签证金额的计算，由造价工程师复核。

监理工程师________
日　　期________</td><td>复核意见：
□此项签证按承包人中标的计日工单价计算，金额为(大写)________元，(小写)________元。
□此项签证因无计日工单价，金额为(大写)________元，(小写)________元。

造价工程师________
日　　期________</td></tr>
<tr><td colspan="2">审核意见：
□不同意此项签证。
□同意此项签证，价款与本期进度款同期支付。

发包人(章)
发包人代表________
日　　期________</td></tr>
</table>

注：1. 在选择栏中的“□”内作标识“√”。

2. 本表一式四份，由承包人在收到发包人（监理人）的口头或书面通知后填写，发包人、监理人、造价咨询人、承包人各存一份。

表-12-8

附录 H 规费、税金项目计价表

规费、税金项目计价表

工程名称：　　　　标段：　　　　第　页　共　页

序号	项目名称	计算基础	计算基数	费率/%	金额/元
1	规费				
1.1	社会保险费				
(1)	养老保险				
(2)	失业保险				
(3)	医疗保险				
(4)	工伤保险				
(5)	生育保险				
1.2	住房公积金				
1.3	工程排污费				
2	税金	分部分项工程费＋措施项目费＋其他项目费＋规费－按规定不计税的工程设备金额			
合计					

编制人（造价人员）：　　　　复核人（造价工程师）：

表-13

附录J 工程计量申请（核准）表

工程计量申请（核准）表

工程名称： 标段： 第 页 共 页

序号	项目编码	项目名称	计量单位	承包人申报数量	发包人核实数量	发包人确认数量	备注

承包人代表： 日期：	监理工程师： 日期：	造价工程师： 日期：	发包人代表： 日期：

表-14

附录K 合同价款支付申请（核准）表

K.1 预付款支付申请（核准）表

工程名称： 标段： 编号：

致：________________________（发包人全称）

我方根据施工合同的约定，现申请支付工程预付款额为(大写)________元，(小写)________元，请予核准。

序号	名称	申请金额/元	复核金额/元	备注
1	已签约合同价款金额			
2	其中：安全文明施工费			
3	应支付的预付款			
4	应支付的安全文明施工费			
5	合计应支付的预付款			

承包人(章)

造价人员________ 承包人代表________ 日 期________

复核意见：

□与合同约定不相符，修改意见见附件。

□与合同约定相符，具体金额由造价工程师复核。

监理工程师________

日 期________

复核意见：

你方提出的支付申请经复核，应支付的预付款金额为(大写)________元，(小写)________元。

造价工程师________

日 期________

审核意见：

□不同意。

□同意，支付时间为本表签发后15天内。

发包人(章)

发包人代表________

日 期________

注：1. 在选择栏中的“□”内作标识“√”。

2. 本表一式四份，由承包人填报，发包人、监理人、造价咨询人、承包人各存一份。

表-15

K.2 总价项目进度款支付分解表

工程名称： 标段： 单位：元

序号	项目名称	总价金额	首次支付	二次支付	三次支付	四次支付	五次支付	
	安全文明施工费							
	夜间施工费							
	二次搬运费							
	社会保险费							
	住房公积金							
合计								

编制人（造价人员）： 复核人（造价工程师）：

注：1. 本表应由承包人在投标报价时根据发包人在招标文件明确的进度款支付周期与报价填写，签订合同时，发承包双方可就支付分解协商调整后作为合同附件。

2. 单价合同使用本表，“支付”栏时间应与单价项目进度款支付周期相同。

3. 总价合同使用本表，“支付”栏时间应与约定的工程计量周期相同。

表-16

K.3 进度款支付申请（核准）表

工程名称： 标段： 编号：

致：__________（发包人全称）

我方于______至______期限已完成了______工作，根据施工合同条款的约定，现申请支付本周期的合同价款额为(大写)______元，(小写)______元，请予核准。

序号	名称	金额/元	备注
1	累计已完成的合同价款		
2	累计已实际支付的合同价款		
3	本周期合计完成的合同价款		
3.1	本周期已完成单价项目的金额		
3.2	本周期应支付的总价项目的金额		
3.3	本周期已完成的计日工价款		
3.4	本周期应支付的安全文明施工费		
3.5	本周期应增加的合同价款		
4	本周期合计应扣减的金额		
4.1	本周期应抵扣的预付款		
4.2	本周期应扣减的金额		
5	本周期应支付的合同价款		

附：上述3、4详见附件清单。

承包人(章)

造价人员______ 承包人代表______ 日 期______

复核意见： □与实际施工情况不相符，修改意见见附件。 □与实际施工情况相符，具体金额由造价工程师复核。 监理工程师______ 日 期______	复核意见： 你方提出的支付申请经复核，本周期已完合同款额为(大写)______元，(小写)______元。本周期应支付金额为(大写)______元，(小写)______元。 造价工程师______ 日 期______

续表

审核意见：

□不同意。

□同意，支付时间为本表签发后 15 天内。

发包人(章)

发包人代表__________

日　　期__________

注：1. 在选择栏中的“□”内作标识“√”。

2. 本表一式四份，由承包人填报，发包人、监理人、造价咨询人、承包人各存一份。

表-17

K.4 竣工结算款支付申请（核准）表

工程名称：　　　　　　　　　　标段：　　　　　　　　　编号：

致：____(发包人全称)

我方于__________至__________期限已完成合同约定的工作，工程已经完工，根据施工合同条款的约定，现申请支付竣工结算合同价款额为(大写)__________元，(小写)__________元，请予核准。

序号	名称	金额/元	备注
1	竣工结算合同价款总额		
2	累计已实际支付的合同价款		
3	应预留的质量保证金		
4	应支付的竣工结算款金额		

承包人(章)

造价人员__________　　承包人代表__________　　日　　期__________

复核意见：

□与实际施工情况不相符，修改意见见附件。

□与实际施工情况相符，具体金额由造价工程师复核。

监理工程师__________

日　　期__________

复核意见：

你方提出的竣工结算款支付申请经复核，竣工结算款总额为(大写)__________元，(小写)__________元，扣除前期支付以及质量保证金后应支付金额为(大写)__________元，(小写)__________元。

造价工程师__________

日　　期__________

审核意见：

□不同意。

□同意，支付时间为本表签发后 15 天内。

发包人(章)

发包人代表__________

日　　期__________

注：1. 在选择栏中的“□”内作标识“√”。

2. 本表一式四份，由承包人填报，发包人、监理人、造价咨询人、承包人各存一份。

表-18

K.5 最终结清支付申请（核准）表

工程名称： 标段： 编号：

致：______________________________（发包人全称）

我方于________至________期限已完成了缺陷修复工作，根据施工合同条款的约定，现申请支付最终结清合同价款额为(大写)________元，(小写)________元，请予核准。

序号	名称	金额/元	备注
1	已预留的质量保证金		
2	应增加的因发包人原因造成缺陷的修复金额		
3	应扣减承包人不修复缺陷、发包人组织修复的金额		
4	最终应支付的合同价款		

上述3、4详见附件清单。

承包人(章)

造价人员________ 承包人代表________ 日 期________

复核意见：

□与实际施工情况不相符，修改意见见附件。

□与实际施工情况相符，具体金额由造价工程师复核。

监理工程师________

日 期________

复核意见：

你方提出的支付申请经复核，最终应支付金额为(大写)________元，(小写)________元。

造价工程师________

日 期________

审核意见：

□不同意。

□同意，支付时间为本表签发后15天内。

发包人(章)

发包人代表________

日 期________

注：1. 在选择栏中的"□"内作标识"√"。如监理人已退场，监理工程师栏可空缺。

2. 本表一式四份，由承包人填报，发包人、监理人、造价咨询人、承包人各存一份。

表-19

附录L 主要材料、工程设备一览表

L.1 发包人提供主要材料和工程设备一览表

工程名称： 标段： 第 页共 页

序号	材料(工程设备)名称、规格、型号	单位	数量	单价/元	交货方式	送达地点	备注

注：此表由招标人填写，供投标人在投标报价、确定总承包服务费时参考。

表-20

L.2 承包人提供主要材料和工程设备一览表

（适用于造价信息差额调整法）

工程名称： 标段： 第 页 共 页

序号	名称、规格、型号	单位	数量	风险系数/%	基准单价/元	投标单价/元	发承包人确认单价/元	备注

注：1. 此表由招标人填写除“投标单价”栏的内容，投标人在投标时自主确定投标报价。

2. 招标人应优先采用工程造价管理机构发布的单价作为基准单价，未发布的，通过市场调查确定其基准单价。

表-21

L.3 承包人提供主要材料和工程设备一览表

（适用于价格指数差额调整法）

工程名称： 标段： 第 页 共 页

序号	名称、规格、型号	变值权重 B	基本价格指数 F_0	现行价格指数 F_1	备注
	定值权重 A				
合计					

注：1. “名称、规格、型号”、“基本价格指数”栏由招标人填写，基本价格指数应首先采用工程造价管理机构发布的价格指数，没有时，可采用发布的价格代替。如人工、机械费也采用本法调整，由招标人在“名称”栏填写。

2. “变值权重”栏由投标人根据该人工、机械费和材料、工程设备价值在投标总报价中所占的比例填写，1减去其比例为定值权重。

3. “现行价格指数”按约定的付款证书相关周期最后一天的42天的各项价格指数填写，该指数应首先采用工程造价管理机构发布的价格指数，没有时，可采用发布的价格代替。

表-22

第二节 建设项目竣工决算

一、建设项目竣工决算的概念及作用

1. 建设项目竣工决算的概念

建设项目竣工决算是指所有建设的项目竣工后，建设单位按照国家有关规定在新建、改建和扩建工程建设项目竣工验收阶段编制的竣工决算报告。竣工决算是以实物数量和货币指标为计量单位，综合反映竣工项目从筹建到项目竣工交付使用为止的全部建设费用、建设成果和财务情况的总结性文件，是竣工验收报告的重要组成部分，竣工决算是正确核定新增固定价值，考核分析投资效果，建立健全经济责任制的依据，是反映建设项目实际造价和投资效果的文件。

2. 建设项目竣工决算的作用

建设项目竣工决算的作用主要表现在以下方面。

（1）建设项目竣工决算是综合、全面地反映竣工项目建设成果及财务情况的总结性文件，它采用货币指标，实物数量，建设工期和各种技术经济指标综合、全面地反映建设项目自开始建设到竣工为止的全部建设成果和财务状况。

（2）建设项目竣工决算是办理交付使用资产的依据，也是竣工验收报告的重要组成部分。建设单位与使用单位在办理交付资产的验收交接手续时，通过竣工决算反映了交付使用资产的全部价值，包括固定资产、流动资产、无形资产和递延资产的价值。同时，它还详细提供了交付使用资产的名称、规格、数量、型号和价值等明细资料，是使用单位确立各项新增资产价格并登记入账的依据。

（3）建设项目竣工决算是分析和检查设计概算的执行情况，考核投资效果的依据。竣工决算反映了竣工项目计划、实际的建设规模、建设工期以及设计和实际的生产能力，反映了概算总投资和实际的建设成本。同时还反映了所达到的主要技术经济指标。通过对这些指标计划数、概算数与实际数进行对比分析，不仅可以全面掌握建设项目计划和概算执行情况，而且可以考核建设项目投资效果，为今后制定基建计划，降低建设成本，提高投资效果提供必要的资料。

二、竣工决算与竣工结算的区别

竣工结算是承包方将所承包的工程按照合同规定全部完工交付之后，向发包单位进行的最终工程价款结算。竣工决算由发包方的财务部门负责编制。竣工结算与竣工决算的区别如表 7-3 所示。

表 7-3 工程竣工结算和工程竣工决算的区别

区别项目	工程竣工结算	工程竣工决算
编制单位及部门	承包方的预算部门	项目业主的财务部门
内容	承包方承包施工的建筑安装工程的全部费用。它最终反映承包方完成的施工产值。	建设工程从筹建开始到竣工交付使用为止的全部建设费用，它反映建设工程的投资效益。
性质和作用	(1)承包方与业主办理工程款项最终结算的依据； (2)双方签订的建筑安装工程承包合同终结的凭证； (3)业主编制竣工决算的主要资料	(1)业主办理交付、验收、动用新增各类资产的依据； (2)竣工验收报告发重要组成部分

三、竣工决算的编制依据

（1）经批准的可行性研究报告及投资估算。

（2）经批准的初步设计或扩大初步设计及其概算或修正概算。

（3）经批准的施工图设计及其施工图预算。

（4）设计交底或图纸会审纪要。

（5）招投标的标底、承包合同、工程结算资料。

（6）施工记录或施工签证单，以及其他施工中发生的费用记录，如：索赔报告与记录、停（交）工报告等。

(7) 竣工图及各种竣工验收资料。

(8) 历年基建资料、历年财务决算及批复文件。

(9) 设备、材料调价文件和调价记录。

(10) 有关财务核算制度、办法和其他有关资料、文件等。

四、竣工决算的编制步骤

按照国家财政部印发的财基字(1998) 4 号关于《基本建设财务管理若干规定》的通知要求，竣工决算的编制步骤如下：

(1) 收集、整理、分析原始资料。从建设工程开始就按编制依据的要求，收集、清点、整理有关资料，主要包括建设工程档案资料，如：设计文件、施工记录、上级批文、概(预)算文件、工程结算的归集整理，财务处理、财产物资的盘点核实及债权债务的清偿，做到账账、账证、账实、账表相符。对各种设备、材料、工具、器具等要项项盘点核实并填列清单，妥善保管，或按照国家有关规定处理，不准任意挪用和侵占。

(2) 对照、核实工程变动情况，重新核实各单位工程、单项工程造价。将竣工资料与原设计图纸进行查对、核实，必要时可实地测量，确认实际变更情况；根据经审定的施工单位竣工结算等原始资料，按照有关规定对原概(预)算进行增减调整，重新核定工程造价。

(3) 将审定后的待摊投资、设备工器具投资、建筑安装工程投资、工程建设其他投资严格划分和核定后，分别计入相应的建设成本栏目内。

(4) 编制竣工财务决算说明书，力求内容全面、简名扼要、文字流畅、说明问题。

(5) 填报竣工财务决算报表。

(6) 作好工程造价对比分析。

(7) 清理、装订好竣工图。

(8) 按国家规定上报、审批、存档。

五、竣工决算的内容

竣工决算是指在工程竣工验收交付使用阶段，由发包方编制的建设项目从筹建到竣工投产或使用全过程实际造价和投资效果的总结性经济文件。

为了严格执行建设项目竣工验收制度，正确核定新增固定资产价值，考核投资效果，建立健全经济责任制，按照国家关于建设项目竣工验收的规定，所有的新建、扩建、改建和重建的建设项目竣工后都要编制竣工决算。

建设项目竣工决算应包括从筹建到竣工投产全过程的全部实际费用。竣工决算的内容包括竣工决算报告说明书、竣工决算财务报表、工程竣工图和工程造价对比分析四个部分。根据建设项目规模的大小，可分为大、中型建设项目竣工决算和小型建设项目竣工决算两大类。对于大、中型建设项目竣工决算报表一般包括建设项目竣工财务决算审批表(见表 7-4)、项目概况表(见表 7-5)、项目竣工财务决算表(见表 7-6)、项目交付使用资产总表(见表 7-7)和财产明细表(见表 7-8)等；小型建设项目竣工财务决算报表一般包括建设项目竣工财务决算审批表、竣工财务总表和交付使用财务明细表等。

表 7-4 建设项目竣工财务决算审批表

建设项目法人(建设单位)		建设性质	
建设项目名称		主管部门	

开户银行意见：

盖 章
年 月 日

专员办审批意见：

盖 章
年 月 日

主管部门或地方财政部门审批意见：

盖 章
年 月 日

表 7-5 大、中型建设项目概况表

建设项目(单项工程)名称			建设地址					
主要设计单位			主要施工企业					
占地面积	计划	实际	总投资/万元	设计		实际		
				固定资产	流动资产	固定资产	流动资产	
新增生产能力	能力(效益)名称		设计	实际				
建设起止时间	设计		从 年 月开工至 年 月 竣工					
	实际		从 年 月开工至 年 月 竣工					
设计概算批准文号								
完成主要工程量	建筑面积/m²			设计(台、套、t)				
	设计		实际	设计	实际			
收尾工程	工程内容			投资额	完成时间			

基建支出	项目	概算	实际	主要指标
	建筑安装工程			
	设备工器具			
	待摊投资 其中：建设单位管理费			
	其他投资			
	待核销基建支出			
	非经营项目转出投资			
	合计			
主要材料消耗	名称	单位	概算	实际
	钢材	t		
	木材	m^3		
	水	t		
主要技术经济指标				

表 7-6 项目竣工财务决算

资金来源	金额/元	资金占用	金额/元	补充资料
一、基建拨款		一、基本建设支出		1. 基建投资借款期末余额
1. 预算拨款		1. 交付使用资金		2. 应收生产单位投资借款期末数
2. 基建基金拨款		2. 在建工程		3. 基建结余资金
3. 进口设备转账拨款		3. 待核销基建支出		
4. 器材转账拨款		4. 非经营项目转出投资		
5. 煤代油专用基金拨款		二、应收生产单位投资借款		
6. 自筹资金拨款		三、拨款所属投资借款		
7. 其他拨款		四、器材		
二、项目资本		其中：待处理器材损失		
1. 国家资本		五、货币资金		
2. 法人资本		六、预付及应收款		
3. 个人资本		七、有价证券		
三、项目资本工职		八、固定资产		
四、基建借款		固定资产原值		
五、上级拨入投资借款		减：累计折旧		
六、企业债券资金		固定资产净值		
七、待冲基建支出		固定资产清理		
八、应付款		待处理固定资产损失		
1. 未交税金				
2. 未交基建收入				
3. 未交基建包干节余				
4. 其他未交款				
九、上级拨入资金				
十、留成收入				
合计		合计		

表 7-7 大、中型建设项目交付使用资产总表 单位：元

单项工程项目名称	总计	固定资产					流动资金	无形资产	递延资产
		建筑工程	安装工程	设备	其他	合计			
1	2	3	4	5	6	7	8	9	10

交付单位盖章 年 月 日 接受单位盖章 年 月 日

表 7-8 建设项目交付使用资产明细表

单项工程项目名称	建筑工程			设备、工具、器具、家具						流动资产		无形资产		递延资产	
	结构	面积/m^2	价格/元	名称	规格型号	单位	数量	价值/元	设备安装费/元	名称	价值/元	名称	价值/元	名称	价值/元
合计															

交付单位盖章　　　　年　月　日　　　　　　　　接受单位盖章　　　　年　月　日

复习思考题

1. 简述工程结算的重要意义。
2. 简述现行工程价款结算的方式。
3. 简述工程预付款的概念及扣还方式。
4. 竣工结算如何审核？
5. 简述竣工决算的概念和内容。
6. 简述竣工决算与竣工结算的区别。

第八章　工程概预算的审查

本章主要内容：了解工程概预算审查的意义、依据、审查的形式和步骤，熟悉常见工程概预算的审查的方法，掌握工程概预算的审查的主要内容。

第一节　工程概预算的审查概述

一、工程概预算审查的意义

工程概预算编完之后，需要认真进行审查。加强工程概预算的审查，对于提高概预算的准确性，正确贯彻党和国家的有关方针政策，降低工程造价具有重要的现实意义。具体体现在以下几个方面。

（1）有利于控制工程造价，克服和防止预算超概算。

（2）有利于加强固定资产投资管理，节约建设资金。

（3）有利于施工承包合同价的合理确定和控制。因为，施工图预算，对于招标工程，它是编制标底的依据；对于不宜招标工程，它是合同价款结算的基础。

（4）有利于积累和分析各项技术经济指标，不断提高设计水平。通过审查工程概预算，核实了概预算价格，为积累和分析技术经济指标，提供了准确数据，进而通过有关指标的比较，找出设计中的薄弱环节，以便及时改进，优化设计。

（5）不断提高设计水平。

二、工程概预算审查的依据

审查建筑安装工程概预算，需要以下依据资料。

1. 法规基础依据资料

(1) 建筑安装工程预算定额(计价表);

(2) 建筑安装工程材料价格和相应的材料价格调整办法;

(3) 建筑安装工程配件标准图集(包括国家、部门和地方标准)和有关施工说明;

(4) 其他有关工程造价的规定和文件。

2. 建设工程依据资料

(1) 设计图纸;

(2) 施工图预算书及工程量计算底稿、钢筋放样单、补充定额的计算资料;

(3) 施工组织设计或施工方案;

(4) 其他有关资料。

三、工程概预算审查的形式

1. 会审

由建设单位或建设单位的主管部门组织施工企业、设计单位进行会审。这种形式由于多方面的代表参加,审查发现问题的面较广,可以广泛地展开讨论取得统一意见,审查进度快,质量好。

2. 单审

没有条件会审的,由建设单位或委托造价咨询单位单独进行审查,审核的意见应与编制单位交换,得到确认。

四、工程概预算审查的步骤

1. 做好审查前的准备工作

(1) 熟悉设计图纸　设计图纸是编审预算分项数量的重要依据,必须全面熟悉了解。

(2) 了解预算包括的范围　根据预算编制说明,了解预算包括的工程内容,如配套设施、室外管线、道路以及会审图纸后的设计变更等。

(3) 弄清预算采用的定额依据　任何预算定额都有一定的工程范围,应根据工程性质,搜索、熟悉相应的单价、定额资料。

2. 选择合适的审查方法,按相应内容审查。

由于工程规模、繁简程度和施工企业情况不同,所编工程预算繁简和质量也不同,因此需选择适当的审查方法进行审查。

3. 综合整理审查资料,并与编制单位交换意见,定案后编制调整预算

经过审查,如发现有差错,需要进行增加或核减的,经与编制单位协商,统一意见后,进行相应的修正。

第二节　工程概预算审查的主要方法

由于工程概预算的繁简程度和用途不同,针对不同的概预算,工程概预算有很多审查方法,下面仅介绍其中的几种方法。

一、全面审查法

全面审查又称逐项审查，是按照编制概预算的要求，根据设计图纸内容和定额有关规定，对工程概预算全部内容包括各个分项工程细目从头到尾逐项详细进行审查。这种审查方法的优点是全面、细致，能纠正预算中所发现的所有问题，所审查的工程概预算质量比较高，差错比较少。不足的是工作量较大，速度慢。该法适用于一些工程量较小、结构和工艺较简单的工程。

二、重点审查法

重点审查是相对全面审查而言的，是抓住工程预算中的重点项目进行审查，其他不审。

1. 选择工程量大、单价高、对预算造价有较大影响的项目进行重点审查

重点项目的确定，因不同工程而异。在一般土建工程中基础、墙、柱、门窗、钢筋钢板等，不同的结构工程，其重点也不同，例如砖木结构，则砖墙及木制作工程量大；砖混结构，重点就是砖墙、钢筋工程和基础工程等。

2. 对补充单价进行重点审查

在编制工程预算时，由于定额缺项，预算人员可根据有关规定编制补充单价或换算单价。审查时应将补充单价或换算单价的审查作为重点，审核补充单价编制依据是否符合规定，材料用量和材料预算价格是否正确，工资单价、机械台班是否合理等，同时重点审核换算单价中材料或其他内容是否合乎规定。

3. 对计取的各项费用（计取基础、取费标准等）进行重点审查

重点审查法的优点是重点突出，审查时间短，效果好。这种方法比较简单，非专职预算审价人员采用较多。

三、对比审查法

对比审查法就是用已建成工程的预算或虽未建成但已审查修正的工程预算对比审查拟建的同类工程预算的一种方法。对比审查法一般有以下几种情况，应根据工程的不同条件，区别对待。

（1）两个工程采用同一个施工图，但基础部分和现场条件不同，则新建工程基础以上相同部分可采取对比审查法；不同部分可用相应的审查方法进行审查。

（2）两个工程设计相同，但建筑面积不同。根据两个工程建筑面积之比与两个工程各分部分项工程量之比例基本一致的特点，可审查新建工程分部分项工程的工程量，进行对比审查，如果基本相同时，说明新工程预算是正确的，否则，说明新工程预算有问题，以此为重点找出出错原因，加以更正。

（3）两个工程的面积相同，但设计图纸不完全相同时，可以把相同的部分进行工程量的对比审查，不能对比的分部分项工程按图纸计算。

采用对比审查法要求对比的两个工程的条件尽量相同。

四、筛选审查法

筛选审查法也是一种对比方法。建筑工程虽然有面积和高度的不同，但是它们的各个分

部分项工程的工程量、造价、用工量在每个单位面积上的数值变化不大，把这些数据加以汇集、优选，找出这些分部分项工程在每单位建筑面积上的工程量、价格、用工的基本数值，归纳为工程量、造价（价值）、用工三个单方基本值表，并注明其适用的建筑标准。这些基本值如“筛子孔”，用来筛各分部分项工程，筛下去的就不审了；没有筛下去的就意味着此分部分项工程的单位建筑面积数值不在基本值范围内，应对该分部分项工程详细审查。如果所审查的结算的建筑标准与“基本值”所适用的标准不同，就要对其进行调整。

筛选法的优点是简单易懂，便于掌握，审查速度快，发现问题快。但解决差错问题还需进一步审查。因此，此法适用于住宅或不具备全面审查条件的工程。

第三节 工程概预算审查的主要内容

工程概预算的审查主要从以下方面着手。

一、审查工程量

工程量是影响工程造价的决定性因素之一，是竣工结算审查的重要内容。当采用工程量清单计价时，应对招标文件中的工程量进行审查。审查工程量的计算主要是依据工程量计算规则进行核算。

1. 审查建筑工程的工程量

（1）审查建筑面积计算 应重点审查计算建筑面积时依据的尺寸、计算的内容和方法是否符合建筑面积计算规则的要求；是否将应计入建筑面积的部分进行了全部的计算，是否将不应该计算建筑面积的部分也进行了计算。

（2）审查土石方工程量的计算 应重点审查平整场地、挖地槽、挖地坑、挖土方工程量的计算是否符合工程量计算规则的规定和施工图纸表示的尺寸，土的类别是否与地质勘察资料一致，地槽与地坑的放坡是否符合设计要求，放坡起点和放坡系数的确定是否符合规定，有无重算或漏算，支挡土板是否符合设计要求；回填土工程量应注意审查地槽、地坑回填土的体积是否扣除了基础所占的体积；地面和室内回填土的厚度及回填面积是否符合设计要求和工程量计算规则；运土方的审查除了注意运土距离外，还要注意运土数量是否扣除了就地回填土的土方；审查各类土方体积的计算是否以天然密实体积为准等。

（3）审查打桩工程量的计算 注意审查各种不同类型的桩是否分别计算，施工方法是否符合设计要求，桩的长度是否符合设计要求；注意审查接桩的接头数、送桩的长度是否正确。

（4）审查脚手架工程的工程量 应重点审查内、外墙砌筑用脚手架的工程量是否分别计算，是否符合工程量计算规则的要求；钢筋混凝土框架脚手架，柱和梁、墙是否分别计算，是否符合工程量计算规则；满堂脚手架的增加层计算是否正确，计算满堂脚手架后，相应房间的墙面装饰工程是否没有再计算脚手架；其他各类单项脚手架的计算是否符合工程量计算规则。

（5）审查砌筑工程的工程量 应重点审查墙基与墙身的划分是否符合规定；按规定不同厚度的墙、内墙和外墙是否分别计算，各种砌体的长度、高度的确定是否符合规定，应扣除的门窗洞口及埋入墙体的各种钢筋混凝土梁、柱等构件是否已经扣除，应并入砌体计算的工程量是否计算正确；不同强度等级、不同种类的砂浆或砖的墙体是否分别计算，有无混淆、错算或漏算。

(6) 审查混凝土及钢筋混凝土工程量 应重点审查现浇构件与预制构件是否分别计算，是否混淆；各类构件是否按模板、钢筋、混凝土分别列项进行计算，计算参数是否正确；模板工程量是否按其构件的接触面积进行计算；现浇柱与梁、主梁与次梁及各种构件计算的界线是否符合规定，有无重算和漏算；计算预制构件的混凝土工程量时是否考虑了制作废品损耗、运输堆放损耗及安装损耗。

(7) 审查构件运输及安装工程的工程量 应重点审查构件运输的距离；预制混凝土构件运输及安装的损耗是否按规定并入相应构件的工程量，不允许计算损耗的预制构件是否进行了重复计算；预制混凝土构件的类型是否正确。

(8) 审查门窗及木结构工程的工程量 应重点审查普通木门、窗是否依洞口面积按框的制作、框的安装、扇的制作、扇的安装分别列项进行计算；门、窗类型的确定是否正确。

(9) 审查楼地面工程的工程量 应重点审查楼梯抹面是否按踏步、休息平台及小于500mm宽的楼梯井的水平投影面积计算；台阶面层是否包括最上一层300mm踏步沿；块料面层是否按实铺面积进行计算。

(10) 审查屋面及防水工程的工程量 应重点审查计算屋面面积时确定的屋面坡度系数是否符合规定，并入屋面工程量的卷材弯起部分的工程量计算是否准确；铁皮排水工程量是否按展开面积进行计算，是否准确。

(11) 审查防腐、保温、隔热工程的工程量 应重点审查防腐工程是否区分防腐材料的种类及其厚度进行计算；屋面保温层的工程量的计算是否准确。

(12) 审查装饰工程的工程量 应重点审查内墙抹灰的工程量是否按墙面的净宽和净高计算，有无漏算或重算；墙面和墙裙是否分开计算，各自高度确定是否正确；并入顶棚抹灰工程的有关工程量计算是否正确；块料面层是否按实贴面积进行计算；计算木材面、金属面油漆的工程量时选取的工程量计算系数是否准确。

(13) 审查金属结构制作的工程量 应重点审查金属结构中型钢、钢板的长度、面积计算是否准确，单位重量选取是否正确。

2. 审查安装工程的工程量

(1) 审查水暖工程的工程量 应重点审查室内外给排水管道、暖气管道的划分是否符合规定；各种管道的长度、口径是否按设计规定计算；室内给水管道不应扣除阀门、接头零件所占的长度，但应扣除卫生设备（浴盆、卫生盆、冲洗水箱、淋浴器等）本身所附带的管道长度，审查其计算是否符合要求，有无重算；室内排水管道采用承插铸铁管，不应扣除异形管及检查口所占的长度。检查是否符合规定，有无漏算；室外排水管道是否已扣除了检查井和连接井所占的长度；暖气片的数量是否与设计一致；管道、散热器等的防腐、刷油的工程量计算是否计算。

(2) 审查电器照明工程量 应重点审查灯具的种类、型号、数量是否与设计一致；线路的敷设方法、线材品种等是否达到设计要求，有无重复计算预留线的工程量。

(3) 审查设备及其安装工程的工程量 应重点审查设备的种类、型号、数量是否与设计相符；需要安装的设备和不需要安装的设备是否分清，有无把不需要安装的设备作为需要安装的设备进行了计算。

二、审查各分项工程选套的定额项目

审查单价套用是否正确，应重点注意以下几个方面：

(1) 概预算中所列分项工程综合单价是否与计价表中所列相符，其名称、规格、计量单位和所包括的工作内容是否与定额一致。

(2) 对换算的单价，应首先审查换算的分项工程是否预算定额中允许换算的，其次要审查单价换算是否正确。

(3) 对补充定额和单位估价表，要审查补充定额的编制是否符合现行预算定额的编制原则，各种生产要素的消耗量确定得是否合理、准确、符合实际，单位估价表的计算是否正确。

三、审查直接费汇总

直接费在汇总过程中容易出现笔误，如项目重复汇总、小数点位置标错等现象，因此必须加强审查。

四、审查其他有关费用

应重点审查各项费用的内容、费率和计费基础是否正确；预算外调增的材料价差是否记取了间接费；有无巧立名目，乱摊费用现象；利润和税金的审查应重点审查利润率和税率是否符合有关部门的现行规定，有无多算或重算的现象。

复习思考题

1. 简述审查工程概预算的意义。
2. 简述工程预算审查的依据。
3. 简述审查概预算的形式。
4. 简述工程概预算审查的主要方法。
5. 简述工程概预算审查的主要内容。

第九章　计算机在编制概预算中的应用

本章主要内容：了解工程造价软件的概念、特点和分类，熟悉工程造价软件的操作基本程序，具体了解几种工程造价应用软件。

第一节　概述

一、工程造价软件的概念

1. 我国工程造价软件的发展

以计算工程造价为核心的套价软件飞速发展，并在全国范围内获得推广和应用。以做套价软件为主业的公司，在全国已有上百家。

随着人们对计算机能力的开发和认识的不断加强，出现了辅助计算工程量和辅助计算造价的工具级软件，并在不断地开发和推广。

软件的计算技术含量的不断提高，使得语言从最早的 EOXPRO 等比较级的语言，到现在的 DELPHI，C^{++} BUILDER 等高级语言，软件结构也从单机版，逐步过渡到局域网网络班，现在更向 Internet 网络应用方向逐步发展。

伴随着互联网技术的不断发展，我国也出现了为工程造价及其相关管理活动提供信息和服务的网站。如北京广联达（http：//www. grandsoft. com. cn），上海鲁班（http：//www. Lubansoft. com）等。

2. 工程造价软件的概念

（1）概念　工程造价软件是指计算机软件在工程造价方面的应用，其中包括套价软件、工程量计算软件、钢筋量算量软件和工程造价管理软件等。

目前，在我国造价软件名目繁多，只要有一套定额，就能开发出一套软件，不同的用途，就有一种配套的软件。因此，工程造价软件只能是一个概括性的名词。

（2）特点　由于造价软件的研制是一项综合性的技术开发，它具有以下特点：

① 复杂性　由于工程造价软件系统属于非确定型系统，它不仅涉及设计要求和国家有关价格、定额及有关政策规定，而且还要针对不同的环境条件，如不同地区的定额编制和更新，市场价格的变动，人工、材料、机械费用的调整和取费标准等政策的改变以及套定额进行各种换算和处理等，采取措施满足各种不同的随机变化。因此，要研究满足以上的需要，该系统具有复杂性。

② 长期性　由于工程造价是涉及多专业、多行业、多要求的专业，因此要研制工程造价软件系统，只能一步一步深入，如最先研究的是套价软件，现在又出现了建筑工程中钢筋算量软件和工程量算量软件，而安装算量软件和其他软件正在研制和开发阶段。所以要想设计一个完美的工程造价软件需要很长的时间。

③ 产品的无形性　编制软件是一项脑力劳动，是以信息的方式存放在磁盘上。其产生的效益也会根据使用者的掌握程度和使用程度不同，而各有差异。

④ 不是一个完全自动化系统　计算机只是一个编制工程造价文件的重要工具，不是全功能编制机。它的操作需要人去做，程序需要人去编制，而且任何一个程序都不能包罗万象，在出现软件解决不了的问题时，需要人去解决。但它能代替人进行烦琐的计算和数字处理，既提高了速度，又加强了准确性。

⑤ 受数据与计算要求的影响，通用性差　由于我国的国情，不同的地方、不同的行业和不同的专业，有各自不同的定额数据和对应的计算要求，各种数据库均不能共享，故使得其通用能力降低。

⑥ 生命周期短，维护任务大　由于工程造价是由市场所决定的，变化性极强。定额具有时效性，即在一定时间内要修编，而价格却是每个工程都在变，因此，每个工程都要对数据库进行维护，加以修改。

3. 计算机软件用于工程造价方面的意义

① 确保计算准确性。由于计算机的计算功能，只要保证输入数据正确，就能在很短的时间内进行准确无误的计算。

② 大大提高编制工程造价文件的速度和效率，保证工程造价的及时性。由于工程造价的编制工作是一项烦琐的工作，需要投入大量的人力和物力，特别是在工程项目投标期间，时间非常紧，在工程造价软件的支持下，运用计算机进行快速报价，可以保证投标工作快速而顺利地进行。

③ 能对设计变更、材料市场价格变动作出及时的反应　由于计算机的处理功能和统计功能，对于数据库的数据变化，则能作出及时、全面的改变。

④ 在工程量清单计价规范要求下，工程报价由于是多次组价，更需要工程造价软件的支持，否则，组价工作将变成一项艰巨的工作。

⑤ 能够方便地生成各类所需表格。由于工程造价软件的特点，只要一次输入，可根据需要，能生成多种所需表格，如主要材料表、工料分析表、报价表、预算表、费用表等。

⑥ 能进行工程文档资料累计和企业定额生成。由于计算机能进行资料的累积，并且电

子文件具有体积小、修改方便等特点，可以及时对所有工程进行文件的管理和归档整理。根据在工程量清单计价规范的要求，我国造价改革的重点就是实行企业定额自主报价，企业定额就是在工程的经验积累和总结的基础上，加以组合生成的。

⑦ 能进行工程项目的科学管理。要提高工程的利润，不仅要准确报价，更要对工程进行科学的管理，向管理要效益，向管理要业绩。同样的工程，同样的价格，不同的管理，其结果相差很大。现在已有总承包项目管理软件系统，它将质量、进度、费用融合在一个管理系统中，在国外已有很多的成功案例。

4. 工程造价软件的内容

工程造价软件的内容主要从以下三个方面介绍：

① 工程造价软件安装。

② 工程造价软件的操作方法。

③ 工程造价软件的应用。

二、工程造价软件的分类

目前我国现有工程造价软件的分类如下所述。

（1）按功能分　套价软件、工程量计算软件、钢筋量算量软件和工程造价管理软件。

（2）按定额管理分　概算软件、预算软件、技术经济分析软件（评价软件）。

（3）按专业分　建筑工程软件、安装工程软件、市政工程软件、水利工程软件、园林工程软件。

（4）按行业分　建设部及各省单位估价表软件、行业部的专业软件（水利、电力、石化、化工、石油、核电等）。

第二节　工程造价软件操作的基本程序

一、系统安装与启动

1. 系统安装的环境要求

不同的软件有不同的软件系统安装要求，但随着计算机的功能发展，软件系统也随着普遍市场运行的计算机系统相适应，例如，目前一般用系统环境要求为 Windows95\98\2000\xp 下运行。有的软件由于对制图有要求，需要 CAD 系统支持，或者其他软件平台的支持。

硬件设备也有最低要求，由于软件的运行要求和计算容量要求，对计算机有最低配置要求。

2. 安装指南

为了便于安装软件的需要，一般任意一个软件都有配套的安装指南。安装各种软件前，必须对各软件的说明看清楚，安装的整个过程由安装程序指导安装。

3. 安装步骤

对于每一种软件，其步骤不完全相同，但主要步骤是相同的。

一般有以下几个步骤：主程序软件的安装，驱动程序的安装，数据库程序的安装。在安装过程中，注意每一个步骤都要按照提示进行。在全部程序安装完毕后，有的需要进行计算机重新启动。

二、软件的启动

安装完成后系统在开始菜单中生成可执行程序。

三、软件的卸载

如果你不想在 Windows 中保留该专业软件，你可以按以下步骤操作：

(1) 双击［我的电脑］，在我的电脑对话框中双击“控制面板”；或者单击电脑桌面左下角的［开始］按钮，单击“设置”，选择“控制面板”。

(2) 在控制面板中双击“添加/删除程序”。

(3) 在安装/卸载对话框中选择该专业软件名，此时对话框中的［添加/删除］按钮会显亮，单击此按钮。

(4) 确定要完全删除该专业软件及其所有组件吗？选择［是］。

(5) 再从您的计算机上删除程序的界面中选择［确定］。

(6) 重新回到安装/卸载对话框中，此时关闭此对话框，该专业软件就从您的计算机中卸载掉了。

第三节 广联达工程造价软件 GBQ4.0

广联达工程造价软件主要以工程造价计价软件 GBQ4.0、图形算量软件 GCL8.0、钢筋抽样软件 GGJ10.0 为主体，对于工程造价从招标（编制清单、发布清单、编制招标控制价）、投标（编制投标报价）、评标（清标）、竣工结算（编制工程结算）等过程整体解决，它是帮助工程造价人员顺利完成建设项目各个阶段工程造价编制、审核、分析的重要工具。

以下分别简单介绍这三种软件的基本原理和应用，如要了解详细资料，请看有关该公司的相应操作手册。

本节介绍 GBQ4.0。

一、软件定位

GBQ4.0 是广联达推出的融计价、招标管理、投标管理于一体的全新计价软件，旨在帮助工程造价人员解决电子招投标环境下的工程计价、招投标业务问题，使计价更高效、招标更便捷、投标更安全。

二、软件构成及应用流程

GBQ4.0 包含三大模块，招标管理模块、投标管理模块、清单计价模块。招标管理和投标管理模块是站在整个项目的角度进行招投标工程造价管理。清单计价模块用于编辑单位工程的工程量清单或投标报价。在招标管理和投标管理模块中可以直接进入清单计价模块，软件使用流程如图 9-1 所示。

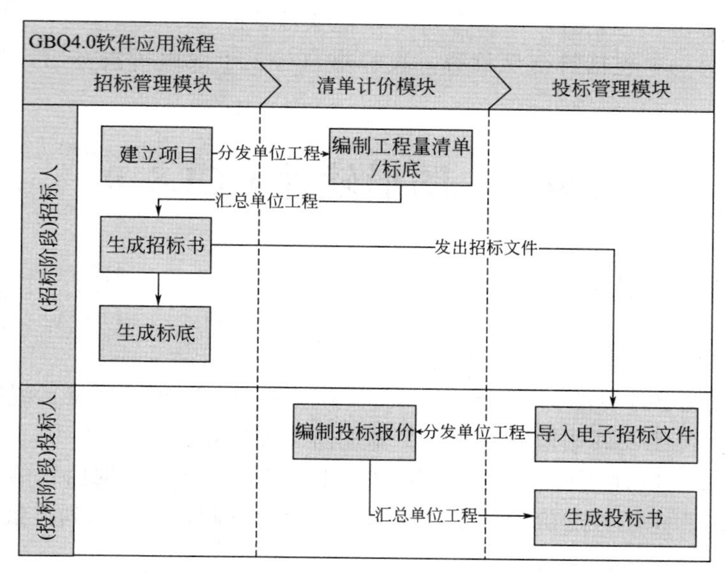

图 9-1 软件使用流程

三、软件操作流程

以招投标过程中的工程造价管理为例，软件操作流程如下。

（一）招标方的主要工作

① 新建招标项目：包括新建招标项目工程，建立项目结构。

② 编制单位工程分部分项工程量清单：包括输入清单项，输入清单工程量，编辑清单名称，分部整理。

③ 编制措施项目清单。

④ 编制其他项目清单。

⑤ 编制甲供材料、设备表。

⑥ 查看工程量清单报表。

⑦ 生成电子标书。

包括招标书自检，生成电子招标书，打印报表，刻录及导出电子标书。

（二）投标人编制工程量清单

① 新建投标项目。

② 编制单位工程分部分项工程量清单计价：包括套定额子目，输入子目工程量，子目换算，设置单价构成。

③ 编制措施项目清单计价：包括计算公式组价、定额组价、实物量组价三种方式。

④ 编制其他项目清单计价。

⑤ 人材机汇总：包括调整人材机价格，设置甲供材料、设备。

⑥ 查看单位工程费用汇总：包括调整计价程序，工程造价调整。

⑦ 查看报表。

⑧ 汇总项目总价：包括查看项目总价，调整项目总价。

⑨ 生成电子标书：包括符合性检查，投标书自检，生成电子投标书，打印报表，刻录及导出电子标书。

第四节 图形软件 GCL8.0

一、图形软件概述

1. 软件能算什么量， 是如何计算的

GCL8.0 产品能够计算的工程量包括：土石方工程量、砌体工程量、混凝土及模板工程量、屋面工程量、天棚及其楼地面工程量、墙柱面工程量等。

GCL8.0 产品通过以画图方式建立建筑物的计算模型，软件根据内置的计算规则实现自动扣减，在计算过程中工程造价人员能够快速准确地计算和校对，达到算量方法实用化，算量过程可视化，算量结果准确化。

2. 软件算量的思路

软件算量并不是说完全抛弃了手工算量的思想。实际上，软件算量是将手工的思路完全内置在软件中，只是将过程利用软件实现，依靠已有的计算扣减规则，利用计算机这个高效的运算工具快速、完整地计算出所有的细部工程量，让大家从烦琐的背规则、列式子、按计算器中解脱出来（图 9-2）。

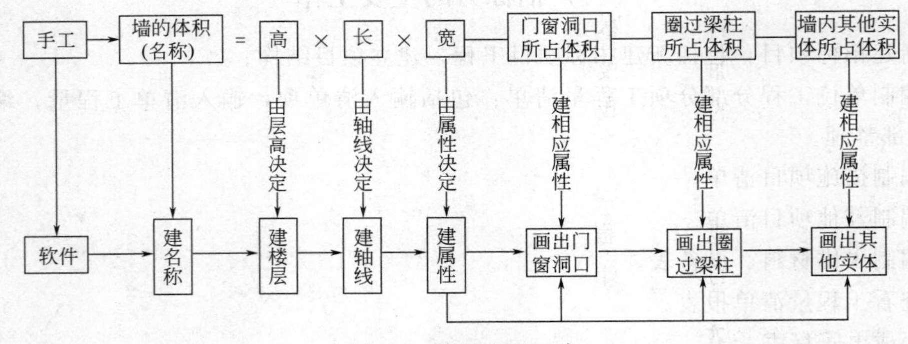

图 9-2 算量流程思路

3. 算量流程

如图 9-3 所示，按施工图的顺序：先建筑后结构，先地上后地下，先主体后屋面、先室内后室外。将一套图分成四个部分，再把每部分的构件分组，分别一次性处理完每组构件的所有内容，做到清楚、完整。

二、工程体验

练习要求：根据看到的视频文件完成如图 9-4 所示的图形，构件的建立按照软件默认设置。

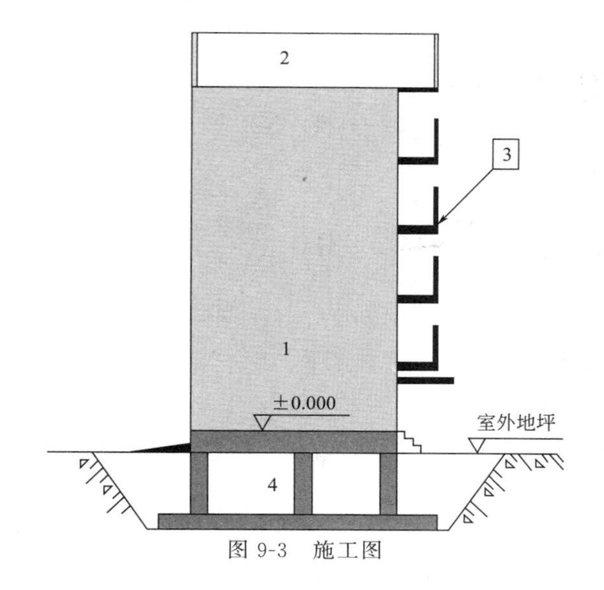

图 9-3 施工图

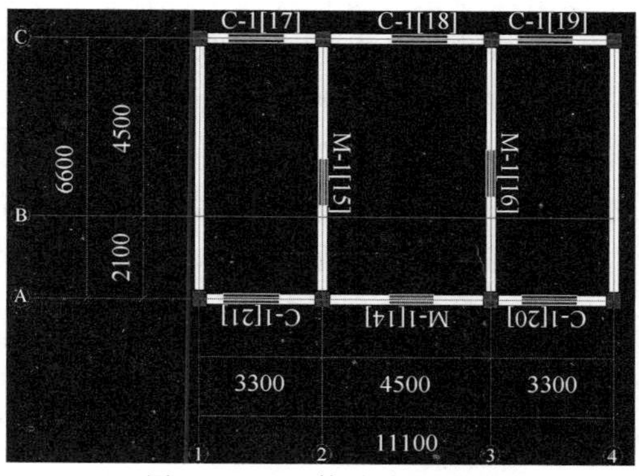

图 9-4 工程体验练习图形

第五节 钢筋抽样软件 GGJ10.0 介绍

一、行业现状

随着设计方法的技术革新，采用平面整体标注法进行设计的图纸已占工程设计总量的90%以上，钢筋工程量的计算也由原来的按构件详图计算转化为新的平法规则计算。平法的应用要求我们必须用新的工具代替手工计算。

随着行业内竞争的加剧，招投标周期越来越短，预算的精度要求越来越高，传统的算法已经不能满足日常工作的需求，我们只有利用计算才能快速准确地算量。

二、软件作用

软件不仅能够完整地计算工程的钢筋总量，而且能够根据工程要求按照结构类型的不同、楼层的不同、构件的不同，计算出各自的钢筋明细量。

三、软件计算依据

软件综合考虑了平法系列图集（图 9-5）、结构设计规范、施工验收规范以及常见的钢筋施工工艺，能够满足不同的钢筋计算要求。

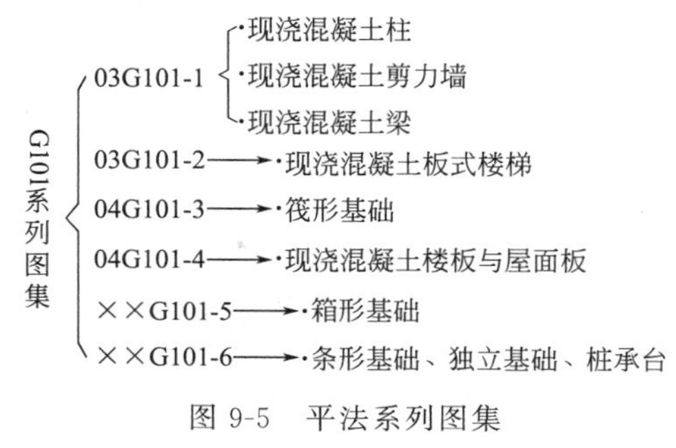

图 9-5 平法系列图集

复习思考题

1. 什么是工程造价软件？其特点有哪些？
2. 工程造价软件分类有哪些？
3. 工程造价软件的基本程序有哪些？
4. 广联达造价软件由几部分组成？
5. 简述广联达造价 GBQ4.0 软件的操作流程。
6. 简述广联达图形 GCL8.0 软件的操作流程。
7. 简述广联达钢筋抽样软件 GGJ10.0 软件操作流程。

参考文献

[1] 建设工程工程量清单计价规范.GB 50500—2013. 北京：中国计划出版社，2013.

[2] 房屋建筑与装饰工程工程量计算规范.GB 50854—2013. 北京：中国计划出版社，2013.

[3] 2013 建设工程工程量清单计价规范辅导. 北京：中国计划出版社，2013.

[4] 江苏省建筑与装饰工程计价定额. 上、下册.2014 版. 南京：凤凰科学技术出版社，2014.

[5] 江苏省建筑工程费用定额.2014 版. 江苏省建设厅，2014.

[6] 中国机械工业教育协会组编. 建筑工程概预算. 北京：机械工业出版社，2001.

[7] 廖天平主编. 建筑工程定额与预算. 北京：高等教育出版社，2002.

[8] 刘宝生主编. 建筑工程概预算. 北京：机械工业出版社，2001.

[9] 徐南主编. 建筑工程定额与预算. 北京：化学工业出版社，2004.

[10] 孙震主编. 建筑工程概预算与工程量清单计价. 北京：人民交通出版社，2003.

[11] 王雪青主编. 建设工程投资控制. 北京：知识产权出版社，2003.

[12] 尹贻林主编. 工程造价计价与控制. 北京：中国计划出版社，2003.

[13] 王武齐主编. 建筑工程计量与计价. 北京：中国建筑工业出版社，2004.

[14] 广联达软件 GBQ4.0、GGJ10.0、GCL8.0 操作手册.